伏牛山药用植物志

第一卷

尹卫平　王忠东 等　著

林瑞超　主审

本书承河南科技大学学术著作出版基金资助

科学出版社

北　京

内 容 简 介

　　《伏牛山药用植物志》是我国中原地区植物的一个信息库和基础性科学资料,共计7卷,书中主要记载了该地区药用植物的科学名称,详细考证了各种药用植物的历史文献记载、形态特征、地理分布、生态环境、物候期和用途等,是伏牛山药用植物资源的资料汇总。本书为第一卷,包括总论和各论。各论部分详述每一种药用植物,包括伏牛山原产地保护品种(伏牛山道地药材)13种和伏牛山产的大宗药材39种。书中所采用的彩色图片,大部分为笔者野外考察或采集标本时所照,首次刊出。

　　本书是一个具有高度综合性利用价值的数据库,可作为植物、中药、化工等相关学科研究生和科技工作者的参考书。

图书在版编目(CIP)数据

伏牛山药用植物志. 第1卷/尹卫平等著. —北京:科学出版社,2009
ISBN 978-7-03-025574-7

Ⅰ. 伏…　Ⅱ. 尹…　Ⅲ. 药用植物-植物志-河南省　Ⅳ. R282.71

中国版本图书馆 CIP 数据核字(2009)第 163416 号

责任编辑:张会格　陈珊珊/责任校对:赵桂芬
责任印制:徐晓晨/封面设计:陈　敬

科 学 出 版 社 出版
北京东黄城根北街 16 号
邮政编码: 100717
http://www.sciencep.com

北京京华虎彩印刷有限公司 印刷
科学出版社发行　各地新华书店经销

*

2009 年 9 月第　一　版　　　开本:787×1092 1/16
2018 年 4 月第二次印刷　　　印张:22　插页:8
字数:504 000

定价:98.00 元

前　　言

　　植物志是国家或地区植物的总信息库和基础性的科学资料。编纂植物志是植物分类学最基本的任务之一，也是掌握和利用国家植物资源的重要依据和发展有关学科必须开展的基础性工作。中国拥有世界上最为丰富的植物资源，特别是药用植物资源。丰富的植物种类和资源优势是开展植物资源综合开发利用研究的基础。天然植物资源及其药用活性成分的研究与开发，是实现我国自主创新、重点跨越的重要领域。

　　伏牛山位于河南中西部，是我国北亚热带和暖温带交界的代表性区域。生境的适宜性，导致了本区植物的多样性和复杂性，特别是药用植物资源丰富，且具明显的区系成分特点。伏牛山是我国秦岭向东延伸进入河南境内的最大的一支山脉，也是河南省最大、最高、最著名的山脉（这里所指伏牛山地理标志西起小秦岭，东至外方山和嵩山，南至老鹳河，北至黄河），其地理位置独特，是我国长江、黄河和淮河三大水系的唯一分水岭和一些支流的发源地，同时它是我国南北自然过渡地带的典型地段，重要的水源涵养林区。这里气候温和湿润，土壤、地形复杂多样，生态环境优异，森林植被是华北、华中与西南植物的镶嵌地带，森林类型多，属于暖温带落叶阔叶林向北亚热带常绿阔叶林的过渡型，因而这里保育了种类极其丰富的植物资源。据多年调查积累和文献报道，其药用植物资源仅次于我国云南药材资源，历史上被称为"中国第二天然药库"。伏牛山植物主要显示如下区系特点，可直观地反映出伏牛山区与中国、世界植物区系的关系，以及与世界各地的联系。

　　1）伏牛山南坡植物区系成分以华中成分为主，北坡植物区系成分以华北成分为主，西南、华东、西北植物区系成分兼容并存，体现出本区植物区系南北过渡、东西交汇的特征。

　　2）伏牛山区植物区系地理成分多样，区系联系广泛。植物科、属、种的地理成分统计表明，豫西山区与世界各大洲的区系都有不同程度的联系。

　　3）伏牛山区植物区系起源古老，中国特有、残遗属种众多。

　　基于我国"十一五"发展规划提出"要把能源、资源、环境、农业、信息等领域的重大技术开发放在优先位置"的战略方针，针对伏牛山植物资源丰富，尤其药用植物的品种数量和储存量均处于全国前列，是全国药用植物主要产区之一的特点，我们一方面在科学研究领域中，涉及植物学乃至药用植物学，以及与之相关的中药学、天然产物化学等交叉学科的研究发展，另一方面为了促进中药现代化的实施，保护药用植物资源合理应用开发，同时促进天然资源和地方经济建设的可持续发展，自 2004 年以来，参与完成了由洛阳市科技局、洛阳国家高新技术产业开发区组织的关于伏牛山中药材资源普查工作。河南科技大学化工与制药学院作为主体完成的"重新评价豫西伏牛山区药用植物资源情况"，重点查清了伏牛山植物资源的分布范围、道地药材数量、产量水平以及生产和产品流通的信息等，按其生产周期提出了规范种植、合理利用、有效开发的方针，从而为地方经济建设发展服务作出应有的贡献，并制定出了可持续发展方案。在此深入研究的基础上，我们经过悉心组织，认真讨论整理，撰写了《伏牛山药用植物志》，共计 7 卷。全套书内容分布：1~3 卷道地药材和大宗药材；4~5 卷常用药材；6~7 卷冷背药材。

　　道地药材篇包括了豫西地区原产地域保护品种或道地药材，即山茱萸、丹参、天麻、冬凌草、北柴胡、半夏、杜仲、辛夷、连翘、麦冬、栀子、桔梗、楤木共 13 种。大宗药材篇主要包括伏牛山区植物药材年产量在 10~50kg 以上的品种。常用药材主要指伏牛山区产量不大，但全国流通的一些药材。冷背药材顾名思义就是那些不常用或用量小的药材品种，如此命名，只是为了区分大宗和常用品种。冷背药材多由于来源于野生，属于绿色药材，不存在农药残留或重金属超标等问题，用于出口创汇极受欢迎。随着人们保健意识的增强和出口量的加大，今后绿色药材将成为市场的主旋律。将有越来越多的冷背药材逐步得到开发利用，从"冷背"而走向"前台"。

　　本书编写过程中，我们突出了伏牛山地域资源特色和优势，将植物按其种质来源、含有的有效成分和用途分为野生药用植物、栽培与抚育药用植物、植物能源、纤维植物、淀粉和小分子糖类植物、油脂植物、野果植物、野菜植物、保健植物、农药植物、芳香植物、鞣料植物、树脂植物和树胶植物、蜜源植物、饲料植物、食用色素植物、纺织染料植物、观赏植物 18 类。药用植物的广泛研究与利用，如植物按产品开发又可分为石油、化工、农药、印染类的新的探索是本书的最大特点。书中的药材按笔画顺序排列。药用植物有效成分的鉴别与含量的测定参照《中华人民共和国药典》（简称《中国药典》）（2005 年版，2008 年 7 月 1 日起执行）。凡药典没有收入的，包括原产地域保护品种或伏牛山区道地药材均采用我们自己的研究数据和经考证过的相关文献数据。书中所附的所有植物彩色图片，均为我们实地所拍摄的原始植物照片。

　　本书中的每个药用植物的描述包括：药材名称，汉语拼音，英文名，概述，商品名，别名，基原［只收载伏牛山区生产的、《中国药典》（2005 年版）收载的物种］，原植物（基原中收载的植物），药材性状，种质来源，生长习性及基地自然条件（只描述适合本品种生长的土壤情况，或本品种生长在哪些类型的土壤上），种植方法（包括种植繁育标准和病虫害防治），采收加工（包括分级标准），化学成分，鉴别与含量测定，附注（包括收载一些伏牛山区分布的药用植物），主要参考文献等。另外，我们考虑到《伏牛山药用植物志》是一个植物志，不是药材志，所以也收载了药材正品以外的植物药材，并在本书的最后一卷附上伏牛山分布植物种的检索表，作为补充。

　　本书从普查到创意直至逐卷完稿，我们都付出了巨大的努力和艰辛的劳动。参与本书撰写的人员均为天然产物研究或植物化学研究专业人员，一方面熟悉药用植物性能，另一方面经过大量前期资源调查，广泛并准确地了解和掌握了伏牛山药用植物资源以及相关资料。书中许多内容都来源于本课题组相关课题的研究成果。由于得到洛阳市市政府和洛阳市科技局的大力支持，该项工作进展顺利。相信它将为地方经济腾飞作出应有的贡献，同时我们希望本书对本地植物分类学、药材质量控制、民间药用植物发现、药用植物资源和新药研发等研究，具有一定的指导意义和参考价值。

　　由于本书的撰写时间仓促，作者经验和水平有限，尤其还有更多工作有待深入研究、探讨，书中难免有错误和不当之处，欢迎读者批评指正。

在此对支持本书出版的所有人员，包括所有参考文献的作者表示深深的感谢！

尹卫平

2008 年 12 月

目　　录

总　　论

引言

伏牛山位于中国河南省西部，是秦岭山脉东段延伸的山脉之一。山脉长 125km，宽 40～70km，面积约为 5.6 万 km²。山脉主脊高 1500m，呈西北—东南走向，是黄河、淮河、长江水系的分水岭。伏牛山是中国北亚热带和暖温带的气候分区线，是中国动物区划古北界和东洋界的分界线，也是华北、华中、西南植物的镶嵌地带，属暖温带落叶阔叶林向北亚热带常绿落叶混交林的过渡区。伏牛山区内森林植被保存完好，森林覆盖率达 88%，是北亚热带和暖温带地区天然阔叶林保存较完整的地段。特殊的地理位置和复杂多样的生态环境，加之人为干扰较小，使本区保存了丰富的生物资源。

伏牛山是秦岭山脉向东延伸进入河南西部境内的最大的一支山脉。西与陕西省接壤，东南延伸至方城县东北部突然中断，南到南阳盆地北缘，北与熊耳山和外方山相连，地理坐标为东经 110°30′～113°05′，北纬 32°45′～34°00′，区内全部为国有林区，地质历史极为复杂，震惊世界的远古恐龙蛋及骨骼化石群就发现于该地区。伏牛山主岭由燕山期花岗石组成，两侧为古老的变质岩，局部有灰岩出露。伏牛山不但地域广大，而且山势挺拔雄伟，层峦叠嶂，多悬崖峭壁，又有奇峰突起，一般海拔为 1000～2000m，海拔 2000m 以上的高峰有 6 座之多，十分雄伟壮观。由于地域宽广，山势高峻，构成了黄河、淮河与长江三大水系的分水岭，以及部分河流发源地。伏牛山是我国南北自然过渡地带的典型地段，因山体高差悬殊，在季风气候的条件下，热量分布差异显著。北坡大于 10℃ 的年积温为 3750～4068℃，属暖温带，南坡大于 10℃ 的年积温为 4815～4907℃，属亚热带。本区为中等云量区域，年平均总云量为 50%～60%，日照百分率为 45%～50%，全年日照时数为 2100h，太阳的年有效辐射约为 1884.06 MJ/m²，年辐射总量为 4605.48～5024.16 MJ/m²，全年平均气温北坡为 12.1～12.7℃，南坡为 14.1～15.1℃，最低气温为 −6.3℃，最高气温为 32.8℃，年平均降水量为 800～1100mm，7 月、8 月降水量最多，降水日数为 100～125d，相对湿度 65%～70%，植物生长期 160～190d。气候、土壤均具有明显的过渡性特征，与此相适应的森林植被也表现出典型的过渡性特征，是华北、华中与西南植物的镶嵌地带，森林类型多，覆盖率达 88%。属于暖温带落叶阔叶林向北亚热带常绿阔叶林的过渡型，地形复杂多样，气候温和湿润，具有多种多样的生态环境，因而这里保育了种类极其丰富的植物资源，特别是药用植物资源。因此，我国已在伏牛山区建有 6 个国家和省级森林生态类型的自然保护区，为保护生物的多样性提供了极为有利的条件。

植物的多样性

据考证，《本草纲目》记载的 1892 种药材，伏牛山就有 1500 多种，在这里生长有 300 多种名贵药材，800 多种药用植物和民间其他药用植物数百种等。根据资源普查和作者多年积累的调查材料，并参阅有关文献资料统计得知，伏牛山区维管束植物有 175 科、892 属、2879 种（包括 10 亚种、206 变种、12 变型）。其中，蕨类植物 25 科、73 属、202 种；裸子植物 6 科、15 属、28 种；被子植物 144 科、804 属、2649 种。占河南省植物总种数的 76.9%，是河南省维管植物最丰富的地区，汇集了全省蕨类植物 98% 以上的种，裸子植物近 40% 的种和被子植物 70% 以上的种，是河南省植物多样性的分布和发育中心。就全国来说，也占有相当重要的位置，其蕨类植物占全国的近 8%，裸子植物近 15%，被子植物近 11%。南坡植被自下而上有落叶阔叶林（海拔 800～1800m），针叶与落叶阔叶混交林（海拔 1800～2000m），针叶林（海拔 2000～ 2250m），灌丛草甸（海拔 2250m 以上）；北坡植被的垂直分布为落叶阔叶林（海拔 750～1700m），针叶与落叶阔叶林（海拔 1700～1900m），针叶林（海拔 1900～ 2200m），灌丛草甸（海拔 2200m 以上）。随着分类级别的升高，本区药用植物的科、属占全省和全国的比例是越来越高，仅次于我国秦岭和神农架两著名药材产区，是河南省或中原地区的"天然药库"（表 1）。

表 1　伏牛山维管植物数量及其在全省和全国所占的比例

植物类别	蕨类植物			裸子植物			被子植物		
	科	属	种	科	属	种	科	属	种
伏牛山数量	25	73	202	6	15	28	144	804	2649
河南省数量	30	99	205	10	26	74	158	961	3700
全国数量	50	203	2600	10	34	193	291	2946	24 357
占全省比例/%	83.3	73.7	98.5	60.0	57.7	37.8	91.0	83.7	71.6
占全国比例/%	50.05	36.0	7.8	60.0	44.1	14.5	49.5	27.3	10.9

植物区系的地理成分多样性

1. 科的组成及分布

为直观地反映伏牛山区与中国、世界植物区系的关系，以及与世界各地的联系，将伏牛山植物 175 科的分布类型按各科所含种数的多少进行统计分类，表明科组成的多样性，较大科、大科、特大科共计 12 科，占全部科数的 6.8%，所含药用植物的种数达 2302 种，占维管植物种数的 80%。由此可见，以上大科是本区植物区系组成的重要支撑（表 2）。

表 2　伏牛山区维管植物各类科所含种数统计表

类型	种数	科数	所占比例/%	各类科名举例
单种科	1	25	14.28	连香树科、杜仲科、银杏科、透骨草科等
寡种科	2～9	81	46.28	杉科、蕨科、金粟兰科、檀香科等
少种科	10～30	49	28.00	卷柏科、松科、壳斗科、石竹科等
中等科	31～50	8	4.57	水龙骨科、杨柳科、蓼科、葡萄科等
较大科	51～80	5	2.85	兰科(54)、玄参科(57)、虎耳草科(59)、伞形科(63)、毛茛科(75)
大　科	81～100	3	1.71	莎草科(87)、百合科(94)、唇形科(95)
特大科	100以上	4	2.28	豆科(110)、禾本科(182)、蔷薇科(189)、菊科(222)

植物分布类型：属世界分布的有 39 科，热带至亚热带分布的有 26 科，泛热带至热带分布的有 33 科，主产温带的有 36 科，泛热带至温带分布的有 19 科，大洋洲、南非、南美洲分布的有 6 科，东亚分布的有 5 科，主产亚洲、非洲、大洋洲的有 2 科（八角枫科和胡麻科），主产南半球热带的有 1 科（乌毛蕨科），主产北半球寒温带的有 1 科（岩蕨科），主产东半球的有 1 科（菱科），主产大洋洲的有 1 科（海桐科），主产南非的有 1 科（番杏科），主产旧大陆的有 1 科（列当科），主产亚洲、非洲、拉丁美洲的有 1 科（商陆科），特产中国的有 2 科（银杏科和杜仲科）等。属的组成占全部属的 4.26%，经统计它们所含有的种数约占全部种数的 1/4。可见大属和特大属在本区的植物区系组成中起着重要的作用。

2. 属的组成及分布

根据每属所含种数的多少统计：含 1 种的属 412 个，占 46.2%，其中，分类地位较为孤立，起源较为古老或少数分化出来的单种属 59 个；含 2～5 种的属 333 个，占所有属的 37.73%；含 6～10 种的中等属 109 个，占所有属的 12.23%；含 11～20 种的大属 25 个；含 20 种以上的特大属 13 个，如苔属（34 种）、蓼属（32 种）、蒿属（25种）、绣线菊属（25 种）、槭属（25 种）、铁线莲属（23 种）、委陵菜属（23 种）、柳属（22 种）、悬钩子属（28 种）、卫矛属（21 种）、忍冬属（22 种）、风毛菊属（21 种）、珍珠菜属（21 种）。以上大属、特大属共计 38 属，占全部属的 4.12%，含有的种数占全部种数的 22.5%（表 3）。

表 3　伏牛山维管植物各类属所含种数统计表

属的类别	种数	属数	所占比例/%	各类属举例
单种属	1	412	46.2	青钱柳属、刺榆属、防己属等
少种属	2～9	333	37.3	地构叶属、秦岭藤属、盾果草属等
中等属	6～10	109	12.2	藤山柳属、醋栗属、花椒属等
大　属	11～20	25	2.8	栎属、枸子属、胡枝子属等
特大属	20以上	13	1.5	苔属、卫矛属、绣线菊属等

在植物分类学上，属的形态特征相对比较稳定，占有比较固定的分布区，但又能随

着地理环境条件的变化而产生分化,因而属比科更能反映植物系统发育过程中的进化分化情况和地区性特征。

泛热带分布在本区有 123 属,占所有热带分布属的 47%,占国产本类型的 34%。

热带亚洲至热带美洲分布类型有 12 属,占国产本类型的 13.4%。

旧世界热带分布类型有 26 属,占国产本类型的 16%。

热带亚洲至热带大洋洲分布类型有 23 属。

热带亚洲至热带非洲分布类型有 29 属,占国产本类型的 19%。

热带亚洲分布类型有 35 属,占国产本类型的 9%。

北温带分布及变型有 216 属,占所有温带分布属的 42.86%,占国产本类型的 72.97%。

间断分布于东亚和北美亚热带或温带地区的,本区有 66 属,占国产本类型的 56.4%。

旧世界温带分布类型有 76 属,占国产本类型的 40.4%。

温带亚洲分布类型有 20 属,占国产本类型的 36%。

地中海区、西亚至中亚分布类型有 13 属。

中亚分布类型仅有 7 属。

东亚分布及其变型有 113 属,占国产本类型的 38%。

本区分布的中国种子植物特有属 37 个,占本区全部属的 4.5%,占河南特有属的 80%。

3. 种的地理分布

泛热带分布有 71 种。

热带亚洲分布有 260 种,占所有热带分布种的 67%。

其他热带分布有 57 种。

北温带分布有 131 种。

旧世界温带分布有 376 种,占所有温带分布种的 62.5%。

其他温带分布有 93 种。

东亚分布有 43 种。

中国特有种分布 1400 种,占所有植物的 49%。华中地区共有 933 种,占本区中国特有种的 65.5%。其中分布中心在鄂西、川东地区的华中地区特有种(部分种扩散至华东、西南或秦岭)121 种,如翠雀花、唐松草、四叶景天、老鹳草、凤仙花、珍珠菜、沙参等。华北地区共有 658 种,占中国特有种的 47%。其中,属华北的特有种(个别种可分布到西北)80 种,如华北风毛菊、马先蒿、华北葡萄、华水苏、北柴胡、郁李仁、太行铁线莲等。西南地区共有 529 种,占中国特有种的 37.7%。常见的种有蛇葡萄、爬山虎、离舌囊吾等。华东地区共有 493 种,占中国特有种的 35.2%。本区常见的有中国石蒜、荞麦叶大百合、明党参等。西北共有 354 种,占中国特有种的 25.2%。常见的有花叶海棠、黄瑞香等。东北地区共有 221 种,占中国特有种的 15.2%。常见的有条叶百合、玄参、花楸等。秦岭山区特有种 43 种,木本植物有秦岭锦鸡儿、白蜡树等 12 种;草本植物在本区常见的有银背菊、陕西风毛菊、华山风毛菊、中华蟹甲草等。伏牛山区特有种 28 种，木本植物有杨山牡丹、河南权叶槭、伏牛紫荆、河南杜鹃等 5 种。草本植物有河南唐松草、河南岩黄芪、河南马先蒿、卢氏裸菀、同色翠雀花、河南石斛、嵩县岩蕨、嵩县短肠蕨等。

各级保护植物的丰富性

由于其地理位置特殊、生态环境多样，因此本区保存了丰富的珍稀濒危植物。据调查统计，现有各级保护植物 62 种，国家二级重点保护的植物有狭叶瓶尔小草、大果青杆、连香树、水青树、山白树、银杏、杜仲、香果树和独花兰 9 种，占河南省国家二级保护植物的 69.2%。国家三级重点保护的植物有秦岭冷杉、麦吊云杉、领春木、华榛、天麻、天竺桂、金钱槭、青檀、八角莲等 20 种，占全省国家三级保护植物的 74.1%。列入省级重点保护的植物有巴山冷杉、三尖杉、南方红豆杉、紫楠、黑壳楠、铁木、米心树、河南杜鹃、铁筷子、华山参等 33 种，占省级保护植物的 73.3%。除上述珍贵稀有的种类外，这里还是河南特有植物种，如河南石斛、伏牛杨、河南铁线莲、河南鹅耳枥、河南蓼、河南翠雀花、河南蹄盖蕨等几十个新种的原产地。自然保护区的维管植物种类与其他过渡带保护区和亚热带著名的保护区相比，均比它们丰富得多（表 4）。

表 4　伏牛山保护区与一些保护区植物多样性比较

保护区名称	河南伏牛山	安徽天马	安徽牯牛降	浙江天目山	福建武夷山	陕西秦岭	湖北神农架	贵州雷公山	贵州梵净山
维管植物种数	2879	1881	1210	1869	2446	2320	2446	1390	1800

植被类型的多样性

伏牛山区地处北亚热带向南暖温带过渡的地带，地质古老，山体高大，地形复杂，气候适宜，物种丰富，森林树种繁多，生长茂密，因而发育了多种多样的植被类型。根据历年来有关专家学者所做的调查，结合资源普查和现状，参照《中国植被》的分类系统，可将本区植物群落分为 7 个植被型组、13 个植被型、123 个群系（表 5）。

表 5　伏牛山区的植被型组、植被型及群系一览表

植被型组	植被型	群系数	群　系
针叶林	常绿针叶林	6	华山松林、油松林、铁杉林、马尾松林、侧柏林等
	落叶针叶林	1	日本落叶松人工林
阔叶林	落叶阔叶林	33	栓皮栎林、锐齿栎林、山杨林、白桦林、千金榆林等
	常绿半常绿阔叶林	5	橿子栎林、岩栎林、河南杜鹃林、太白杜鹃林等

植被型组	植被型	群系数	群　　系
针阔叶混交林	常绿针叶林、落叶阔叶混交林	2	油松-栓皮栎混交林、华山松-锐龄栎混交林
竹林	单轴型竹林	3	刚竹林、斑竹林、淡竹林
	合轴型竹林	2	华枯竹林、箭竹林
灌丛和灌草丛	灌丛	30	荆条、鼠李、黄栌、连翘、杭子梢、胡枝子等灌丛
	灌草丛	3	美丽胡枝子-黄背草、荆条酸枣-黄背草、悬钩子-大油芒灌丛
草甸	典型草甸	17	根茎禾草草甸9个、丛生禾草草甸4个、杂类草草甸4个
	湿生草甸	2	酸模叶蓼草甸、脉果薹草和水金凤草甸
沼泽和水生植被	沼泽	6	香蒲沼泽、芦苇沼泽、灯心草沼泽等
	水生植被	13	挺水植被2个、浮水植被6个、沉水植被5个

与邻近地区植物区系之间的联系

　　伏牛山是我国南北气候分界线之一，植物区系分区众说纷纭。为了说明本区的植物区系与邻近山地植物区系之间的联系以及在中国-日本森林植物亚区中的关系，选择了反映不同地区特征的几个山体进行对比分析。庐山位于华东地区，神农架位于华中地区，太行山位于华北地区，贺兰山位于中亚东部（我国西北）地区，与太白山一脉相连，都处于中国-日本森林亚区与中国-喜马拉雅森林亚区的交界线上。

　　伏牛山与各区山脉共有的热带属以庐山最多，达 197 属，占本区热带分布的74.5%，但由于庐山热带属分布较多，两山地之间的相似系数仅为 75.6%；与神农架共有热带属 186 属，相似系数为 83.1%；虽与太白山东西相连，但太白山热带成分显著减少，共有属 125 个，占太白山所有热带属的 95%，两山体之间的相似数仅有 64%；分布于太行山区的热带植物在本区差不多都有分布，但进入太行山区的热带植物明显减少，两地的相似系数仅为 54.9%；贺兰山分布的热带属，本区也有分布，两者的相似系数仅为 16.6%。温带属与太白山共有最多，达 407 属，占本区所有温带分布属的80.2%，一些唐古特地区的成分在本区没有分布，两山体相似系数为 85%；与神农架共有 381 属，相似系数为 83.4%，两地共有的东亚分布属中东亚-北美分布属较多，相似系数达 88% 以上；与庐山共有 319 属，占庐山温带分布属的 85% 以上，两地的相似系数为 75.3%；与太行山共有 330 属，相似系数为 72.3%；与贺兰山共有 170 属，一些典型的中亚、地中海、西亚至中亚成分未见分布，两地的相似系数仅为 35.4%。中国特有属伏牛山与神农架共有 28 属，占本区特有属的 75.6%，两地相似系数为 78%，与太白山共有 18 属，相似系数为 59%；与庐山共有 9 属，相似系数为 36%；与太行山共有 6 属，相似系数为 26.6%；与贺兰山共有 4 属，相似系数为 19%。与其他山体共有属（包括世界广泛分布属）的排列顺序是，神农架 617 属，相似系数 78.3%；太白山 581 属，相似系数为 77.2%；庐山 581 属，相似系数为 71.9%；太行山 514 属，相似系数为 71.3%；贺兰山 255 属，相似系数为 40.5%。与各山体共有种的统计也反映出这种关系：与太白山共有 1315 种，相似系数为 58.94%；与神农架共有 1227 种，相似系数为 53.17%；与太行山共有 985 种，相似系数为 44.5%；与庐山共有 1071 种，相似系数为 41.26%；与贺兰山共有 312 属，相似系数为 17.6%。

植物区系成分特点

伏牛山南坡植物区系成分以华中成分为主，北坡植物区系成分以华北成分为主，西南、华东、西北植物区系成分兼容并存，体现出本区植物区系南北过渡、东西交汇的特征。

中国特有种的地理分布表明，本区与华中地区关系最为密切，共有 933 种，占本区中国特有种的 66.5%，以下依次为华北 47%，西南 37.7%，华东 35.2%，西北 25.2%，东北 15.7%。不同山体共有属、种的统计表明，与秦岭中西段的太白山关系最为密切，属的相似系数为 77.2%，种的相似系数为 58.94%。由于其地理位置偏东南，热带属、种明显多于太白山区，而太白山受邻近的中国-喜马拉雅森林亚区和青藏高原植物亚区的影响，含有丰富的西南成分和唐古特地区成分。与华中地区的神农架关系密切，属的相似系数为 78.3%，种的相似系数为 53.17%。华中地区不少特有种在本区都有分布，南坡出现的热带属、种通常也见于神农架地区。北坡则含有丰富的华北区系成分，与太行山植物区系关系密切，属的相似系数为 71.3%，种的相似系数为 44.5%。太行山特有种或华北特有种一般也能跨越黄河，进入本区的北坡，与华东地区的庐山关系也较密切，属的相似系数为 71.9%，种的相似系数为 41.26%。这与两地都处于中国-日本森林植物亚区，植物通过桐柏山、大别山相互沟通有关。西北地区的贺兰山位于荒漠植物亚区的中亚东部地区，与本区植物区系联系较少，在属的水平上相似系数为 40.5%，种系水平的相似系数仅为 17.6%。

植物区系地理成分多样，区系联系广泛。科、属、种的地理成分统计表明，与世界各大洲的区系都有不同程度的联系。属级水平的统计反映出，热带成分以泛热带成分为主，温带成分以北温带成分为主，但在种系水平上，热带成分以热带亚洲成分为主，温带成分以旧世界温带成分为主，全温带、全热带的种类不多，而以欧亚大陆上发生的种系占大多数。这种现象表明，与各大洲的热带、温带地区在属的水平上，保持着一定的联系。由于气候的分化，地域的隔离，使同属不同种之间产生了分化，形成了新的种系，因而与其他分布区在种系水平上的联系较少。但在亚洲热带、欧亚大陆温带发生的种系与该区不存在地域的隔离，加上受地质时期的冰期和间冰期的影响，华夏古陆上的植物群多次南迁北移。途经此地，在该区保留有较多的热带亚洲成分和欧亚大陆成分。

植物区系起源古老，中国特有、残遗属种众多：该区属华北地带，经华力西运动隆起，形成陆地，植物开始在此繁衍生息。后来虽受燕山运动、喜马拉雅运动的影响，尤其是地质时期的几次冰期与间冰期的影响，植物区系发生了很大的变化。但自第三纪以来，伏牛山区受冰川侵蚀和破坏作用甚微，第四纪以后，大的气候环境基本保持了比较湿润、温暖的条件，因而保留了许多第三纪植物区系成分，它们是第三纪植物区系的直接后裔，使植物区系在起源上具有一定的古老性。一般认为被子植物的离心皮类或柔荑花序类是最古老的、最原始的类群，有离心皮类 5 科、41 属、120 种；有柔荑花序类 9 科、41 属、159 种；再根据对原始被子植物的研究，有原始被子植物 20 科、64 属、144 种，从而体现出植物区系有一定的古老性。有中国特有属 37 个，单种属 59 个，如青檀、领春木、戟菜、山白树、鸡麻、刺楸、香果树、山拐枣等都是分类上孤立、系统发育上相对原始的古老种类。另外，保留有不少的第三纪以前的古残遗植物种群，除蕨类植物外，还有银杏、连香树、三尖杉、水青树、领春木等；起源于第三纪的植物区系种类众多，如各种栎类、栗、桦、榆、械、构等乔木树种；荆条、黄栌、酸枣等灌木；白草、黄背草等草本植物。

植物资源类别的多样性及药用和经济价值

伏牛山中药资源占河南省总数的 76.9%，药用植物总储量为 65 000 万 kg，其中植物药材类 48 000 万 kg。药用植物的品种数量和储存量均处于全国前列，是全国药用植物主要产区之一。山茱萸产量约占全国的 80%，居全国之冠；连翘年产量占全国总产量的 40%；天麻、丹参、桔梗、南五味子、苦参、茜草、猪苓等 10 余种药用植物年产量居河南省第一。现将本区植物归类分述如下。

1. 野生药用植物

本区分布药用植物 2302 种。具有开发价值的有 400 余种。其中年产量在 100t 以上的有 119 种。

种子及果实类 种子及果实类分布有 140 余种，如山茱萸、连翘、南五味子、山楂、决明子、小茴香、黑芝麻、花椒、车前子、猕猴桃、牵牛子、沙苑子、蛇床子、地肤子、冬葵子、莱菔子、扁担杆、野葡萄、山梅、枣仁、芦巴子、赤小豆、火麻仁、郁李仁、柏子仁、急性子、韭子、马兜铃、茺蔚子、桃仁、八月扎、蔷薇果、苍耳子、栀子、栝楼、女贞子、王不留行等。其中大宗品种有山茱萸 Cornus officinalis、连翘 Forsythia suspensa、华中五味子 Schisandra sphenanthera、红果山楂 Crataegus sanguinea、王不留行、苍耳子、花椒、车前子、菟丝子、青箱子、葶苈子、苏子、蒺藜、荆芥、杏仁、银杏、草决明、野山楂、黑芝麻等 40 余种。

花类 花类分布有 80 余种，如野菊花、红花、槐米、合欢花、金银花、椴树花、小叶丁香、辛夷、玉米须、款冬花、洋金花、闹羊花、旋覆花、杜鹃花等。其中大宗品种有金银花 Lonicera japonica、野菊 Chrysanthemumindicum L. ［包括北野菊 Chrysanthemum boreale（Makino）］、辛夷、洋金花、槐米、红花、玉米须等 20 余种。

皮及茎木类 皮及茎木类分布有 150 余种，如椴木、三叶木通、大木通、小木通、苏木、夜交藤、忍冬藤、桑白皮、白癣皮、通草、杜仲、丹皮、紫槿皮、厚朴、祖师麻、黄柏、地骨皮、香加皮、远志、苦楝皮、合欢皮等。其中大宗品种有杜仲 *Eucommia ulmoides*、辽东楤木 *Aralia elata*（湖北楤木 *A. hupehensis*、楤木 *A. chinensis*）、香加皮、合欢皮、地骨皮、丹皮、祖师麻等 40 余种。

菌类　菌类分布有 20 余种，大宗品种有猪苓、天麻、灵芝、香菇、木耳、马勃、桑黄、桑瓢蛸、五倍子等。其中大宗品种有猪苓 *Polyporus umbellatus*、天麻 *Gastrodia elata* Blume、灵芝 *Ganoderma lucidum*、猪苓、马勃、桑瓢蛸、五倍子等 9 种。

根及根茎类　根及根茎类分布有 570 余种，如柴胡、苦参、山药、地黄、牛膝、丹参、防风、玄参、半夏、苦参、何首乌、百合、黄精、玉竹、白术、苍术、射干、黄芩、麦冬、天门冬、草乌、天南星、锁骨丹、九节菖蒲、茜草、藜芦、贯众、葛根、知母、北豆根、大黄、黄芪、土贝母、薤白、贝母、黄药子、党参、蝙蝠葛、墓头回、板蓝根、黄姜、地榆、南蛇藤、桔梗、沙参等。其中大宗品种有防风 *Ledebouriella sescloldcs* Auct.、柴胡 *Bupleurum chinense*（竹叶柴胡 *Bupleurum marginatum*）、葛根 *pueraria lobata*（Willd.）、丹参 *Salvia miltiorrhiza*、菘蓝 *Isatis indigotica* Fort.、盾叶薯蓣（黄姜）*Dioscorea zingibernsis*、地榆、桔梗、地黄、山药、牛膝、麦冬、防风、天花粉、墓头回、茜草、藜芦、贯众、葛根、知母、北豆根、蝙蝠葛、黄精、玉竹、白术、苍术、射干等 210 余种。

全草类　全草类分布有 640 余种，如茵陈蒿、白莲蒿、蒲公英、夏枯草、荆芥、冬凌草、仙鹤草、鬼针草、豨莶草、紫苏、肿节风、猪秧秧、紫花地丁、徐长卿、小蓟、血见愁、夏枯草、寻骨风、佩兰、大青叶、灯心草、大蓟、淡竹叶、荷叶、瞿麦、金钱草、透骨草、扁蓄、旱莲草、卷柏、败酱草等。其中大宗品种有茵陈蒿 *Artemisia capillaris*、白莲蒿 *Artemisia gmelinii*、鬼针草 *Bidens bipinnata*、冬凌草 *Rabdosia rubescens*、紫花地丁、小蓟、血见愁、夏枯草、寻骨风、佩兰、灯心草、大蓟、淡竹叶、荷叶、瞿麦、金钱草、透骨草、扁蓄、旱莲草、卷柏、败酱草等 180 余种。

叶类　叶类分布有 50 余种，如箭叶淫羊藿、淫羊藿、杜仲叶、山楂叶、艾叶、大青叶、桑叶、牡荆叶、十大功劳、柿叶、哥兰叶、石阶菜、石韦等。其中大宗品种有箭叶淫羊藿 *Epimedium sagittatum*、淫羊藿 *Epimedium brevicornum*、杜仲 *Eucommia ulmoides*、山楂叶 *Crataegus sanguinea*、艾叶 *Artemisiae argyi* 等 10 余种。

2. 栽培与抚育药用植物

伏牛山生态交错带环境条件复杂，空间异质性很强，是植物多样性形成的重要条件，生态交错带的通道作用、富集物种的沉积库作用和过滤物种的作用等是本区植物多样性形成的根本原因。古人云："诸药所生，皆有其界"，生态地理环境对药用植物的质量具有重要的影响。只有适宜的生态环境才能生产出优质高产的药用植物。因此，本区抚育、栽培、种植药用植物品种近 30 种，面积近 300 万亩[①]。抚育的近 60 万亩山茱萸年产量占全国的 80%；抚育的 150 万亩连翘年产量占全国的 40%，抚育的 20 万亩辛夷其挥发油、木兰脂素、辛夷脂素含量高于其他产区；抚育的 25 万亩杜仲和繁殖的天麻、猪苓年产量均为河南省第一。栽培居群的丹参、远志、桔梗、黄芩、防风、柴胡、半

---

① 1亩=666.7m²，下同。

夏、苦参、天花粉等与野生居群遗传多样性和化学成分基本一致。种植的王不留行、草决明、金银花、板蓝根、生地、白术、知母、牛膝、山药、菊花、麦冬等均为全国主流品种。

　　近几年，在全国各地产业结构调整中，由于种植粮食等农作物效益低下，种植药用植物相对而言是短平快的首选项目，许多地方都把药用植物产业作为支柱产业来抓。于是在全国兴起了一股引药用植物、种药用植物的热潮。一些药用植物品种出现了"南移北栽"现象。许多非"道地药材"产区也盲目种起了"道地药材"。次产区药用植物种植面积不断扩大，药用植物供求发生了变化，供大于求，导致价格下降，药农受挫，主产区"道地药材"种植面积萎缩。

　　由于药农在药用植物种植过程中，不重视对优良品种的选育，并且在田间管理过程中，为追求高产，长期大剂量施用化肥以及植物生长素，促使其生长速度加快，扰乱了植物自有的生物学特性，导致产量增加，有效成分减少。由于种植种子来源渠道多而杂，导致品系退化、成分变异、质量低劣、农民收入降低，影响药农积极性。对芍药野生居群与栽培居群的遗传变异研究发现，长期大面积连作单种栽培芍药，其化感作用造成土壤恶性退化，遗传基因发生变异，基因多样性降低。研究发现黄芩居群间的遗传变异占总变异的 18.83%，居群内变异占总变异的 81.17%，种内差异远大于种间差异。对丹参主要居群的遗传关系及药材道地性的初步研究得到同样的结论：种内差异远大于种间差异。

　　尽管政府及一些中药制药企业十分重视药用植物的规范化建设，但由于历史上传统的种植习惯及经营体制等原因，我国大部分药用植物生产还没有摆脱千家万户分散种植经营的小农生产方式，集约化、规范化、标准化程度低。药农凭经验种植，生产方法不科学、不规范，缺乏全程质量监控，使"道地药材"质量下降，部分药用植物农药残留量及重金属含量超标，直接影响了中药质量的稳定性和可控性。因此，解决良种繁育技术，减少连作方式，降低环境污染，规定农药和化肥使用量，确立单品种种植模式，制定种植技术规范，控制种植药用植物质量等是保证伏牛山区"地道药材"发展的有效途径。

3. 植物能源

　　自然界的能源多种多样，人们最早使用的能源就是以纤维素为主要成分的植物，而目前石油是人类最为重要的能源。经历了 20 世纪 70 年代二次石油危机以及绿色运动的兴起，科学家们敏锐地看到：化石类（煤、石油）能源的再生速率慢，储量日渐减少，总有一天会枯竭。因此，科学家们把未来的能源寄托在太阳能和生物能上，以纤维素为主的植物能源将再次异军突起。

　　在植物能源中，"植物石油"可以说是一朵奇葩，前景诱人。"种树得油"近年来在世界各国新风劲吹。能源专家预示：21 世纪将是"植物石油"大展宏图之时。"植物石油"是指由植物直接生产出来的工业燃料用油或将植物经过加工生产出来的燃料油的总称。太阳每年投射到地球表面的能量相当于 $7.0 \times 10^{17}\, kW \cdot h$。绿色植物利用水、二氧化碳进行光合作用，制造碳水化合物，将一部分太阳能转换成化学能储存起来。目前，全世界绿色植物储存的太阳能相当于 $8.0 \times 10^{10}\, t$ 标准煤〔合（$6.0 \sim 8.0$）$\times 10^{12}\, t$ 石油］，其中 90% 储存于森林。约合 1.0×10^{12} t 纤维素。而目前全世界石油开采量为 3.0×10^9 t，仅占森林生长量的 4.3%。因此，森林是一座巨大的"石油储能库"，其潜力很大，具有广阔的开发前景。

一是富含类似石油成分的能源植物。石油的主要成分是烃类，如烷烃、环烷烃等，汽油、柴油、煤油等即是石油分馏后不同的组分；富含烃类的植物是植物燃料的最佳来源，生产成本低，利用率高。续随子 *Euphorbia lathyris* L. 的种子，大戟 *Euphorbia pekinensis* Rupr. 的种子，桤木 *Alnus ccemastogyne*、黑槐 *Sophora* sp.、绿玉树、古巴香胶树、银胶菊等是其杰出代表，如古巴香胶树分泌的乳汁与石油相似，不需要提炼即可作为柴油使用，每株树的年产量达 40L。

二是富含小分子糖类、淀粉和纤维素等碳水化合物的能源植物。利用这类植物所得到的最终产品是乙醇。其种类较多，分布也比较广泛，如菊芋木薯、马铃薯、甜菜，菊科植物的种子，禾本科的高粱、玉米、甘蔗等，都是生产乙醇的良好原料。

三是富含油脂的能源植物。它们既是人类食物的重要组成部分，又是工业用途非常广泛的原料。有资料表明，世界上的富油植物达万种以上，我国有近千种，其中有的含油量很高，如木姜子的种子含油率达 64.4%，黄脉钓樟的种仁含油率高达 67.2%，许多植物不仅含油率高，而且存储量巨大。例如，苍耳子瘦果含油率为 15%～25%，种仁含油率为 44%，资源十分丰富，仅伏牛山的年产量就达 1350 万 kg。

大戟科、禾本科、豆科、菊科、唇形科、壳斗科等油脂类、高淀粉类、高糖低蛋白类植物在本区广泛分布，为开发能源植物提供了得天独厚的野生和抚育资源。

4. 纤维植物

纤维植物的茎皮部、木质部、叶等器官或组织纤维发达，可用于制麻、编织或加工成为纺织、造纸的原料。本区纤维植物达 168 种，其中青檀皮是我国著名的书画用纸——宣纸的原料；构树皮、桑树皮、椴树皮、扁担杆、瑞香、芫花等植物茎皮纤维不仅丰富发达，而且质量好，是造纸、纺织工业的上等原料，如瑞香狼毒的茎含纤维 16.23%（α-纤维素 14.33%，β-纤维 1.60%），鞣质 11.80%，糠醛 3.84%；根皮含纤维 28.49%（α-纤维素 25.75%，β-纤维素 1.16%），鞣质 37.30%，糠醛 5.04%，淀粉 8.87%，根部含淀粉 34.77%，去皮后的根含淀粉 66.49%。箕柳、筐柳、荆条、胡枝子、紫穗槐、白蜡树、蒲草、龙须草等是本区群众常用于编织农具及日常生活用品的纤维原料。杨、柳、竹类、龙须草及黄背草等速生、丰产，是良好的造纸原料植物。木防己、葛藤、青藤、紫藤、蝙蝠葛等是理想的藤编原料，本区含量丰富，应组织开发利用。

山杨 *Populus davidiana* Dode（杨柳科）。木纤维可做纸张原料；树皮纤维可做麻类代用品，并供做人造棉原料；嫩枝可用于编织筐、篓等物。另外，树皮可提制栲胶。山杨树皮内全部纤维含量 48.2%，纤维长 0.935～1.020mm，宽 19～30μm；化学成分：水分 11.31%，冷水水溶物 1.38%，1% 氢氧化钠抽提物 15.61%，全纤维素 43.24%，木质素 17.10%，温水水溶物 2.46%；另外尚含有多缩戊糖、粗蛋白、果胶等成分。

核桃楸 *Juglans mandshurica* Maxim（胡桃科）。树皮可供做人造棉及造纸原料，还可用于制作绳索。另外，树皮、叶、外果皮均含鞣质，可提取栲胶；种仁含油，可供食用或工业用。化学成分：纤维素 29.37%，水分 7.2%，灰分 3.87%，木质素 16.83%，碱抽提物 51.49%，苯抽提物 11.61%，多缩戊糖 15.15%。树皮纤维量在鲜物中含 19.47%，在干物中含 29.50%，纤维长 10mm，宽 23μm 左右。

大果榆 *Ulmus macrocarpa* Hance（榆科）。茎皮纤维可代麻制绳，枝条可用于编织，种子可入药，木材坚韧可供制作农具。茎皮含水 1.59%，1%氢氧化钠抽提物 23.53%，纤维素 54.84%；纤维平均长 0.85mm，宽为 1.85μm。

葎草 *Humulus scandens*（Lour.）Merr.（桑科）。茎纤维可供造纸及纺织，也可代麻。茎皮含纤维素约 34.55%；果穗含葎草酮或蛇麻酮；全草含胆碱、天门冬素等。

桑 *Morus alba* L.（桑科）。茎皮纤维可供制打字纸、蜡纸、电机工业纸、国防工业纸等用；果实可用于酿酒或食用，种子可榨油；叶、根药用；叶也可养蚕。茎皮纤维含全纤维素 48.22%，半纤维素 15.7%，纤维长 27mm，宽 17.21μm，强力为 16.77g。

蝎子草 *Girardinia cuspidata* Wedd.（荨麻科）。茎皮纤维可供制绳索，经加工处理后可供纺织。茎皮含纤维约 20%，纤维坚韧，强力为 42.13g。

狭叶荨麻 *Urtica angustifolia* Fisch ex Hornem（荨麻科）。茎皮纤维中的长纤维可做高级纺织物品的原料，还可用于纺织轮船用布、马达传动带、柔软牢固的绳索等；短纤维可做高级纸张原料。茎皮含纤维约 70.99%，出麻率 55.82%；纤维长 5～55mm，平均长 10～20mm；宽 20～70μm，平均 50μm；纤维白色、柔软、有光泽，强力为 38.52g。

蝙蝠葛 *Menispermum dauricum* DC.（防己科）。韧皮纤维可代麻，也可做造纸原料；茎可用于编织。

牛迭肚 *Rubus crataegifolius* Bge.（蔷薇科）。茎皮纤维可供造纸及做纤维板的原料，另外，果实可食用。茎皮含纤维 44.07%。

野亚麻 *Linum stellarioides* Planch.（亚麻科）。茎皮纤维可供做造纸及人造棉等的原料。茎皮含水分 10.97%，灰分 2.3%，木质素 20.21%，纤维素 40.92%，苯醇抽提物 4.30%，碱抽提物 32.14%，多缩戊糖 10.27%。

黄花蒿 *Artemisia annua* L.（菊科）。茎皮纤维可用于造纸。另外，全草可提取芳香油；嫩枝、叶可药用。茎皮含纤维约 47.83%。

白茅 *Imperata cylindrica* var. *major*（Nees）C. E. Hubb.（禾本科）。秆叶可供造纸，也可用于编织。另外，根药用，有清热凉血之功效；花药用，可止血。茎、叶出麻率 6.67%，含纤维 57.00%，平均纤维长度为 28.57mm。茎、叶含纤维素 42.33%。

白草 *Pennisetum flaccidum* Griseb.（禾本科）。秆纤维可供造纸。嫩茎可做牧草；茎、叶可提取芳香油；种子可供榨油或提取淀粉。纤维最长 2.04mm，最短 0.14mm，一般为 0.19～0.75mm，平均为 0.15mm；最宽为 2.15μm，一般为 5.2～12.9μm，平均为 8.7μm。

芦苇 *Phragmites australis*（Cav.）Trin.（禾本科）。秆纤维为优质的造纸原料，也可用于制作人造棉；秆光滑坚韧，可供编织用。另外，花序可做扫把；芦花可药用，为凉性药；以芦根入药，有利尿、解毒、清热镇呕之功效；根状茎可提取淀粉。100g

芦秆含纤维素 57.6g，其中 α-纤维素 41.5g，木质素 19.88g，灰分 4.73g，苯、乙醇提取物 4.19g，多缩戊糖 30.68g。纤维长度达 $0.277 \sim 2.92mm$，平均 0.9mm；直径 $7.3 \sim 32.4\mu m$，平均 $13.2\mu m$。另外，根、茎含大冬酰胺、小分子糖类、脂肪、淀粉等成分，全草含 β-香树糖、蒲公英赛醇等。

营草 *Themeda triandra* var. *japonica*（Willd.）Makino（禾本科）。纤维可做纸张、纤维板的原料，也可供做人造棉及人造丝等。秆可供编织草帘。根的韧性大，通常用于制作毛刷等用具。另外，根可入药，能清热、利湿通淋，治疗湿热、小便涩痛等症。秆含纤维素 40.3%，1% 氢氧化钠抽提物 23.2%，木质素 43.5%。干草含水 10.44%，粗蛋白 6.12%，粗脂肪 2.22%，无氮浸出物 48.93%，粗纤维 26.88%，粗灰分 5.39%，钙 0.43%，磷酸 0.18%。纤维长 $0.5538 \sim 1.5975mm$，最长 3.1524mm，纤维宽 $8.6 \sim 17.2\mu m$，最宽 $21.5\mu m$。

马蔺 *Iris lactea* Pall. var. *chinensis*（Fisch.）Koidz.（鸢尾科）。叶含强韧的纤维，可供制绳、人造棉及张纸；根可用于制作刷子；种子可用于提取淀粉及油；以花入药，有清火、利尿、消肿之功效；以种子入药，可降湿热、利尿、止血、解毒。茎叶含纤维 50%，纤维素 43.39%，水分 14.34%，可溶性无氮物 26.93%；纤维平均长 49.55mm，宽 $59.08\mu m$，平均单纤维强力为 45.10g。

5. 淀粉和小分子糖类植物

绿色植物通过光合作用合成淀粉和小分子糖类。淀粉和小分子糖类是人类生活必需的营养成分，也是工业生产的重要原料。淀粉的用途广泛，无毒的野生植物淀粉可制成粉丝、粉皮等食品或直接食用，在食品工业上还用来做乳化剂、增稠剂、胶黏剂等。由于淀粉的高分子特性、糊化温度、膨胀度等特性，被工业上广泛应用。例如，淀粉在造纸工业上用做胶黏剂，在棉、麻、毛等纺织工业上作为浆料，在医药方面可用于配置片剂、丸剂、粉剂等药品，还可做酿酒原料。此外，铸造、陶瓷、石油等工业也利用淀粉。淀粉分解为麦芽糖、葡萄糖后，再加工制作糖果、糕点、罐头等食品，或作为酿酒、造纸、制作化妆品的原料。植物体中所含的糖分有葡萄糖、麦芽糖、果糖、菊糖、蔗糖等，多储存于果实、种子和变态根、茎。有的果实、种子或变态根等可直接食用，有的可加工成副食品，或制果酒、罐头等。

淀粉植物资源据有关资料记载有 164 种，具有明显的淀粉资源优势。其中具有开发利用价值（含广泛栽培的经济淀粉植物）的有 112 种，著名的种类是壳斗科的树种，如板栗、茅栗、栓皮栎、麻栎等的坚果均含有丰富的淀粉。此外，豆科的葛、蓼科的何首乌、天南星科的芋、百合科的土茯苓等种类的块根、块茎也是重要的植物淀粉资源。有些种类还是著名的中草药，如何首乌、白芨、百合等。橡子是壳斗科栎属树木坚果的统称，也是本区的优势资源，其他资源丰富的种类还有毛蕨、蕨、狗脊蕨、米心树、板栗、茅粟、栓皮栎、麻栎、枹栎、短柄枹栎、槲栎、匙叶槲栎、锐齿栎、直锐齿栎、南方槲栎、房山栎、匙叶栎、岩栎、巴东栎、乌冈栎、青冈砾、小叶青冈栎、育拷、西南栎、北京槲栎、槲树、无毛锐齿栎、薛荔、萱麻、翼蓼、萹蓄、习见蓼、就叶蓼、何首乌、珠芽蓼、圆穗蓼、拳参、繁稳苋、尾穗苋、王不留行、芡、毛茛、鹰爪枫、鬼灯擎、菱叶海桐、秦岭南桐、狭叶海桐、崖花海桐、地榆、翻白草、葛藤、野绿豆、救荒野豌豆、三齿野豌豆、四籽野豌豆、确山野豌豆、山野豌豆、广布野豌豆、米口袋、算盘子、馒头果、湖北算盘子、白蔹、野菱、四角菱、黄荆、牡荆、荆条、通花梗、地笋、甘露子、慈姑、矮慈姑、稗子、魔芋、芋、菝葜、光叶菝葜、狭叶菝葜、短梗菝葜、粉菝葜、牛尾菜、天门冬、黄精、卷叶黄精、轮叶黄精、兴安天门冬、石刁柏、多花玉竹、玉竹、鸡头根、川百合、山丹、红花百合、卷丹、线叶百合、细叶百合、百合、大叶百合、绵枣、石蒜、忽地笑、黄独、野山药、薯蓣、穿龙薯蓣、白芨、盾叶薯蓣等。合理开发利用这些植物资源，适时采收加工，不仅为工业、养殖业提供原料，节约粮食，而且也可通过深加工作为粮食的代用品。

榛 *Corylus heterophylla* Fisch.（桦木科）。种子富含营养，可食；种子淀粉可做副食；种子尚可用于榨油。另外，茎皮供造纸，茎皮和总苞可提取栲胶，叶为猪饲料，木材致密可供做家具。每百克种子含碳水化合物 16.5g，蛋白质 16.2g，脂肪 50.6g，灰分 3.5g。树皮含鞣质 5.1%。每百克干叶含水分 9.27g，粗蛋白 8.87g，粗脂肪 9.18g，粗纤维 13.47g，无氮浸出物 50.98g，粗灰分 8.23g，钙 0.87g，磷酸 0.23g，鞣质 5.76g。

青冈栎 *Cyclobalanopsis glauca*（L.）（壳斗科）。种子含淀粉，可供酿酒。壳斗、树皮和叶含鞣质，可提取栲胶。叶可养蚕。木材供做建筑用材。种子含淀粉 62.88%，鞣质 14.5%，蛋白质 6.06%，脂肪 3.59%，纤维素 4.48%，灰分 2.84%。

榆 *Ulmus pumila* L.（榆科）。榆皮粉、榆叶、幼嫩果实均可食用，树皮纤维可代麻用，茎皮、根皮含树胶，可制作胶黏剂，木材供做建筑用材。茎皮含纤维素 16.14%，每百克果实含水分 82g，蛋白质 3.8g，脂肪 1g，碳水化合物 8.5g，并含有维生素等成分。每百克榆叶含水分 79g，蛋白质 6g，碳水化合物 9g，脂肪 0.6g 等。

桑 *Morus alba* L.（桑科）。果实味甜，可食用，并可提取果汁制作饮料或酿酒。果实含糖分 9%～12%，并含少量胡萝卜素、硫胺酸、核黄素以及抗坏血酸等。

山楂 *Crataegus pinnatifida* Bge.（蔷薇科）。果实可直接食用，也可制作果酱、果糕、蜜饯或用于酿酒。果实也可药用。苗木为苹果、梨的砧木。果肉含碳水化合物 22%，蛋白质 0.7%，脂肪 0.2%，铁 0.0021%，钙 0.085%。钙、铁含量居水果类首位。

地榆 *Sanguisorba officinalis* L.（蔷薇科）。根含淀粉，可用于酿酒；种子油可供制皂或工业用；全株含单宁，可提取栲胶；根可入药，能凉血、止血、收敛止泻；全草做农药可治蚜虫、红蜘蛛、小麦秆锈病。根含淀粉 25%～30%。

草木樨 *Melilotus suaveolwan* Ledeb.（豆科）。种子含淀粉和脂肪，可用于酿酒或榨油；开花时收割，为高蛋白饲料，剁碎可做绿肥；也是很好的蜜源植物及水土保持植物。种子含淀粉 29.11%，含油 6.32%。全草含挥发油及香豆素。每百克鲜全草含蛋白质 25.38～27.96g，纤维 17.9～19.73g，无氮浸出物 33.78～36.78g，脂肪 5.10～5.62g，灰分 9～9.92g。

歪头菜 *Vicia unijuga* A. Br.（豆科）。种子含淀粉，可用于酿酒、制醋或食用。嫩叶可食。种子含淀粉 40%。每百克鲜全草含水分 72.90g，蛋白质 4.07g，粗脂肪 1.09g，无氮浸出物 11.95g，粗纤维 8.06g，粗灰分 1.14g，维生素等。

酸枣 *Ziziphus jujuba* var. *spinosa*（Bge.）Hu ex H. F. Chow（鼠李科）。果肉及核仁内均含糖及少量淀粉，可加工成副食品和酿酒。种子入药，能养心安神，滋补肝肾。可做枣树的砧木，又为蜜源植物。果实含糖 6%，水分 40%，以及维生素丙、枣酸、脂肪油、挥发油、黏液质等。核仁含淀粉 24.38%。

山葡萄 *Vitis amurensis* Rupr.（葡萄科）。果实可食用或酿酒，酒糟可用于制醋或做染料。种子可榨油。酿酒后的副产品及叶可提制酒石酸。根、茎、果实尚可入药。果实中果梗占 16.2%，果渣占 26.61%，果核占 8.5%，出酒率 44.88%，总酸量 2.31g/100ml，糖分 9.71g/100ml，糅质 0.0785g/100ml，1kg 原果汁加水加糖可制酒 1.3kg。

软枣猕猴桃 *Actinidia arguta*（Sieb. et Zucc.）Planch.（猕猴桃科）。果实酸甜可食，可制作果酱、果酒等；茎皮纤维可供制绳；嫩枝可提取树胶。果实含葡萄糖 15.27%，果糖 6.57%，蔗糖 2.19%，出酒率 10%。

玉竹 *Polygonatum odoratum*（Mill.）Druce.（百合科）。根状茎含淀粉，可供食用或酿酒。根、茎入药，能润肺止咳、生津止渴；外用可治疗跌打损伤。根状茎含糖类 35.6%，其中还原糖占 5.7%，所含黏液水解产生果糖、葡萄糖、阿拉伯糖等。根状茎含淀粉 25.6%～30.6%。

黄精 *Polygonatum sibiricum* Delar. ex Redoute.（百合科）。根状茎含淀粉，可供食用和药用，有滋养作用。干根状茎含 68.46% 的淀粉和一些糖分，尚含烟酸和黏液质。

穿龙薯蓣 *Dioscorea nipponica* Makino（薯蓣科）。根状茎含淀粉，可供用于食品业或酿酒业。根状茎还可入药，有舒筋活血、祛风止痛之功效。根状茎含淀粉 40%～50%。

6. 油脂植物

油脂是人类食物中不可缺少的主要营养物质，同时也是重要的工业原料。油脂主要用于制肥皂、润滑剂、油漆涂料、蜡烛等。油脂经水解后产生脂肪及甘油，也是重要的工业原料。例如，硬脂酸可用于制化妆品；在橡胶工业中促进硫化，使橡胶软化和防老化；在文教用品中，用来制蜡笔、复写纸、圆珠笔油等；在纺织工业中，做润滑打光剂；在皮革工业中，用做上光剂和制保革油；在电镀工业中，可制抛光膏；在食品工业中，做糖果、饼干的乳化剂；在化学工业中，用于制镁、铝、钙、钡、锶等盐类；在塑料工业中，做增塑剂。甘油用途也很广泛，如食品、医药、化妆品、纺织、皮革、造纸、金属加工、油漆等行业，都需要大量的甘油。三磷酸甘油酯是无烟火药，在国防、采矿、筑路中都被广泛应用。本区植物果实或种子含油量较高，具有开发价值的植物有 205 种。核桃是著名的油料树种，本区栽培比较普遍；野核桃、球果香榧、榛子、虎榛子、梧桐树种的果实或种子不仅含油率高，而且还是高级的食用油，也可用于油脂化学工业。松树的种子油、乌桕、樟科树种、漆树、黄连木、槭树属树木的果实油是重要的化工原料，经加工后，有些油也可食用。特别是乌桕皮油经深加工制成类可可脂，可用以代替可可脂生产巧克力。

油脂植物在各器官中含油量不同，一般在根、茎、叶中含量较少，而在果实及种子中含油脂最多。另外，不同时期所含的油脂量也有很大差别。通常果实未成熟时，含碳水化合物多，而果实成熟期，则含油脂较多。

油松 *Pinus tabulaeformis* Carr.（松科）。种子油为良好的食用油，还可供做润滑剂及制作肥皂。种子含油量 30%～40%，出油率 24%～30%，碘值 157.2，皂化值188.9。脂肪酸组成：肉豆蔻酸 0.1%，棕榈酸 5.9%，硬脂酸 2.3%，十六碳烯酸0.4%，油酸 22.0%，亚油酸 44.3%，二十碳二烯酸 0.4%，十八碳三烯酸 19.2%，亚麻酸 1.0%，二十碳三烯酸 0.4%，月桂酸微量、未鉴定酸 0.3%。

核桃楸（胡桃科）。种子及种子油供食用，又可供制肥皂。种子含油量 68.2%，碘值 155.3，皂化值 181.2。脂肪酸组成：肉豆蔻酸 0.4%，棕榈酸 2.8%，硬脂酸 1.3%，油酸 13.4%，亚油酸 74.5%，亚麻酸 7.6%。

榛（桦木科）。种子生食或炒食，也可做糕点或榨油供食用。种子含油量 61%，碘值 89.3，皂化值 177.4，不皂化物 1%。脂肪酸组成：棕榈酸 3.5%，硬脂酸 1.3%，油酸 82.5%，亚油酸 12.7%，亚麻酸微量。

大果榆（榆科）。种子油可供制肥皂，也可食用。翅果含油量 39.1%，碘值 7.3，皂化值 296.6。脂肪酸组成：辛酸 13.8%，癸酸 66.5%，月桂酸 8.6%，肉豆蔻酸1.4%，棕榈酸 4.7%，硬脂酸 0.4%，油酸 2.1%，亚油酸 2.5%，亚麻酸微量。

大麻 *Cannabis sativa* L.（桑科）。种子油可做工业用油，供制肥皂、油漆等。油饼可做饲料或肥料。种子含油量 63.8%，碘值 107.9，皂化值 192.3。脂肪酸组成：棕榈酸 6.4%，硬脂酸 2.5%，花生酸 1.0%，油酸 13.0%，亚油酸 56.3%，亚麻酸19.2%，十六碳烯酸微量以及未鉴定酸等。

石竹 *Dianthus chinensis* L.（石竹科）。种子油可供工业用，用于制肥皂及做润滑油。种子含油量 31.0%，碘值 142，皂化值 196.9。脂肪酸组成：棕榈酸 6.6%，硬脂酸 1.6%，油酸 15.9%，亚油酸 75.9%。

南五味子 *Kadsura longipedunculata* Finet et Gagnep.（*K. Peltigera* Rehd. et Wils.）（木兰科）。种子油可做润滑油或制作肥皂。种皮可用于提取芳香油。种子含油量 39.1%，碘值 7.3。脂肪酸组成：月桂酸 7.0%，棕榈酸 1.4%，硬脂酸 0.2%，油酸12.3%，亚油酸 77.9%，亚麻酸 1.2%，癸酸微量、肉豆蔻酸微量。

播娘蒿 *Descurainia sophia*（L.）Webb.（十字花科）。种子油多用于工业，供制肥皂、油漆，也可食用。种子含油量 34.8%，碘值 157.1，皂化值 183.6，酸值 7.2，不皂化物 1.8%。脂肪酸组成：棕榈酸 5.6%，硬脂酸 2.3%，油酸 11.2%，二十碳烯酸13.1%，芥酸 10.0%，亚油酸 16.4%，二十碳二烯酸 3.2%，亚麻酸 35.5%，二十碳三烯酸 2.6%，据报道还有肉豆蔻酸、花生酸、山嵛酸和十六碳烯酸等。种子中还含有异硫氰酸苄脂、异硫氰酸丙烯脂等。

卫矛 *Euonymus alatus*（Thunb.）Sieb.（卫矛科）。种子含油量较高，可供制肥皂及做润滑油。种子含油量 51.2%，碘值 118.4，皂化值 246.1。脂肪酸组成：月桂酸7.2%，油酸 9.3%，亚油酸 23.9%，亚麻酸 38.2%，肉豆蔻酸 0.4%，棕榈酸 17.1%，硬脂酸 3.0% 及微量十六碳烯酸等。

益母草 *Leonurus japonicus* Houtt.（唇形科）。种子油可做润滑油及其他工业用油。小坚果含油量 37.5%，碘值 154.3，皂化值 189.3。脂肪酸组成：棕榈酸 8.0%，硬脂酸 3.4%，花生酸 2.2%，十六碳烯酸 4.1%，油酸 28.2%，亚油酸 39.8%，亚麻酸 11.6%，未鉴定酸 2.7%。又据中国科学院林业土壤研究所（今中国科学院沈阳应用生态研究所）测定：种子含油量 30.86%。

桔梗 *Platycodon grandiflorus*（Jacq.）A. DC.（桔梗科）。种子油供工业用。种子含油量 35.1%，碘值 140.2，皂化值 190.4。脂肪酸组成：肉豆蔻酸 0.3%，棕榈酸 10.7%，硬脂酸 3.9%，十六碳烯酸 0.5%，油酸 12.0%，亚油酸 72.6%。

苍耳 *Xanthium sibiricum* Patrin ex Widd.（菊科）。种子油可掺和桐油制油漆，又为制作肥皂、油墨、油毡等物品的原料，还可用于制作硬化油、润滑油。榨油后的油饼可做饲料。果实含油量 10.5%。脂肪酸组成：肉豆蔻酸 0.2%，棕榈酸 8.1%，硬脂酸 1.3%，油酸 7.2%，亚油酸 82.5%，亚麻酸 0.6%。

7. 野果植物

野生水果由于含有丰富的维生素，特别是维生素 C 和其他对人体有益的营养成分与微量元素，以及未受到农药等有毒、有害物质的污染而倍受消费者的青睐。面对日益增长的市场需求，野生水果开发利用的前景十分广阔，已有很多种类通过栽培驯化和育种选育等工作使得"变野生为栽培"成为现实，并逐步得到推广，如中华猕猴桃、山楂、五味子等。本区野生水果植物有 108 种，资源蕴藏量较大，营养保健价值较高的种类主要有五味子、金樱子、山莓、野葡萄类、中华猕猴桃、胡颓子、四照花及其近缘种类。本区还是中华猕猴桃的产区之一，近缘种还有葛枣猕猴桃、软枣猕猴桃、河南猕猴桃等 7 种，它们不仅是野果资源，更是珍贵的种质资源。野葡萄有 10 余种，还有蔷薇果、悬钩子、山楂、五味子等属的果实，均是加工营养保健食品、饮料的良好原料，因此，开发利用本区野生水果资源，不仅有很高的经济效益，而且有很高的社会效益，也有助于提高本区的经济活力。

核桃楸（胡桃科）。核桃楸为重要的木本油料植物。核仁富含亚油酸，炒熟后可食用，可做糕点、糖果原料。种子含油，可供食用。果实食疗价值很高，有滋补润肠、降血脂、软化血管等功效。果实及叶中，尚可提取维生素 C。果仁含脂肪 60%～70%，蛋白质 15%～20%，碳水化合物 10%，并含多种维生素及矿物质。每百克未成熟果实含维生素 C 410～2440mg。每百克种仁含粗纤维 1.5g，灰分 1.8g，钙 119mg，磷 362mg，铁 3.5mg。每百克鲜叶中含维生素 C 1500～2300mg。

榛（桦木科）。榛为重要的野生干果。果仁可生食或炒食，可做糕点，也可榨油食用。果仁也富含淀粉可磨粉制食品，尚含多种维生素及矿物质。可制巧克力或糕点、榛子粉、榛子乳等营养食品。果仁含脂肪 55%～62%，蛋白质 17%～19%。每百克果仁含脂肪 58.3g，蛋白质 21.12g，碳水化合物 6.91g，灰分 2.4g，维生素 C 33.9mg，维生素 A 14.2mg，钙 307mg，五氧化二磷 91.1mg，铁 7.85mg，钾 581.4mg。

桑（桑科）。果实（桑葚）味甜多汁，可鲜食，也可提取果汁，直接利用或酿酒、制果酱。果实含碳水化合物，并含少量胡萝卜素、硫胺素、核黄素及维生素 C 等。每百克鲜果含胡萝卜素 0.01mg，维生素 B_1 0.03mg，维生素 B_2 0.06mg，维生素 PP 0.7mg，维生素 C 19mg。果实含果汁量 35%～50%。

南五味子。果实可制成清凉饮料或风味醇厚的优质酒。果实含可溶性糖 8.36%，脂肪 0.19%，蛋白质 1.58%，维生素 C 21.61mg/100g，铁 10.55μg/g，锰 6.12μg/g，钙 6.6μg/g，锌 1.66μg/g。种子含脂肪油约 33%及挥发油约 1.6%。

山楂（蔷薇科）。果实酸甜，可生食并可加工成山楂罐头、山楂糕、山楂酱、蜜饯等，也可提取天然红色素。果实含碳水化合物 14.5%，总酸量 4.5%，鞣质 0.56%，还有蛋白质、维生素等。每百克鲜果中含维生素 C 100～200mg。果实中还含有山楂酸、酒石酸、黄酮类、内脂、解脂酶等成分。种仁中含蛋白质、脂肪等。

欧李 *Prunus humilis* Bge.（蔷薇科）。果实含糖，可食用并可加工制作果汁、果酱、果酒等。果实含碳水化合物 5.2%，出汁率达 28.3%左右。每百克鲜品含蛋白质 1.5g、维生素 C 47mg。此外，尚含维生素 B、维生素 D 及钙、磷、铁等。

酸枣（鼠李科）。果实可鲜食，也可酿酒、制醋或加工成清凉饮料（汽水、可乐、酸枣汁、酸枣露等）。枣肉可用于制作酸枣糕等食品，也可提取维生素。种仁药用，并可榨油。每百克酸枣（干）含水分 16.8g，蛋白质 4.5g，脂肪 1.0g，碳水化合物 74.8g，果胶 6.0g，钙 270mg，磷 59mg，胡萝卜素 3.8mg，粗纤维 0.2g，灰分 2.7g。每百克鲜枣仁中含纤维素 C 830～1170mg。

山葡萄（葡萄科）。果实可生食或加工成饮料，也可酿造红葡萄酒。制酒后的葡萄渣可制醋或提取色素。叶、枝、葡萄梗、酒糟等，可用于提取化工原料酒石酸。种子可榨油，油中的亚油酸含量较高，并含维生素 P、硒等，食疗价值极高。果实出酒率 44.88%，总酸量 2.31g/100ml，碳水化合物 9.71g/100ml，鞣质 0.0785g/100ml，并含大量维生素 C 及各种人体必需的氨基酸。种子可榨油，含油量 14%～18%。

软枣猕猴桃（猕猴桃科）。果实酸甜可口，可生食，也可加工成罐头、果酱、果汁、蜜饯等，并可做酿酒的原料。果实营养丰富，可治疗多种疾病。种子油可食用，成分中不饱和脂肪酸的含量较高，对心血管疾病也有极好的治疗效果。叶可做高级饲料。花可提制香料。茎纤维可供造纸。软枣猕猴桃也为良好的蜜源植物。果实中果梗占 10.2%，出汁率 45.5%，果汁总含酸量 1.48g/100ml，碳水化合物 5.18g/100ml，鞣质 0.145g/100ml。原汁中含维生素 C 180.2mg/100g，碳水化合物 9.9%，总酸量 1.01%，出酒率 10%。

8. 野菜植物

当今的野菜植物已不再用于充饥度荒，野菜植物之所以再次受到人们的重视，是因为这类植物能够对人类的饮食起调节作用，以及其营养全面、无农药污染和强身健体的保健功能。本区野菜植物有 114 种，如蕨类的拳菜、榆树果实榆钱、荠菜等十字花科的多种植物、香椿芽、刺槐花，以及甘露子、地笋、绵枣的地下茎、块根、鳞茎等。我国的拳菜、龙芽菜在国际市场上享有较高的声誉，香椿芽是我国人民最喜爱的木本蔬菜之一，榆钱、刺槐花也日益走俏，市场需求量迅速增加，值得进行开发利用研究，以满足市场需要，并借以增强保护区的经济活力。

篇蓄 *Polygonum aviculare* L.（蓼科）。嫩茎、叶可食用。每百克鲜品含胡萝卜素 9.55mg，维生素 B_2 0.58mg，维生素 PP 1.3mg，维生素 C 9.58mg，水分 79g，蛋白质 6.0g，脂肪 0.6g，碳水化合物 10g，粗纤维 2.1g，灰分 2.0g，热量 288.70kJ，钙 50mg，磷 47mg。每克干品含钾 20.1mg，钙 10.3mg，镁 9.0mg，磷 3.18mg，钠 0.94mg，铁 144μg，锰 28μg，锌 57μg，铜 10μg。

水蓼 *Polygonum hydropiper* L.（蓼科）。幼嫩植物或嫩叶可食用。每百克鲜品含胡萝卜素 7.89mg，维生素 B_2 0.38mg，维生素 C 235mg。

酸模叶蓼 *Polygonum lapathifolium* L.（蓼科）。幼嫩植株或嫩芽可食用。每百克鲜品含胡萝卜素 3.53mg，维生素 B_2 0.34mg，维生素 C 72mg。

藜 *Chenopodium album* L.（藜科）。幼嫩植株或嫩芽可食用。每百克鲜品含胡萝卜素 5.36mg，维生素 B_1 0.13mg，维生素 B_2 0.29mg，维生素 PP 1.4mg，维生素 C 69mg，水分 86g，蛋白质 3.5g，脂肪 0.8g，碳水化合物 6g，粗纤维 1.2g，灰分 2.3g，钙 209mg，磷 70mg。每克干品含钾 32.1mg，钙 9.2mg，镁 6.10mg，磷 3.07mg，钠 21.57mg，铁 384μg，锰 51μg，锌 53μg，铜 17μg。

地肤 *Kochia scoparia*（L.）Schrad.（藜科）。嫩茎、叶可食用。每百克鲜品含胡萝卜素 5.70mg，维生素 B_1 0.15mg，维生素 B_2 0.31mg，维生素 PP 1.6mg，维生素 C 39mg，水分 79g，蛋白质 5.2g，脂肪 0.8g，碳水化合物 8g，粗纤维 2.2g，灰分 4.6g，钙 16.5mg，磷 5.89mg，镁 4.86mg。每克干品含钾 58.9mg，钙 16.5mg，镁 4.86mg，磷 5.89mg，钠 0.83mg，铁 222μg，锰 37μg，锌 36μg，铜 8μg。

马齿苋 *Potulaca oleracea* L.（马齿苋科）。嫩茎、叶可食用。每百克鲜品含胡萝卜素 3.94mg，维生素 B_2 0.16mg，维生素 C 65mg。

龙芽草 *Agrimonia pilosa* Ledeb.（蔷薇科）。嫩茎、叶可食用。每百克鲜品含胡萝卜素 7.06mg，维生素 B_2 0.63mg，维生素 C 157mg，水分 74.02g，粗蛋白 4.40g，粗脂肪 0.97g，粗灰分 2.15g，钙 970mg，磷 134mg。每克干品含钾 20.5mg，钙 12.8mg，镁 4.15mg，磷 3.30mg，钠 0.73mg，铁 170μg，锰 28μg，锌 30μg，铜 11μg。

地榆（蔷薇科）。幼嫩植株、嫩叶及花序均可食用。每百克鲜品含胡萝卜素 8.30mg，维生素 B_2 0.72mg，维生素 C 229mg，水分 62.37g，粗蛋白 4.19g，粗脂肪 1.11g，粗纤维 1.82g，碳水化合物 0.67g，灰分 2.72g。每克干品含钾 18.6mg，钙 14.6mg，镁 4.52mg，磷 2.16mg，钠 0.77mg，铁 116μg，锰 46μg，锌 25μg，铜 9μg。

车前 *Plantago asiatica* L.（车前科）。嫩叶或幼嫩植株可食用。每百克鲜品含胡萝卜素 5.85mg，维生素 B_1 0.09mg，维生素 B_2 0.25mg，维生素 C 23mg，水分 79g，蛋白质 4.0g，脂肪 1.0g，碳水化合物 10g，粗纤维 3.3g，灰分 2.3g，钙 309mg，磷 175mg，铁 25.3mg。

桔梗。嫩茎、叶可食用。每百克嫩叶含胡萝卜素 8.8mg，维生素 C 138mg，水分 74g，蛋白质 0.2g，粗纤维 3.2g。每克干品含钾 11.0mg，钙 27.7mg，镁 5.59mg，磷 2.25mg，钠 0.13mg，铁 135μg，锰 73μg，锌 35μg，铜 7μg。每百克根鲜品含维生素 B_2 0.44mg，维生素 C 10mg，水分 67g。根含谷氨酸、赖氨酸等氨基酸 14 种，又含钠、锶等 22 种微量元素。

苣荬菜 *Sonchus brachyotus* D C.（菊科）。幼嫩植株或嫩茎、叶可食用。每百克鲜品含胡萝卜素 5.99mg，维生素 B_2 0.33mg，维生素 C 44mg，每克干品含钾 37.6mg，钙 35.6mg，镁 2.87mg，磷 2.996mg，钠 0.14mg，铁 295μg，锰 27μg，锌 28μg，铜 16μg。

蒲公英 *Taraxacum mongolicum* Hand.-Mazz.（菊科）。幼嫩植株可食用。每百克嫩叶含胡萝卜素 7.35mg，维生素 B_1 0.03mg，维生素 B_2 0.39mg，维生素 PP 1.9mg，维生素 C 47mg，水分 84g，蛋白质 4.8g，脂肪 1.1g，碳水化合物 5g，粗纤维 2.1g，钙 216mg，磷 93mg，铁 10.2mg。每克干品含钾 41mg，钙 12.1mg，镁 4.26mg，磷 3.97mg，钠 0.29mg，铁 233μg，锰 39μg，锌 44μg，铜 14μg。

山韭 *Allium senescens* L.（百合科）。嫩茎、叶可食用。每百克鲜品含胡萝卜素 0.93mg，维生素 B_2 0.31mg，维生素 C 82mg。

小黄花菜 *Hemerocallis minor* Mill.（百合科）。幼嫩植株或花可食用。每百克嫩苗含胡萝卜素 0.31mg，维生素 B_2 0.77mg，维生素 C 340mg，水分 83g，粗蛋白 2.63g，粗脂肪 0.89g，粗纤维 3.59g。每克干品含钾 20.5mg，钙 8.6mg，镁 2.12mg，磷 2.12mg，钠 2.26mg，铁 124μg，锰 37μg，锌 33μg，铜 8μg。每百克鲜花含胡萝卜素 1.95mg，维生素 B_2 0.118mg，维生素 C 131mg。

9. 保健植物

本区内有不少植物可用于加工保健饮料，因其不仅口感好，营养价值高，而且对减轻或预防一些疾病，调节、改善和促进人体生理机能均有良好效果，食、疗两种作用兼有，故深受消费者欢迎。作为食品和饮料资源的植物，其利用部位有根、茎、叶、花、果实或种子。例如，菊科的蒲公英，利用的是其根部。蔷薇科、鼠李科、猕猴桃科植物的果实可用于加工成汽水、香槟、果汁、果酒等。壳斗科、桦木科、胡桃科植物的种子（果仁）可用于加工配制果仁罐头、糖果、糕点、果酱等。

此类植物在化学成分上含有水分、糖类（包含果胶）、蛋白质、脂肪、单宁、氨基酸、矿物质、微量元素和其他微量成分。其维生素和有机酸的含量远远高于栽培植物。有机酸通过糖酸比值（含糖量与有机酸总量的比值）可影响饮料食品的风味，而维生素是维持人体生命活动必不可少的微量营养成分。

核桃楸（胡桃科）。种子（果仁）含维生素 C、维生素 B、胡萝卜素、多种矿质元素等，可生食或制作高级营养保健品及各种食品，具有健胃、补血、调肺益肾及补脑等功能，种子含油脂 40%～63.14%，蛋白质 15%～20%，碳水化合物 1%～1.5%。

山楂（蔷薇科）。果实含碳水化合物、维生素 A、维生素 C、钙、磷等，可生食，又可加工成山楂糕、果酱、果丹皮及罐头等，具有消积化滞，降低血压、血脂的功能。果实含碳水化合物 8.33%，蛋白质 0.7%，脂肪 0.2%，维生素 C 72.8～89mg/100g，钙 85mg/100g，铁 2.1mg/100g。

刺玫蔷薇 *Rosa davurica* Pall.（蔷薇科）。果实含糖（包含果胶）、有机酸、多种氨基酸、维生素及多种矿物质，可制果汁、果酱、果冻等食品，具有健脾养胃，养血调经之功效。每百克鲜果含维生素 C 579.5mg。

软枣猕猴桃（猕猴桃科）。果实含大量维生素、胡萝卜素等。鲜果可生食，果肉可加工成多种保健食品，有清热利尿、祛风活血、散瘀消肿、健胃催乳、止血等功能。果实含碳水化合物 8%～9%（果胶 0.8%～1%），水分 11.96%，蛋白质 0.63%～0.86%，每百克鲜果含维生素 C 142～250mg，总酸量 1.27～1.97g，单宁 1.47～1.63g。

酸枣（鼠李科）。果实含胡萝卜素、多种维生素、19 种氨基酸、31 种矿物质元素、色素、芳香物质及其他多种营养物质，可用于制作保健饮料，具有缓和强壮和滋补功能。果肉含维生素 C 830～1640mg/100g，果胶 5%。干果肉含水 14%～16.8%，蛋白质 4.5%～5.2%，脂肪 1%～2.6%，单宁 0.25%。

10. 农药植物

植物性农药可以有效地防治植物病虫害，同时在环境保护方面具有特殊的意义。植物性农药对害虫有毒杀、拒食、忌避等作用，有的种类可杀灭或抑制病原菌及病毒，其中大部分对人、畜比较安全，同时，喷洒在作物表面容易分解，能避免留有残毒的危险，特别适合于水果、蔬菜等食用植物。植物性农药的研究与开发在农业、林业、园艺生产及环境治理方面具有广泛的应用前景。

有毒植物 78 种，多集中分布于亚热带常绿阔叶林区和热带雨林区。主要有毛茛科植物毛茛、草乌、乌头、白头翁，瑞香科植物闹羊花，杜鹃花科植物杜鹃花，大戟科植物狼毒、千金子、大戟，茄科植物洋金花、龙葵，百合科植物藜芦、母猪百合，豆科植物苦参、卫矛科植物苦皮藤；其次是天南星科植物天南星、半夏、犁头尖，萝藦科植物香加皮、萝藦，菊科植物苍耳子，芸香科植物吴茱萸，荨麻科植物荨麻，漆树科植物漆树和木兰科植物莽草、红茴香等。有毒植物类：本区分布有 60 余种，如草乌、乌头、苦参、大戟、苦皮藤、半夏、闹羊花、天南星、白头翁、黎芦、莽草等。其中大宗品种有苦皮藤 *Celastrus angulatus*、乌头 *Aconitum carmichaeli*、草乌、大戟、苦参 *Sophora flavescens* 等。

核桃楸。核桃楸叶、外果皮对昆虫有很强的毒杀作用，可杀灭害虫、防治植物病虫害。外果皮煎汁并有除草效果，以青的外果皮效果最好。叶内含没食子酸、没食子酸缩合物、反油酸，果皮内含胡桃叶醌。

水蓼。水蓼的茎、叶均可起到杀虫和防治植病的作用。叶内含糖苷等物质及少量的鱼藤酮。

草乌（毛茛科）。根、叶的水浸液可制农药。根含乌头碱、次乌头碱、新乌头碱、阿替新碱等多种生物碱，总生物碱量（块根）0.70%～1.5%。此外，根内还含有黄酮类、甾醇及糖类等物质。

棉团铁线莲 *Clematis hexapetala* Pall.（毛茛科）。根、茎、叶均可杀虫、防治植病。根中含白头翁素、谷甾醇、α-亚油酸、β-亚油酸等。

白头翁 *Pulsatilla chinensis*（Bge.）Regel（毛茛科）。全草可杀虫及防治植病。全草含原白头翁素。

茴茴蒜 *Ranunculus chinensis* Bge.（毛茛科）。全草的水浸液对杀灭菜青虫、黏虫以及防治小麦病害有良好的效果。全草药用，可消炎止痛、治癣杀虫。

毛茛 *Ranunculus japonicus* Thunb.（毛茛科）。茎、叶均可杀虫。茎、叶含原白头翁素及白头翁素。

白屈菜 *Chelidonium majus* L.（罂粟科）。干燥全草对杀灭蚤类害虫有特效。全草含白屈菜碱、原阿片碱、白屈菜红碱、甲氧基白屈菜红碱、小檗碱、白屈菜酸、胆碱、芸香苷等成分。

苦参（豆科）。根、茎、种子均可入药杀虫。入药部位含苦参碱、氧化苦参碱、羟基苦参碱、脱氧苦参碱、苦参啶、苦参醇、金雀花碱以及 N-甲基金雀花碱等。

大戟（大戟科）。茎、叶均可杀虫。茎、叶中含大戟苷、大戟酸、三萜醇、有机酸、鞣质、树脂酸、糖等物质。

狼毒大戟 *Euphorbia fischeriana* Steud.（大戟科）。根、茎、叶均能杀虫、灭鼠。根含二萜醇类化合物，包括大戟内脂、大戟醇、皂苷、强心苷、酚类、鞣质等成分。

蛇床 *Cnidium monnieri*（L.）Cuss.（伞形科）。蛇床的杀虫及防治植病效果很好，并且极为安全，是一种优良的农药植物。果实含芳香油，并含蛇床明素、佛手柑内酯、二氢山芹醇、乙酸酯、花椒毒酚等物质。

杠柳 *Periploca sepium* Bunge（萝藦科）。杠柳叶及根皮均可做杀虫剂，并有防治植病的作用。化学成分有五加皮苷 A-K、杠柳苷、4-甲氧基水杨醛、香树脂醇、β-谷甾醇以及葡萄糖苷等。

野艾蒿 *Atemisia lavandulaefolia* DC.（菊科）。茎、叶、花均可杀虫。植株含精油、胆碱及鞣质等成分。

野菊 *Dendranthema indicum*（L.）Des Moul.（菊科）。全株及花序可做农药，能杀虫和防治植病。植株含 0.1%～0.2% 芳香油，其主要成分为菊醇、菊酮、樟脑、龙脑、樟烯等，尚含有野菊花内脂、野菊花素 A、刺槐苷、梦花苷、菊苷、木樨草素及微量的除虫菊素。

藜芦 *Veratrum nigrum* L.（百合科）。全草药用，为催吐剂；外用可治疗多种皮肤病。植株含原藜芦碱、藜芦碱等多种甾体生物碱。

11. 芳香植物

本区有芳香植物 141 种，常见于裸子植物的松、杉、柏类，被子植物在樟科、木兰科、芸香科、伞形科、唇形科、马鞭草料等类群中比较集中。这些植物体内、花或果中含有具芳香气味的挥发油，称之为芳香油或植物精油，少数种类以其根茎或块根中含油量较高，如香附子、白芷、藁本等。植物精油在香料香精工业、医药及选矿等行业上占有重要的位置，它不仅是重要的调香、合成香料的原料，而且还是医药生产合成的原料或直接作为药用，或用于矿石浮选剂、精密仪器擦洗剂等。本区著名的芳香植物有松类、柏类、乌药、花椒、牛至、百里香、迷迭香、薄荷、香附、茵陈、黄花、白连蒿、惠兰、望春玉兰等，但仅薄荷目前得到了开发利用。因此，本区芳香植物开发的潜力很大，尤其应优先开发蒿类、野菊花、山胡椒、望春玉兰、土荆芥、木香薷、紫苏等资源优势显著、易更新的种类。

刺玫蔷薇。花香味浓，可提制芳香油。叶含芳香油 0.2%。

白鲜 *Dictamnus dasycarpus* Turcz.（芸香科）。叶、根可提制芳香油。叶含芳香油 0.5%。

迷迭香 *Rosmarinus officinalis*（唇形科）。有效成分为二萜酚类、黄酮类及三萜类等。

蛇床。果实可提制芳香油，可配制香水、香精等。果实含精油 1%～1.3%，主要成分为异龙脑、异缬草酸酯等。

香薷 *Elsholtzia ciliate* (Thunb.) Hyland（唇形科）。全株可提取芳香油。茎、叶含芳香油 0.8%～2%，精油呈现黄色，主要成分为香薷酮及倍半萜。

薄荷 *Mentha haplocalyx* Briq.（唇形科）。茎、叶可提制薄荷油，为重要香料，常用于制清凉饮料、糖果、化妆品、牙膏、痱子粉等，又可用于制祛风剂、防腐剂、矫味剂等。新鲜的茎、叶中含薄荷油 1%，油中主要成分为薄荷脑及薄荷酮，薄荷脑占 70%～90%，薄荷酮占 10%～20%。薄荷原油为无色至淡黄色或黄绿色的油状液体，辛辣而辛凉，在温度稍低时有大量无色晶体析出。

裂叶荆芥 *Schizonepeta tenuifolia* (Benth.) Briq.（唇形科）。全株可提制芳香油。干的茎、叶含芳香油 1%～1.8%。主要成分：薄荷脑、薄荷酮。此外，还含有异薄荷酮及右旋柠檬烯等。

败酱 *Patrinia scabiosaefolia* Fisch. ex Roem et Trev.（败酱科）。根、茎含芳香油，可做香料，供工业用。理化性质同异叶败酱。

黄花蒿。茎、叶可提制芳香油。全草含芳香油 0.3%～0.5%，芳香油的主要成分为桉油精、蒿酮、异蒿酮、异酸蒿脂等。

茵陈蒿（菊科）。茎、叶可提取芳香油，供配制各种清凉剂、喷雾香水、香皂和香精等。油中的某些成分可用于合成高级香料。茎、叶含芳香油 0.20%～0.30%，芳香油的主要成分为 β-蒎烯及茵陈烃。

苍术 *Atractylodes lancea* (Thunb.) DC.（菊科）。根含芳香油，可提制苍术硬脂，经处理后可配制晚香玉、紫丁香、葵花等类型的香精，也可做保香剂。根、茎含芳香油，主要成分为苍术酮、苍术醇等。

铃兰 *Convallaria majalis* L.（百合科）。花可提取芳香油，用于调制各种香精，可做化妆品、香皂的赋香剂。全草尚可入药，可强心利尿。花中含金合欢醇和芳樟醇成分，可制浸膏。另外，花中还含 10 余种强心苷。

12. 鞣料植物

鞣料植物富含单宁，经提取后商品名为栲胶。栲胶是皮革工业、渔网制造业不可缺少的一种重要原料，又是蒸汽锅炉的硬水软化剂，并在墨水、纺织印染、石油、化工、医药、建筑等行业有着广泛的用途。本区鞣料植物种类众多，初步统计有 248 种。其中，单宁含量高、纯度好、资源优势明显、分布集中，易于采收、集中运输等。另外加工的有壳斗科树木的总苞（壳斗），化香树的果序；蓼属及酸模属多数种类的全株或根；蔷薇属灌木的根皮，地榆的根，地锦的茎、叶，核桃、野核桃的树皮及外果皮；杨属、柳属、槭属树木的树皮及叶片，这些均有很高的开发利用价值。除此之外，本区广为分布的漆树科树种有盐肤木、青麸杨、黄连木等，除了树皮、树叶含有鞣质外，其叶片或叶轴常常被五倍子蚜虫所寄生而产生一种单宁含量特别高的虫瘿——五倍子，是医药原料，也是提供制栲胶原料。

小叶杨 *Populus simonii* Carr.（杨柳科）。树皮含鞣质，可做栲胶原料。树皮含水分 9.02%，鞣质 5.2%，非鞣质 8.75%，可溶物 13.95%，不溶物 1.45%，纯度 37.28%。属于水解类鞣质。

毛柳 *Salix triandra* L.（杨柳科）。树皮含鞣质，可做栲胶原料。树皮含鞣质 8.54%，非鞣质 2.82%，纯度 75.3%。

青冈栎（壳斗科）。树皮、叶、壳斗、木材均含鞣质，可提取栲胶。叶含水分 12.45%，鞣质 10.29%～15.26%，非鞣质 8.93%，可溶物 24.19%，纯度 63.08%。壳斗含鞣质 7.33%。

拳参 *Polugonum bistorta* L.（蓼科）。根、茎含鞣质，可提取栲胶。根、茎含鞣质 8.7%～25%，非鞣质 14.72%，纯度 53.59%。

酸模 *Rumex acetosa* L.（蓼科）。根、叶含鞣质，可提取栲胶。根含鞣质 15.2%～27.5%，叶含鞣质 7.6%。

费菜 *Sedum aizoon* L.（景天科）。根含鞣质，可提取栲胶。根含水分 9.93%，不溶物 5.29%，鞣质 5.75%～9.14%，非鞣质 21.13%，纯度 30.19%。

刺玫蔷薇。根、茎、皮及叶含鞣质，可提取栲胶。叶含水分 13.3%，不溶物 2.33%，鞣质 15.94%，非鞣质 20.5%，纯度 43.71%。茎、皮含鞣质 14.32%，非鞣质 11.49%，纯度 55.5%。根含鞣质 5.88%，非鞣质 12.96%，纯度 31.2%。

地榆。根、茎及叶均含鞣质。可提取栲胶。茎、叶含鞣质 4.42%～6.06%，非鞣质 11.77%～19.58%，纯度 26.63%～27.3%。根含鞣质 8.2%，非鞣质 13.56%～29.36%，纯度 34.6%～45.31%。

毛蕊老鹳草 *Geranium eriostemon* Fisch. ex DC.（牻牛儿苗科）。茎、叶含鞣质，可提制栲胶。茎、叶水分 11.58%，可溶物 33.71%，不溶物 0.18%，鞣质 10.14%～12.1%，非鞣质 21.54%，纯度 36.98%。

地锦 *Euphorbia humifusa* Willd. ex Schlecht.（大戟科）。茎、叶含鞣质，可提制栲胶。叶含鞣质 12.89%。

13. 树脂植物和树胶植物

树脂植物和树胶植物，分别分泌树脂和树胶。树胶和树脂常存在于植物的茎内，是一种较为复杂的有机物，在现代化工、香料、医药、纺织等工业中应用甚为广泛，是重要的出口物资。

树脂是树脂植物受伤以后分泌出的液体，接触空气和日光以后，逐渐凝固成透明或半透明的质脆、易碎、不规则的固体块状物质，其颜色由淡黄色变成深黄褐色，不溶于水而溶于有机溶剂。树脂的重要产品主要是松脂和生漆。松脂可加工成松节油和松香，广泛应用于造纸、造漆、橡胶、电器、制革等工业。生漆是一种含酶树脂，为良好的涂料，广泛用于船舶、机械等设备制造。

树胶是一种胶质类物质，可从树木中提取或从草本植物、果实中分离提取，甚至可利用某些微生物分离生产。树胶的种类多样，用途广泛，可用于印刷、纺织等工业，还可制作糖果、药品、印染工业的稠厚剂、乳化剂、黏合剂等。树脂、树胶植物有 24 种，前者主要有松属、枫香属、漆属树种等；后者主要有李属树木、猕猴桃属植物等。橡胶及硬橡胶植物种类较少，共有 7 种，一般不具开发利用的价值。但是，汝阳杜仲硬橡胶经过加强开发，将有良好的开发前景。

油松。树丁富含松脂，可提取加工松香、松节油。松根干馏可得松根油、木炭、可燃性与不凝性瓦斯等供工业用。单株年产松脂 1.5～2kg。叶含挥发油、槲皮素、山奈醇、乙酸龙脑酯、维生素和胡萝卜素等。球果含挥发油。种仁含脂肪油、挥发油、棕榈碱和蛋白质。

杜仲（杜仲科）。树皮、树叶含杜仲胶成分：反式异戊二烯聚合物、3,4-二基苯甲酸、葡萄糖乙苷、地普黄内酯。

榆。茎皮、根皮可生产树胶；种子可榨油；树干可供建筑用材。

软枣猕猴桃。根、茎皮和髓含有胶质，供造纸等用。茎皮能搓绳。花可提取香精。生产的树胶用水溶解后黏性很强，具有抗物理风化的特性，是建筑工程和造纸工业的好原料。根含胶质 9.6%，茎皮含胶质 5.1%，髓含胶质 1.9%，叶柄含胶质 4.7%，叶含胶质 2.1%，果实含胶质 0.9%。

14. 蜜源植物

本区蜜源植物也相当丰富，有 222 种。在整个生长季节，尤其是春、夏季为盛花期，满山遍野百花竞开，是发展养蜂业的物质基础。枣树、酸枣以及根树属树木是我国著名的蜜源植物，其花蜜在国内外市场享有盛誉，本区有较多的种类。此外，本区豆科、蔷薇科的一些种类不仅花多、花期长，而且分布普遍，其中胡枝子属、野豌豆属、苜蓿属、木蓝属、刺槐、悬钩子属、蔷薇属、苹果属等植物具有很大的利用潜力。

胡枝子 *Lespedeza bicolor* Turcz.（豆科）。花粉质量好，是春、秋季繁殖蜂群的良好蜜源。新蜜气味芳香，质地优良。蜜中含葡萄糖 29.398%，果糖 41.535%，蔗糖 3.692%，粗蛋白 0.197%，灰分 0.059%，水分 19.0%。

香薷。花诱蜂力强，对越冬蜂的繁殖及储存越冬饲料有一定作用。香薷蜜质浓厚，色洁白，结晶细腻，味香甜。

木香薷 *Elsholtzia stauntoni* Benth.（唇形科）。木香薷比较耐寒，霜冻前仍可泌蜜。蜜琥珀色，其气味芬芳，结晶细腻，为上等蜜。

薄荷。薄荷为一种很有价值的夏季蜜源植物。薄荷蜜呈深琥珀色，具有较强的薄荷特殊气味，和其他蜜源植物的蜜相比较，不易发酵，储存时间较长。

六道木 *Abelia biflora* Turcz.（忍冬科）。花粉和花蜜比较丰富，蜜蜂喜爱采集。蜜为水白色，味清香，结晶后为白色，似油脂，味道甘甜适口，品质优良，属上等蜜。蜜含葡萄糖 21.9%，果糖 75% 和蔗糖 3.1%。

15. 饲料植物

本区饲料植物不仅种类较多，达 245 种，而且资源储量也很大，其中尤以禾本科和豆科的一些草本和小灌木分布普遍，它们是牛、马、羊等草食动物以及猪和家禽等杂食动物的良好饲料。马齿苋、苋菜、盐肤木、野芝麻、省沽油、满江红以及十字花科的种类等是山区群众用以饲养猪的主要饲料。如在饲料中均匀加入 10% 的葱、荠菜、韭菜、艾叶、苍术、姜等芳香植物，能增强母鸡的食欲，提高产蛋率 10% 以上。另外，栎类、桑、柘树、蓖麻等植物的叶子是不同蚕种的饲料。

篇蓄。植物体耐践踏，再生性强，为理想的放牧型草。篇蓄的蛋白质含量较一般禾本科植物高，而纤维含量较低。鲜草（花期）含水分 74.6%，粗蛋白 5.3%，粗脂肪 0.8%，粗纤维 4.4%，无氮浸出物 11.8%，粗灰分 3.1%。

地肤。幼嫩植株是各种家畜的上等饲草。成熟期叶含水分 7.84%，粗蛋白 9.40%，粗脂肪 3.17%，粗纤维 35.64%，无氮浸出物 35.84%，粗灰分 8.11%。

松针叶。松针叶粉富含维生素和微量元素，每千克松针叶含 0.3 个饲料单位、250mg 胡萝卜素、1200mg 钙、320mg 铁及铜、锌、钴、磷、锰、维生素 C 、维生素 E、维生素 K、维生素 A 和一些 B 族维生素。松针叶粉添加剂量：猪 2.5%～5%，肉鸡 3%，蛋鸡 5%，鹅和兔 10%，牛 10%～15%。松针叶可分别使猪日增重提高 30%，肉鸡 8%，蛋鸡产蛋率提高 6%～14%，长毛兔产毛量提高 16.5%，奶牛产奶量提高 7.4%。

艾叶。菊科多年生草本植物。将艾叶晒干、去绒、粉碎即成。艾叶粉富含蛋白质、脂肪、维生素及各种氨基酸、矿物质等。在猪日粮中添加 2% 艾粉，日增重提高 5%～8%，饲料消耗下降 7%～12%。肉鸡饲料中添加 1.5%～2.5% 艾粉，提高日增重 10%～20%。产蛋鸡添加 1%～2%，产蛋率提高 4%～5%。牛、马日粮（精料）添加艾粉 1%～2%，中雏鸡、仔猪 1.5%，种猪 3%～4%。

刺五加。一种五加科的灌木，用其枝叶做添加剂。鸡每千克体重添加 1g，可使肉鸡日增重提高 5.08%，蛋鸡产蛋率提高 7.55%，奶牛按每千克饲料添加 1ml 刺五加根皮 1：1 的浸剂，产奶量提高 15%～35%。

马齿苋。茎肥厚多汁，养分丰富，是一种优良饲料。茎、叶含水分 92%，蛋白质 2.3%，脂肪 0.5%，碳水化合物 3%，粗纤维 0.7%，灰分 1.3%。

胡枝子。优良的木本饲料植物。植株含水分 9.4%，粗蛋白 14.86%，粗脂肪 1.63%，粗纤维 22.11%，无氮浸出物 46.57%，粗灰分 5.44%。蛋白质、脂肪、维生素、矿物质及微量元素的含量均高于一般牧草。猪饲料中添加 15%，可以提高增重 20%。在产蛋鸡粮中添加 8%～10%，可提高产蛋量，改善鸡蛋品质。

天蓝苜蓿 *Medicago lupulina* L.（豆科）。地面覆盖性能好，草质柔嫩，无异味，适口性良好，营养丰富，蛋白质含量高。开花期全株含水分 10.35%，粗蛋白 23.25%，粗脂肪 2.38%，粗纤维 23.73%，无氮浸出物 30.85%，粗灰分 9.44%。

山野豌豆 *Vicia amoena* Fisch.（豆科）。茎叶繁茂，柔嫩，适口性好。茎（花期）含水分 7.86%，粗蛋白 11.04%，粗脂肪 0.09%，粗纤维 42.09%，无氮浸出物 33.5%，粗灰分 4.89%。叶（花期）含水分 8.96%，粗蛋白 21.79%，粗脂肪 1.64%，粗纤维 20.62%，无氮浸出物 40.15%，粗灰分 6.84%。

歪头菜。花期植株中粗蛋白含量丰富，必需氨基酸的含量也相当丰富，是优质牧草之一。鲜草含水分 72.90%，粗蛋白 4.07%，粗脂肪 1.09%，无氮浸出物 11.95%，粗纤维 8.06%，粗灰分 1.14%。

山莴苣 *Pterocypsela indica*（L.）Shih（菊科）。叶多，脆嫩多汁，适口性良好。鲜草含水分 88.83%，粗蛋白 3.41%，粗脂肪 1.47%，粗纤维. 1.08%，无氮浸出物 3.42%，灰分 1.79%。

苣荬菜。根、茎和叶为各种家畜喜食，尤适于做猪、禽饲料。开花期全草含水分 78.65%，粗蛋白 2.94%，粗脂肪 1.15%，粗纤维 5.61%，无氮浸出物 11.09%，粗灰分 0.56%。

白草。地下茎再生力强，耐牧性好。茎、叶柔软，宜于放牧或割制干草。干草含水分 13.50%，粗蛋白 8.85%，粗脂肪 2.22%，无氮浸出物 37.64%，粗纤维 29.03%，粗灰分 8.67%。

狗尾草 *Setaria viridis* (L.) Beauv. （禾本科）。茎、叶柔软，鲜、干草均是极好的饲料。鲜草含水分 74.35%，粗蛋白 1.96%，粗脂肪 0.50%，无氮浸出物 13.39%，粗纤维 7.79%，粗灰分 2.02%。

鸭跖草 *Commelina communis* L. （鸭跖草科）。茎嫩、叶多，春季发芽早，秋季植物体仍很柔嫩，为优良的牧草及饲料。鲜草含水分 87.05%，粗蛋白 1.86%，粗脂肪 0.40%，无氮浸出物 6.01%，粗纤维 2.66%，粗灰分 2.02%。

16. 食用色素

天然色素主要从自然界各种植物中提取，其中很多品种均具有生理活性。相对合成着色剂而言，天然色素更加安全无毒，是近年来国际上竞相开发的重点。

近 10 年来，我国经国家主管部门批准使用的天然着色剂品种，由 20 多种增加到 40 多种，即叶绿素铜钠盐、β-胡萝卜素、甜菜红、姜黄、红花黄、越菊红、辣椒红、辣椒橙、红米红、栀子黄、菊花黄、黑豆红、高粱红、玉米黄、萝卜红、栀子蓝、沙棘黄、玫瑰茄红、橡壳棕、多穗壳棕、桑葚红、天然苋菜红、金樱子棕、姜黄素、酸枣色、花生衣红、葡萄皮红、蓝绽果红、植物炭黑、密蒙黄、紫草红、茶黄色、茶绿色、柑橘黄等，是目前世界上批准天然着色剂最多的国家。

天然色素按其功效成分分类可分为类胡萝卜素类、黄酮类色素、花青苷类色素、叶绿素类色素；其他类，如甜菜红、紫草红、姜黄等。

类胡萝卜素类　类胡萝卜素常和叶绿素共存于植物的叶子和果实中，目前已发现几百种。按其化学结构和溶解性，又可分为两类：胡萝卜素类 (carotenes)，系共轭烯烃，易溶于石油醚，如 β-胡萝卜素、番茄红素。类胡萝卜素主要存在于绿色、黄色、红色等有色的蔬菜和水果中，如菠菜、甘蓝、生菜、胡萝卜、番茄、南瓜、木瓜、芒果、杏、哈密瓜、柿子、山楂、柑橘等。

叶黄素类　叶黄素类系共轭多烯烃的含氧衍生物，易溶于乙醇，主要品种有玉米黄素，存在于玉米、辣椒、桃、柑橘等多种植物；隐黄素存在于番木瓜、南瓜、黄玉米；辣椒红存在于辣椒；叶黄素存在于万寿菊属植物金盏花；栀子黄存在于栀子果实；藏红（藏花素）存在于藏花属及栀子属的花。

黄酮类　黄酮类化合物广泛存在于植物界，包括各种衍生物，已发现有数千种。黄酮包括黄酮类、黄酮醇类、黄烷酮类、双氢黄酮醇、查耳酮类、异黄酮类、噢黄类、异黄烷酮类、黄烷类、黄烷醇类、双氢查耳酮类、双黄酮类。黄酮类化合物主要分布在维管束植物中，而在其他较低等的植物类群中分布较少。黄酮类化合物集中分布在被子植物中，在此类植物中类型最全、结构最复杂、含量也最高。其中富含黄酮类化合物的科有豆科、蔷薇科、芸香科、伞形科、杜鹃花科、报春花科、苦苣苔科、盾形科、忍冬

科、玄参科、马鞭草科、菊科、萝科、鼠李科、冬青科、桃金娘科、桑科、大戟科、鸢
尾科、兰科、莎草科、姜科等。

目前已获推使用的主要有花青素和查耳酮类。含花青苷的食用色素有杜鹃花科越橘
红色素，锦葵科玫瑰茄红色素，葡萄科葡萄皮色素，忍冬科蓝锭果红色素，蔷薇科火棘
红色素，唇形科紫苏色素；以查耳酮苷为主的有来自菊科的红花黄色素，菊花黄色素，
梧桐科可可色素主成分则是黄酮醇的聚合物，茶科红茶红色素则是儿茶素等多酚类物质
的聚合物。

近年来经国内外大量研究结果表明，黄酮类具有抗氧化，消除自由基，抗脂质过氧
化活性，预防心血管疾病以及抗菌、抗病毒、抗过敏等功效，是当今国内外从天然物中
提取功能性添加剂和配料的研发热点。

叶绿素　叶绿素广泛存在于高等植物的叶、果和藻类中，与蛋白质形成叶绿体。由
于叶绿素单体不稳定，食品添加剂叶绿素是其衍生物铜钠盐，一般可从蚕粪中用溶剂提
取，具有补血、促进造血、活化细胞、抗菌消炎等功效。近年又发现叶绿素有抑制癌细
胞生成的作用。

17. 纺织染料

用天然染料和颜料染色在我国具有悠久的历史，明清时期，我国天然染料的制备和
染色技术都已达到很高的水平，染料除自用外，还大量出口。合成染料自 19 世纪中叶
问世以来，由于其色彩缤纷、色谱齐全、耐洗耐晒、价格便宜等特点，逐步取代了天然
染料，成为纺织品最主要的着色剂。

我国在天然染料的研究和应用方面与国际水平相近，不像其他工业领域那样存在较
大差距，但还停留在以大学和研究机构为主引导研究和应用开发的层面上，原料和应用
的产业化程度不高，并且也不配套。目前天然染料的应用规模和总量还很小，因此，产
业化的路还很长。产业化的出路要放在纺织和服装产业上，而不是食品和化妆品行业。
纺织和服装应用产业化的市场在中国，中国应当成为天然染料的最大生产国和使用国。
天然染料应用的核心价值是它的安全性和生物医学性。

目前，我国制得用于棉和丝绸染色的天然黄和天然绿用于"铜牛牌"系列童装染
色，牡丹黄色素、红色素用于印染毛纺制品。除此之外，许多天然色素还因其特殊的成
分及结构而应用于新型功能性纺织品的开发。例如，大黄防紫外线织物，可医治皮炎的
艾蒿色织物以及印度、韩国、日本等国用茜草、靛蓝、郁金香和红花染成的具有防虫、
杀菌、护肤及防过敏的新型织物等。

伏牛山多种植物的花、果实、叶、树皮、树根都含有色泽各异的植物色素，如牡丹
含的芍药色素，茜草含的茜草素、异茜草素、羟基茜草素、大黄素甲醚等，红花含的红
花红色素、红花黄色素，黄栌含的染料木素，栀子含的栀子黄色素，丹参含的丹参酮
ⅡA、丹参酮Ⅰ、隐丹参酮，大黄含的大黄素、芦荟大黄素、大黄酸等，牵牛花含的牵
牛花色素等。

18. 观赏植物

本区可供城镇园林绿化、观赏栽培的植物种类有 577 种，并有不少种类在园林上已
有较长的栽培历史并享有盛名，如虎耳草、珍珠梅、绣线菊、郁李、中华常春藤、雪

柳、黄栌、蝴蝶荚迷、惠兰等，也有一些观赏价值极高，但应用尚不普遍或鲜为人知的种类，如乌头属、翠雀花属、凤仙花属、马先蒿属的奇异花型；八仙花属、河南杜鹃的锦簇花序；紫珠属艳丽的花色和光亮如珍珠的果实；微型盆栽佳品的纤细虎耳草、山飘风、猫耳朵等，叶色斑驳的斑叶堇菜，果实如串串玛瑙的五味子属植物等。别具一格的蕨类植物近年来日益受到人们的重视，因其叶形和株形常常与一般植物不同而受到人们喜爱，如莲座状的垫状卷柏、苏铁状的英果蕨，地下茎伸长状，如匍匐植物的水龙骨、石韦、瓦韦等。可供观赏的蕨类植物有 70 种，贯众、凤尾草、铁线蕨已得到普遍的栽培，而大多数种类则有待于开发应用。

植物多样性的成因分析

一、气候变迁与植物多样性

第三纪气候变化：第三纪时，伏牛山以北地区气候温湿，发育着北亚热带落叶阔叶常绿针叶混交林景观。伏牛山以南气候炎热干操，发育着疏林草原景观。森林群落以栎属、榆属、银杏属、落叶松属等属植物为优势种类。新第三纪时，北部为暖温森林草原景观，南部为针阔混交林和落叶常绿混交林景观，栎林和松林当时有广泛分布。

第三纪气候变化对植物多样性的影响有以下两方面：①温暖的亚热带气候条件下发育的植物类型，成为现代植物区系的起源，植物的一些古老种类，如柔荑花序类 9 科、41 属在第三纪区系中均有表现，有些种类，如柳属、栎属、桦属、榆属等成为群落的优势种类，对本区植物多样性影响很大。第三纪发育的许多原始种类，如银杏、杜仲等，构成了特有种类和珍稀种类的大部分。②第三纪气候变迁引起的亚热带森林群落在南北坡分布的变化，促进了种的混合，奠定了植物多样性的基础。

第四纪气候变化：第四纪时，东亚季风气候开始形成，决定了植物的多样性现状。更新时发生了三次冰期和间冰期。全新世时进入现代间冰期。冰期时属冰缘气候，只出现小规模山谷冰川。北部气候干冷，发育了温带草原景观。南部气候温暖，发育了亚热带森林景观。南北坡环境条件变化大，物种迁移、富集强烈，间冰期时南北坡景观趋同。

第四纪气候变迁对植物多样性的影响有两方面：①冰期与间冰期的交替，促使温带种类和亚热带种类频繁地南北迁移达到充分混合，形成植物丰富、区系成分复杂的特点。晚更新世冰期影响深刻，温带成分越过了伏牛山，最终占据优势。②历次冰期中，大陆冰川均未出现，山谷冰川规模小，成为植物的避难所，保存了许多第三纪的古老种类，形成本区特有的，分布种类多、残遗种丰富的物种多样性现状。

二、地理位置的特殊性

伏牛山区处于我国南北自然典型的过渡地带，气候、土壤呈过渡类型，森林属暖温带落叶阔叶林向北亚热带常绿阔叶林的过渡类型。同时在中国地势的三大阶梯中，又处于第二阶梯向第三阶梯的过渡地带。境内地势高低悬殊，在季风气候的背景条件下，由于海拔高度，距海洋远近和南北坡差异等因素的影响，山区各不同区域的气候有所不同。根据中国气候区划的指标，北坡属暖温带，而南坡属北亚热带，具有明显的过渡特点。因此是华北、华中与西南等多种植物成分的汇集地。

三、典型的生态交错带

生态交错带是指相邻生态系统之间的过渡地带，它具有特定的时间、空间尺度以及相邻生态系统相互作用程度所确定的一系列特征。在景观生态学中，生态交错带被认为是一个独立的景观单元。它具有一定的结构，执行一定的功能，有独特的动态变化特征。南北自然过渡地带是一个生态交错带。它具有以下三方面的特征。

其一，伏牛山生态交错带是广义的景现界面，具有宏观性、动态性和过渡性特点。生态交错带两侧发育着完全不同质的生态系统类型，其北部为暖温带，不小于10℃积温为3200～4500℃，年降雨量为400～800mm，典型群落类型是落叶阔叶林，群落结构简单、季相明显、代表性土壤类型为棕壤；南部为北亚热带，不小于10℃积温为4500～5000℃，年降雨量为800～1600mm，典型群落类型为常绿阔叶和落叶阔叶混交林，群落结构较复杂，季相较不明显，代表性土壤类型为黄棕壤。生态交错带作为暖温带夏绿景观和北亚热带常绿林景观之间的过渡地带，其环境条件和群落类型具有过渡性特征，如气候类型有明显的南北坡差异，北坡不小于10℃积温为3200～4500℃，属暖温带气候类型；南坡不小于10℃积温为4815～4907℃，属北亚热带气候类型，呈现由暖温带向北亚热带过渡的规律。生态交错带的景观类型与相邻自然带的景观类型既具有相似性又有差异，如存在着含常绿成分的落叶阔叶林。它既不同于暖温带落叶阔叶林而含有常绿成分，也不同于北亚热带常绿阔叶林而属于落叶林。按照景观的差异性，生态交错带被视为一种独立的景现。因此，说它是广义的景观界面或宏观的景观界面。生态交错带的空间异质性很强，种间关系复杂，其结构和组成成分随外界条件的变化而变化，表现出动态性特征，如物种多样性的渐丰富性变化即是其动态变化的一部分。

其二，生态交错有一定的结构。生态交错带有一定的空间范围，和山脉的空间分布相一致。植被和土壤在水平方向上呈现有规律的组合，由暖温带土壤—植被类型逐渐过渡到北亚热带土壤—植被类型，交错带的各组分在垂直方向上发生分化，呈现分层现象。另外，本交错带中心轴线的走向和山脉走向一致，呈西北—东南走向。

其三，生态交错带执行一定的功能。生态交错带的功能主要表现在对相邻生态系统间的生态流（包括物质流、能量流和物种流）施加主动影响，如通道作用、过滤作用和沉积库作用等。生态交错带环境条件复杂，适合相邻自然带许多种类生存，起着富集物种的沉积库功能。生态交错带作为不同生态系统的非连续转换区，环境梯度很大，阻止了一些不能适应太大生境变化的物种的扩展，而对一些耐受性很强的种类影响不大，起着过滤物种的作用。

生态交错带强烈的空间异质性是植物多样性形成的重要条件，生态交错带环境条件复杂，空间异质性很强，对植物多样性的影响有以下三个方面：①资源的可选择性增强。植物对外部资源的利用除了受植物本身的因素影响外，还受资源的存在量和存在形式的影响，而资源的存在形式又受空间异质性影响。因此，空间异质性决定植物对资源的利用形式和利用程度，异质性很强的空间中，资源的可利用性和可选择性加强，植物物种量也因此而增加。②信息量增加。物种的繁育和迁移受信息引导，如植物的光周期、温周期等现象都是相应信息诱导的结果。信息量的大小影响着物种数的多少，信息量通常受相邻生态系统发生强烈交错的地带影响，因此其信息量大，将吸引相邻自然带的物种向此地汇集。以温信息为例，北坡较冷，适合耐寒性较弱的温带植物生存，南坡较暖，适合耐寒性较弱的亚热带植物生存。信息的多样性（信息量的大小）决定了生态交错带植物生存和植物物种的多样性。③生境适宜性增加。对暖温带植物的喜暖种类来说，相对于暖温带各区较暖、较温的环境无异更适于居留，对于北亚热带植物的较喜冷种类来说，生境相对于北亚热带各区来说较冷、较干，生境适宜性也很强，生境的适宜性的加强刺激了植物多样性的增加。生态交错带的环境，对于温带分布的种类来说，较暖、较湿，生境条件优越，而对于亚热带和热带成分，情况并非如此。温带种类相对亚热带、热带种类有竞争优势，最终成伏牛山区的主要成分。

生态交错带特殊的功能是植物多样性形成的根本原因，交错带的功能主要表现在富集物种和对物种流实施过滤等方面，一些耐受性差的种类往往被阻滞在交错带以外，引起交错带内的物种多样性变化。以落叶阔叶林的壳斗科、樟科、木兰科植物为例，来说明交错带的过滤器功能。共有壳斗科植物 21 种、樟科植物 18 种、木兰科植物 11 种，其中，南、北两坡均有分布的植物有壳斗科 11 种、樟科 3 种、木兰科 5 种；只分布于北坡的植物有壳斗科 3 种、樟科 0 种、木兰科 0 种；只分布于南坡的植物有壳斗科 7 种、樟科 15 种、木兰科 6 种。受生态交错带强烈的环境梯度"过滤"的结果，多数温带种类能够耐受环境的强烈变化，而成为南、北坡共有成分，而多数热带、亚热带成分，如樟科、木兰科的许多种，不能够穿越交错带的环境阻隔而被阻滞在南坡，造成植物多样性南、北坡差异较大的多样性现状。

生态交错带的形成历史也影响着植物的多样性。第三纪已成为暖温带和亚热带的分界带，以后经历第四纪，基本保留了温带许多古老种类，并且由于生态交错带不断地北移南迁，使得暖温带和亚热带许多种类在此不断交汇融合，最终形成物种丰富、区系复杂、中国持有分布种类丰富等植物多样性特征。

四、山体高大因素的影响

伏牛山是受季风影响显著的暖温性山体类型，山体高大，有 6 座海拔 2000m 以上的山峰，相对高差达 1700 余米，自然垂直分布现象极为明显。特别是南、北坡的水热条件及其配合状况存在显著差异，导致南、北坡的垂直带谱不同，南坡植被可划分为 5 个植被带，北坡分为 4 个植被带，各带的水、热、土、肥资源各具特色，形成许多优越的生境条件，为多种植物提供了繁衍生存的适宜场所，从而提高了植物种类的多样性。

【主要参考文献】

陈英明.2005.能源植物的资源开发与应用.氨基酸和植物资源，27（4）：1～5

和丽忠.2001.国内植物化感作用研究概况.云南农业科技，（1）：37～41

李建军.2000.河南西峡老界岭自然保护区观赏植物资源.河南师范大学学报，28（2）：80～82

李霞.2006.萜类化合物对植物的化感作用.通化师范学院学报,27(2):80,81
商富德.1998.伏牛山南北自然过渡地带植物多样性的特征及其成因分析.河南大学学报,28(1):54~60
杨永芳.2000.伏牛山区药用植物的多样性及其开发利用问题研究.河南大学学报,30(1):82,83
张建伟.2000.伏牛山区植物的多样性及其保护.河南大学学报,30(1):76~81
庄馥翠.2001.植物纤维和纤维植物.生物学通报,36(1):16~18

各　论

道地药材篇

山　茱　萸
Shanzhuyu
FRUCTUS CORNI

【概述】本品为地理标志药材（西峡山茱萸）。山茱萸始载于《神农本草经》，列为中品。《救荒本草》中记载，山茱萸今钧州、密县山中有之（钧州今指禹州）。味酸、涩，性微温。归肝、肾经。补益肝肾，涩精固脱。用于治疗眩晕耳鸣，腰膝酸痛，阳痿遗精，遗尿尿频，崩漏带下，大汗虚脱，内热消渴。以其皮大、色红、肉厚、有效成分含量高而驰名中外。现有研究证明山茱萸具有较好的调节免疫系统功能和显著降血糖的作用。

我国是世界上山茱萸资源最丰富的国家，在北纬 30°～40°、东经 100°～140° 的陕西、河南、湖北、安徽、浙江、四川等省海拔 250～1300m 的山区均有分布，以海拔 600～900m 的生长发育最佳（马小琦等，2003）。集中分布区为河南伏牛山南坡的西峡县、内乡县、南召县，北坡的嵩县、栾川、卢氏等县，天目山的临安、淳安、徽州和秦岭的汉中、宝鸡。以伏牛山和天目山的山茱萸生产最为悠久，质量最佳。调查结果显示，河南山茱萸产量居全国山茱萸产量之首，年产量为 100 万～200 万 kg，占全国产量的 50% 以上。其中西峡县的二郎坪、太平镇、双龙镇、米坪、桑坪、骏马河等乡（镇）的总产量有 40 万～60 万 kg。其次是浙江省天目山的临安、淳安、桐庐三县相邻的 6 个乡（镇），其总产量为 20 万～60 万 kg。再次为陕西的周至、丹凤、太白、佛平、洋县等县，总产量为 25 万～35 万 kg。近年来由于山茱萸经济价值的不断提高，四川、湖北、山东、陕西、甘肃、山西等 10 多个省（自治区）都进行引种栽培，全国有 60 多个县进行山茱萸种植生产，栽培面积日益扩大。

在长期的应用和栽培过程中，山茱萸种内产生很大变异，出现较多栽培品种，主要表现在这些品种的果实方面，从形状大小、颜色、重量、产量到干果肉（药材）得率等都具有较大的差异。根据山茱萸果实的不同形状，初步分为椭圆形果型、长梨形果型、短梨形果型、圆柱形果型、长圆柱形果型、短圆柱形果型、纺锤形果型等，不同品种山茱萸所产的药材质量也有明显差别（陈随清等，2003）。

王明方等将河南伏牛山区山茱萸划分为 8 种类型（王明方等，1986）；杨增海等将秦岭地区山茱萸划分为 11 种类型；刘培华等调查了秦岭山区的山茱萸种质后根据果实形状分为 6 种类型（刘培华等，1993）。

【商品名】山茱萸

【别名】山萸肉、萸肉、枣皮、药枣、红子、实枣儿、肉枣、魅实、鼠矢、鸡足

【基原】山茱萸科植物山茱萸 *Cornus officinalis* Sieb. et. Zucc. 的干燥成熟果肉。

【原植物】落叶乔木或灌木，高 4～10m。树皮灰褐色，薄片状剥落，小枝细圆柱形。叶纸质，卵状披针形或卵状椭圆形，长 5.5～10cm，宽 2.5～4.5cm，顶端渐尖，基部宽楔形或近圆形，全缘，表面无毛，背面被白色贴生的短柔毛，脉腋密生淡褐色簇毛，侧脉 6 对或 7 对；叶柄长 0.6～1.2cm。伞形花序腋生，具 15～30 朵花，花黄色。核果长椭圆形，长 1.2～1.7cm，宽 5～7mm，红色至紫红色，核骨质，长约 12mm。花期 3～4 月；果熟期 9～10 月（丁宝章等，1997）。

【药材性状】本品呈不规则的片状或囊状，长 1～1.5cm，宽 0.5～1cm。表面紫红色至紫黑色，皱缩，有光泽。顶端有的有圆形宿萼痕，基部有果梗痕。质柔软。气微，味酸、涩、微苦。

【种质来源】本地抚育

【生长习性及基地自然条件】

一、生长发育特征

山茱萸属慢生性药用植物，其寿命较长，一般情况下可生长百年以上，树龄 200 年以上仍能开花结果的植株在主产区偶尔也能见到。山茱萸从种子发芽形成实生苗到植株进入衰老期，根据植株的树龄及生长发育特点，大致可分为童木期、结果初期、盛果期、衰老期 4 个时期。

1. 童木期

实生苗的形成到长至第 1 次开花结果的时期称为童木期或称幼苗期或幼龄期。其特点是生长旺盛，枝条顶端优势明显，分枝能力强，新梢生长速度快，分枝角度小，枝条丛生。

2. 结果初期

结果初期或称结果生长期，即植株第 1 次开花结果至大量开花结果时期。这一时期一般可延续 10～15 年。这个阶段植株虽然每年开花结果，但其经济产量低，仍以营养生长为主，植株的骨架逐渐形成，树冠迅速扩大，水肥条件较好的植株枝条粗壮，随着树龄的增长，营养生长逐渐向生殖生长转变，新梢生长缓慢。枝条伸展角度逐渐放大，结果枝粗而长，结果数量逐年增加。

3. 盛果期

山茱萸植株初次开花结果后，经过近 10 年进入大量结果期。这一时期是产生经济效益的黄金时期，延续时间较长，一般可达百年以上。盛果期植株形态特点是树体高大，树姿开张，大枝多变曲，小枝多披散下垂，大枝基部及内膛徒长枝条多，叶片密集，影响光照，因此结果部位逐渐外移，花芽分化早，结果大小年明显。

4. 衰老期

植株进入衰老期表现为结果能力低下，生长势弱，抗病性、耐旱性等抗逆性逐渐低下，逐渐死亡。

二、开花结果习性

1. 花芽分化

山茱萸每年 5 月花芽开始分化，7 月底、8 月初花芽分化结束，历时 3 个月。8 月初孕蕾，有 50 余朵小花，分化后的花芽需经生理低温后才能开放，翌年早春花芽萌动膨大开放。由于气候的原因，偶尔当年花芽开放。山茱萸从花芽分化开始至花粉形成，约需 130d，至开花约需 350d。

2. 结果习性

在山茱萸产区常见远离群体单株生长的植株，每年大量开花而结果很少，初果幼树零星的单株不及成片种植的结果多。山茱萸成片种植有助于丰产。

山茱萸各种类型的结果枝结果后，均能抽生果薹副梢。果薹副梢当年或第 2 年形成花芽，开花结果后又可形成果薹副梢。这样数年后就形成了类似鸡爪状的结果枝群。结果枝群是山茱萸重要的结果部位，连续结果 7～8 年，甚至 10 年以上。结果枝群的寿命和结果能力与其在树冠内所处的位置及管理水平，尤其是修剪技术有直接关系，因此，在管理上要注意结果枝群的培养，特别是外围生长枝的疏剪，以保证树冠内通风透光良好，使结果枝不过早外移，以延长结果枝群的结果年龄。

三、生长条件

山茱萸分布在亚热带及温带地区，在海拔 200～1400m 的山坡上均能生长，以海拔 600～1200m 分布最多。山茱萸为先花后叶植物，2 月开花，4 月下旬叶片伸展逐渐形成叶幕。枝叶、果实生长、花芽的形成都集中在 3～6 月，此时环境条件，如温度、养分、光照等对山茱萸的产量影响较大，诸多的因素中尤其以花期、果期气候条件的影响最大。

1. 温度

山茱萸适宜生长在温暖湿润环境中，畏严寒。山茱萸的主要集中分布区域，冬季温度一般不低于 −8℃，夏季最高气温不超过 38℃，年平均气温 14～15℃，无霜期 220～240d。山茱萸对气温的要求不严，在 7～40℃ 条件下均可生长，其最适宜的温度为 20～25℃。其花蕾、花梗需经 3～7℃ 低温 60～75d 才能显蕾开花。其花粉萌发温度需要 7℃ 以上，最适宜的温度为 12℃ 左右，温度低于 5℃ 则会受到寒害。

2. 水分

山茱萸根系比较发达，枝根粗壮，叶片表面被有较厚的蜡质层，可一定程度减少叶面的水分蒸腾，因此，它具有一定的耐旱能力。但是干旱对山茱萸的正常生长发育及产量均有一定的影响。生长在水肥条件较好地方的植株，生长发育比较旺盛，落花落果率低，坐果率较高，果实重，产量高，品质优。

3. 光照

山茱萸喜光。光照条件好，其坐果率较高，光照不充足，其坐果率较低。果实大、结果多的初果期幼树，其植株常有叶片少而疏、树冠内透光条件好的特点。

四、土壤种类

山茱萸为喜肥植物，以土层深厚，湿润肥沃的壤土、沙壤土等质地疏松的土壤种植为宜，土壤 pH 在 6～7 为宜。在瘠薄的山坡上种植必须注意施肥。山茱萸树的童木期长短与土壤肥力的相关性很大，成株的结果能力及果实的大小与土壤肥力也有很大的相关性，土壤的养分与山茱萸叶片养分含量、产量及成果率均呈正相关性，即土壤营养成分充足，植株生长旺盛，叶片肥大，落花落果率低，坐果率高，果实千粒重较大，产量较高。

五、土壤肥力

土壤有机质含量 4.00%，全氮 0.217%，速效氮 0.042%，速效磷 40.80mg/kg，速效钾 102.00 mg/kg。

【种植方法】

一、繁殖技术

山茱萸的主要繁殖方式为有性繁殖（种子繁殖）。无性繁殖技术：压条、扦插、嫁接在生产中基本没有应用。

二、种植方法

1. 育苗地的选择

山茱萸对土壤要求不严，苗地应选择地势平坦，土层深厚，土质疏松肥沃，排水良好的微酸性、中性壤土或沙质壤土的地块。土壤碱性过大，过于黏重，易积水的地块不宜作为育苗地，海拔以 600～1200m 为宜，坡地最好选择背风向阳的一面。

2. 苗床准备

育苗地选好后，每亩施入农家肥 2000kg，均匀撒开，深翻 25～30cm，耕后耙细，做 1.3m 宽的平畦，并挖好排水沟，防止积水。

3. 品种选择与种子采集

不同的栽培品种对山茱萸的产量、质量有较大的影响，因此山茱萸种植时选择品种至关重要。优良品种应具有生长快、产量高、抗性强、品质优的特征。不同品种的评价结果表明，石磙枣、大米枣、中米枣、马牙枣、大圆铃枣、小圆铃枣、香蕉枣具有果大、肉厚、出药率高的优点，均可确定为重点发展的品种。

种子采集应选择树势健壮，树冠丰满，生长旺盛，结果能力强，果大肉厚，出药率高，抗性强的中龄树作为采种的母株。在山茱萸果实成熟季节及时采集果实，挑选果大、肉厚、籽粒饱满、无病害虫的果实，略晒 3～4d，待果皮柔软后剥去果肉，取出种子即可。

4. 种子处理

山茱萸种子有休眠的特性。种子采收后种胚虽然在形态上发育完全，但仍有一段生理后熟现象，种子不能萌发。另外种皮厚而坚硬，由蜂窝状的分泌组织细胞组成，含有抑制种胚发育的物质，致使种子很难萌发出苗，要想使种子尽快萌发出苗必须进行种子处理，以解除种子的休眠，并创造适宜的萌发条件，否则需经 3 年的时间才萌发。种子处理方法有以下几种。

（1）浸沤法。用沸水 2 份、冷水 1 份（60～70℃）浸泡种子 2d 或用水、尿各半浸泡 15～20d，然后取出，挖坑闷沤。沤坑选择向阳潮湿处，将沙土、粪（指牛、马粪）混匀或纯牛、马粪铺于挖好的坑底，约 5cm 厚，再放入选好的种子 3cm 厚，如此层层铺之，一般 5 或 6 层即可，最上面一层适当厚一些，约 7cm，呈馒头状。或者用种子和粪灰放入坑内闷沤。经常保持湿润，防止积水。4 个月后开始检查，发现粪有白毛、发热、种子破口或露出芽点后，应立即晒坑或提前播种育苗，防止萌发后幼芽过大播种后产生回芽现象；若种子没有萌发，可继续沤制。

（2）腐蚀法。腐蚀法的基本原理为用漂白粉水溶液腐蚀掉种子外壳的油质，促进坚硬外壳的腐烂，达到促进种子萌发的目的。其方法为 1kg 种子加入漂白粉 15 g，放入清水中搅匀，溶解后放入挑选好的种子，根据种子的多少加入适量水，以水面高出种子 12cm 左右为度，用木棍搅拌，每日 4 或 5 次，浸泡 3d 后将种子捞出，拌入草木灰后即可进行播种育苗或直播。

（3）冲核法。白碱 50g 用 5 kg 开水溶解，待白碱溶解后，再加冷水 2.5 kg，调温至 70～80℃，把 5kg 种子倒入水中，搅拌均匀，加盖浸泡 12h 之后，搓去果核上的黏液，搓至种子表面发白、棱沟显现时，捞出装入底部有透水口的容器内，放置在温度适宜的地方，像生豆芽冲水一样早晚各冲水 2 次，共冲 10d，前 5 d 用 60℃的水冲核，后 5d 用 40℃的水冲核，第 11 天可以下坑。如果用立冬后采取的核，冲核时间则延长到 15～20d。此方法可将原来 3 年一育苗改为 1 年一育苗，其经济效益明显提高。

（4）堆沤法。1kg 种子与 7.5 kg 粪（牛马粪、猪圈粪按 7：3 搅拌均匀）混匀，挖坑堆入，其方法为在背风向阳的地方挖 18～20cm 深的坑，长度依种子数量而定，在挖好的坑内先铺入 15cm 左右厚的沙子，然后将拌好粪的种子倒入坑内，厚度以 7cm 左右为宜。上面先盖 3 cm 左右的河沙，再覆约 3cm 厚的细土。用塑料薄膜覆盖严密，使坑内能较好地接受阳光的照射，以提高坑内温度。冬至前后，气温逐渐变冷，用牛粪将坑填平，覆盖塑料薄膜继续保温，80d 左右发芽率可达 40%，3 个月后发芽率可达80%～90%，翌年立春后即可播种育苗。在产区还有一种更为简单的方法即种子采集后，将种子倒入牛或猪圈内，任牛、猪自行踩踏，第 2 年或第 3 年扒出，堆放于背风向阳处沤制，早春播种育苗。这种方法发芽率较高，出苗整齐，但时间较长。

（5）硫酸腐蚀法。将采集好的种子，用稀释至 100 倍的市售硫酸试剂浸泡 1～2 h后，捞出种子，用清水将硫酸冲净后播种育苗。

5. 播种

春季 3～4 月进行播种育苗，在做好的苗床上按行距 30cm 开沟，沟深 6～9 cm，沿沟将处理过的种子播于沟内，覆盖约 1cm 厚的经充分腐熟的细牛粪后，再覆细土 3～4cm 即可。苗床管理以保持床面湿润为主，注意及时拔除杂草，防止草荒。

6. 定植

当苗高约 15cm 时进行定苗，株距以 10～15cm 为宜，定苗后追肥，炎热的夏季应采取适宜方法遮阴，防止烈日暴晒。第 2 年或第 3 年即可进行移栽造林。

7. 移植造林

（1）林地选择。根据山茱萸的生物学特性，林地可选择在海拔 400～1000m 山地的向阳坡、半阴坡、退耕还林地或荒坡。

（2）造林技术。秋末冬初或早春，在选好的林地上按行株距 5～6m 开穴，穴深 50cm 左右，每穴内施入 30kg 左右的经充分腐熟的农家肥（厩肥或堆肥）。每穴植入两年生或三年生的苗木 1 株，使苗木主根及较粗大的侧根舒展，分层填土，层层压实，并淋足定根水。定植后可根据土壤含水量情况浇水 2～5 次，以保证苗木的成活率。

三、田间管理

（一）中耕除草

育苗田杂草应及时拔除，以防草荒，定植后，山茱萸地的株行距比较大，幼龄期其生长比较缓慢，为了充分提高土地利用率，在山茱萸林地间作其他矮秆作物或中药材，如丹参、黄芩、柴胡、远志等，结合间作作物的管理进行山茱萸的中耕除草，每年 2～4 次。以后随着树冠的扩大，林下杂草的生长也受到了限制，中耕除草的次数可以减少，成龄树林每年春、秋季进行一次中耕除草。

（二）施肥

合理施肥在促进幼树快速生长，缩短童木期，增加成年树的产量，克服大小年等方面有着重要的作用。幼树定植后，每年早春在树下开环形沟或放射状沟施入腐熟的农家肥或稀人粪尿，以促进幼树健壮生长。成年树每年一般进行 3 次施肥，第 1 次，一般在 3～4 月的花期、果期施入，称为保花保果肥。根据树木大小每株施入尿素 0.3～0.5 kg 或粪水 10～40kg，过磷酸钙 0.3～0.8kg，硫酸钾 0.3～0.7kg。此时如有条件，在花期可叶面喷施过磷酸钙或磷酸二氢钾溶液，以提高其坐果率。第 2 次施肥在 6 月中旬进行，称为壮果肥。第 3 次，10～11 月果实采收后，每株施入 25 kg 农家肥或混合肥料（每株用绿肥或厩肥 10～30kg，饼肥及磷肥 0.5～1.5 kg，混匀腐熟后施用），称为复壮肥。

（三）浇水排水

山茱萸具有一定的耐旱性，但干旱对其产量和果实品质有一定的影响。北方地区早春比较干旱，因此早春植株开花前及幼果期应合理浇灌，以提高植株的坐果率，促进果实的快速膨大。否则因干旱落花落果现象极为严重。采果后结合施复壮肥进行浇水。地势平坦的地块，雨季应注意排水，防止涝害。

（四）培土

山茱萸属浅根性植物，常由于山坡地的水土流失，造成树根裸露，影响植株的正常生长发育，因此应根据情况进行根际培土工作。

（五）整形修剪

一般定植后当年或翌年，树干高 80cm 时定干。定干后有目的地保留主枝，使其均衡分布。当主枝长到 50cm 时，可摘心。这样在水肥管理较好的情况下，3 年初步形成开张的树形。在生产上山茱萸的整形一般有三种方式。

（1）自然开心形。没有中央主干，只有 3 或 4 个强主枝，主枝着生角度一般为40°～60°。主枝上的副主枝数应视树形大小和主枝间距而定，各枝条应均衡分布于主枝外侧。此种树形，树冠比较开张，树膛内通风透光良好，并可充分利用立体空间，结果面积较大，产量高。此种树形在产区多见。

（2）自然圆头形。一般在主干上有 4 个以上主枝，着生位置比较均衡，各主枝长势相近，适当抑制中央主干的生长，形成半圆形树冠。一般主枝间保持 20～30cm 距离，各向一个方向发展，相互之间不重叠。主枝上只留顶部侧枝，使其向斜外方生长，此树形外层较大，如果修剪、管理不当，则树膛内隐蔽度较大，结果偏少。

（3）主干疏层形。有明显的中央主干枝，在主枝四周留 2 或 3 个分布相称、长势均衡的枝条作为第 1 层主枝。随着植株的不断生长，高度不断增加，在适宜的高度培养出第 2 层、第 3 层主枝，但注意主枝的生长不能超过主干枝。此树形树体高大，在主枝角度搭配合理的情况下，树膛内通风透光条件较好，能较好地利用空间和光照。结果部位多，单株产量高。

（六）剥老皮、涂白

山茱萸主干的腐枯周皮是害虫及虫卵越冬的场所，每年秋末冬初应及时清除，并在主干高 50～60cm 以下涂抹石硫合剂，以防害虫。

（七）老树复壮

老树复壮的目的是在老树的基础上，培育新生枝条，充分利用老树原有的庞大根系，吸收大量的营养成分促进新生枝的生长，迅速形成新的丰产型树冠。其具体方法：4 月中旬剪去老树的干枯枝及细弱枝，在其主干分枝处分散取 1 或 2 根枝条，绕其基部5～8cm 处环切 1/3～1/2 周，环割厚度（深度）达木质部，刺激隐芽萌发，形成新生枝条，留取 4 或 5 条长势旺盛的新生枝作为培养枝，抹去其余枝芽。8～9 月，按已环切的痕迹环切一周。翌年春天，锯去环切枝。同时对没有进行环切的老枝条切 1/2 周，之后，及时抹去新生芽，促进上年留取的培养枝生长。第 3 年春天，锯去环切枝。对于新生培养枝要及时进行整形及修剪，培育成理想的树冠形态。2～3 年即能形成新树冠，产量迅速增加，质量大幅度提高。

（八）清园

10～11 月山茱萸果实采集后，气温逐渐降低，植株进入落叶休眠期，在此时期清除树下的病残体及杂草，集中烧毁或深埋，减少越冬病源及害虫和虫卵的数量。

四、病虫害防治

(一) 病害

山茱萸的主要病害为炭疽病、角斑病、灰色膏药病等。

1. 炭疽病

山茱萸炭疽病又称黑斑病或黑果病，是山茱萸的主要病害，在河南、浙江、陕西等山茱萸的主产区普遍发生，能显著影响幼树的生长发育、果实的生长及质量。

(1) 病原。山茱萸炭疽病的病原物为胶孢炭疽菌（*Colletotrichum gloeosporioides*）属半知菌亚门，黑盘孢子目。症状：该病主要为害山茱萸果实，其次为叶片和枝条。幼果发病从果实顶部开始，病斑向下扩展致使全果变黑干缩，病果一般不脱落，病果发病初期在绿色果实上呈棕红色小点，病斑逐渐扩大为椭圆形或圆形黑色陷病斑，边缘紫红色或红褐色，外围有红色晕圈，染病果实未熟先红。发病规律：一般情况下 5 月开始发病，多雨年份发病稍早一些，干旱年份发病稍晚，6～8 月高温多雨潮湿，为发病盛期，隐蔽度大时发病较为严重。

(2) 防治方法。加强水肥管理，增施磷肥、钾肥，及时垦复，清除园中的病残体，减少病源；加强修剪，提高树冠的通风透光性；发病初期叶面喷洒 50％多菌灵 800 倍液，或 1：1：100 波尔多液，或 50％甲基托布津可溶性粉剂 800～1000 倍液。

2. 角斑病

山茱萸角斑病为主要病害之一，以为害叶片为主。

(1) 病原。角斑病的病原菌为 *Ramularia* sp.。症状：叶片发病初期，叶面出现暗褐色不规则小斑，边缘不明显，叶背面无明显症状，中期为暗棕色角斑，病斑边缘明显，后期病斑枯死，呈暗褐色角斑，叶缘枯、卷缩甚至叶片脱落。叶背面病斑明显。发病规律：山茱萸角斑病的病原菌主要以分生孢子座在病叶残体上越冬，翌年 4 月上中旬产生分生孢子侵染，5 月中下旬开始出现病斑，7～8 月多雨高湿季节为盛发期。

(2) 防治方法。加强水肥管理，增施磷肥、钾肥和农家肥，促进植株生长旺盛，增强植株的抗病性；加强修剪，改善树冠的通风透光性，减小局部潮湿小气候，清除树下病叶，集中销毁；在 5 月的发病初期叶面喷洒 1：1：200 波尔多液保护剂或大生 M-45800 溶液，连续 3 次，间隔 7d。也可喷洒 50％多菌灵，或 50％甲基托布津，或 75％百菌清可湿性粉剂 500～800 倍液，连续 3 或 4 次，间隔 7～10d。

3. 灰色膏药病

(1) 病原为灰色膏药病菌。灰色膏药病菌（*Septobasidium bogoriense*）与寄生枝干上介壳虫一起生活。在树皮上，担子果膏药状，通常呈现淡灰色。症状主要为害树干、枝条及树干病部出现圆形或不规则菌膜，形似膏药。菌膜平铺，初为灰白色至浅紫灰色，周围有狭窄的灰白色带，干燥时略翘起，后期变为灰褐色至黑褐色，往往发生龟裂，可以剥离。受害严重时病膜将枝条围起，使枝条发生凹陷，病部以上枝条逐渐衰老枯死。发病规律：病菌以菌丝体在病枝上越冬，翌年春、夏季菌丝形成子实层。担孢子随气流或介壳虫介体传播。树冠郁闭度大，通风不良部位，衰老树最易感染此病。

（2）防治方法。清除病枝病叶，减少菌源；加强树冠修剪，增加通风性；清除树干及枝干上的菌膜，在病部涂抹石硫合剂或用石硫合剂喷雾；发病初期用 1∶1∶1000 的波尔多液或 50％多菌灵 1000 倍液喷洒，每 10d 1 次，连续多次。

（二）虫害

山茱萸的主要虫害有山茱萸蛀果蛾、大蓑蛾、山茱萸尺蠖、绿尾大蚕蛾等。

1. 山茱萸蛀果蛾

（1）为害症状。山茱萸蛀果蛾为单食性害虫，主要以幼虫为害山茱萸果实，幼虫在山茱萸果实上咬食一个小孔，钻入果实内取食果肉。发生规律：1 年发生 1 代，以老熟幼虫在山茱萸树冠下土内越冬，翌年 7 月中旬至 8 月上旬开始化蛹，陆续到 9 月中旬结束。

（2）防治技术。选择抗虫性较强的优良品种种植；清除树下的虫蛀落果，集中消灭，及时消除杂草，加强垦复等管理措施，减少虫源；适时采收，降低虫果率；在蛀果蛾出现时期（7 月下旬至 8 月上旬）进行化学药剂防治，可在叶面喷洒 20％杀灭菊酯，或 25％溴氰菊酯 2500～5000 倍液。

2. 山茱萸尺蠖

（1）为害症状。以幼虫取食山茱萸叶片为害，将叶片咬食成缺刻，严重时可将叶片全部吃尽，造成植株早期失叶，长势衰弱，果实不能正常膨大、增重，同时还影响花蕾的生长发育，进而影响来年的开花结果。发生规律：此害虫以蛹在土下 3～6cm 深处筑土室越冬，5 月中旬为越冬代成虫羽化盛期，第 1 代、第 2 代卵盛期分别为 5 月中下旬和 7 月中下旬至 8 月中旬，幼虫盛发期分别为 6 月中下旬和 8 月下旬至 9 月上旬。成虫昼伏夜出，趋光性弱，卵产于半枯或全枯的树皮或干裂缝内，以幼虫分散日夜取食。

（2）防治技术。秋末冬初清除山茱萸树干及枝干上的栓皮，并在树干 80cm 以下涂抹石硫合剂。树下土层进行翻耕，消灭越冬虫蛹；幼虫发生期喷洒氯氰菊酯或溴氰菊酯或杀灭菊酯药液。

3. 大蓑蛾

（1）为害症状。以幼虫取食山茱萸叶片为害，严重时可将叶片全部吃尽，造成植株早期失叶，长势衰弱，果实不能正常膨大、增重，同时还影响花蕾的生长发育，进而影响来年的开花结果。发生规律：大蓑蛾 1 年发生 1 代。以幼虫在蓑囊中越冬，翌年 3 月以后化蛹，5～6 月为成虫期，5 月上旬至 6 月中旬为卵期，6 月上旬幼虫孵化取食山茱萸叶片，7～8 月为为害盛期，10 月后幼虫封囊以丝紧系在山茱萸的枝条上越冬（也有系在叶柄上）。

（2）防治技术。人工捕杀，在冬季落叶后，摘取悬挂于枝上的蓑囊，效果较好；培育和释放蓑蛾瘤姬蜂，保护食虫鸟类等天敌，进行生物防治；幼虫为害期向叶面喷洒 90％敌百虫 800 倍液，或 25％溴氰菊酯 5000 倍液，或 20％杀灭菊酯 2000～4000 倍液，连续 2 或 3 次，间隔 10d 左右。

4. 绿尾大蚕蛾

（1）为害症状。该虫不仅是林木果树的主要害虫，也是山茱萸的主要害虫之一。它以幼虫取食叶片，将叶片咬食成缺刻，严重影响植株的生长发育及药材的产量及质量。发生规律：绿尾大蚕蛾在皖南地区一年发生 3 代，以蛹越冬。越冬蛹于 4～5 月陆续羽化成成虫，第 1 代、第 2 代成虫的盛发期分别为 7 月中旬和 8 月下旬至 9 月上旬。成虫昼伏夜出，对黑光灯趋性强。10 年以下和 20 年以上的树龄的植株受害相对较轻。河南产区该种虫害发生较轻。

（2）防治技术。人工捕杀幼虫，该幼虫体型较大，行动迟缓，体无毒毛，且根据地面虫粪容易找到树上幼虫，利于人工捕杀；成虫产卵期进行人工摘除卵块；黑光灯诱杀成虫，该害虫的成虫具有对黑光灯趋性强的特性，因此在各代成虫的盛发期大面积设置黑光灯集中诱杀成虫；化学药剂防治：在傍晚进行叶面喷洒药剂，可用 10% 氯氰菊酯 2000 倍液，或 2.5% 溴氰菊酯 3000 倍液，或 90% 晶体敌百虫 1000 倍液等高效、低毒、低残留化学农药。生物药剂防治：第 3 代幼虫的盛发期，正值山茱萸果实成熟期，化学药剂防治容易造成污染，影响药材的品质，此时可用微生物农药 Bt 乳油 500 倍液喷洒叶面防治，也能收到较好的效果。

此外，山茱萸的鼠害、鸟害对山茱萸的危害也较为严重，主要取食山茱萸果实。其防治方法为在结果期设专人看管或在树梢悬挂各种颜色的布条。

【采收加工】

1. 采收

山茱萸适时采收是保证山茱萸产量、质量的关键。山茱萸栽培品种类型不同，果实的成熟期也不尽相同，因此在生产中应根据品种类型的成熟期分批分期进行，早熟品种早采收，晚熟品种晚采收，传统经验以"经霜"者良，因此一般在霜降至冬至间采收为宜，通过对山茱萸马钱素动态积累的研究证明，山茱萸马钱素的含量在 10 月下旬为最高值，此时应为最佳采收期，研究结果与传统的采收期相吻合。过早或过晚对产量与品质均有一定程度的影响。山茱萸采收方法为人工采摘，采摘果实时动作要轻，以免伤害树枝尤其是结果枝群及花蕾，否则影响来年的产量。雨天、雨刚过后或露水未干时不宜采收，一般应当天采，当天晾，不宜堆压，以防腐烂变质。

2. 初加工

通过科学加工可以提高萸肉的颜色、形态、杂质、干度四方面的外观质量。一般每 7～8kg 鲜果可加工 1kg 果肉，其加工步骤分为净选、软化、去核、干燥四部分。

（1）净选。手挑去鲜果中的枝叶、果柄等杂质。

（2）软化。山茱萸鲜果的果皮、果肉质地坚硬，必须软化后才能去核，软化是通过加热使果实质地变软，减低果肉与果核之间的附着力，便于果肉与果核分离。软化方法有水煮法、水蒸法和火烘法三种：①水煮法。在中等大小的普通铁锅中加入约铁锅 2/3 体积量的水，用干柴或煤加热烧至有隆隆响声（温度为 85～90℃）时，投入适量净鲜果（以不超过水面且低于水面 2～3cm 为宜），要掌握好投放量，过多则不易翻动，致使果实受热不匀而影响软化效果；过少则费时费燃料。要控制好火候，并保持水温和水烫时间（沸水 5～10min）。鲜果入锅后要不断用锅铲缓缓上下推动，至果实膨胀柔软，用手挤压果核能自动滑出时，捞出，立即倒入适量的冷水中冷却片刻，捞出，沥干。

②水蒸法。将净鲜果放入蒸笼内，上汽后蒸 5min，至果实膨胀发软，用手挤压果核能自动滑出，立即取出，稍冷却。注意蒸时锅内最好用热水，这样可以缩短鲜果在笼内的时间，以免导致果皮破裂果汁流失。③火烘法。将干净鲜果薄摊于直径 80cm、高 5cm、孔径 0.7cm 的竹筛内，摊成约 3cm 厚（以不见筛网为度），放置于木架上用文火（或炭火）缓烘，筛网距火约 40cm，不可距火太近，否则果皮会出现焦斑。并不断轻轻上下翻动，使果实受热均匀，烘至果实膨胀柔软，用手挤压果核能自动滑出时，取出，稍冷却。以上三种方法，以火烘法加工的萸肉色泽鲜红，肉厚柔软，损耗少，质量好。

（3）去核。将加热软化后的果实用手挤出果核。去核方法有手工去核和机械去核两种。目前一般仍采用人工去核。

（4）干燥。主要有晒干法和烘干法两种：①晒干法。去核后的山茱萸含有大量的水分，尤其是秋末采收季节气温较低，应抓紧时间晾晒。将鲜果肉均匀的平摊于干净、光滑的地面或竹席上，厚约 1.5cm，在日光下晒，起初 1h 每隔 10min 翻动 1 次，随后逐渐减少翻动次数，晒至七八成干后每 0.5h 翻动 1 次，使上下干燥均匀，至翻动有"沙沙"响声时，收起，冷却，置适宜容器中密封。注意摊晒不宜太厚，要勤翻，否则易造成果肉粘连并出现阴阳面使药材色泽不匀。②烘干法。将果肉置直径 80cm、高 5cm、孔径 0.5cm 的竹筛内摊约 3cm 厚，按火烘软化法用文火或炭火缓烘，经常用手翻动，至不粘手，用手翻动有"沙沙"响声时取出，冷却，置适宜容器中密封。另外，也可用土炕、锅灶等烘干，数量多还可用简易烘房烘干。无论采用哪种方法，烘干后不可立即装入容器，否则余热不能散发而引起果肉"发汗"，使萸肉色泽变黑（么厉等，2006）。

3. 分级标准

山茱萸不分等级，商品规格为统货、干货。以肉质肥厚、色红、油润者为佳，肉薄、色浅者次。

【化学成分】山茱萸中含有多种成分，主要是环烯醚萜苷类及鞣质类。

1. 挥发性成分

果实中的油经气相层析分析证明其中有棕榈酸（palmitic acid）、桂皮酸苄酯（benzyl cinnamate）、异丁醇（isobutyl alcohol）、异戊醇（isoamyl alcohol）、反式芳樟醇氧化物（*trans*-linalooloxide）、榄香素（elemicin）、糠醛（furfural）、甲基丁香油酚（methyleugenol）、异细辛脑（isoasarone）、β-苯乙醇（β-phenylethyl alcohol）。

2. 糖苷类及苷元

苷类成分有山茱萸苷（cornin，即马鞭草苷 verbenalin）、莫诺苷（morroniside）、獐牙菜苷（sweroside）、马钱子苷或番木鳖苷（loganin）及 cornuside（7-*O*-galloylsecologanol）。苷元有熊果酸（ursolic acid）、环烯醚萜类（iridoids）。双环烯醚萜苷类：山茱萸新苷（lornuside）、脱水莫诺苷及 7-脱氢马钱素（7-dehydrologanin）。从酒萸肉中分离出 7-乙氧基莫诺苷（可能是由于乙醇的提取，也可能因酒的炮制产生的次生物）。果实中同时含有葡萄糖（glucose）、果糖（fructose）和蔗糖（sucrose）。

3. 鞣质

果实中含有山茱萸鞣质（cornustanntn）：isoterchebin，tellimagrandinI，tellimagrandin，2,3-二-*O*-没食子酰-D-葡萄糖（2,3-di-*O*-galloyl-D-glucose），1,2,3-三-*O*-没食子酰-*β*-D-葡萄糖（1,2,3-tri-*O*-galloyl-*β*-D-glucose），1,2,6-三-*O*-没食子酰-*β*-D-葡萄糖（1,2,6-tri-*O*-galloyl-*β*-D-glucose），1,2,3,6-四-*O*-没食子酰-*β*-D-葡萄糖（1,2,3,6-tetra-*O*-galloyl-*β*-D-glucose），geminD，单聚、二聚、三聚可水解鞣质即木鞣质（cornusiin）A、B、C。最新分离出的二聚可水解鞣质木鞣质 G（cornusiinG）为 tellimagrandin Ⅱ 和 1,2,3,6-四-*O*-没食子酰-*β*-D-葡萄糖的聚合物。

4. 有机酸及其他成分

山茱萸果实中含有没食子酸（gallic acid）、苹果酸（malic acid）、酒石酸（tartaric acid）及维生素 A（vitamin A）。从山茱萸中分离到 *β*-谷甾醇（*β*-sitosterol）、5-羟甲基糠醛（5-hydroxymethyl-2-furaldehyde）和 5,5′-二甲基糠醛醚（5,5′-dimethylfurfural ether）。山茱萸种子的脂肪油中有棕榈酸、油酸（oleic acid）及亚油酸（linoleic acid）（刘洪等，2003）。

【鉴别与含量测定】

一、鉴别

1. 显微鉴别

本品粉末红褐色。果皮、表皮细胞橙黄色，表面观多角形或类长方形，直径 16～30μm，垂周壁连珠状增厚，外平周壁颗粒状角质增厚，胞腔含淡橙黄色物。中果皮细胞橙棕色，多皱缩。草酸钙簇晶少数，直径 12～32μm。石细胞类似方形、卵圆形或长方形，纹孔明显，胞腔大。

2. 薄层鉴别

取本品粉末 0.5g，加乙酸乙酯 10ml，超声处理 15min，过滤，滤液蒸干，残渣加无水乙醇 2ml 溶解，作为供试品溶液。另取熊果酸对照品，加无水乙醇制成每毫升含 1mg 的溶液，作为对照品溶液。按照薄层色谱法（《中国药典》附录Ⅵ B）进行实验，吸取上述两种溶液各 5μl，分别点于同一硅胶 G 薄层板上，以甲苯-乙酸乙酯-甲酸（20∶4∶0.5）为展开剂，展开，取出，晾干，喷以 10％硫酸乙醇溶液，在 105℃加热至斑点显色清晰。供试品色谱中，在与对照品色谱相应的位置上，显相同的紫红色斑点；置紫外光灯（365nm）下检视，显相同的橙黄色荧光斑点。

二、含量测定

（1）色谱条件与系统适用性试验。以十八烷基硅烷键合硅胶为填充剂；以乙腈-水（15∶85）为流动相；检测波长为 240nm。理论板数按马钱苷峰计算应不低于 3000。

（2）对照品溶液的制备。精密称取马钱苷对照品适量，加 80％甲醇制成每 1 毫升含 40μg 的溶液，即得。

（3）供试品溶液的制备。取本品粉末（过 3 号筛）0.1g，精密称定，置具塞锥形瓶中，精密加入 80％甲醇 25ml，称定重量，加热回流 1h，冷却，再称定重量，用 80％甲醇补足减失的重量，摇匀，过滤，取续滤液，即得。

（4）测定法。分别精密吸取对照品溶液与供试品溶液各 10μl，注入液相色谱仪，测定，即得。

本品按干燥品计算，含马钱苷（$C_{17}H_{26}O_{10}$）不得少于 0.60%。

【主要参考文献】

陈随清，王红霞，王莉丽等.2003.山茱萸不同品种药材的鉴定.河南中医学院学报，18（4）：20～22
丁宝章，王遂义，高增义.1997.河南植物志.郑州：河南科学技术出版社
刘洪，许惠琴.2003.山茱萸及其主要成分的药理学研究进展.南京中医药大学学报，19（4）：254～256
刘培华，王小纪，周浩.1993.山茱萸类型划分及优良类型选择.中药材，16（7）：9，10
马小琦，阎红军.2003.河南省山茱萸生产现状及发展对策.河南林业科技，23（3）：53，54
么厉，程惠珍，杨智.2006.中药材规范化种植（养殖）技术指南.北京：中国农业出版社
王明方，李俊宽，王昌明.1986.我省伏牛山区山茱萸种质类型简介.河南农业科学，（9）：20，21
杨晋，陈随清，冀春茹等.2005.山茱萸化学成分的分离鉴定.中草药，36（12）：1780～1782
中华人民共和国药典委员会.2005.中华人民共和国药典（2005年版 一部）.北京：化学工业出版社

丹　参

Danshen

RADIX SALVIAE MILTIORRHIZAE

【概述】 本品为地理标志药材。豫西丹参始载于《神农本草经》，列为上品，谓："丹参味苦微寒，主心腹邪气、肠鸣幽幽如走水、寒热积聚、破症除瘕、止烦满、益气。"以后的历代本草均有论述。味苦，微寒。归心、肝经。具有祛瘀止痛、活血通经、清心除烦的功效。用于治疗月经不调、经闭、痛经、症瘕积聚、胸腹刺痛、热痹疼痛、疮疡肿痛、心烦不眠、肝脾肿大、心绞痛等（姜淑英，2003；张文君等，2004）。

《中国药典》（2005年版）收载的丹参来源于唇形科植物丹参（*Salvia miltiorrhiza* Bge.）的干燥根及根茎。随着野生资源的减少，20世纪70年代中期药材丹参已经供不应求。研究发现，鼠尾草属 *Salvia* 共有40多个种的根及茎的脂溶性、水溶性成分与丹参基本相似，可作丹参替代品使用，如南丹参 *S. bowleyana* Dunn、紫花皖鄂丹参 *S. paramiltiorrhiza* H. W. Li et X. L. Huang *f. purpurea-ruba* H. Hw. Li；滇丹参（紫丹参）*S. yunnanensis* C. H. Wight、甘肃鼠尾（甘肃丹参，大紫丹参）*S. przewalskii* maxim. 及其变种、皖鄂丹参 *S. paramiltiorrhiza* H. W. Li et X. L. Huang、红根草 *S. prionitis*、三叶鼠尾草（小红丹参）*S. trijuga* Diels 等。这些种类除可作为丹参的新资源外，还可能成为优良丹参种质选育基因库的种质资源。

中国协和医科大学郭宝林教授将丹参分为一个变型两个变种，原变种丹参 *Salvia miltiorrhiza* var. *miltiorrhiza*、单叶丹参 *S. miltiorrhiza* var. *charbommellii*、白花丹参 *S. miltiorrhiza* f. *alba*（郭宝林等，2002a）。单叶丹参以叶片主要为单叶为特征，分布于河北、山西、陕西、河南和山东；白花丹参的花冠为白色或淡黄色。清华大学罗国安教授将丹参分为野生型丹参 *Salvia miltiorrhiza* cv. *follolum*、大叶型丹参 *S. miltiorrhiza* Bge. cv. *sativa* 和小叶型丹参 *S. miltiorrhiza* Bge. cv. *silcestris* 三个类型（张兴国等，

2002）。河南科技大学王忠东教授将洛阳丹参分为野生型丹参、粉质型丹参和柴质型丹参。

据报道丹参的居群内遗传多样性十分丰富，如山东沂南居群为 26.4%，山东沂水居群 31.6%，河南卢氏居群 55.0%。研究表明，丹参有 80.44% 遗传差异来自于居群内，居群间变异不足总变异的 20%，这与丹参为典型的异花传粉植物有关（郭宝林等，2002b）。

伏牛山区主产丹参及其变种单叶丹参、白花丹参、野生丹参年产量 3000t 余，种植面积 10 余万亩，分布在嵩县、栾川、灵宝、卢氏、方城、鲁山、汝阳、洛宁、新安、伊川、禹州等地，嵩县、栾川、禹州、卢氏、灵宝栽培种质多来源于野生，栽培居群与野生居群的遗传距离接近，种植丹参与野生丹参脂溶性成分基本一致。

【商品名】丹参

【别名】赤丹参、红根、血参根、大红袍、红根赤参

【基原】为唇形科植物丹参根及根茎。

【原植物】多年生草本，高 40～80cm。根肥厚，外面朱红色。茎四方形，直立，多分枝，密被长柔毛。奇数羽状复叶；小叶通常 3～5 个，稀 7 个，卵形至宽卵形，长 1.5～6cm，宽 1～4.5cm，先端急尖、渐尖或钝，基部圆形或偏斜，缘具圆锯齿，两面均被柔毛，背面较密；叶柄长 1～10cm，被白色倒向长柔毛，小叶柄长 2～5mm。轮伞花序 4～6 花，在茎分枝上部集成顶生和腋生的总状花序；总花梗密被具节长柔毛；苞片披针形，长 2～3cm；花萼钟形，长 8～12mm，外面被柔毛、腺毛和腺点，内面中部密被长柔毛，上唇宽三角形，下唇 2 裂，与上唇等大；花冠淡蓝色至蓝紫色，长 2～2.5cm，外面被腺毛，上唇长约 1.2cm，下唇稍短，中裂片无端，具不整齐的细齿，冠筒内面疏生短柔毛，近基部具斜生毛环；雄蕊花丝长 3.5～4mm，药隔长 15～20mm，长臂长约为全长的 4/5，2 个下药室不育且联合；花柱外露，柱头 2 裂不相等。小坚果椭圆形。花期 4～9 月，果熟期 8～10 月。

【药材性状】本品根茎短粗，顶端有时残留茎基。根数条，长圆柱形，弯曲，有的分枝具须状细根，长 10～20cm，直径 0.3～1cm。表面棕红色或暗棕红色，粗糙，具纵皱纹。老根外皮疏松，多显紫棕色，常呈鳞片状剥落。质硬而脆，断面疏松，有裂隙或略平整而致密，皮部棕红色，木部灰黄色或紫褐色，导管束黄白色，呈放射状排列。气微，味微苦涩。

栽培品较粗壮，直径 0.3～1.5cm。表面红棕色，具纵皱，外皮紧贴不易剥落。质坚实，易折断，粉质丹参断面黄白色或深灰色，平整，呈角质样；柴质丹参断面多为灰色，富柴性。

【种质来源】本地野生

【生长习性及基地自然条件】

一、生长发育特征

丹参是多年宿生性草本，12 月地上部分开始枯萎。实生苗或留地的老苗于翌年 2 月下旬至 3 月开始萌发返青。2 月初根或芦头繁殖，4 月上旬开始萌发出土，少数到 6

月初出土。育苗移栽第 1 个快速增长时期出现在返青后 30～70d。从返青到现蕾开花约需 60d，这时种子开始形成。种子成熟后，植株从生殖生长再次向营养生长过渡，叶片和茎秆中的营养成分集中向根部转移，因此出现一个生长高峰。7—10 月是根部增长最快的时期。

二、生长条件

丹参适应性较强，喜温暖湿润、阳光充足的环境条件，耐寒、耐阴、怕旱、忌涝，在 3℃ 以下的温度中，生理活动相对较弱，生长处于极度缓慢状态中，5℃ 以上开始萌芽，16℃ 以上生长迅速。

三、土壤种类

以地势向阳、土层深厚、排水良好的沙质壤土栽培为宜。

四、土壤肥力

土壤有机质含量 3% 以上的占总土壤面积的 32.48%；有机质含量 2%～3% 的占总土壤面积的 11.9%；有机质含量 1%～2% 的占总土壤面积的 42.28%；小于 1% 的占土壤总面积的 13.3%。

（1）全氮。土壤全氮量大于 0.1% 的占总土壤面积的 50.9%；全氮含量 0.06%～0.1% 的占总土壤面积的 40.05%；全氮含量在 0.06% 以下的占总土壤面积的 9.05%。

（2）速效磷。含量在 15ppm[①] 以上的占总土壤面积的 7.1%；含量在 10～15ppm 的占总土壤面积的 8.42%；含量在 7～10ppm 的占总土壤面积的 16.19%；含量在 7ppm 以下的占总土壤面积的 68.3%。

（3）速效钾。含量大于 200ppm 的占总土壤面积的 19.77%；含量为 150～200ppm 的占总土壤面积的 28.5%；含量为 100～150ppm 的占总土壤面积的 29.93%；含量在 100ppm 以下的占总土壤面积的 21.8%。微量元素的种类主要有锰、硼、锌、钼、铜、铁等。

【种植方法】

一、选地整地

丹参是深根植物，根部可深入土层 0.3m 以上，对土壤要求不高，但是要高产，宜选择肥沃、疏松、土层深厚、地势略高、排水良好的土地种植。山地栽培宜选向阳的低山坡。

整地时，先在地上施好基肥，然后深翻。每亩施腐熟有机肥 2500～4000kg 作基肥。种植前，再翻耙、碎土、平整、作畦。一般畦连沟宽 1.5m，畦高 20cm，在地下水位高的地方，畦沟还要深些。畦要平、直，保持排水畅通。过长的畦，每隔 10m 挖一腰沟。

二、繁殖方法

丹参繁殖方法有种子繁殖、分根繁殖和扦插繁殖三种。生产上多采用分根、种子繁

---

① 1ppm＝1μg/g，下同。

殖两种方法，采用种子繁殖，种源丰富、成本低，可大面积发展，而要想夺高产，宜采用分根繁殖法。

（一）种子繁殖

1. 留种

6～7月种子陆续成熟时要及时采收，否则会自行撒落地面。在花序上有2/3的果萼已经褪绿转黄而又未完全干枯时，将整个花序剪下，置通风干燥处晾3～5d，及时脱粒（晾时间过长会影响出芽率），然后对种子进行清选，去掉病虫粒、杂草种子、破损粒以及其他杂质。

2. 育苗

丹参种子萌发要求温暖、湿润的气候。可根据当地的作物茬口和气候情况安排，选择适宜季节播种育苗。最好在采种当年6月、10月或翌年4月初播种。在整好的畦上条播，行距20cm，沟深1cm，种子均匀撒入沟内，覆土以不见种子为宜，上盖一层麦秆保湿防晒，播后要经常洒水，保持湿润。6月播种，播后7～10d出苗。播种量0.5～0.75kg/m²。当幼苗具3～5片真叶时，如发现过密应及时剔苗、浇水，并追施1或2次稀薄人粪尿，促进幼苗生长。

3. 移栽

幼苗生长一年后，在翌年的10月中旬至11月上旬移栽，越早越好。移栽时选择主根长10cm以上，根粗0.3cm以上，健壮、无病虫害的植株移栽。在整好的畦上按行株距25cm×25cm开穴，每穴栽大苗1株或小苗2株。穴深视根长而定，种植深度以微露心芽为宜，不要使根头外露。栽时切勿窝根，栽后覆土压实并适量浇水稳根。每亩约栽11 000株。

（二）分根繁殖

1. 种根选择

结合采挖收获药材，选生长良好的粗根上中段作种，应选择直径1cm左右、粗壮、色红而无腐烂的一年生侧根为好。也可选择生长健壮、无病虫害的植株在原地不起挖，留作种株，待栽种时随挖随栽。

2. 种根处理

用湿沙储藏至栽种。

3. 栽种时间

3～4月进行。

4. 栽种方法

按行距30cm、株距25cm在整好的畦上开沟栽或开穴栽，穴或沟深7～9cm，每穴施粪肥或土杂肥0.25～0.5kg，并与土壤拌匀。把种根折成5～7cm长小段，边折边栽。每穴栽1或2段，根头向上，覆土2cm，压实、浇水。盖土不能太厚，会妨碍出苗。用根段栽种，在4月下旬陆续出苗。每亩用种根30kg左右。

三、田间管理

（一）中耕除草

4月幼苗开始出土时进行查苗，如有因表土板结或盖土太厚而不出苗的，可将穴土撬开，捏碎。丹参前期生长较慢，应及时松土除草，一般在封垅前要进行2或3次，可结合施肥进行。封垅后杂草要及时拔掉，以免杂草丛生，影响丹参生长。

（二）施肥

丹参开春返青后，要经过长达9个月的生长期，才能收获。除下种时应尽量多施基肥外，还需在生长期追肥。第1次在返青时施提苗肥，每亩用腐熟人粪尿750kg水浇，或用复合肥10kg穴施。第2次在5月中上旬剪过花序后施，每亩用腐熟人粪尿1000kg穴施，或用复合肥15kg穴施。第3次在6～7月剪过老秆后，施长根肥，每亩施入浓粪1500kg，或用复合肥25kg穴施，也可用0.2%～0.5%磷酸二氢钾叶面喷施一次。

（三）排灌水

出苗期及幼苗期如土壤干旱，需灌水，雨季注意排水，防止水涝，积水易发生根腐病。

（四）剪花序

不准备收取种子的丹参，从4月中旬开始，要陆续将抽出的花序摘掉，以便养分集中到根部。花序要早摘、勤摘，最好每隔10d摘一次，连续进行几次。

（五）剪老秆

留种丹参在剪收过种子以后，植株茎、叶逐渐衰老或枯萎，对根部生长不利。如剪除老茎秆，则可使基生叶丛重新长出，促进根部继续生长。因此，宜在6月底至7月初将全部茎秆齐地剪掉。

四、病虫害防治

（一）病害

丹参的病害主要有叶斑病、根腐病、根结线虫病等。

1. 叶斑病

叶斑病是一种细菌性叶部病害。叶片上病斑深褐色，直径1～3mm，近圆形或不规则形，严重时病斑密布、汇合，叶片枯死。5月初开始发生，可延续到秋末。

防治方法：①实行轮作，同一块地种丹参不得超过两周期。②收获后将枯枝残体及时清理出田间，集中烧毁。③增施钾、磷肥，或于叶面上喷施0.3%磷酸二氢钾，以提高丹参的抗病力。④发病初期清除基部发病的老叶，以加强通风，减少病源。每亩用50%可湿性多菌灵粉剂配成800～1000倍的溶液喷洒叶面，隔7～10d，连喷2或3次。⑤药剂防治，发病期用50%多菌灵800倍溶液或70%甲基托布津1000倍液灌根，每株250ml，7～10d再灌1次，连续2或3次。也可用50%退菌特可湿性粉剂800倍液，或用 65％代森锌可湿性粉剂 500 倍液喷雾，每隔 7d 喷 1 次，连喷 3 次。

2. 根腐病

根腐病是由真菌引起的根部病害。5～11 月都可发生。发病初期仅根系中个别根条受害，继而扩展到整个地下部。被害部发生湿烂，外皮变成黑色。地上部初发病时个别茎枝先枯死，严重时整株死亡。

防治方法：①实行轮作，可抑制土壤中病菌的积累，特别是与葱、蒜类蔬菜轮作效果更好。②选地势略高的土地种植，开深沟，做高畦，雨季加深、理通沟道。发现病株及时拔除。③栽种前用 50％多菌灵 800 倍溶液或 70％甲基托布津 1000 倍液蘸根处理，晾干 10min 后再种。④药剂防治：发病期用 50％多菌灵 800 倍溶液或 70％甲基托布津 1000 倍液灌根，每株 250ml，7～10d 再灌 1 次，连续 2 或 3 次。也可用 70％甲基托布津 500 倍液或 75％百菌灵 600 倍液，每隔 10d 喷 1 次，连喷 3 次，注意喷洒茎基部。

3. 根结线虫病

根结线虫病是线虫引起的根部病害。发病初期丹参根部生长出许多瘤状物，致使植株矮小，发育缓慢，叶片退绿，逐渐变黄，最后全株枯死。拔起植株，须根上有许多虫瘿状的瘤，瘤的外面粘着土粒，难以抖落。根结线虫在土中越冬，灌溉用水、病肥、病种苗及农事作业传播，带线虫的病土和病残体是主要侵染源。幼虫侵入幼根后固定寄生，刺激组织膨大形成根结，幼虫经 4 个龄期发育为成虫，随即交配产卵，孵化后的幼虫又再侵染，30～50d 完成一代。该线虫随病残体在土中可存活 2 年。高温多湿、沙质土壤中发病重。

防治方法：①实行轮作，同一块地种丹参不得超过两周期，最好与禾本科作物，如玉米、小麦等轮作。②结合整地进行土壤处理，方法同大田土壤处理。

（二）虫害

丹参的主要虫害有蛴螬、金针虫、银纹夜蛾等。

1. 蛴螬

以咬噬丹参的根造成植物逐渐萎蔫、枯死，严重时造成缺苗断垄。每年发生一代，以幼虫和成虫在地下土层中越冬。蛴螬始终在地下活动，与土壤的湿度关系密切。在夏季多雨、生荒地以及使用未充分腐化的厩肥时，为害严重。

防治方法：精耕细作，使用充分腐化的厩肥；大量发生时用 50％的锌硫磷乳剂稀释成 1000～1500 倍液或 90％敌百虫 1000 倍液浇根，每株 50～100ml。或每亩用 2.5％敌百虫粉剂 2kg，拌细土 15kg 撒于植株周围，结合中耕，可防治地老虎的成虫、若虫。

2. 金针虫

以咬噬丹参的根造成植物逐渐萎蔫、枯死。北方 2～3 年发生一代，以老熟幼虫和成虫在地下土层中越冬。3 月下旬至 4 月中旬为活动盛期，白天潜伏于表土内，夜间交配产卵。5 月上旬幼虫孵化。老幼虫在 16～20cm 深的土层内做土室化蛹。翌年 3 月中下旬地下 10cm 深，土温达 6～7℃时幼虫开始活动，土温达 15.1～16.6℃时为害最严重，10 月下旬以后随土温降低而下潜。

防治方法：同蛴螬的防治。

3. 银纹夜蛾

咬噬丹参的叶，咬成孔洞或缺口，严重时可将叶片吃光。每年发生5代，以第2代幼虫于6～7月开始为害丹参，7月下旬至8月中旬为害最严重。

防治方法：①收获后及时清理田间残枝病叶并集中烧毁，消灭越冬虫源。②悬挂黑光灯或糖醋液诱杀成虫。③7～8月为第2代、第3代幼虫低龄期，喷洒病原微生物，可用苏云金杆菌，每次每亩用250g或250ml，兑水50～75kg，进行叶面喷雾；也可用25%灭幼脲3号，每亩用10kg，加水稀释成2000～25 000倍液常规喷雾；或用1.8%阿维菌素乳油3000倍液均匀喷雾。

【采收加工】

1. 采收

丹参在大田定植后，经过一年左右，根部化学成分达到质量标准（丹参酮ⅡA含量不低于0.3%，丹参素含量不低于1.2%）时，于年底茎叶经霜枯萎至翌年早春返青前，土壤干湿度合适，选晴天采挖。最好在冬至至小寒收获。过早收获，根不充实，水分多，折干率低；过迟，则重新萌芽、返青，消耗养分，质量差。丹参根条入土深、质脆、易折断，须小心挖掘。整个根部挖起后，抖去泥块，放在地里露晒，待根上泥土稍干，剪去茎秆、芦头等地上部分，除去根上附着的泥土（忌水洗），运回加工。

2. 初加工

丹参运回后，置芦席、竹席或洁净的水泥晒场上晾晒，或采用烘干机进行干燥。折干率为20%～25%。成品宜装入麻袋放在通风干燥处储藏。产品以干燥、无霉、无芦头、须根少、外皮红色、无虫蛀、无泥、无杂质为好。

3. 分级标准

丹参商品常分为三等。

一等：干货，呈长圆柱形，顺直，表面红棕色没有脱落，有纵皱纹，质坚实，外皮紧贴不易剥落；断面灰黄色或棕黄色，菊花纹理明显。气微，味甜、微苦涩。为特质加工的选装整枝，长10cm，中部直径不小于1.2cm。无芦茎、碎节、虫蛀、霉变、杂质。一等品丹参酮含量不低于0.35%，丹参素含量不低于1.6%。

二等：干货，呈长圆柱形，偶有分枝，表面红棕色，有纵皱纹，质坚实，外皮紧贴不易剥落；断面灰黄色或棕黄色，菊花纹理明显。气微，味甜、微苦涩。多为整枝，头尾齐全，主根中上部直径在1cm以上。无芦茎、碎节、虫蛀、霉变、杂质。二等品丹参酮含量不低于0.33%，丹参素含量不低于1.4%。

三等：干货，呈长圆柱形，偶有分枝，表面红棕色或紫红色，有纵皱纹，质坚实，外皮紧贴不易剥落；断面灰黄色或棕黄色，菊花纹理明显。气微，味甜、微苦涩。主根中上部直径7～10mm，根长大于或等于100mm，或主根根径达一等、二等丹参标准，根长小于100mm而大于50mm。无芦茎、碎节、虫蛀、霉变、杂质。三等丹参酮含量不低于0.30%，丹参素含量不少于1.2%。

【化学成分】丹参的化学成分主要有二萜醌类：丹参酮Ⅰ（tanshinone Ⅰ），丹参

酮ⅡA（tanshinone ⅡA），丹参酮ⅡB（tanshinone ⅡB），隐丹参酮（cryptotanshi-none），丹参酸甲酯（methyl tanshinonate），羟基丹参酮ⅡA，异丹参酮Ⅰ、ⅡA（iso-tanshinone Ⅰ、ⅡA），它们为脂溶性，其结构如下（图1）。

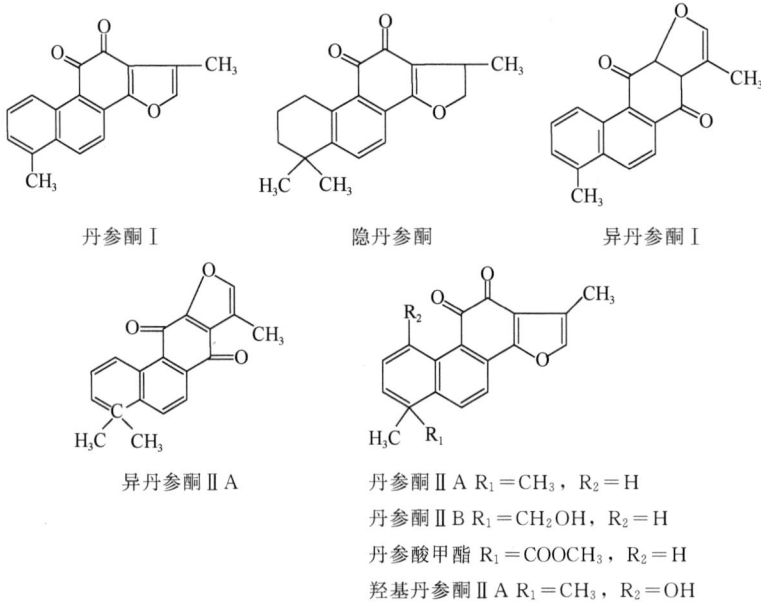

丹参酮Ⅰ　　　　　　　　隐丹参酮　　　　　　　　异丹参酮Ⅰ

异丹参酮ⅡA

丹参酮ⅡA R₁＝CH₃，R₂＝H
丹参酮ⅡB R₁＝CH₂OH，R₂＝H
丹参酸甲酯 R₁＝COOCH₃，R₂＝H
羟基丹参酮ⅡA R₁＝CH₃，R₂＝OH

图1　丹参部分化学成分结构式

此外，人们还在丹参中发现异隐丹参酮、左旋二氢丹参酮，丹参酸甲酯（methyl tanshinonate），丹参新醌（neotanshinquinone）甲、乙、丙，次甲丹参醌（methy lene -tanshinquinone），二氢丹参酮Ⅰ（dihydrotanshinone Ⅰ），紫丹参素甲、乙（przewa-quinone A，B）。

水溶性酚酸类成分：到目前为止，从丹参根及根茎中分离得到的酚酸类成分有14种，包括丹参素（danshensu），原儿茶醛（protocatechuic aldehyde），原儿茶酸（pro-tocatechuic acid），咖啡酸（caffeic acid），异阿魏酸（isoferulic acid），迷迭香酸（ros-marinic acid），紫草酸（lithospermic acid），丹酚酸（salvianolic acid）A、B、C、D、E、F、G。丹酚酸类结构看似复杂，但均可看作由简单的丹参素和咖啡酸缩合而成。

近年来还报道丹参中含有新的松香烷二萜、1，2，15，16-四氢丹参醌、丹参醛等。

栽培丹参种质来源复杂，洛宁种植丹参多数种质来源为山东培育的种苗，新安种植丹参多数种质来源为湖北培育的种苗，虽然脂溶性成分和水溶性成分高于国家药典标准，但与洛阳野生型丹参和栽培丹参相比出现了成分变化，脂溶性成分在次甲基丹参酮与丹参酮ⅡA之间的位置上出现了野生型丹参没有的化学成分，这是否与种质基因错位、品系分化、种植环境、农残化感、化肥效应、连作障碍等有关，值得我们研究。

据近年来我们的测试结果和资料报道可知，不同产地丹参药材的内在质量差异很大，其中脂溶性部分的差异大于水溶性部分。测试结果表明，种植丹参中河南丹参脂溶性成分含量最高，质量较好，四川丹参脂溶性成分大部分偏低，安徽丹参脂溶性成分都偏低，山东白花丹参中隐丹参酮的含量较高。水溶性部分各地区没有明显差异；甘肃鼠尾丹参含有很高的脂溶性有效成分，但水溶性有效成分含量较低（图2）。

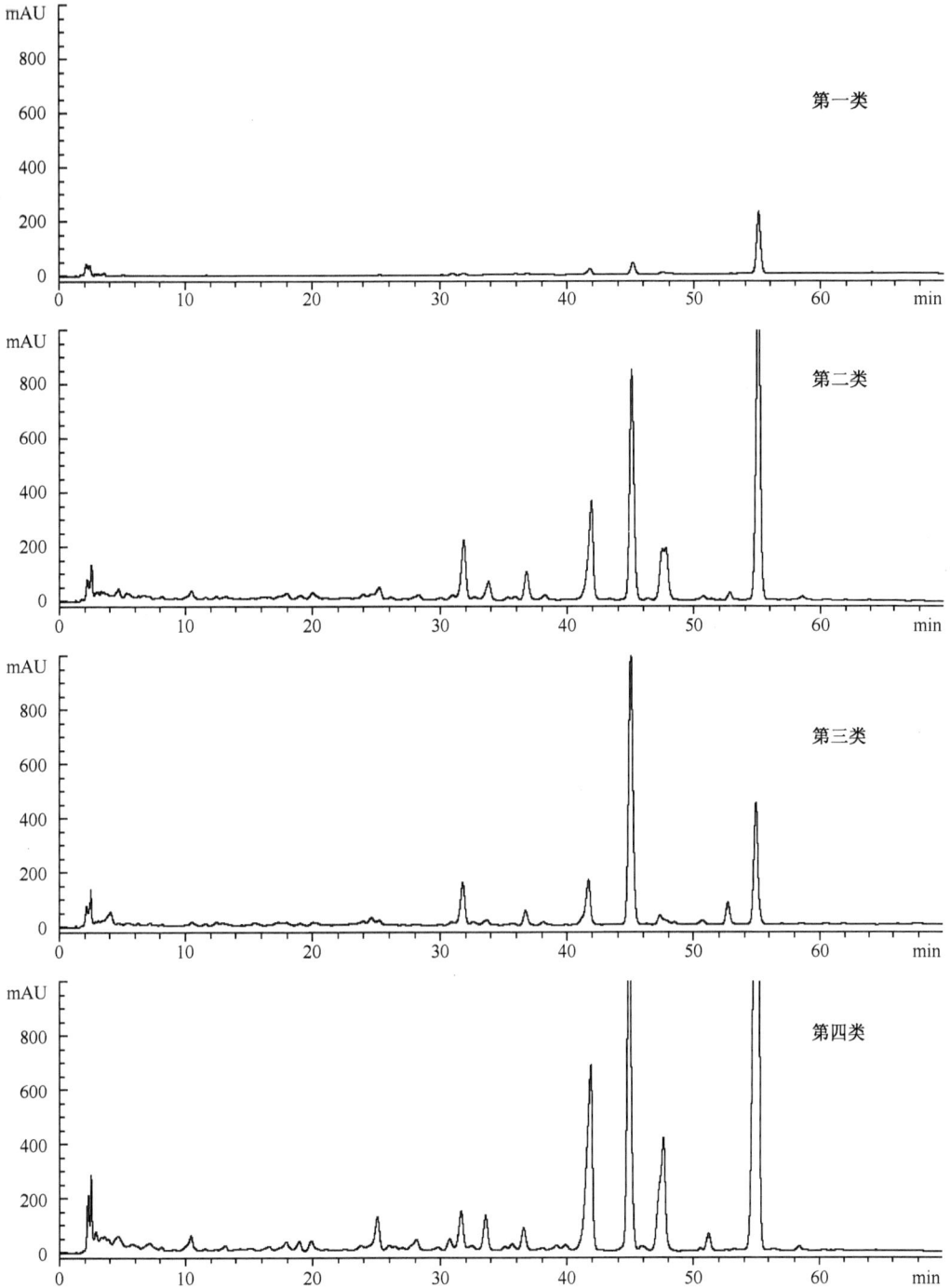

图 2　四产地丹参脂溶性成分比较

第一类为四川中江丹参，第二类为山东临沂丹参，第三类为河南洛阳丹参，第四类为甘肃鼠尾丹参

【鉴别与含量测定】

一、鉴别

1. 显微鉴别

　　根横切面木栓层3～7列，木栓细胞长方形，切向延长，壁非木化或微木化；外侧有时可见落皮层。皮层窄，纤维单个散在或2～6个成群，直径7～32μm，壁厚4～13μm，孔沟放射状，层纹细密。韧皮部较窄，由筛管群和薄壁细胞组成，形成层明显成环。木质部宽广，4～12束呈放射状排列，有些相邻的束在内侧合并，导管类圆形或多角形，有的略径向延长，直径15～65μm，单个散在或2～12个成群，径向排列或切向排列；木纤维发达，多成群分布于大导管周围；有的木质部束内有1或2群木化薄壁细胞；中心可见四原型初生木质部；木射线宽广，射线细胞多木化增厚。

2. 薄层鉴别

　　1）取本品粉末1g，加乙醚5ml，置具塞试管中，振摇，放置1h，过滤，滤液挥干，残渣加乙酸乙酯1毫升溶解，作为供试品溶液。另取丹参对照药材，同法制成对照药材溶液。再取丹参酮ⅡA对照品，加乙酸乙酯制成每毫升含2mg的溶液，作为对照品溶液。吸取上述三种溶液各5μl分别点于同一硅胶G薄层板上，以苯-乙酸乙酯（19：1）为展开剂展开，取出，晾干。供试品色谱中，在与对照药材色谱相应的位置，显相同颜色的斑点；在与对照品色谱相应的位置上，只显相同的暗红色斑点。

　　2）取本品粉末0.2g，加75％甲醇25ml，加热回流1h，过滤，滤液浓缩至1ml，作为供试品溶液。另取丹酚酸B对照品，加75％甲醇制成每毫升含2mg的溶液，作为对照品溶液。吸取上述两种溶液各5μl，分别点于同一硅胶GF₂₅₄薄层板上，以甲苯-三氯甲烷-乙酸乙酯-甲醇-甲酸（2：3：4：0.5：2）为展开剂展开，取出，晾干，置紫外光灯（254nm）下检视。供试品色谱中，在与对照品色谱相应的位置，显相同颜色的斑点。

二、含量测定

1. 丹参酮ⅡA

　　（1）色谱条件与系统适应性试验。以十八烷基硅胶键合硅胶为填充剂；以甲醇-水（75：25）为流动相；检测波长270nm。理论板数按丹参酮ⅡA峰计算不低于2000。

　　对照品溶液的制备：精密称取丹参酮ⅡA对照品10mg，置50ml棕色量瓶中，加甲醇至刻度，摇匀即得（每毫升中含丹参酮ⅡA16μg）。

　　（2）供试品溶液的制备。取本品粉末（过3号筛）约0.3g，精密称定，置具塞锥形瓶中，精密加入甲醇50ml，称定重量，加热回流1h，冷却，再称定重量，用甲醇补足减少的重量，摇匀，过滤，取续滤液即得。

　　（3）测定法。分别精密吸取对照品溶液与供试品溶液各5μl，注入液相色谱仪，测定即得。本品含丹参酮ⅡA（$C_{19}H_{18}O_3$）不得少于0.20％。

2. 丹酚酸B

　　（1）色谱条件与系统适应性试验。以十八烷基键合硅胶为填充剂；以甲醇-乙腈-水

（30：10：1：59）为流动相；检测波长为 286nm。理论板数按丹酚酸 B 峰计算不低于 2000。

对照品溶液的制备：精密称取丹酚酸 B 对照品适量，加 75％甲醇制成每毫升中含 0.14mg 的溶液，即得。

（2）对照品溶液的制备。取本品粉末（过 3 号筛）约 0.2g，精密称定，置具塞锥形瓶中，精密加入 75％甲醇 50ml，称定重量，加热回流 1h，冷却，再称定重量，用 75％甲醇补足减少的重量，摇匀，过滤，取续滤液即得。

（3）测定法。分别精密吸取对照品溶液与供试品溶液各 10μl，注入液相色谱仪，测定即得。

本品按干燥品计算，含丹酚酸 B（$C_{36}H_{30}O_{16}$）不得少于 3.0％。

【附注】

1. 单叶丹参

Salvia miltiorrhiza Bge. var. *charbonnelii*（Levl.）C. Y. Wu

原植物形态：单叶，间有 3 小叶的复叶，叶片或小叶片近圆形。产于伏牛山区，生于海拔 1000m 以下的山坡、路旁或草丛中。

2. 白花丹参

白花丹参是丹参的一个变型，其与正品的区别：仅花冠为白色或淡黄色。

【主要参考文献】

郭宝林，冯毓秀，赵杨景 . 2002a. 丹参种质资源研究进展 . 中国中药杂志，27（7）：492～495

郭宝林，林生，冯毓秀 . 2002b. 丹参主要居群的遗传关系及药材道地性的初步研究 . 中草药，33（12）：1113～1116

韩永卫，林敏 . 2003. 丹参的药理作用 . Journal of Animal Science and Veterinary Medicine，22（4）：22

姜淑英 . 2003. 丹参的临床新用 . 时珍国医国药，14（4）：224

凌海燕，鲁学照 . 1999. 丹参水溶性成分的研究概况 . 天然产物研究与开发，11（1）：75～80

余世春，琚小龙，段广勋 . 2002. 丹参的化学成分和药理活性研究概况 . 安徽卫生职业技术学院学报，1（2）：43～47

张文君，李洪波，陈浩宏 . 2004. 丹参临床应用研究进展 . 现代中西医结合杂志，13（12）：1657～1658

张兴国，王义明，罗国安等 . 2002. 丹参品种资源特性的研究 . 中草药，33（8）：742～747

中华人民共和国药典委员会 . 2005. 中华人民共和国药典（2005 年版 一部）. 北京：化学工业出版社：52

天　　麻

Tianma

RHIZOMA GASTRODIAE

【概述】本品为地理标志药材（豫西天麻）。天麻味辛，性温。《神农本草经》曰："主杀鬼精物、蛊毒恶气。久服，益气力，长阴、肥健，轻身、增年。一名离母，一名鬼督邮。生川谷。"《吴普》曰："换督邮，一名神草，一名阎狗。或生太山，或少室（伏牛山脉）。茎、箭赤，无叶，根如芋子。三月、四月、八月采根，日干。"治痈肿，平肝息风止痉。用于头痛眩晕，肢体麻木，小儿惊风，癫痫抽搐，破伤风。

在豫西，天麻种植有 50 多年的历史，野生天麻产于伏牛山脉的栾川、嵩县、卢氏等县，生长于海拔 700～1500m 的山坡阔叶林下、灌丛下。天麻为多年生寄生植物，其寄主为白蘑科蜜环菌 *Armillaria mellea* （Vahl. ex. Fr）Karst. 以蜜环菌的菌丝或菌丝的分泌物为营养来源，借以生长发育，叶片退化成膜质，全株几乎不含叶绿素，属典型的异养型植物（岑信钊，2005）。

【商品名】天麻

【别名】赤箭、赤箭芝、独摇芝、定风草、离母、合离草、木浦、明天麻、白龙皮、鬼督邮、神草、自动草、水洋芋

【基原】兰科天麻属植物天麻 *Gastrodia elata* Bl. 的干燥块茎。

【原植物】多年生寄生草本，植株高 30～150cm。块茎肉质肥厚，椭圆形或卵状椭圆形，长约 10cm，直径 3～4.5cm，横生，具环纹。茎不分枝，直立，稍肉质，黄褐色，鳞片状鞘状的叶棕褐色，膜质。总状花序长 5～10cm，具多数花；苞片膜质，披针形，长 6～10mm，花淡黄色或绿黄色；萼片与花瓣合生成歪斜的筒状，长 7～10mm，直径 6～7mm，口部偏斜，先端 5 个齿裂，裂片三角形，钝头；唇瓣较小，呈酒精灯状，白色，长约 5mm，基部贴生于蕊柱足的末端和花被筒内壁上，先端 3 裂，中裂片舌状，具乳突，边缘流苏状，侧裂片耳状；蕊柱长 5～6mm，顶端具 2 个小的附属物，基部具蕊柱足；子房倒卵形，子房柄扭转。蒴果倒卵形至长圆形，长 8～14mm；种子细而粉尘状。花期 7～8 月；果熟期 8～10 月（丁宝章等，1997）。

【药材性状】本品呈椭圆形或长条形，略扁，皱缩而稍弯曲，长 3～15cm，宽 1.5～6cm，厚 0.5～2cm。表面黄白色至淡黄棕色，有纵皱纹及由潜伏芽排列而成的横环纹多轮，有时可见棕褐色菌索。顶端有红棕色至深棕色鹦嘴状的芽或残留茎基；另端有圆脐形疤痕。质坚硬，不易折断，断面较平坦，黄白色至淡棕色，角质样。气微，味甘。

【种质来源】本地野生

【生长习性及基地自然条件】

一、生长发育特征

1. 天麻营养特性

天麻是以与真菌共生为主要营养来源。天麻种子必须由小菇属（*Mycena*）一类真菌菌丝侵染种胚获得营养而萌发，故称这类真菌为天麻种子萌发菌。天麻种子发芽后，当蜜环菌侵入原球茎分化出营养繁殖茎后，萌发菌和蜜环菌［*Armillaria mellea* (Vahl. Fr) Karst.］可同时存在于营养繁殖茎的不同细胞中，对天麻的营养作用逐渐被蜜环菌代替，直至生长成初生块茎（米麻、白麻）和次生块茎（剑麻）。由于天麻表皮的渗透作用，可从土壤中摄取氮、磷、钾等营养物质。

2. 天麻生长发育特性

天麻块茎于 4 月萌发生长，并形成营养繁殖茎，简称营繁茎，具有同化蜜环菌、输

送养分和繁殖功能。6月其顶芽和侧芽开始膨大，7～9月高温季节生长加快，10月随气温降低，生长缓慢，11月上中旬停止生长进行休眠。块茎生长具有多级分枝和顶端优势特性。

天麻从种子萌发到下代种子成熟一般需要 3 年时间，其间植物体需经过原生块茎、后生块茎的充分发育，才能开花结果。从花茎芽自地面出土、开花、结实至种子散出，历时 62～65d，而绝大部分时间是生活在地下。

二、生长条件

1. 温度

萌发菌在 15～30℃ 温度范围内均能生长，以 25℃ 菌丝生长最快，低于 20℃ 或高于 25℃ 菌丝生长速度减慢。

2. 基物含水量

一般适宜含水量为基物重量的 100%～200%，含水量过高，萌发菌生长速度减慢，甚至停止生长。

3. pH

最适宜的 pH 为 5.0～5.5，碱性条件不利于菌丝生长。

4. 营养条件

木屑与麦麸体积比为 3∶1 的培养基适合萌发菌生长。基础培养基配比：磷酸氢二钾 0.5g、磷酸二氢钾 1g、硫酸镁 2.5g、葡萄糖 20g、麦麸 30g、维生素 B_1 10mg、蒸馏水 1000ml。

野生天麻喜欢生长在气温较低、常年多雨雾、湿度大、腐殖质厚的黑沙土中，以及冬无严寒、夏无酷热、年平均气温 10℃ 左右、被砍伐杂木林或竹林地中。

【种植方法】

一、天麻的繁殖方法

天麻的繁殖方法有两种，即有性繁殖和无性繁殖。有性繁殖种子播种需要与小菇属萌发菌和蜜环菌两种菌共生获取营养；无性繁殖用初生块茎做种，只需与蜜环菌共生而获得营养。故需培养生产萌发菌种和蜜环菌种。

（一）萌发菌、蜜环菌的培养

萌发菌、蜜环菌的培养必须在无菌条件下进行，需要有接种室、接种箱或超净工作台、接种工具、菌种培养室、恒温培养箱、菌种培养架、高压蒸汽灭菌锅、电热干燥箱、紫外灭菌灯、菌种保藏用电冰箱、化学药品、试管、天平等。

萌发菌和蜜环菌的生长发育都需从基质中摄取碳源、氮源、无机盐、维生素等营养物质。所用的培养基和段木将满足其营养需要。

1. 蜜环菌枝培养

菌枝皮薄、木质嫩，蜜环菌易侵染，生长快。菌枝是培养菌床和菌材的优质菌种。

（1）菌种准备。应选用人工培养的二级菌种、野生蜜环菌索、蜜环菌优质菌材做菌种。

（2）树种选择。多种阔叶树种的树枝可用于培养菌枝，但以壳斗科树种及桦树等的树枝最好。

（3）培养时间。应根据需要，一般应在菌材培养期之前两个月进行。

（4）培养方法。选择直径 1～2cm 的树枝，斜砍成长 3～4cm 的小段。挖长 2m、宽 1m、深 30cm 的坑，坑底先铺 1cm 厚湿润树叶，然后摆一层树枝，再放入菌种，在菌种上再摆一层树枝，盖一薄层沙土，以覆盖填满树枝间空隙为度。可依次堆放 8～10 层，最后盖 10cm 厚沙土，再盖一层树叶保温、保湿。一般两个月可培养好菌种。

2. 蜜环菌材培养

（1）菌种准备。菌枝是培养菌材最好的菌种。选择表面附着棕红色、幼嫩无污染的菌枝做菌种。也可用培养好的优质菌材做菌种。用有白色生长点、无杂菌污染的菌枝做菌种。也可用培养好的优质菌材做菌种。

（2）树种选择。蜜环菌与壳斗科树种有良好的亲和力，同时，壳斗科树种材质坚硬，耐腐性强，树皮肥厚不易脱落，是首选树种。蔷薇科的野樱桃、桦木科的树种，易染菌且生长快，培养时间短，也是培养蜜环菌材的好树种。要根据树木资源选用适宜蜜环菌生长的树种。

（3）培养时间。应选择在秋、冬季至初春培养菌材。秋末至初春砍伐的树木中含有较多的碳水化合物，树皮与木质部不易分离，有利于蜜环菌生长，且有些树种于春季又可萌发新枝。

（4）木材准备。选直径 3～5cm 的树木，锯成长 20cm 的木段，若树木直径在 10cm 以上，应将木段劈成 2～4 块，在木段的一面或两面每隔 3～4cm 砍一个鱼鳞口，深度至木质部为宜。

（5）培养场地选择。应选择在天麻种植场地附近（减少菌材搬运），坡度小于 20° 的向阳山地。土壤选择土层深厚、疏松透气、排水良好的沙壤土，以有灌溉水源的地方为宜。

（6）菌材培养方法。培养方法有多种，现以窖培法为例。挖长 2m、宽 1m、深 30cm 的地窖，将窖底挖松整平，铺一层 1cm 厚的树叶，平放一层树木段，如是干木段应提前用水浸泡 24h，在树木段之间放入菌枝 4 或 5 根，洒一些清水，浇湿树木段和树叶，然后用沙土或腐殖土填满树木段间空隙，并略高于树木段为宜。再放入第 2 层树木段，树木段间放入菌枝后，如上法盖一层土。如此依次放置多层，最后盖 10cm 厚土略高于地面，覆盖树叶保温保湿。

（7）菌材培养的管理。①调节湿度。主要是保持菌材窖内填充物及树木段内适宜的含水量，即在 50% 左右。应注意勤检查，根据培养窖内湿度变化进行浇水和排水。②调节温度。蜜环菌索在 6～28℃ 可以生长，超过 30℃ 生长受抑制，同时杂菌易繁殖。18～20℃ 温度条件适宜蜜环菌生长。在春、秋低温季节，可覆盖塑料薄膜提高窖内温度；培养窖上盖枯枝落叶或草可以保温保湿。

（二）天麻有性繁殖

天麻有性繁殖可防止退化、扩大种源和进行良种繁育。

1. 种子培育

（1）建造温室或温棚。根据繁殖数量多少，建造简易塑料温棚或具有调控温度、湿度、光照装置的温室培育种子。

（2）做畦。在棚内或温室内做畦，畦长 3～4m，宽 1m，深 15cm，用腐殖质土做培养土，用于种植种麻和播种。

（3）选种。选择个体健壮、无病虫害、无损伤，重量 100～150g 的次生块茎做种。

（4）种麻种植时间。种麻从种植到开花结果、种子成熟需两个月时间，故种麻应在播种期前两个月种植。

（5）种麻种植方法。在畦内种植种麻，株距 15～20cm，深度 15cm，花茎芽一端靠近畦边。

（6）管理。种麻种植后，棚内或温室内温度保持 20～24℃，相对湿度为 80％左右，光照 70％，畦内水分含量 45％～50％。

（7）摘顶。现蕾初期，花序展开可见顶端花蕾时，摘去 5～10 个花蕾以减少养分消耗，利壮果。

（8）人工授粉。天麻花现蕾后 3～4d 开花，清晨 4～6 时开花较多，上午次之，中午及下午开花较少。授粉时用左手无名指和小指固定花序，拇指和食指捏住花朵，右手拿小镊子或细竹签将唇瓣稍加压平，拨开蕊柱顶端的药帽，蘸取花粉块移置于蕊柱基部的柱头上，并轻压使花粉紧密粘在柱头上，有利于花粉萌发。每天授粉后挂标签记录花朵授粉的时间，以便掌握种子采收时间。

（9）种子采收。天麻授粉后，如气温为 25℃ 左右，一般 20d 果实成熟。果实开裂后采收的种子发芽率很低，应采嫩果，即将要开裂果的种子播种，其发芽率较高。掰开果实种子已散开，乳白色，为最适采收期。授粉后第 17～19d，或用手捏果实有微软的感觉，或观察果实 6 条纵缝线稍微突起，但未开裂，都为适宜采收的特征。天麻种子寿命较短，应随采随播。

2. 播种前的准备

（1）菌床。选择气候凉爽、潮湿的环境，疏松肥沃、透气透水性好的土壤，有灌溉水源的地方做菌床。在播种前两个月做好菌床，床长 2～4m、宽 1m、深 20cm，每平方米用菌材 10kg，新段木 10kg，用腐殖质土培养。先将床底挖松，铺 3cm 厚的腐殖质土，将菌材与新段木相间搭配平放，盖土填满空隙，再如法放第 2 层，最后盖土 8cm。

（2）菌种。为萌发菌和蜜环菌三级种，按每平方米用 4 或 5 瓶（500ml）准备。

（3）树枝。选青冈、桦木等阔叶树的树枝，砍成长 4～5cm、粗 1～2cm 的树枝段，每平方米用量 10～20kg。

（4）落叶。青冈树落叶先在水中浸泡充分吸水，然后切碎备用。

（5）制作播种筒。用高 10cm、直径 5cm 的塑料杯，将底面锯掉，然后用纱布盖严即成。

3. 播种

（1）菌叶拌种。①播种前先将萌发菌二级种，按每平方米用量 4 瓶，用清洁的铁钩从菌种瓶中取出，放入清洁的拌种盆中，将菌叶撕开成单张。②把采收的天麻嫩果和裂果按每平方米播种蒴果 30～40 个，将种子抖出。③将种子装入播种筒撒在菌叶上，同时用手翻动菌叶，将种子均匀拌在菌叶上，并分成两份。④撒种与拌种工作应两人分工合作，免得湿手粘去种子。防止风吹失种子。

（2）菌床播种。播种时挖开菌床，取出菌材，耙平床底，先铺一薄层湿落叶，然后将分好的一份菌叶撒在落叶上，按原样摆好下层菌材，菌材间留 3～4cm 距离，盖土至菌材平，再铺湿落叶，撒另一份拌种菌叶，放菌材后覆土 5～6cm，床顶盖一层树叶保湿。

（3）畦播（菌枝、树枝、种子、菌叶播种）。挖长 2～4m、宽 1m、深 20cm 的畦，将畦底土壤挖松整平，铺一层水泡透并切碎的青冈树落叶，撒拌种菌叶一份，平放一层树枝段，树枝段间放入蜜环菌三级种，盖湿润腐殖质土填满树枝段间空隙，然后用同法播第 2 层，盖腐殖质土 10cm，最后盖一层枯枝落叶，保温保湿。

（三）天麻仿野生林下种植

因地制宜选择野生天麻生长的林地，在林下分散做小畦种植天麻，此种植方式不允许破坏生态环境，保护好生态环境是保证仿野生天麻品质和可持续发展的必需条件。其种植技术如下。

（1）菌材和菌种。为了获得高产天麻，种植天麻前，必须培养好菌材或三级菌种。种植天麻所用菌材必须密布生长旺盛的菌索；栽培天麻所用二级菌种必须是无污染的优质菌种。

（2）选种。要选无病虫害、无损伤、颜色正常、新鲜健壮的初生块茎做种。

（3）种麻用量。根据天麻初生块茎的大小、种植密度而定。用有性繁殖一年生块茎（零代种）做种，因其大小不同，每平方米种麻用量为 400～600g。用无性繁殖的初生块茎做种，每平方米为 500～800g。

（4）种植时间。在天麻休眠期种植。

（5）种植方法。林下畦栽，在保证不破坏生态环境的前提下，在林间分散做小畦种天麻。畦长 2m、宽 1m、深 15cm，种植天麻时先将畦底挖松，铺腐殖质土 3cm，平铺一层树枝段，再放菌材，菌材两侧、两端相间距离 6～10cm，用腐殖质土填实树枝段间空隙，然后天麻靠菌材种植，种麻间距 10～15cm，在种麻间放入树枝段，盖腐殖质土 15cm，最后盖枯枝落叶保温保湿。

二、田间管理

（1）覆盖免耕。栽种完毕，在畦上面用树叶和草覆盖，保温保湿，防冻和抑制杂草生长，防止土壤板结，有利于土壤透气。

（2）防旱。及时浇水保湿，防止干旱。

（3）防涝。开好排水沟，防止积水，特别是雨季注意排水防涝。

（4）注意安全。专人看管，护林防火、防盗、防践踏。

三、病虫害防治

（一）病害

天麻的主要病害有霉菌（杂菌）感染、块茎腐烂病。

1. 霉菌（杂菌）感染

（1）症状。主要在蜜环菌材和天麻块茎上发生感染。在菌材或天麻表面呈片状或点状分布，部分发黏并有霉菌味，菌丝为白色或其他颜色，影响蜜环菌生长，破坏天麻的营养供给。

这些病原有木霉、根霉、青霉、黄霉、绿霉、毛霉霉菌，它们栖居土壤等环境中，易使菌材和天麻块茎感染。

（2）防治方法。杂菌喜腐生生活，应选用新鲜木材培养菌材，尽可能缩短培养时间。种天麻的培养土要填实，不留空隙，保持适宜温度、湿度，可减少霉菌发生。加大蜜环菌用量，形成蜜环菌生长优势，抑制杂菌生长。小畦种植，有利于蜜环菌和天麻生长，如果感染霉菌损失也较小。

2. 块茎腐烂病

（1）症状。主要为害天麻块茎。染病块茎皮部萎黄，中心腐烂，有异臭。有的块茎内充满了黄白色或棕红色的蜜环菌索。染病块茎有的呈现紫褐色，有的手捏之后渗出白色浆状脓液。病原：黑腐病多为镰刀菌属一种真菌 *Fusarium sporum Schlecht*；褐腐病为葡萄孢菌属菌 *Bortytis cinerea Persex fr*。

（2）防治方法。选地势较高、不积水、土壤疏松、透气性好的地方种植天麻。加强窖场管理，做好防旱、防涝工作，保持窖内湿度稳定，提供蜜环菌生长的最佳条件。选择完整、无破伤、色鲜的初生块茎作种源，采挖和运输时不要碰伤和日晒。用干净、无杂菌的腐殖质土、树叶、锯屑等做培养料，并填满、填实，不留空隙。

（二）虫害

虫害主要来自金龟子、蚧壳虫、蚂蚁、白蚁和蝼蛄等。

1. 金龟子（幼虫称蛴螬）

（1）危害。常见的主要有灰粉突胸鳃金龟和昆明齿爪鳃金龟等，为重要的地下害虫之一。可食天麻的块茎，将天麻的块茎咬成孔洞或破坏天麻生长尖，也可为块茎腐烂病创造侵入条件，降低天麻的产量和品质。两种金龟子均以幼虫形式在 $25\sim35cm$ 深土中越冬。春季气温回升时，幼虫开始为害天麻块茎；当夏季气温升高、土壤干燥时，幼虫又潜至土壤深处，秋季又继续为害。这时天麻的块茎将近成熟，块茎被蛀食，从而影响商品价值，对于天麻的产值影响较大。

（2）防治。人工捕杀幼虫，在整地、栽种、收割天麻的过程中，将挖出来的蛴螬全部捏死。也可诱杀捕捉成虫。选择低毒低残留、对蛴螬有效的杀虫剂，在播种前或播种时施用 5％辛硫磷颗粒剂，或用 50％辛硫磷乳油 30 倍液喷于窖内底部和四壁，或拌和填充土壤，或 1500 倍液浇灌。也可撒施 25％敌百虫粉等。

2. 蚧壳虫

（1）危害。主要是粉蚧以刺吸式口器插入块茎皮层吸汁，天麻被害后，生长不良个体衰弱，产值降低。一般是由被粉蚧为害的菌材、新材等树木带入窖内，而转移到天麻块茎上为害。此外，种麻上带有蚧壳虫也是引起传布扩散的原因之一。

（2）防治。主要是预防，即在选择培育菌材时首先考虑选用场地周围没有蚧壳虫的地带；同时也不能用曾发生过蚧壳虫为害的场地。

3. 其他虫害防治

（1）蚂蚁和白蚁。它们均可食害天麻的块茎，造成损失。防治蚂蚁可用鱼藤精和细米糠拌成的毒饵，或用蚂蚁净兑水浇灌蚁穴；防治白蚁可用白蚁灵或辛硫磷兑水喷杀或浇灌于活动场所；另外，也可用蔗糖渣或其他浇有糖醋液的饵料诱导蚂蚁或白蚁，待群集后用触杀剂处理。

（2）蚜虫。主要吸取天麻的花茎造成营养不良甚至萎缩，可用抗蚜威可湿性粉剂或 40％乐果乳油对水喷雾防治。

（3）蝼蛄。成虫和若虫为害天麻，被害天麻断面处呈麻丝状。

（4）防治方法。用灯光诱杀成虫，或用 90％敌百虫 1000 倍或 75％辛硫磷乳油 700 倍液浇灌。毒饵诱杀，用 0.025kg 氯丹乳油拌炒香的麦麸 5kg 加适量水配成毒饵，于傍晚撒于田间或畦面诱杀（么厉等，2006）。

【采收加工】

1. 采收

天麻在营养生长期，主要靠同化蜜环菌为营养，其碳水化合物在块茎薄壁细胞中不断积累，从而使块茎不断长大至分化出花茎芽，进入生殖生长阶段，块茎细胞内碳水化合物的积累达到最高峰，此时是最佳采收时期，符合《中国药典》2005 年版规定的"立冬后至次年清明前"采挖。

2. 初加工

采收后用清洁的水洗净泥土，按重量分级：一级重 150～300g，二级重 100g，三级重 50g。蒸制杀酶，按块茎分级分别蒸至透心，以水沸后计时，一级块茎蒸 30min，二级块茎蒸 25min，三级块茎蒸 20min。先在 60℃干燥，约七成干时，对块茎压扁整形，并做块茎内水分渗出处理即"回潮"，然后在 50℃烘干，即成商品。

3. 分级标准

一等：块茎呈扁平长椭圆形，表面黄白色，半透明，质坚硬，不易折断，断面较平，黄白色，味甘、微辛。平均单体重 38g 以上，每千克 26 个以内。无空心、枯炕、虫蛀和霉变。

二等：块茎呈扁平长椭圆形，表面黄白色，半透明，质较硬，断面角质状，黄白色，味甘、微辛。平均单体重 22g 以上，每千克 46 个以内。无空心、虫蛀和霉变。

三等：块茎呈长椭圆形，扁缩而弯曲，表面黄白或褐色，半透明。质较硬，断面角质状，黄白或淡棕色。平均单体重 11g 以上，每千克 90 个以内。无霉变、虫蛀。

【化学成分】 天麻主要有效成分是天麻素，其他化学成分主要有酚类、有机酸类及植物中常见的甾醇类等几种类型。

1. 酚类化合物及其苷类

这些化合物有天麻素（gastrodin）、天麻苷元（对羟基苯甲醇）（4-hydroxybenzyl alcohol）、赤箭苷［双-（4-羟苄基）醚-单-β-D-吡喃葡萄糖苷］、4-羟基苄基甲醚、4-（4′-羟基苯氧基）苄基甲基醚、对羟基苯甲醛、3,4-二羟基苯甲醛、4,4′-二羟基二苯基甲烷、对羟苄基乙基醚、三［4-（β-D-吡喃葡萄糖氧）苄基］柠檬酸酯、4,4′-二羟基二苄醚、4-乙氧甲苯基-4′-羟苄基醚。

2. 甾醇及有机酸类

天麻中的甾醇化合物有 β-谷甾醇（β-sitosterol）、豆甾醇（stigmasterol）和胡萝卜苷（eleutheroside）；有机酸有柠檬酸（citric acid）、柠檬酸单甲酯（citric acid methyl-ester）、柠檬酸双甲酯（citric acid dimethylester）、琥珀酸（butane acid）、棕榈酸（palmitic acid）、L-焦谷氨酸（L-pyroglutamic acid）。

3. 糖类

天麻中的糖有蔗糖、杂多糖、GE-Ⅰ、GE-Ⅱ、GE-Ⅲ，GE-Ⅰ组成为葡萄糖∶甘露糖∶木糖∶阿拉伯糖＝70∶1∶0.5∶0.3；GE-Ⅱ组成为葡萄糖∶甘露糖＝19∶1；GE-Ⅲ是葡萄糖及微量甘露糖，三种多糖均具有细胞免疫活性。天麻中还含有天麻多糖，实验证明其为葡聚糖。

4. 其他

天麻中还含有含氮化合物天麻羟胺（gastrodamine），其结构为双-（对羟苄基）羟胺。此外，天麻中还含有黏液质、腺嘌呤、腺嘌呤核苷、AmD2-9、AmD2-20（新型生物碱）、AmD2-28、多种氨基酸等。从天麻的顶生块茎中分离并纯化得到一种抗真菌蛋白（GAFP）。它是一种碱性蛋白质，富含天冬酰胺、甘氨酸、丙氨酸、亮氨酸。GAFP 在阻止真菌侵染当年顶生和侧生块茎的防卫机制中起重要作用。从天麻初生球茎中分离并纯化了几丁质酶和 β-1,3-葡聚糖酶，两种酶对平板培养的木霉菌丝的生长均有抑制作用，但抑菌性均较 GAFP 低，被认为在天麻初生球茎消化环菌菌丝的过程中起重要作用。天麻还含有一定的微量元素，其中以铬含量最高，铁、锌、锰、铜、硒次之（谢笑天等，2004）。

【鉴别与含量测定】

一、鉴别

1. 显微鉴别

本品横切面：表皮有残留，下皮由 2 或 3 列切向延长的栓化细胞组成。皮层为 10 数列多角形细胞，有的含草酸钙针晶束。较老块茎皮层与下皮相接处有 2 或 3 列椭圆形厚壁细胞，木化，纹孔明显。中柱占绝大部分，有小型周韧维管束散在；薄壁细胞也含草酸钙针晶束。

粉末黄白色至黄棕色。厚壁细胞椭圆形或类多角形，直径 70～180μm，壁厚 3～

8μm，木化，纹孔明显。草酸钙针晶成束或散在，长 25～75（93）μm。用乙酸甘油水装片观察含糊化多糖类物的薄壁细胞无色，有的细胞可见长卵形、长椭圆形或类圆形颗粒，遇碘液显棕色或淡棕紫色。螺纹导管、网纹导管及环纹导管直径 8～30μm。

2. 理化鉴别

取本品粉末 0.5g，加 70％甲醇 5ml，超声处理 30min，过滤，滤液作为供试品溶液。另取天麻对照药材 0.5g，同法制成对照药材溶液。再取天麻素对照品，加甲醇制成每毫升含 1mg 的溶液，作为对照品溶液，照薄层色谱法（《中国药典》附录Ⅵ B）试验，吸取上述供试品溶液 10μl，对照药材及对照品溶液各 5μl，分别点于同一硅胶 G 薄层板上，以乙酸乙酯-甲醇-水（9：1：0.2）为展开剂，展开，取出，晾干，喷以 10％磷钼酸乙醇溶液，在 105℃加热至斑点显色清晰。供试品色谱中，在与对照品及对照药材色谱相应的位置显相同颜色的斑点。

二、含量测定

1. 色谱条件与系统适应性试验

用十八烷基硅烷键合硅胶为填充剂；以乙腈-0.05％磷酸溶液（3：97）为流动相；检测波长为 220nm。理论板数按天麻素峰计算应不低于 5000。

2. 对照品溶液的制备

精密称取在 80℃减压干燥 1 h 的天麻素对照品适量，加流动相制成每毫升含 50μg 的溶液，即得。

3. 供试品溶液的制备

取本品，在 80℃减压干燥，粉碎，取粉末（过 4 号筛）约 0.8g，精密称定，置具塞锥形瓶中，精密加入稀乙醇 50ml，称定重量，加热回流提取 3h，冷却后再称定重量，用稀乙醇补足减失的重量，过滤，取续滤液 10ml，浓缩至近干，残渣加乙腈-水（3：97）混合溶液溶解，转移至 10ml 量瓶中，并用乙腈-水（3：97）混合溶液稀释至刻度，摇匀，过滤，取续滤液、即得。

4. 测定法

分别精密吸取对照品溶液 10μl，供试品溶液 5～10μl，注入液相色谱仪，测定。本品按干燥品计算，含天麻素（$C_{13}H_{18}O_7$）不得少于 0.20％。

【主要参考文献】

岑信钊 . 2005. 天麻的化学成分与药理作用研究进展 . 中药材，28（10）：958
丁宝章，王遂义，高增义 . 1997. 河南植物志 . 郑州：河南科学技术出版社
么厉，程惠珍，杨智 . 2006. 中药材规范化种植（养殖）技术指南 . 北京：中国农业出版社
谢笑天，李海燕，王强等 . 2004. 天麻化学成分研究概况 . 云南师范大学学报，24（3）：22，23
中华人民共和国药典委员会 . 2005. 中华人民共和国药典（2005 年版 一部）. 北京：化学工业出版社

冬　凌　草
Donglingcao
HERBA RABDOSIA

【概述】本品为地理标志药材（济源冬凌草），始载于《救荒本草》。其味苦、甘，性微寒，清热、解毒、活血止痛，用于治疗咽喉肿痛、扁桃体炎、蛇虫咬伤、风湿骨痛等。具有抗肿瘤、抗菌和解热降燥等功效。

冬凌草，历代本草未见收载。1972 年河南林县民间用全草治疗食管癌；经研究证明，冬凌草的水及醇提物对 Hela 细胞及食管癌细胞株有明显的细胞毒作用，对多数肿瘤有抗肿瘤的作用。曾收载于《中国药典》（1977 年版）。在伏牛山区多分布于栾川、嵩县、西峡、内乡、卢氏、鲁山、灵宝等地。

【商品名】冬凌草

【别名】冰凌草、延命草、彩花草、冰凌花、六月令、山荏、破血丹、明镜草、彩花草、山香草、雪花草

【基原】本品为唇形科香茶菜属植物碎米桠 Rabdosia rubescens（Hamst.）C. Y. Wu et Hsuan 的地上草质部分。

【原植物】多年生草本或半亚灌木植物，高 0.5～1.0m，根茎木质。茎直立，多数，基部近圆柱形，无毛，上部及分枝均四棱形，紫红色或褐色，被疏柔毛，幼枝密被绒毛。叶对生，卵形或菱状卵形，长 2～6cm，宽 1.5～3cm，先端锐尖或渐尖，基部宽楔形，下延成假翅，边缘具粗锯齿，齿尖有胼胝体，上面绿色，被疏柔毛及腺点，有时近无毛，下面淡绿色，被灰白色短绒毛至近无毛，两面侧脉明显，叶柄长 1～3.5cm，茎顶端叶柄变短。聚伞花序 3～5 花，下部有时多至 7 花，在茎顶排列成狭圆锥花序，花序轴、总花梗及小花梗密被微柔毛；苞叶菱形或菱状卵形至披针形，花萼钟形，5齿，10 脉，外被灰色柔毛及腺点，果时增大，略弯曲；花冠二唇形，上唇四圆齿，外面疏被柔毛及腺点，内面无毛，下唇宽卵形，内凹，雄蕊 4 枚，花丝扁平，中部以下具髯毛，柱头丝状，伸出，先端 2 裂。花盘杯状。小坚果倒卵状三棱形，淡褐色，无毛。花期 8～10 月，果期 10～11 月。

【药材性状】茎呈方柱形，长 30～70cm 或过之，红褐色，有柔毛；质硬，断面淡绿色或黄白色。叶对生，叶片常卷缩，展平后呈卵形或宽卵形，长 2～6cm，宽 1.5～3cm，顶端渐尖，基部下延成柄，边缘有粗锯齿，叶面绿棕色，有腺点，叶背绿色，沿叶脉被疏柔毛。聚伞状圆锥花序顶生，花小，萼管状钟形，5 齿裂；花冠二唇形，小坚果宽倒卵形，气微香，味甘苦，以叶多、色绿者为佳。

【种质来源】野生居群

【生长习性及基地自然条件】冬凌草的分布区域在海拔 1000 m 以下的中山和低山地带。适生区域属暖温带大陆性季风气候，年平均气温 14.3℃，平均降雨量

696mm，年日照 2022.2h，大于或等于 10℃ 以上有效积温 4664.5℃，无霜期 223d。分布区土壤多为棕壤和褐土两类，母岩主要是石灰岩、砂页岩和片麻岩。自然分布于灌木丛、疏林下或林缘等半阴的环境中。土壤类型主要为棕壤、石质土和粗骨土。生于腐殖质土的冬凌草高大粗壮，但对土壤的要求不严，既能在肥沃的土壤中生长，也能在瘠薄的环境中生长。石质土和粗骨土土层贫瘠，缺钾少磷，有机质、氮也较缺乏，生长的冬凌草植株矮小细弱。以中性偏酸、疏松、腐殖质和有机质含量丰富的壤土或沙壤土为好。

【种植方法】

一、繁殖方法

冬凌草的繁殖方法有种子繁殖、扦插繁殖和分根繁殖三种。生产上多采用分根、种子两种繁殖方法。采用种子繁殖，种源丰富、成本低，可大面积发展，但要想夺高产，宜采用分根繁殖法。

(一) 种子繁殖

1. 采收

采用刈割后堆放收集和就株采集种子的方法进行种子采收，阴干。

2. 净种

因冬凌草籽小、质轻，千粒重仅为 0.592g，所以不宜风选，而应采用筛选和水选相结合的方法。先将种子揉搓，然后经 5mm 孔径筛筛过，用 0.5% 洗衣粉水搓洗油质，最后进行水选。这样得到的种子净度可达 90%。

3. 处理

播种前对种子进行处理，处理方法有两种：一是温水浸种处理，将净化的种子投入 45℃ 的温水中浸泡 24h，然后播种，种子发芽率可达 90%，出苗率可达 50%；二是用 ABT 生根粉处理，把种子放入 0.01% 的 ABT 生根粉溶液中浸泡 2h，然后进行播种，种子发芽率可达 95%，出苗率可达 65%。

4. 选地

用种子进行育苗时，育苗地宜选择地势向阳、疏松肥沃、排灌方便、透气性好、不板结、pH 7.0～8.0、腐殖质丰富的壤土。深耕 40cm，施足底肥，耙细、耙实，同时使肥料均匀，以利保肥保墒。土地整平后作畦，并保证畦面土粒细小。

5. 播种

播种一般采用春播，每年 3 月中下旬进行，开沟深 2cm，行距 20cm，把种子和细沙土、草木灰、稻糠等拌匀后撒播，覆土 1cm，播种量为 8kg/hm² 左右，播种后覆盖稻糠或腐殖质，保持土壤表层湿润，有利于出苗。对于幼苗期，也应该在行间盖些稻草以防止幼苗被灼伤，结合中耕除草进行追肥、间苗等，干旱时应及时浇水，雨水过多应及时排水。

（二）扦插繁殖

采集当年无病虫害的冬凌草茎或枝条，将其中、下部剪成 10～15cm 长的插穗，每穗保留 2 或 3 个芽节，顶芽带 2 或 3 个叶片，上部剪口在距第 1 个芽 1～1.5cm 处平剪，下剪口顺节处平剪，剪口要平滑、不劈裂。剪好后将插穗在清液中浸泡 2h，然后将插穗放在 0.01% 的 ABT 生根粉溶液中浸泡 1h，捞出后即可扦插。扦插的苗床应选择避风、向阳、灌溉条件较好的沙壤地，畦床一般宽 1.5m、长 10m，然后将处理好的插穗以株、行距 4cm×4cm 插入土中，1/3 露出地表，保持土壤湿润，15d 左右开始生根，成苗率达 80% 以上。

（三）截根育苗

每年 2 月，选二年生、无病虫害的健壮冬凌草植株的根部，切成约 8cm 长的小段，开沟，埋入整好的苗畦中，压实、浇水即可。

（四）分蘖育苗

2 月，挖出整丛冬凌草进行分根，每个分株带 2 或 3 个根芽，栽入苗床，覆土、压实、灌水即可。

二、移栽

冬凌草发叶较早，最适宜的植苗移栽时间为早春 2 月，大田栽培密度一般为株、行距 0.4m×0.6m，每亩种 4000 株左右；林药间作的株距为 0.6m 左右，每穴 2 株。

三、移植后的管理

1. 查苗

4～5 月补栽，发现缺苗用同龄苗补栽。

2. 中耕除草

结合浅锄松土，除掉田间杂草，以免形成草荒，不利于幼苗生长。

3. 肥水管理

6～8 月是冬凌草开花前生长最旺盛时期，也是冬凌草需水的关键时期，应适当灌溉；雨季或低洼易涝地，要及时排水。如以收种子为目的，在进入生殖初期时，应根据生长发育状况适当施入氮、磷肥，一般可施稀薄有机肥、饼肥或化肥（每平方千米可施过磷酸钙 180kg 左右，硫酸铵 120kg）。

4. 植株抚育

冬凌草根系生长迅速，萌蘖力较强，密度逐渐增大。生长到第 3 年时，由于根系密集，根部生长点开始衰退，影响冬凌草的生物产量。一般需在第 4 年早春隔株挖根或将根全部挖出后重栽，换新土抚育复壮。

四、病虫害防治

冬凌草一般不会有严重的病虫害，但长期干旱之后，叶上蚜虫较多，影响叶的产量和质量。生产中要注意及时灌水，发现病虫害要及时人工捕杀或将病叶摘下烧毁，不宜用化学药物处理，防止造成污染（许红艳等，2004；王新民等，2006）。

【采收加工】

1. 采收

冬凌草以全草入药，但一般采收叶片。

2. 采收期

作药用，在开花前采收，因为此时的冬凌草药理作用最强，冬凌草适宜的采叶期为7～10月。进入7月，叶片生长丰满，有效成分含量较高，即可采叶（吴娇等，2005）。

3. 采收方法

采收冬凌草叶的方法有三种。第一种方法是正常采叶法。7～8月，将叶片全部采集，到深秋植株复员后再进行第2次采收，适合于栽植期3年以上的冬凌草。第二种方法是轮采法。7～8月，采取隔行采集的方法，枝叶枯萎前采收剩余部分，适合于栽植期2年以上的冬凌草。第三种方法是后期采法。在冬凌草枝叶枯萎前全部采收，适合于栽植期1年的冬凌草。

4. 产地加工

冬凌草叶片采收后，要随即摊开晾晒，放置通风阴凉处。适宜温度28℃以下，相对湿度68%～75%，商品安全水分11%～14%。不能把鲜叶长时间装入袋中或堆积，以防止霉变。夏季最好放在冷藏室，防止生虫、发霉。储藏期间应定期检查、消毒，保持环境卫生整洁，经常通风。发现轻度霉变、虫蛀，要及时翻晒。

【化学成分】 冬凌草化学成分较多，主要成分为二萜类化合物。主要有冬凌草甲素（rubescensin A）、冬凌草乙素（rubescensin B）、冬凌草丙素（rubescensin C）、冬凌草丁素（rubescensin D）、冬凌草戊素（rubescensin E）、冬凌草己素（rubescensin F）、冬凌草庚素（rubescensin G）、辛素（rubescensin H），莞花香茶菜乙素（wikstroemioidin B）、开展香茶菜戊素（effusanin E）、鲁山冬凌草甲素（lushanrubescensin A）、鲁山冬凌草乙素（lushanrubescensin B）、鲁山冬凌草丙素（lushanrubescensin C）、鲁山冬凌草丁素（lushanrubescensin D）、鲁山冬凌草戊素（lushanrubescensin E）、信阳冬凌草甲素（xindongnin A）、信阳冬凌草乙素（xindongnin B）、太白冬凌草甲素（taibairubescensin A）、太白冬凌草乙素（taibairubescensin B），enmenolide，碎米亚甲素（suimiyain A），卢氏冬凌草甲素（ludongennin）、卢氏冬凌草乙素（ludongennin B）等。部分成分结构式见图3.（刘净等，2004b）。

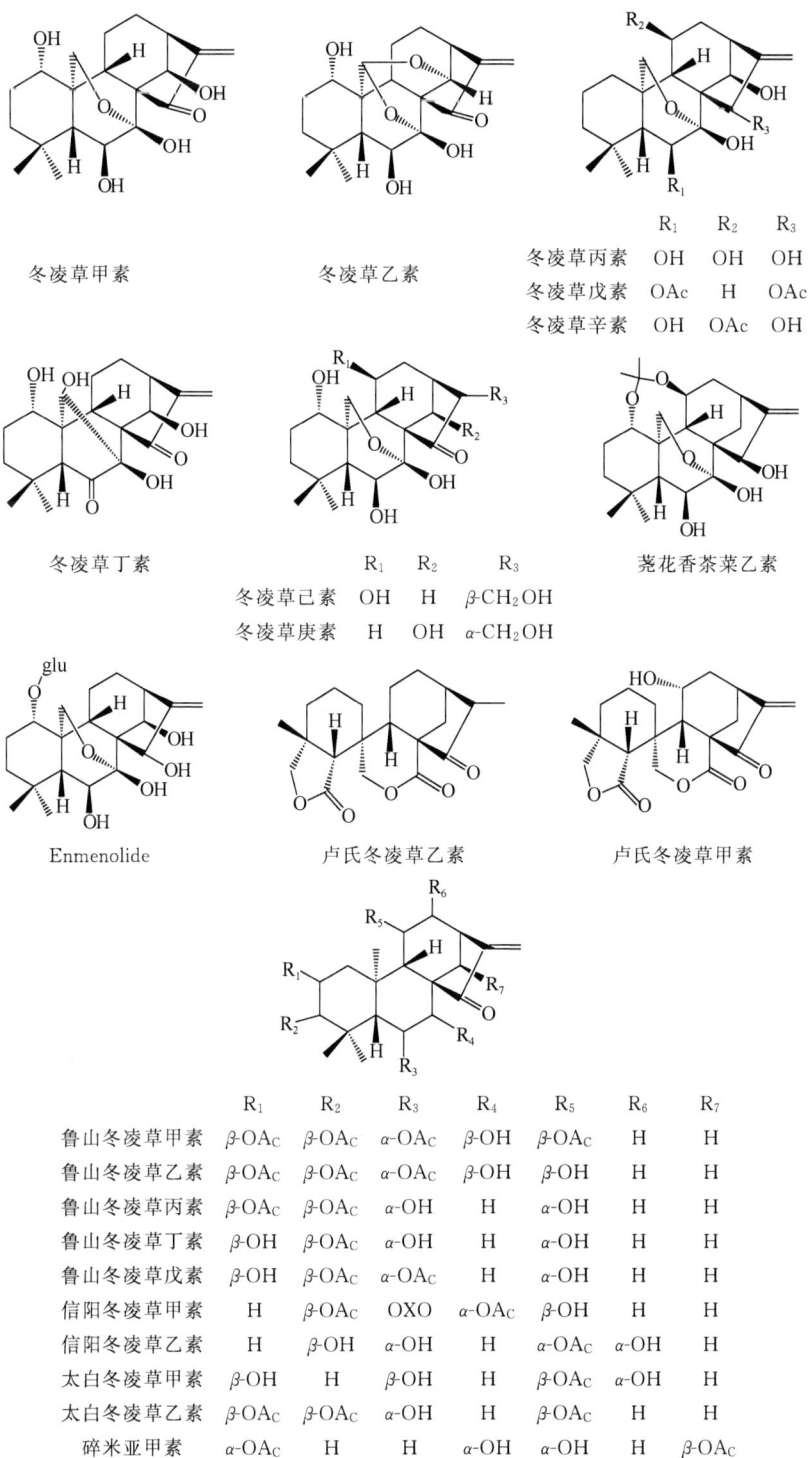

	R₁	R₂	R₃
冬凌草丙素	OH	OH	OH
冬凌草戊素	OAc	H	OAc
冬凌草辛素	OH	OAc	OH

	R_1	R_2	R_3
冬凌草己素	OH	H	β-CH$_2$OH
冬凌草庚素	H	OH	α-CH$_2$OH

	R_1	R_2	R_3	R_4	R_5	R_6	R_7
鲁山冬凌草甲素	β-OAc	β-OAc	α-OAc	β-OH	β-OAc	H	H
鲁山冬凌草乙素	β-OAc	β-OAc	α-OAc	β-OH	β-OH	H	H
鲁山冬凌草丙素	β-OAc	β-OAc	α-OH	H	α-OH	H	H
鲁山冬凌草丁素	β-OH	β-OAc	α-OH	H	α-OH	H	H
鲁山冬凌草戊素	β-OH	β-OAc	α-OAc	H	α-OH	H	H
信阳冬凌草甲素	H	β-OAc	OXO	α-OAc	β-OH	H	H
信阳冬凌草乙素	H	β-OH	α-OH	H	α-OAc	α-OH	H
太白冬凌草甲素	β-OH	H	β-OH	H	β-OAc	α-OH	H
太白冬凌草乙素	β-OAc	β-OAc	α-OH	H	β-OAc	H	H
碎米亚甲素	α-OAc	H	H	α-OH	α-OH	H	β-OAc

图 3　冬凌草中部分化合物结构式

还有挥发油类：迷迭香酸，α-蒎烯、β-蒎烯、柠檬烯、1,8-桉叶素、对-聚伞花素、壬烯、癸醛、β-榄香烯和棕榈酸等。

三萜类化合物：α-香树醇、β-谷甾醇、2-羟基乌苏酸、雄果酸等。

黄酮类化合物：线蓟素、胡麻素等。

氨基酸类化合物：天冬氨酸、苏氨酸、谷氨酸、甘氨酸、丙氨酸、胱氨酸、缬氨酸、蛋氨酸、亮氨酸、异亮氨酸、苯丙氨酸、甘氨酸等。另外还有一些脂肪酸和无机元素铁、锌、硒等物质。

【鉴别与含量测定】

一、鉴别

薄层鉴别　吸附剂：硅胶 G 和 3 g/L CMC-Na 溶液（3∶1）搅拌均匀后涂布于玻璃板（20cm×20cm）上，厚度为 0.5mm，室温阴干后于 105℃烘箱中活化 1h，置干燥器中备用。展开剂：冬凌草甲素：氯仿-甲醇（9∶1），冬凌草乙素：氯仿-丙酮（8∶2）。展开方式：上行展开，展距 16cm。显色剂：500ml/L 硫酸乙醇液，喷湿润，100～105℃烘烤至斑点清晰，取出，冷却，于紫外灯（365nm）下定位，R_f 值分别约为 0.55 和 0.35。

二、含量测定

测定冬凌草中冬凌草甲素的含量的方法如下。

（1）色谱条件。以十八烷基硅烷键合硅胶为填充剂，流动相：甲醇-水（55∶45）；流速：0.8ml/min；检测波长：242nm；温度：室温。

（2）标准溶液的配制。称取干燥至恒重的冬凌草甲素对照品 10mg，精密称定，置于 25ml 量瓶中，用甲醇溶解并稀释至刻度，制成每毫升含 400μg 的溶液。

（3）样品溶液的制备。精密称取干燥至恒重的冬凌草粗粉 10g，置具塞三角瓶中，加 80% 乙醇 60ml，称重，超声提取 2 次，每次 30min，提取完毕后，冷却，称重，用提取液补足至原重，抽滤，吸取 1ml 提取液，置于 25ml 量瓶中，用甲醇定容，微孔滤膜过滤，即得。

（4）测定。分别精密吸取对照品溶液与供试品溶液各 10μl，注入液相色谱仪，测定（袁珂等，1998）。

【主要参考文献】

陈随清，董成明，冯卫生．2005．太行山区冬凌草生态环境及生物学特性研究．中国野生植物资源，24（4）：33～35

刘净，梁敬钰，谢韬．2004a．冬凌草研究进展．海峡药学，16（2）：1～7

刘净，谢韬，魏秀丽等．2004b．冬凌草化学成分的研究．中国天然药物，2（5）：276～279

王桂红，张雁冰，寇娴等．2004．栾川冬凌草挥发油成分的 GC/MS 分析．南阳师范学院学报（自然科学版），3（9）：45，46

王新民，李明，介晓磊等．2006．冬凌草 GAP 栽培技术标准操作规程．安徽农业通报，12（6）：142～144

吴娇，尤敏，王庆等．2005．冬凌草最佳采收期研究，武汉植物学研究，23（2）：174～178

许红艳，李章成，丁德蓉．2004．冬凌草的栽培和利用．特种经济动植物，7（2）：28～30

闫学斌，雷萌，可钰等．2006．冬凌草的化学成分研究．化学研究，9（3）：80～82

袁珂，杨中汉，杨怡等．1998．高效液相色谱法测定冬凌草中冬凌草甲素的含量．河南科学，16（2）：52～54

袁柯，俞莉．2006．超声提取与微波提取冬凌草甲素的工艺比较．中国中药杂志，31（9）：778，779

郑晓珂，李钦，冯卫生等．2004．冬凌草中酚酸类化学成分研究．中国药学杂志，39（5）：335，336

左海军，李丹，吴斌等．2005．冬凌草的化学成分及抗肿瘤活性．沈阳药科大学学报，22（4）：258～262

Handong Sun, Qingzhi Zhou, Tetsuro Fujita et al. 1992. Rubescensin D, a diterpenoid from *Rabdosia rubescens*.
　　Phytochemistry，31（4）：1418，1419

北　柴　胡
Beichaihu
RADIX BUPLEURI

【概述】　本品为地理标志药材（嵩县柴胡）。柴胡，始载于《神农本草经》，原名茈
胡，至《图经本草》始易其名为柴胡，指出"今关陕江湖间近道皆有之，以银州为胜。
二月出苗，甚香，茎青紫，坚硬，微有细线，叶似竹叶而紧小，亦有似邪蒿者，亦有似
麦门冬叶而短者，七月开黄花。根淡赤色，似前胡而强。生丹州者结青子，与他处者不
类，芦头有赤毛如鼠尾，独窠长者好"。可见古代柴胡已有多种。据对全国 27 个省（自
治区）的药源调查和所收商品鉴定，发现我国中药柴胡使用的原植物有 19 种，5 变种，
1 变型，分别为北柴胡（*Bupleurum chinense* DC.）、小叶黑柴胡（*B. smithii*
var. *parvifolium*）、狭叶柴胡（*B. scorzonerifolium* Willd.）、少花红柴胡
（*B. scorzonerifolium* Willd. f. *pauciflorum* Shan et Y. Li）、窄竹叶柴胡
（*B. marginatum* var. *stenophyllum*）、竹叶柴胡（*B. marginatum*）、银州柴胡
（*B. yinchowense*）、锥叶柴胡（*B. bicaule*）、线叶柴胡（*B. angustissimum*）、多枝柴胡
（*B. polyclonum*）、丽江柴胡（*B. rockii*）、大叶柴胡（*B. longiradiatum*）、长白柴胡
（*B. komarovianum*）、空心柴胡（*B. longicaule* var. *franchetii*）、小柴胡（*B. hamiltonii*、
B. tenue）、韭叶柴胡（*B. kunmingense*）、泸西柴胡（*B. luxiense*）、四川柴胡
（*B. sichuanense*）、汶川柴胡（*B. wenchuanence*）、柴首（*B. chaishoui*）、马尔康柴胡
（*B. malconense*）、马尾柴胡（*B. microcephalum*）、川滇柴胡（*B. candollei*）、黄花鸭跖
柴胡（*B. commelynoideum* var. *flaviflorum*）、细茎有柄柴胡（*B. petiolulatum*
var. *tenerum*），其中北柴胡、狭叶柴胡、小叶黑柴胡、窄竹叶柴胡为我国目前中药柴胡
使用的最主要种类。除主流品种外，其余品种仅销售于产区。

全国曾流通的商品柴胡主要有 12 种，主流品种为柴胡（*B. chinense*）和狭叶柴胡，
其次为竹叶柴胡（*B. marginatum*），再次为锥叶柴胡、小叶黑柴胡、黑柴胡
（*B. smithii*）；大叶柴胡近年已停止收购使用，雾灵柴胡（*B. sibiricum* var. *jeholense*）
分布狭窄，资源少；银川柴胡、秦岭柴胡（*B. longicaule* var. *giraldii*）、兴安柴胡
（*B. sibiricum*）、长白柴胡作为单物种商品少见，常少量混入在主流品中（潘胜利，
1996）。

《中国药典》（2005 年版）收录的中药柴胡的原植物有 2 种，即北柴胡和狭叶柴胡
（又称南柴胡或红柴胡）（舒璞等，1998）。

伏牛山所产柴胡绝大多数为北柴胡，在伏牛山区广有分布，主要在嵩县、栾川等

地。其中嵩县所产柴胡又名嵩胡，为柴胡中的佳品，因其产量高、质量好、疗效佳、销路广，被人们誉为"中国柴胡之王"。

本品味苦、微寒，归肝、胆经，具有和表解里、疏肝解郁、升阳举陷的功效。临床用于治疗感冒发热、寒热往来、胸肋胀痛、月经不调、子宫脱垂、脱肛等症。

【商品名】柴胡

【别名】硬柴胡、竹叶柴胡、铁苗柴胡、蚂蚱腿、山根菜、黑柴胡、山柴胡

【基原】本品为伞形科柴胡属植物北柴胡的干燥根。

【原植物】多年生草本，高 45～70cm。根直生，分歧或不分歧。茎直立，丛生，上部多分歧，并多作"之"字形弯曲。叶互生，广线状披针形，长 3～9cm，宽 0.6～1.3cm，先端渐尖，最终呈短芒状，全缘，上面绿色，下面淡绿色，有平行脉 7～9 条。复伞形花序腋生兼顶生；伞梗 4～10 个，长 1～4cm，不等长；总苞片缺，或有 1 或 2 片；小伞梗 5～10 个，长约 2mm；小总苞片 5，花小，黄色，直径 1.5mm 左右；萼齿不明显；花瓣 5 片，先端向内折曲成 2 齿状；雄蕊 5 个，花药卵形；雌蕊 1 个，子房下位，光滑无毛，花柱 2 个，极短。双悬果长圆状椭圆形，左右扁平，长 3mm 左右，分果有 5 条明显主棱，棱槽中通常有油管 3 个，结合面有油管 4 个。花期 8～9 月，果期 9～10 月。

【药材性状】呈圆柱形或长圆锥形，长 6～15cm，直径 0.3～0.8cm。根部膨大，顶端残留 3～15 个茎基或短纤维状叶基，下部分枝。表面黑褐色或浅棕色，具纵皱纹、支根痕及皮孔。质硬而韧，不易折断，断面呈纤维状，皮部浅棕色，木部黄白色。气微香，味微苦。

【种质来源】本地野生

【生长习性及基地自然条件】

一、生长发育特征

柴胡为多年生药用草本植物。需要两年完成一个生长发育周期。人工栽培柴胡第 1 年只生基生叶和茎，只有很少植株开少量花，尚不能产种子。田间能够自然越冬。第 2 年春季返青，植株生长迅速，于 7～9 月开花，8～10 月为果熟期。全生长期为 190～200d。

二、生长条件

柴胡一般野生于海拔 1500m 以下的山区、丘陵、荒坡、草丛和林中隙地，生态适应性较强，喜稍冷且湿润的气候，成年植株可耐−30℃的严寒，耐旱，忌高温和涝洼积水。海拔高度 700 m 以上的地区生长良好。

三、土壤种类

柴胡宜在海拔较高的缓坡地、非耕地、沟旁、林缘、灌丛、林间隙地等地栽植，土壤以土层深厚、疏松肥沃、排水良好的沙质壤土、腐殖质土或夹沙土，pH6～7 栽植

为佳。

【种植方法】

一、选地整地

选择土层较厚、利水保墒的缓坡地或梯田做基地，冬季将土地深翻 36~45cm，以改善土壤，增强土壤肥力。翌年 2~3 月将农家肥均匀撒入地面，每亩施足底肥 800~1000kg，或施复合肥 40~50kg。将肥料翻入地下，整细耙平，做畦待播种。

1. 育苗田

选择避风向阳、地势平坦、灌排方便、土层深厚的沙壤或轻壤土地，土壤pH 6.5~7.5。耕翻深度 25cm 以上，清除石块、根茬和杂草。

2. 生产田

选择沙壤土或腐殖质土的山坡梯田或旱坡地，或新开垦的土地；盐碱地、低洼易涝地段和黏重土壤不适宜柴胡种植。深翻 30cm 以上。冬、春季耙压保墒，早春耢耙整地，清除根茬、碎石及杂草。

二、繁殖方法

繁殖方法分育苗移栽和直播两种方法种植。

1. 育苗

育苗田畦宽 1.2~1.5m，畦长 30~40m，畦埂要坚实，畦面平整，土细碎。易发生积水地块制成高畦床，畦宽 1.2~1.5m，畦面高出地表面 10~15cm，畦间设步道沟，宽 40~50cm。每亩施入优质农家肥 2500~3000kg，磷酸二铵 10~12kg，充分混合均匀后施入 20cm 耕层中。

播前用 0.3%~0.5% 高锰酸钾液浸泡 24h，作催芽除菌处理。浸泡后捞起晾干，半天后下地，种子下地要求"两干下地"或"两湿下地"，即"基地土壤干燥，播种时种子也要干燥，土壤湿润，种子下地时也要湿润"。播种时，平畦以条播为主，高床畦以撒播为宜。条播行距 10~12cm，于清明节前后进行，在做好的畦面上用种药双齿镐划小沟，沟深 3~5cm，将种子均匀撒入沟内，覆土盖严，覆土厚度 2cm 左右，人工踩或用小石磙碾压保墒，并加盖草帘保温保湿。高畦撒播时，在做好的畦面上，保持畦面土壤墒情和湿度时，均匀撒播种子，每亩播种量 2.5~3kg，播完后，用竹筛或铁丝网筛，均匀筛上一层湿润的细土覆盖畦面，覆土厚度 2~3cm，架拱棚盖塑料薄膜，进行保湿保温育苗。

2. 生产田直播

当土壤表层温度稳定在 10℃ 以上，土壤表层解冻达 10cm 以上，即可开始播种。人工开沟条播，行距 20~25cm，开沟深 3~5cm，将种子均匀撒播在沟内，每亩播种量 1.5~2kg，播后覆土 2cm 左右，踩实或碾压保墒。播种至出苗前一段时间保持土壤墒情，满足种子发芽对水分的需要。

三、田间管理

(一) 苗期管理

育苗田管理：育苗棚内温度控制在 20～25℃，高于 28℃要遮阴或放风。畦面发生干旱有裂隙时，用喷壶喷水，一次喷透喷匀。一般播种后 10d 左右畦面可萌发针叶，逐渐进入苗期，当畦面见绿时要控制好湿度，通过放风孔的大小来调节棚内温、湿度。苗生长到 3～5cm 高时，对塑料棚采用昼敞夜覆方法炼苗，逐渐撤掉棚膜。苗高 5～10cm 时，每亩追施尿素 7～10kg，追肥后浇灌一次透水。畦面要保持清洁，发现杂草及时清除。出苗过于拥挤，要进行疏苗，以每平方米留苗 180～200 株为宜。

生产田管理：大面积生产田播种后，在自然条件下一般 10～15d 出苗，渐露针叶，逐渐进入苗期，其管理目标是苗全、苗齐、苗壮。出苗后结合除草，用手刮锄进行中耕松土，为幼苗根系生长创造适宜条件。当幼苗长到 3～5cm 时进行疏苗，疏苗后及时进行第 2 次中耕和除草。苗长到 5～7cm 时进行定苗，每平方米留苗 50 株左右。

(二) 生长期管理

柴胡生长第 1 年植株细弱，生长缓慢，多以叶茎丛生，一般不抽薹开花，因此生长期管理以壮苗促根为中心。适当增加中耕松土的次数，改善柴胡根系生长环境，促根深扎，增加粗度，减少分枝。一般在生长期要进行 3 或 4 次中耕，特别是在干旱和雨后。6 月中旬追施一次肥料，每亩施以尿素 10～12kg，追肥后浇一次透水，待水下渗后 2～3d 再次进行中耕松土，保持田面土壤疏松，通透性良好。植株生长到 7～8 月，田间出现个别植株抽薹现蕾现象，发现后及时摘除，减少不必要的营养消耗。同时，对田间发生的蚜虫、二十八星瓢虫做好防治工作，可用 50％氧化乐果 800～1000 倍液喷雾。及时拔除杂草，遇涝要及时排除。

(三) 越冬管理

柴胡植株生长到 9 月下旬，地上叶片开始枯萎黄化，进入越冬休眠状态，此时管理好坏直接影响来年春季返青。为防止冬春风害失墒，保证来年春季返青有足够的土壤水分，于封冻前浇一次越冬水，对柴胡根系发育和生长十分有利。育苗田同样浇一次封冻水越冬。越冬柴胡地表茎叶一般不割除，深冬后人工用木制笆子轻耧即掉落，禁止点火烧其茎叶，以免影响翌年春季返青。

(四) 二年生药田管理

1. 返青期与育苗移栽

柴胡栽种的翌年春季，当气温达到 12℃以上时，根茎芽鞘开始萌动，生长出新植株。冬、春季若干旱无雨雪、地表干硬，对返青的柴胡幼芽产生阻碍，可结合施入返青肥、浇一次返青水。每亩施入优质农家肥 1500～2000kg，混入磷酸二铵 5～7kg，地面均匀铺施。若土壤墒情好，水分充足，可不必浇水。同时做好预防虫害工作。清明节前后地表耕层土壤解冻后移苗栽植。开沟，行距 20cm，株距 10～12cm，顺垅斜放垄沟内，覆土厚度 3～5cm。每亩施入农家肥 1500kg 以上，磷酸二铵 7～10kg，硫酸钾 3～5kg。

2. 旺盛生长期

柴胡植株返青后，逐渐进入旺盛生长期，地下根系继续深扎长粗，地上植株抽茎、开花，旺盛生长发育。幼苗生长离地面 3～5cm 高时，用药锄中耕松土，打破地表板结，为根系输送氧气，促进生长。以后每隔 7～10d 再进行一次，连续中耕松土 2 或 3 次，以利提高根的产量、质量。柴胡现蕾期，每亩追施尿素 10～12kg，追肥后浇水，满足柴胡植株开花生长发育需要。对于以生产中药材为主、不作留种田的地块，在柴胡花蕾期，进行 2 或 3 次摘除花蕾，减少植株营养消耗，以利于提高根的产量和质量。及时除草、排水除涝。

3. 留种田管理

选留部分植株生长整齐一致、健壮的田块留种，进行保花增粒；可放养蜜蜂辅助授粉，以提高种子产量。8～10 月是柴胡种子的成熟季节。由于抽薹开花不一致，种子成熟时间不同。田间观察，种子表皮变褐、子实变硬时，可收获。成熟一穗收获一穗，成熟一株收获一株。因野生柴胡种子随熟随落，很难大量采到，所以人工栽培时要注意增大留种面积，以利扩大种植（王振华等，2008；叶恩富，2004）。

四、病虫害防治

1. 病害

锈病：为害茎叶。防治方法是清园、处理病残株，发病初期用 25％粉锈宁可湿性粉剂 1000 倍液喷雾防治。

斑枯病：为害叶部，产生直径 3～5mm 的圆形暗褐色病斑，中央带灰色，叶两面出现分生孢子器。防治方法是清园、处理病残枝、轮作，发病初期用 1∶1∶120 波尔多液或 50％退菌特可湿性粉剂 1000 倍液喷雾防治。

根腐病：易在高温多雨季节发生，防治方法是忌连作，最好与禾本科作物轮作，注意开沟排水，发现病株及早拔除并烧毁。

2. 虫害

黄凤蝶：多在 6～9 月发生，幼虫损害叶片和花蕾。防治方法除人工捕捉外，还可每隔 7d 喷洒一次 90％敌百虫 800 倍液或青虫菌 300 倍液，连续 2 或 3 次。

赤条椿象：多发生在 6～8 月，成虫和幼虫吸取汁液，影响植株生长。防治方法除人工捕捉外，可用 90％敌百虫 800 倍液喷洒。

【采收加工】

1. 采收

春、秋季挖取根部，去净茎苗、泥土，晒干。

2. 初加工

拣去杂质，除去残茎，洗净泥沙，捞出。

3. 炮制

润透后及时切片，随即晒干。

4. 商品规格

干货，主根圆柱形或圆锥形，分枝少，略弯曲，表面棕色或红褐色，有纵皱纹及须根痕，根头部膨大，无绿苗及茎苴，断面黄白色，微有香气，味微辛、苦，大小不分，无土沙，无杂质，无虫蛀，不霉变。

【化学成分】柴胡根中主要成分为柴胡皂苷，其次含有植物甾醇、侧金盏花醇，以及少量挥发油、多糖；地上部分主要含黄酮类、少量皂苷类、木脂素类、香豆素类等成分。

1. 黄酮类

柴胡中的黄酮类成分主要为黄酮醇类，又分为山萘酚（kaempferol）、槲皮素（quercetin）、异鼠李素（isorhamnetin）三个主要苷元。

2. 皂苷类

柴胡中主要含有五环三萜类皂苷，如柴胡皂苷 a、b、c、d；还含 3-O-乙酰基柴胡皂苷 a、6-O-乙酰基柴胡皂苷 a、柴胡皂苷 e、23-O-乙酰基柴胡皂苷 d、6-O-乙酰基柴胡皂苷 b、柴胡皂苷 f 等。

3. 木脂素类

柴胡中的木脂素类大多为油状物，且多从植物叶中分离得到。目前已从该属植物中分到 30 个木脂素类化合物，这些化合物有三种结构类型：木脂内酯类、单环氧木脂素及双环氧木脂素。

4. 香豆素类

柴胡中分得的香豆素类多为简单香豆素类，它们是脱肠草素（herniarin）、莨菪亭（scopoletin）、蒿属香豆素（scoparone）、白柠檬素（limettin）、白蜡树亭（fraxetin）、七叶亭（aesculetin）、6,7,8-三甲氧基香豆素（6,7,8-trimethoxycoumarin）、7-甲氧基香豆素（7-methoxycoumarin）、异蒿属香豆素（isoscoparoe）和白芷素（angelicin）7,8-呋喃香豆素（7,8-furanocumarin）等，此外还有一个吡喃香豆素的双酯类川白芷内酯（anomalin）（单宇等，2004）。

5. 多糖

北柴胡多糖基本由阿拉伯糖、核糖、木糖、葡萄糖、半乳糖及鼠李糖组成。

6. 醇类

柴胡的地上部分含有 A-菠菜甾醇，柴胡的茎中还含有 β-谷甾醇。

【鉴别与含量测定】

一、鉴别

薄层鉴别　取本品粉末 0.5g，加甲醇 20ml，超声处理 10min，过滤，滤液浓缩至约 5ml，作为供试品溶液。另取柴胡对照药材 0.5g，同法制成对照药材溶液。再取柴胡皂苷 a 对照品、柴胡皂苷 d 对照品，加甲醇制成每毫升各含 0.5mg 的混合溶液，作为对照品溶液。照薄层色谱法试验，吸取上述三种溶液各 5μl，分别点于同一硅胶 G 薄层板上，以乙酸乙酯 乙醇-水（8：2：1）为展开剂，展开，取出，晾干，喷以 2％对二甲氨基苯甲醛的 40％硫酸溶液，在 60℃加热至斑点显色清晰，置日光及紫外光灯（365nm）下检视。供试品色谱中，在与对照药材及对照品色谱相应的位置，显相同颜色的斑点或荧光斑点。

二、含量测定

柴胡皂苷 a、c、d 的含量测定（林东昊等，2004）。

1. 色谱条件

以十八烷基硅烷键合硅胶为填充剂；以乙腈-水为流动相，梯度洗脱（0～10min，10：90→25：75；10～15min，25：75→30：70；15～30min，30：70→40：60；30～40min，40：60→60：40；40～55min，60：40→80：20。检测波长为 210nm，流速为 1.0ml/min，柱温为室温。

2. 对照品溶液的制备

精密称取减压干燥至质量恒定的柴胡皂苷 a、c、d 对照品各 5mg，置于 5ml 量瓶中，加甲醇超声溶解并定容，摇匀，用 0.45μm 微膜过滤，取续滤液，即得。

3. 供试品溶液的制备

取已经干燥的柴胡（60℃，6h）粉末样品，过 20 目筛，称取 0.2g，精密称定，置于 10ml 量瓶中，加 5％氨水-甲醇溶液 8ml，润湿 0.5h，定容至刻度，密闭，超声 1h，4000 r/min 离心 10min，取上清液 8ml，蒸干溶剂，残渣加甲醇适量溶解，并定量转入 2ml 的量瓶中，定容至刻度，摇匀，用 0.45μm 微膜过滤，取续滤液，即得。

4. 测定法

分别精密吸取上述混合对照品溶液与供试品溶液各 10μl，注入液相色谱仪，测定。

【附注】伏牛山区还有下列柴胡属植物也作柴胡使用。

1. 大叶柴胡

多年生高大草本，高 80～150cm。根茎弯曲，长 3～9cm，坚硬，棕色。茎单生或有 2 或 3 个，有粗槽纹，多分枝。基生叶有长柄，卵圆形或宽披针形，长 8～17 cm，宽 2.5～5cm，顶端急尖或渐尖，基部楔形，背面带粉蓝色，有 9～11 个平行脉，叶柄长 9～26cm；中部叶无柄，卵形或狭卵形，基部心形或耳状抱茎。复伞形花序多数，总花梗长 2～5 cm；总苞片 1～5 个，不等长，披针形或原形；伞辐 3～9 个；小苞片 5 或 6 个，披针形或宽卵形；小伞形花序有花 5～16 朵，花深黄色。果实长圆状椭圆形，长 4～7mm，暗褐色，被白毛，分果横剖面近圆形，每棱槽中有油管 3 或 4 个，合生面 4～6 条。花期 7～8 月；果熟期 8～9 月。

伏牛山区广有分布，生于海拔 800～1500m 的山坡丛林、路边草丛或山沟阴湿地。

2. 黑柴胡（小五台柴胡）

多年生草本，高 20～60cm。根有分枝，黑褐色。茎丛生，直立或斜上，上部有叶具少数分枝。基生叶密，倒披针形或长圆状披针形，连柄长 10～20 cm，宽 1～2 cm，顶端急尖或钝，有小凸尖，基部渐狭，抱茎，有白色边缘，有 7～9 条纵脉，叶柄长为叶片长的 1/2～3/5；茎中部倒披针形或狭长圆形，有短柄或无柄，基部抱茎，叶脉 11～15 条。复伞状花序，总苞片缺或 1 或 2 个；总花梗长 3～5cm；伞辐 4～9 条，不等长；小总苞 6～9 个，卵形或宽卵形，长 6～10mm，宽 3～5mm，黄绿色；小伞形花序有花约 20 朵，花黄色；花梗长 1～2mm。果实卵形，长约 3.5mm，棱边狭翅状，每棱槽中有油管 3 个，合生面 3 或 4 个。花期 7～8 月；果熟期 8～9 月。

产于伏牛山区诸县，生于海拔 1400～2000m 的山坡草地、山谷、山顶阴湿处。

3. 空心柴胡（红胡）

多年生草本，高 50～100cm，无毛。根圆柱形，细长。茎单生，中空，上部有分枝，节间长。基生叶有柄，披针形或狭长圆状披针形，长 10～19cm，宽 7～15mm，顶端钝或近尖，有 5～7 脉；茎中部叶无柄，狭卵形，顶端急尖，基部耳状抱茎，中部有 7～9 脉。复伞形花序顶生和侧生，疏松；直径 1.5～4mm；总花梗长 1～4.5cm，总苞片常 2 个，宽卵状，或早落；伞辐 5～10 个，不等长；小总苞片 5 个，纸质，椭圆状披针形或宽卵形至圆形，顶端钝或急尖；小伞形花序有花 9～15 朵，花鲜黄色。果实长圆形，长 3～3.5mm，宽 2mm，棱具狭翅，花期 7～8 月，果熟期 8～9 月。

产于伏牛山诸县，生于海拔 1800～2000m 的山坡草丛或树林下。

4. 狭叶柴胡

多年生草本，高 45～70cm。主根发达，圆锥形，深红棕色，表面略皱缩，上端有横环纹，下部有纵皱纹，质疏松而脆。茎丛生或单生，基部密覆叶柄残余红色纤维，细圆有细纵槽纹，多回分枝，呈“之”字形弯曲，并呈圆锥状。基生叶倒披针形或狭椭圆形，早枯；中部叶倒披针形或宽线状披针形，长 3～11cm，宽 0.6～1.6cm，有 7～9 条纵脉，下面具粉霜。复伞形花序的总花梗细长；总苞片无或 2 或 3 个，狭披针形；伞辐 4～7 个；小总苞片 5 个；花梗 5～10 个；花鲜黄色。双悬果宽椭圆形，长约 3mm，宽约 2mm，深褐色，棱线粗钝凸出，每棱槽中有 5 或 6 个油管，合生面 4～6 个。花期 7～8 月，果期 8～9 月。

产于伏牛山诸县，生于海拔 160～2250m 的干燥草地、向阳山坡、灌木林边缘。

【主要参考文献】

陈莹，谭玲玲，蔡霞等 . 2006. 柴胡属植物化学成分研究进展 . 中国野生植物资源，25（2）：4～7

林东昊，茅仁刚，王志华等 . 2004. 23 种国产柴胡属植物中柴胡皂苷 a、c、d 含量的 RP-HPLC 测定 . 药物分析杂志，24（5）：479～483

刘永春，丛培臣 . 2006. 柴胡的化学成分及药理作用研究概况 . 黑龙江医药，19（3）：216～218

潘胜利 . 1996. 中药柴胡的资源调查及商品鉴定 . 中药材，19（5）：231～234

任广来 . 2001. 柴胡功用浅说 . 山东中医杂志，20（5）：371

单宇，冯煦，董发云等 . 2004. 柴胡属植物化学成分及药理研究新进展 . 中国野生资源，23（4）：5～7，14

舒璞，袁昌齐，余孟兰等 . 1998. 中国柴胡属药用植物的数量分类研究 . 西北植物学，18（2）：277～283

王胜春，赵慧平 . 1998. 柴胡的清热与抗病毒作用 . 时珍国医国药，9（5）：418

王振华，何荣华，周雪松 . 2008. 柴胡的种植技术 . 农村科技，12（4）：66

叶恩富 . 2004. 柴胡种植技术 . 云南农业，11（7）：7

半　夏
Banxia
RHIZOMA PINELLIAE

【概述】半夏为伏牛山道地药材。《中国道地药材》一书认为：半夏历史上以齐州、湖北所产为地道，近代以河南、山东所产为地道。其性温，味辛，有毒，归脾、胃、肺经。具燥湿化痰、降逆止呕、消痞散结的功效，用于治疗痰多咳喘、痰饮眩悸、风痰眩晕、痰厥头痛、呕吐反胃、胸脘痞闷、梅核气；生用外治痈肿痰核。分布于伏牛山区的林缘、田边、荒地、草坡、灌丛。

【商品名】半夏

【别名】三叶半夏、三叶老、三步跳、麻芋子、水玉、地文、守田、示姑、羊眼半夏、地珠半夏、麻芋果、老和尚头、麻玉果、燕子尾

【基原】天南星科植物半夏 *Pinellia ternata* （Thunb.）Breit. 的块茎。

【原植物】块茎近球形，直径 1～2cm，具须根。生叶 2～5 枚，有时 1 枚；叶柄长 15～20cm，基部具鞘，鞘内、鞘部以上或叶片基部有直径 3～5mm 的珠芽，珠芽在母株上萌发或落地后萌芽；幼苗叶片卵状心形至戟形，为全缘单叶，长 2～3cm，宽 2～2.5cm；老株叶片 3 全裂，裂片绿色，长圆形、椭圆形或披针形，两头锐尖，中裂片长 3～10cm，宽 1～3cm，侧裂片稍短，全缘或具不明显的浅波状圆齿，侧脉 8～10 对，细弱，细脉网状，密集，集合脉 2 圈。花序柄长 25～35cm，长于叶柄；佛焰苞绿色或绿白色，管部狭圆柱形，长 1.5～2cm，檐部长圆形，绿色，有时边缘青紫色，长 4～5cm，宽 1.5cm，钝或锐尖；雌肉穗花絮长 2cm，雄花序长 5～7cm，其中间隔 3mm；附属器绿色变青紫色，长 6～10cm，直立，或呈 "S" 形弯曲。浆果卵圆形，黄绿色，先端渐狭为明显的花柱。花期 5～7 月；果熟期 8 月（丁宝章等，1997）。

【药材性状】本品呈类球形，有的稍偏斜，直径 1～1.5cm。表面白色或浅黄色，顶端有凹陷的茎痕，周围密布麻点状根痕；下面钝圆，较光滑。质坚实，断面洁白，富粉性。无臭，味辛辣、麻舌且刺喉。

【种质来源】野生居群

【生长习性及基地自然条件】半夏适生于海拔 2500m 以下的阴湿环境，不耐干旱，喜弱光怕强光，喜温，块茎株芽膨大期地温以 18～20℃最为适宜。夏季宜在半阴半阳中生长，畏强光；在阳光直射或水分不足条件下，易发生倒苗。耐阴，耐寒，块茎能自然越冬。要求土壤湿润、肥沃、深厚，土壤含水量为 20%～30%，pH6～7 呈中性的沙质壤土较为适宜。一般对土壤要求不严，除盐碱土、砾土、过沙、过黏以及易积水之地不宜种植外，其他土壤基本均可，但以疏松肥沃沙壤土为好。半夏一般于 8～10℃萌动生长，13℃开始出苗，随着温度升高，出苗加快，并出现珠芽，15～26℃最适宜半夏生长，30℃以上生长缓慢，超过 35℃而又缺水时开始出现倒苗，秋后低于 13℃以下出现枯叶。

【种植方法】

一、繁殖方法

有块茎繁殖、珠芽繁殖、种子繁殖三种，但种子和珠芽繁殖当年不能收获，用块茎繁殖当年能收获。

1. 块茎繁殖

挖当年生的小块茎用湿沙土混拌存放在阴凉处进行繁殖。栽植时间分为春、秋两季。春季 3 月，栽前浇透水，块茎用 5％草木灰液或 50％多菌灵 1000 倍液或 0.005％高锰酸钾液或食醋 300 倍液浸泡块茎 2～4h，晾干后将块茎按大小分别栽植，行距 16～20cm，株距 6～10cm，穴深 5cm，每穴栽 2 块，覆土 3～5cm，每公顷需块茎 750kg 左右，大的块茎 300kg 左右。

2. 珠芽繁殖

夏、秋季利用叶柄下珠芽栽培，行距 10～16cm，株距 6～10cm，开穴，每穴放株芽 3～5 个，覆土 1.6cm。

3. 种子繁殖

此法于种苗不足或育种时采用，从秋季开花后 10 余天佛焰苞枯萎采收成熟的种子，放在湿沙中储存，备播种。分春、秋二季播种，春天在做好的畦上按行距 10～13cm 开沟，将种子均匀撒入沟内，覆土 10～13cm，并盖稻草保墒，当苗高 10cm 时定植。此外也有一种很粗放的繁殖方法，半夏繁殖力很强，种过的地上每年连绵不断地有半夏生长，所以不必另播种，加以管理，即可收获，但产量低。

二、选地

宜选湿润肥沃、保水保肥力较强、质地疏松、排灌良好、呈中性的沙质壤土种植，也可选择半阴半阳的缓坡山地。可连作 2～3 年。涝洼、盐碱、重金属含量高的地块不宜种植。土壤选好后，还应对周围的环境进行考察，1000m 内没有污染源，离交通主干道 100m 以上，所用的灌溉水应符合国家农田灌溉水标准。

三、整地

地选好后，于 10～11 月深翻土地 20cm 左右，除去石砾及杂草，使其风化熟化。半夏生长期短，基肥对其有着重要的作用，结合整地，每亩施入发酵好的厩肥或堆肥 2000kg，过磷酸钙 50kg，翻入土中作基肥。播前再耕翻一次，然后整细耙平，做宽 1.3m 的高畦，畦沟宽 40cm。

四、药剂拌种

人工栽培半夏的病虫害以预防为主，治疗为辅，一旦发现有病虫害发生，治疗起来相当麻烦，不但影响半夏的生长，同时容易产生农药残留，增加成本。所以，播种前的种茎处理非常重要，慎选药物和剂量及方法，切不可大意和马虎。

五、催芽

催芽栽种并加盖地膜不仅使半夏早出苗，增加了30余天的生育期，而且还能保持土壤整地时的疏松状态，促进根系生长，使半夏的根粗长，根系扩大，增强抗旱防倒苗能力。

六、栽种

1. 栽种时间

不同地区栽种时间不尽相同，黄淮地区一般在雨水至惊蛰栽种最宜，无冻害的南方可冬季栽培，西北部地区的栽种时间可适当推迟。总之，适时早播并采取有效措施，可使半夏叶柄在土中横生并长出珠芽，在土中形成的珠芽个大，并能很快生根发芽，形成一棵新植株，并且产量高。

2. 栽种方法

在整细耙平的备播畦面上开横沟条播。把已分级的大小种茎分开播种，一级种茎行株距较稀，播种较深；依此类推，四级种茎行株距较密，种植较浅。播后，上面施一层混合肥土，由腐熟堆肥和厩肥加人畜肥、草土灰等混拌均匀而成，最后覆土稍低于地面即可（也可采用现实新技术半机械化播种，一次完成，可提高效率80%）。

3. 喷洒除草剂

由于半夏生长期间杂草较多，尤其是在苗期，往往是看不见半夏只见草，所以，半夏播种完成后，马上喷洒半夏专用除草剂，并立即盖上地膜，可有效防治杂草的危害，特别对禾本科杂草的防治效果可达100%。

4. 覆盖地膜

喷洒除草剂后要立即盖上地膜，所用地膜可以是普通农用地膜（厚0.014mm），也可以用高密度地膜（0.008mm）。地膜宽度视畦的宽窄而定。盖膜三人一组，先从畦的两埂外侧各开一条8cm左右深的沟，深浅一致，一人展膜，二人同时在两侧拉紧地膜，平整后用土将膜边压在沟内，均匀用力，使膜平整紧贴畦埂上，用土压实。

七、田间管理

1. 揭掉地膜

半夏出苗后，待苗高2～3cm时，应及时"破膜放苗"，或苗出齐后揭去地膜，以防膜内温度过高，烤伤小苗。

2. 中耕松土

半夏植株矮小，在生长期间要经常松土除草，避免草荒。同时，中耕还可破除土壤板结，增加土壤的透气性，对半夏的生长非常有利。一般中耕深度不要超过5cm，避免伤根。

3. 摘除花蕾

为了使养分集中于地下块茎，促进块茎的生长，有利增产，除留种外，应把抽出的花蕾分批摘除。

4. 水肥管理

半夏喜湿怕旱，无论采用直播或套种，在播种前都应浇一次透水，以利出苗。出苗前后不宜再浇，以免降低地温。立夏前后，天气渐热，半夏生长加快，干旱无雨时，可根据墒情适当浇水。浇后及时松土。夏至前后，气温逐渐升高，干旱时可 7～10d 浇水一次。处暑后，气温渐低，应逐渐减少浇水量。经常保持栽培环境阴凉而又湿润，可延长半夏生长期，减少倒苗，有利于光合作用，多积累干物质。因此，加强水肥管理，是半夏增产的关键。除施足基肥外，生长期追肥 4 次。第 1 次于 4 月上旬齐苗后，每亩施入 1∶3 的人畜粪水 1000kg；第 2 次在 5 月下旬珠芽形成期，每亩施用人畜粪水 2000kg；第 3 次于 8 月倒苗后，当子半夏露出新芽，母半夏脱壳重新长出新根时，用 1∶10 的粪水泼浇，每半月一次，至秋后逐渐出苗；第 4 次于 9 月上旬，半夏全苗齐苗时，每亩施入腐熟饼肥 25kg、过磷酸钙 20kg、尿素 10kg。经常泼浇稀薄人畜粪水，有利于保持土壤湿润，促进半夏生长，起到增产的作用。若遇久晴不雨，应及时灌水，若雨水过多，应及时排水，避免因田间积水造成块茎腐烂。

5. 培土

珠芽在土中才能生根发芽，6～8 月，有成熟的珠芽和种子陆续落于地上，此时要进行培土，从畦沟取细土均匀地撒在畦面上，厚为 1～2cm。追肥培土后无雨，应及时浇水。一般应在芒种至小暑时培土两次，使之萌发新株。二次培土后行间即成小沟，应经常松土保墒。半夏生长中后期，每 10d 根外喷施一次 0.2% 磷酸二氢钾或三十烷醇，有一定的增产效果（李西文等，2005）。

【采收加工】

1. 采收

（1）适时刨收。半夏的收获时间对产量和产品质量影响极大。适时刨收，加工易脱皮、干得快、商品色白粉性足、折干率高。刨收过早，粉性不足，影响产量。刨收过晚不仅难脱皮、晒干慢，而且块茎内淀粉已分解，加工的商品粉性差、色不白，易产生"僵子"（角质化），质量差，产量更低。倒苗后再刨收，费工 3 倍还多。山东菏泽市润康中药材研究所多年人工栽培半夏研究结果表明，半夏的最佳刨收期应在秋天温度降低于 13℃ 以下，叶子开始变黄绿时刨收为宜；黄淮地区气温 13℃ 正为"秋分"前后；长江流域要根据气温差别适当向后推迟；东北各地气温偏低，要适当提前刨收。

（2）刨收方法。在收获时，如土壤湿度过大，可把块茎和土壤一齐先刨松一下，让其较快地蒸发出土壤中水分，使土壤尽快变干，以便于收刨。刨收时，从畦一头顺行用爪钩或铁镐将半夏整棵带叶翻在一边，细心地拣出块茎。倒苗后的植株掉落在地上的珠芽应于刨收前拣出。刨收后地中遗留的枯叶和残枝应拣出烧掉，以减轻翌年病虫害的发生。

2. 加工

（1）发酵。将收获的鲜半夏块茎堆放于室内，厚度 50cm，堆放 15～20d，检查发现半夏外皮稍腐，用手轻搓外皮易掉，即可。

（2）去皮。将发酵后的半夏块茎用筛分出大、中、小三级。数量少的可采用人工去皮，其方法是，将半夏块茎分别装入编织袋或其他容器内，水洗后，脚穿胶靴踏踩或用手来回反复推搓 10min，倒在筛子里用水漂去碎皮，未去净皮的拣出来再搓，直至全部去净为止。如果较大的块茎去皮后，底部（俗称"后腔门"）仍有一小圆块透明的"茧子"时，量少可用手剥去，量多再装袋搓掉，直至半夏块茎全部呈纯白色为止。面积较大的半夏基地，可采用机械脱皮。

（3）干燥。脱皮后的半夏需要马上晾晒，在阳光下暴晒最好，并不断翻动，晚上收回平摊于室内晾干，次日再取出晒至全干，即成商品。如半夏数量较大，最好建有烘房，随脱皮，随烘干，烘干时用无烟火，温度 35～60℃，不时翻动，力求干燥均匀，其加工的半夏商品质量较好（刘承训，2008）。

【化学成分】

1. 生物碱类

左旋麻黄碱（sanedrine）（yamamoto，F，1991）、胆碱（sinkaline）、1-麻黄碱（1-ephedrine）（大盐春治，1978）、胸苷（thymidine）（丸野正雄，1997）、鸟苷（guanosine）（鹿野美弘等，1987）、次黄嘌呤核苷（carnine）。

2. 挥发油类

茴香脑（anethole）、柠檬醛（citral）、3-乙酰氨基-5-甲基异唑（3-acetyl-amino-5-methylisoxazole）、丁基乙烯基醚（buthylene ther）、3-甲基-二十烷（3-methyleicosa）、棕榈酸乙酯（ethylpalmitate）、1-辛烯（1-octene）等 65 个挥发油成分（王锐等，1995）。

3. 有机酸类

亚油酸（linoleic acid）、十六烷酸（hexadecanoic acid）、8-十八碳烯酸（8-octadecenoic acid）、油酸（oleic acid）、9-氧代壬酸（9-oxononanoic acid）、十五烷酸（pentadecanoic acid）、9-十六碳烯酸（9-hexadecenoic acid）、十七烷酸（heptadecanoic acid）、硬脂酸（octadecanoic acid）、11-二十碳烯酸（11-eicosenoic acid）、花生酸（eicosanoic acid）、10,13-二十碳二烯酸（10,13-eicosadienoic acid）、山嵛酸（docosanoic acid）、琥珀酸（succinic acid）、棕榈酸（palmitic acid）等有机酸（张科卫等，2002）（吴皓等，2003）。

4. 氨基酸类

苏氨酸、丝氨酸、谷氨酸、甘氨酸、丙氨酸、缬氨酸、亮氨酸、异亮氨酸、酪氨酸、苯丙氨酸、赖氨酸、组氨酸、精氨酸等 16 种氨基酸，其中 7 种为人体必需氨基酸（李先端等，1990）。

5. 蛋白质类

陶宗晋从半夏的鲜汁中分离的分子质量为 44 000Da 的半夏蛋白，不仅能凝集红细胞，还能凝集其他类型的细胞。Kurata 报道，6KDP 是半夏块茎中的一种主要蛋白质，具有类似凝集素的作用，能止呕吐。

6. 无机元素类

铝、铁、钙、镁、钾、钠、钛、锰、磷、铂、铜、锌等元素。

7. 其他类

环阿尔廷醇（cycloartenol）（何萍等，2005），蒽醌类大黄酚（chrysophanol）（杨虹等，2007），苯酚类邻二羟基苯酚（benzene-1,2-diol）、对二羟基苯酚（benzene-1,4-diol），酯类正十六碳酸-1-甘油酯（hexadecanoic acid glyceryl ester）等。

【鉴别与含量测定】

一、鉴别

取本品粉末 1g，加甲醇 10ml，加热回流 30min，过滤，滤液挥至约 0.5ml，作为供试品溶液。另取精氨酸、丙氨酸、缬氨酸、亮氨酸对照品，加 70％甲醇制成每毫升各含 1mg 的混合溶液，作为对照品溶液。照薄层色谱法（《中国药典》（2005 年版）附录Ⅵ B）试验，吸取供试品溶液 5μl、对照品溶液 1μl，分别点于同一以羧甲基纤维素钠为黏合剂的硅胶 G 薄层板上，以正丁醇-冰乙酸-水（8∶3∶1）为展开剂，展开，取出，晾干，喷以茚三酮试液，在 105℃加热至斑点显色清晰。供试品色谱中，与对照品色谱相应的位置显相同颜色的斑点。

二、含量测定

（1）色谱条件与系统适用性试验。以十八烷基硅烷键合硅胶为填充剂；磷酸盐适量配制成 50mmol/L 的溶液，用磷酸调 pH 至 2.5 为流动相，检测波长 210nm。

（2）对照品溶液的制备。准确称取琥珀酸标准品适量，加水制成每毫升各含 4mg 的混合溶液，即得。

（3）供试品溶液的制备。取样品粉末（过 3 号筛）12g，精密称定，置于干燥的三角烧瓶中，准确加入 60ml 石油醚，超声提取 30min，过滤，滤弃石油醚，粉末挥干石油醚，加入 60ml 95％乙醇，超声提取 30min，过滤，残渣再加入 40ml 95％乙醇两次，分别超声提取 20min，过滤，合并滤液，回收乙醇至干，残渣加适量的纯化水溶解并定容至 2.0ml，过滤，取续滤液，即得。

（4）测定法。分别精密吸取对照品溶液与供试品溶液各 5μl，注入液相色谱仪，测定，即得。

【附注】

掌叶半夏　天南星 *Pinellia pedatisecta* Schott 的干燥块茎。原植物块茎近圆球形，直径可达 4cm，根密集，肉质，长 5～6cm；块茎四旁常生若干小球茎。叶 1～3 枚或更多，叶柄长 20～70cm，下部具鞘；叶片鸟足状分裂，裂片 6～11 枚，披针形，渐尖，基部渐狭、楔形，中裂片长 15～18cm，宽 3cm，两侧裂片依次短小，最外的有时长仅 4～5cm，侧脉 6 或 7 对，离边缘 3～4mm 处弧曲，连结为集合脉，网脉不明显。花序柄长 20～50cm，直立；佛焰苞淡绿色，管部长圆形，长 2～4cm，宽约 1cm，向下渐收缩，檐部长披针形，锐尖，长 8～15cm，基部展平，宽 1.5cm；雌肉穗花序长 1.5～

3cm；雄花序长 5～7cm；附属器黄绿色细线形，长 10cm，直立或略呈 "S" 形弯曲。浆果卵圆形，绿色至黄白色，小，藏于宿存的佛焰苞管部。花期 6～7 月，果熟期9～11 月。

【主要参考文献】

大盐春治 . 1978. Isolation of l-ephedrine from "Pinelliae Tuber". Chemical & Pharmaceutical Bulletin：26 (7)：2096

丁宝章，王遂义 . 1997. 河南植物志 . 第四册 . 郑州：河南科学技术出版社：329，330

何萍，李帅，王素娟等 . 2005. 半夏化学成分的研究 . 中国中药杂志，30 (9)：671～674

李西文，马小军，宋经元等 . 2005. 半夏规范化种植、采收研究 . 现代中药研究与实践，19 (2)：29～34

李先端，胡世林，杨连菊 . 1990. 半夏类药材氨基酸和无机元素分析 . 中国中药杂志，15 (10)：37，38

刘承训 . 2008. 半夏的种植管理与加工 . 四川农业科技，7：40

王锐，倪京满，马蓉 . 1995. 中药半夏挥发油成分的研究 . 中国中药杂志，30 (8)：457～459

吴皓，张科卫，李伟等 . 2003. 半夏的化学成分研究 . 中草药，34 (7)：593，594

杨虹，俞桂新，王峥涛等 . 2007. 半夏的化学成分研究 . 中国中药杂志，42 (2)：99～101

张科卫，吴皓，吴露凌 . 2002. 半夏药材中脂肪酸的研究 . 南京中医药大学学报，18 (5)：291，292

鹿野美弘，有元良帜子，赵昌代等 . 1987. 小半夏加茯苓汤おける［半夏］の指标物质 . 生药学杂志，41 (4)：282

丸野正雄 . 1997. Active priciples of Pinelliae tube and new preparationof crude drug. Journal of Trational Medicines，14 (2)：81

Yamamoto F. 1991. Pharmaceutical formulations containing radicalremovers as antioxidants. CA，114：88687

杜　仲
Duzhong
CORTEX EUCOMMIAE

【概述】本品为地理标志药材（灵宝杜仲）。始载于《神农本草经》，列为上品。"主治腰脊疼，补中，益精气，坚筋骨，强志，除阴下痒湿、小便余沥。久服轻身不老"。我国明代伟大的药学家李时珍在其所著《本草纲目》中称："杜仲皮色紫，味甘微辛，其性温平，甘温能补；微辛能润，故能入肝而补肾。盖肝主筋，肾主骨，肾充则骨强；肝充则筋健，能使筋骨相著。治腰膝酸痛、安胎等症。"以上记载说明，我国医学家很早便发现杜仲有独特的强筋、壮骨及安胎的功效，并已广泛用于临床。

伏牛山有丰富的杜仲资源，在灵宝嵩县、栾川、汝阳、南召、镇平、内乡、西峡等地区较集中。被誉为"中原杜仲第一县"的汝阳，杜仲面积达 22 万亩，3455 万株，年产皮量达 74 万 kg。镇平县也是杜仲的传统产地，目前种植面积达 1.4 万亩，约 2000 万株，年产杜仲皮215t，杜仲叶 1100t。

伏牛山区所产杜仲加工后张大、皮细、肉厚，不但横断面胶丝绵长，而且纵断面也富弹性胶丝，品质优良。近些年，河南省洛阳市林业科学研究所对杜仲优良无性系的生长量、产皮量、产叶量及主要成分进行了全面测定和统计分析，选育出华仲 1 号、华仲 2 号、华仲 3 号、华仲 4 号、华仲 5 号优良新品种。这 5 个新品种生长迅速，遗传增益明显，有效成分含量高，抗逆性强，比普通杜仲产叶量提高 42.6%～62.7%，产皮量提高 151.8%～214.8%，树皮、树叶有效成分也明显高于普通杜仲。

【商品名】杜仲

【别名】丝连皮、扯丝皮、丝棉皮、玉丝皮、思仲

【基原】杜仲科植物杜仲的干燥树皮。

【原植物】伏牛山区杜仲按其干皮开裂的性状，分为 4 种类型。

1）深纵裂型：树皮呈灰色，干皮粗糙，具较深纵裂纹，横生皮孔极不明显，皮部占整个皮厚的 64.2%。雌花期 4 月上旬至 4 月下旬，柱头 2 裂，向两侧伸展呈"V"形；雄花期 3 月中旬至 4 月中旬，雄花在苞腋内簇生，雄蕊 8～10 枚。翅果椭圆形，长 3.5cm，宽 1.2cm。果 10 月中旬成熟。经液相色谱分析，干皮中主要降压成分松酯醇二葡萄糖苷含量为 0.09%。

2）浅纵裂型：树皮浅灰色，干皮仅具很浅纵裂纹，可见较明显的横生皮扎，木栓层很薄，韧皮部占整个皮厚的 98.6%。雄花期 3 月中旬至 4 月中旬，雄花在苞腋内簇生，雄蕊 7～10 枚。干皮中松酯醇二葡萄糖苷含量为 0.3%。

3）龟裂型：树皮呈暗灰色，干皮较粗糙，呈龟背状开裂。横生皮孔不太明显，韧皮部占整个皮厚的 66.7%。雄花期 4 月上旬至 5 月上旬。柱头 2 裂，向两侧伸展反曲呈"V"形；雄花在苞腋内簇生。花期 3 月上旬至 4 月上旬，雄蕊 6～10 枚，翅果宽椭圆形，长 3.5cm，宽 1.1cm。果 10 月下旬成熟，干皮中松酯醇二葡萄糖苷含量为 0.12%。

4）光皮型：树皮呈灰白色，干皮光滑，横生皮孔明显且多，韧皮部占整个皮厚的 98%。雌花期 4 月上旬至 4 月下旬，柱头 2 裂，向两侧伸展反曲，呈宽"V"形，雄花期 3 月中旬至 4 月中旬，雄蕊 7～10 枚，翅果呈椭圆形，长 3.5cm，宽 1.1cm。果 10 月中旬成熟。干皮中松酯醇二葡萄糖苷含量为 0.10%。统计 4 个类型中，以深纵裂型数量最多，占 80% 强，其次是光皮型，占 10%，再次是浅纵裂型，占 6%，分布最少的是龟裂型，不足 4%。

【药材性状】干燥树皮为平坦的板片状或卷片状，大小厚薄不一，一般厚 3～10mm，长 40～100cm。外表面灰棕色，粗糙，有不规则纵裂槽纹及斜方形横裂皮孔，有时可见淡灰色地衣斑。但商品多已削去部分糙皮，故外表面淡棕色，较平滑。内表面光滑，暗紫色。质脆易折断，断面有银白色丝状物相连，细密，略有伸缩性。气微，味稍苦，嚼之有胶状残余物。以皮厚而大、糙皮刮净、外面黄棕色、内面黑褐色而光、折断时白丝多者为佳。皮薄、断面丝少或皮厚带粗皮者质次。

【种质来源】本地抚育

【生长习性及基地自然条件】

一、生长发育特征

杜仲根系发达，主根长可达 1.35m，侧根、支根分布范围可达 9m，但主要分布在地表层 5～30cm，并向着湿润和肥沃处生长。植株萌芽力极强，休眠芽因受机械损伤常可萌发。初期树生长速度较为缓慢，速生期出现在 10～20 年；20～35 年树的年生长速

度渐缓；其后几乎停滞。胸径的生长速生期在 15～25 年，25～45 年渐缓，其后几乎停滞。树皮的生长过程基本上与胸径生长过程一致，树皮产量随树龄变化而异，同时受环境条件影响。杜仲喜光，对土壤、气温要求不严，在气温－20℃时可安全越冬。但在湿润、温度较高的地区生长发育较快，而南方冬季气温过高，缺乏冬眠所需的低温条件，则对生长发育不利。种子有一定的休眠特性，经 8～10℃低温层积 50～70d，发芽率可达 90％左右，种子寿命较短，一般不超过 1 年，干燥后更易失去发芽能力，故种子采收后宜即行播种。花期 3～5 月，果期 9～11 月（杨得坡等，1999）。

二、生长条件

杜仲对温度的适应能力很强，在河南能耐 44℃高温，休眠期可耐－23.6℃的低温。但杜仲幼树及苗木新梢耐寒能力差，在冬季往往出现冻害，部分新梢出现抽干现象。杜仲引种到我国南方热带地区，生长情况很差，且病虫害较多。原因可能是该地区冬季温度较高，不能满足杜仲冬季休眠阶段对低温的要求。

杜仲属喜光树种，只有在强光、全光条件下才能良好生长。在其他立地条件相同的情况下，其生长状况为孤立木优于散生木，散生木又优于林缘木，林缘木又优于林内木。不同地形条件下，山阳坡、半阳坡的杜仲树要比山阴坡生长得好。在林内郁闭度高的地方，树冠狭小，树叶薄且色浅，树冠下方枯枝多，直径生长量小，树皮薄且质量差，同时结果量少且品质差。

杜仲为深根系树种，具有耐干旱的能力。但水边、路旁的植株较生长在干旱地带的长势旺。伏牛山年降水量为 600～1200mm，为杜仲的生长发育提供了良好的条件。

杜仲对土壤条件要求不严格，在轻酸性土（红壤、黄红壤、黄壤、黄棕壤、紫壤）及轻碱性土（石灰土、石灰性褐土、钙质土等）都能生长。其中以深厚、肥沃的壤土、沙壤土及砾质壤土生长最好。杜仲对土壤酸碱度适应较广，在 pH 5.0～8.4 的微酸、微碱性土壤上均能正常生长，但在 pH 小于 5.0 的强酸性土壤上则生长很差，甚至不能存活。

杜仲雌雄异株，春天的微风天气对杜仲的传粉具有重要意义。由于杜仲根系发达，且主干木质坚硬，故在大风天气下较抗风倒和风折。但杜仲叶形大，枝叶生长茂盛，遇到 6 级以上大风时，树枝易被折断，故利用杜仲在平原地区营造林网时，要进行多行配置，以增强树株群体抗风的能力。在北方冬季多风的地区，容易使当年生枝梢发生抽干现象，影响来年春季的生长。

三、基地自然条件

暖温带大陆性季风气候，光照充足，气候温和，四季分明，年平均日照时数 2177.3h，日照百分率达 49％，年平均气温 14℃，平均降雨量 690mm，全年无霜期 213d。

四、土壤肥力

杜仲为垂直根系，喜土层深厚、肥沃的土壤。在过于贫瘠或土层较薄或过于黏重、透气性差的土壤上均生长不良。在过于瘠薄、干燥、酸性过强的土壤中生长时，还常会发生生理病害，造成顶芽、主梢枯萎，叶片凋落，生长停滞，甚至全株黄萎。因此，最适宜杜仲生长的土壤应为土层深厚、土质疏松、肥沃、湿润、排水良好、酸碱度适中（pH 为 5～7.5）的土壤，土壤质地以沙质壤土和砾质壤土为最好。

【种植方法】

一、选地整地

根据杜仲树种对各地条件的要求及便于生产经营的目的，地址选择应注意以下几方面：土壤要深厚、肥沃，有机质丰富，土壤质地以壤土或沙壤土为宜，尽量避开质地黏重的土壤。土壤酸碱度在 pH5.5～8.5 为宜。杜仲可耐轻度的土壤盐碱，在轻度盐碱地上仍能生长良好。山丘地区要选择土层深厚的地方，土层厚度不应低于 50cm。山区应选在山坡的中下部，坡度不宜大于 20°。干旱的北方宜选阴坡，多雨的南方宜选阳坡。平原地区要有灌溉条件和排涝设施，能保证春旱能浇，夏涝能排。要避开无排涝条件的涝洼地。平原地区地下水位宜在 2m 以下。山区最好能靠近水库，以便春旱严重时能进行浇水。交通方便，便于经营管理。

整地是一项非常重要的基础工作。通过整地可有效地疏松土壤，加厚土层，清除杂草及石块，增加土壤蓄水保墒能力，扩大地下根系营养面积；为树木根系生长创造一个良好的环境，确保整个树体的旺盛生长。

山丘地区营造杜仲，应提倡梯田内挖栽植坑的整地方法，这样既能保持水土，又能局部挖大穴，满足植株根系的需要。尤其在干旱的北方山区，这种整地方法则更为适合。具体整地方法是，在山坡上先修好宽度为 1.5～3m 的反坡梯田（梯田坡向与山坡坡向相反），梯田长度依具体地形、地势而定。梯田修好后，在梯田内按株距 3～3.5m 顺梯田中心线方向确定栽植点，以栽植点为中心挖栽植坑。如采用一年或二年生苗造林，则栽植坑的大小应为长、宽、深各 50cm。修梯田及挖栽植坑时，应将地内杂草、石块彻底清除干净。在修反坡梯田时，务必把表土、热土留在梯田内，利用底层生土作地梗。梯田外沿要用石块和泥土修牢固，以防塌陷。

二、繁殖方法

繁殖方法有种子、扦插、压条及嫁接。生产上以种子繁殖为主。

（1）种子繁殖。宜选新鲜、饱满、黄褐色、有光泽的种子，于 11～12 月或 2～3 月月均温达 10℃以上时播种，一般暖地宜冬播，寒地可秋播或春播，以满足种子萌发前所需的低温条件。种子忌干燥，故宜趁鲜播种。如需春播，则采种后应将种子进行层积处理，种子与湿沙的比例为 1：10。或于播种前，用 20℃温水浸种 2～3d，每天换水 1 或 2 次，待种子膨胀后取出，稍晒干后播种，可提高发芽率。条播，行距 20～25cm，每亩用种量 7～8kg，播种后盖草，保持土壤湿润，以利种子萌发。幼苗出土后，于阴天揭除盖草。每亩可产苗木 3 万～4 万株。

（2）嫩枝扦插。繁殖春夏之交，剪取一年生嫩枝，剪成长 5～6cm 的插条，插入苗床，入土深 2～3cm，土温 21～25℃时，经 15～30d 即可生根。如用 0.05ml/L α-萘乙酸处理插条 24h，插条成活率可达 80％以上。

（3）根插繁殖。在苗木出圃时，修剪苗根，取径粗 1～2cm 的根，剪成 10～15cm 长的根段进行扦插，粗的一端微露地表，在断面下方可萌发新梢，成苗率可达 95％以上。

（4）压条繁殖。春季选强壮枝条压入土中，深 15cm，待萌蘖抽生高达 7～10cm 时，培土压实。经 15～30d，萌蘖基部可发生新根。深秋或翌春挖起，将萌蘖一一分开即可定植。

（5）嫁接繁殖。用二年生苗作砧木，选优良母本树上一年生枝作接穗，于早春切接于砧木上，成活率可达 90％以上。

三、田间管理

包括以下五个部分：灌溉，施肥，中耕除草，林下间作，整形修剪。

1. 灌溉

杜仲树枝叶生长茂盛，叶面积大，整个树冠水分蒸腾量大，要求土壤能始终提供充足的水分，以满足树体对水分的需求。尤其我国北方地区春季干旱严重，土壤缺水往往是制约杜仲生长的关键因子。浇水根据水源条件和灌溉条件的具体情况，可进行畦灌，也可进行沟灌或穴灌。北方浇水次数每年不应低于 2 次，即春天和秋天各浇 1 次。春天宜在最为干旱的 4 月初至 5 月初进行，要赶在杜仲速生期前进行。如上年秋季末浇水，则春灌时间应提前到 3 月底杜仲萌芽之前进行。秋季浇水宜晚不宜早，一般结合浇冬水，浇水时间宜在 11 月进行。生产上秋季浇水还往往和秋季施肥结合完成，先施肥随后浇水。

2. 施肥

按时施肥是田间管理中一项非常重要的措施，尤其在树木幼龄阶段，施肥和不施肥新梢生长量往往相差 1/3～1/2。生产上对定期施肥的重要性多认识不足，是生产管理上应特别强调的一件事情。

（1）基肥。由于在营造时已对苗木施足了底肥，且幼树对养分消耗较少，故一般造林后开始 2 年暂不施基肥，从第 3 年开始应每年施基肥 1 次。施肥的时间宜在每年树叶刚落完时，一般我国北方为 11 月上旬左右，南方为 11 月下旬左右。施基肥的种类以有机厩肥为主，施肥数量应依树体的大小而定，一般 3～6 年生幼树每株可施厩肥 20～30kg，7 年生以后每株可施厩肥 30～40kg。施肥时每株加入过磷酸钙 2～3kg 则效果更好。如当地厩肥来源不足，可用高效饼肥代替（豆饼、棉籽饼、菜籽饼等），施用数量可为上述厩肥数量的 1/10，即小树每株施 1.5～2kg，大株每株施 3～5kg。施肥前需把饼肥粉碎成糁状（颗粒大小似麦粒状），过粗、过细均不适宜。

（2）追肥。除秋末树叶落后施一次基肥外，如基肥数量不足，还应在春季追施。追肥所用肥料应以氮素化肥为主，必要时可少量加施磷肥。三年至六年生幼树每株可施尿素 1～1.5kg，七年生以上大树每株可施 2kg。如加施过磷酸钙，每株树可施入 1kg 左右籽。追肥时间在北方以 4 月中旬树木速生期之前施入最好，施肥后应及时浇透水 1 次。南方追肥的时间可适当提前 10～15d。追肥的方式及具体方法可参照上述方式、方法进行。北方 8 月以后不可再追施化肥，以避免树木晚秋旺长，不利于安全越冬。

（3）根外施肥。为加速幼树生长，除进行土壤施肥外，还可进行根外施肥（叶面施肥）。根外施肥以叶面喷施 0.5% 的尿素较为适宜，从 5 月初，每 10d 喷 1 次，至 6 月底结束。喷施叶面肥应选择上午 10 点以前、下午 4 点以后作业，如树叶上有露水，应在露水下去之后进行。喷施后如 24h 内遇雨应重新补喷。为提高叶面肥在叶面上的存留数量，可在水中加入 0.1% 的中性洗衣粉作附着剂。叶面施肥对幼树效果明显，对七年生以上的大树效果不很显著。这可能与大树已具有发达、完整的根系，能充分吸收土壤水分、养分有关。但对在土壤养分贫瘠的沙土及沙荒地上生长的杜仲来说，进行根外施肥同样有明显的效果。

3. 中耕除草

中耕除草是经营当中一项非常重要的土壤管理措施。中耕除草可使表层土壤疏松，有效地提高土壤保水、蓄水能力，并减少杂草对土壤水分、养分的竞争。在雨季土壤水分过多时，可通过中耕扩大土壤表面积，有利于土壤水分的大量蒸发。农谚说"锄头有水又有火"，即是指中耕具有抗旱、抗涝的双重作用。每次浇过水或下过大雨之后，都应及时中耕。中耕的方法因地而异，平原地区多习惯于用锄头锄，山丘地区多习惯于用镢刨树盘，刨的深度以 20cm 左右为宜。

4. 林下间作

大面积栽植杜仲，在定植后的头 4~5 年，由于植株较小，林间空地较多。为了充分利用土地，可在林间间作蔬菜、烟草及其他矮秆药材，也可以套种豆科绿肥苜蓿、紫云英等，以提高土壤肥力，增加经济效益。在园林中群植、丛植或散植的杜仲，林下空地面积大小不等，可以铺建草坪，覆盖裸露地面，增加绿地面积，改善环境，提高园林绿化水平。

5. 整形修剪

药用杜仲要求树木具有高大、通直的树干，只有这样才能获得优质、高产的药用树皮，整形修剪正是为了达到这一目的。我国目前对杜仲树的栽培管理极为粗放，向来不进行整形修剪，结果导致树木主干扭曲，剥皮困难，皮张参差不齐，严重影响树皮的质量；故经营要实施园艺化管理，正确整形与修剪。

（1）幼树平茬。对于一年至三年生主干扭曲或生长衰弱的幼树，要在春天树木发芽之前进行平茬，平茬高度以地面以上 1~2cm 为宜。平茬后结合加强水肥管理，当年即可生长出直立且旺盛的主干。平茬后要及时在平茬处进行除萌，只保留 1 个旺盛的萌条向上生长。为促进幼树加快生长，并使主干能具有 2.5m 以上的枝下高度，在幼树地上 2.5m 范围内不留侧枝，萌发的腋芽要及时抹除，以保证树株能形成高大而直立的树干，便于以后剥皮及皮张整齐。

（2）幼树截干。由于杜仲树没有顶芽，且北方幼树每年顶梢很容易遭受冻害及抽梢，抽梢后由下部相邻的弱芽萌发，不仅生长缓慢，且直立生长差，造成幼树上部主干弯曲，应通过每年截干续干进行纠正，即对五年生以下的幼树（主干高度不足 6m），每年春季在主干顶部对木质化较差的顶梢进行截除，截干的位置应选择顶梢以下、木质化程度高的壮芽上方,促使该壮芽萌发,接续主干向上生长。截干时注意不要损伤下方所选留的壮芽,并对截干伤口涂抹油漆、凡士林等进行伤口保护,以防伤口处大量失水而抽干。截干后要及时抹除选留芽下方萌生的竞争枝或去顶,以促进续干枝的旺盛生长,在我国北方干旱地区,如春季或夏初干旱严重,又不具备灌溉条件时,往往幼树当年抽生的新梢发生严重失水,甚至抽干。在这种情况下,应在雨季来临之后,对失水严重的顶梢进行截干,促使下部未失水的不定芽萌发,进行续干生长。在树龄5年以上、主干高度高于6m以后,通直的主干及树冠已基本形成,树梢的抗寒、抗旱能力增强,幼树主干一般不再截干。

(3) 树冠的调控修剪。在树生长至3.5～4m时,可对顶梢进行重度截干,促发截口以下多个侧芽萌发生长,随后在其中选择生长旺盛,上下和左、右位置排列均衡及与主干夹角适宜的2或3个枝条,作为幼树树冠基部第1轮侧枝,以后每年平茬时均照此方法选留1或2个侧枝,一般3～4年后即可培养骨干侧枝5～7个。通过这些骨干侧枝的延伸及二级侧枝的萌生,可使幼树树冠基本形成。这样培养出的树冠多为圆形、卵圆形,在林木密度大时则多形成窄卵形。幼树形成树冠初期,对骨干侧枝及二级侧枝要进行延伸修剪,以促进幼树树冠尽快形成。在旺枝上选择背侧壮芽进行短截,促发旺枝进行延伸生长,尽快扩大树冠。

(4) 树冠回缩修剪。对于树冠已郁闭的,要进行回缩及侧枝更新修剪,以保证林冠内通风透光。先对林冠内直立徒长枝、重叠枝、交叉枝、有病虫害枝进行疏除,并对延长枝在背侧下弱芽处回剪,以控制树冠向四周延伸生长。

(5) 幼树主干纵割。幼龄阶段在主干上进行纵割,是促进幼树直径生长行之有效的办法,是杜仲经营管理中一项特殊措施。通过纵割,割断皮层横向杜仲胶丝,减少皮层杜仲胶对树干直径生长的束缚力。方法是,在春季杜仲枝叶萌发之前,对直径3～10cm的幼树,用锋利的单面刀片对树皮进行纵向划割,划割深度以割至木质部为宜,划割的长度不宜太长,以50～80cm为宜,上下交错、间断进行,不宜一刀划割太长。划割的间距以2～2.5cm为宜,太宽、太窄均不适宜。树皮纵割当年,对茎干直径生长的促进作用非常明显,平均可提高直径生长量13%～17%。但第2年春天继续纵割,则效果不显著。通过多年试验,幼树茎干以每两年纵割一次较好,平均每年可提高直径生长量6%～8%。对已进入成年并开始剥皮的树株,不适宜再进行树皮纵割,否则会影响树皮的质量。

四、病虫防治

(一) 杜仲的病害防治

杜仲的病害有根腐病、苗木立枯病、叶枯病、杜仲角斑病、杜仲褐斑病、杜仲灰斑病、杜仲枝枯病。

1. 根腐病

(1) 症状。病菌先从须根、侧根侵入,逐步发展至主根,根皮腐烂萎缩,地上部出现叶片萎蔫,苗茎干缩,乃至整株死亡。病株根部至茎部木质部呈条状不规则紫色纹,病苗叶片干枯后不落，拔出病苗，一般根皮留在土壤中。

（2）防治方法。选好圃地。宜选择土壤疏松、肥沃、灌溉及排水条件好的地块育苗，尽量避开重茬苗圃地。长期种植蔬菜、豆类、瓜类、棉花、马铃薯的地块也不宜做杜仲苗圃地。冬季土壤封冻前施足充分腐熟的有机肥，同时每公顷加施 1.5～2.3t 硫酸亚铁（黑矾），将土壤充分消毒。酸性土壤每公顷撒 0.3t 石灰，也可达到消毒目的。精选优质种子并进行催芽处理，加强土壤管理，疏松土壤，及时排水，也能有效抵抗和预防根腐病。幼苗初发病期要及时喷药，控制病害蔓延，用 50% 托布津 400～800 倍液或退菌特 500 倍液或 25% 多菌灵 800 倍液灌根，均有良好的防病效果。幼树发病后也应及时喷药防治，已经死亡的幼苗或幼树要立即挖除烧掉，并在发病处充分杀菌消毒。

2. 苗木立枯病

（1）症状。苗木在不同生长发育阶段表现出不同的症状。种芽腐烂：播种后幼苗出土前或苗木刚出土，种芽遭受病菌浸染，引起种芽腐烂死亡。幼苗猝倒，幼苗出土至苗茎木质化前，病菌自幼嫩茎基部侵入，出现黑色缢缩，造成苗茎腐烂、幼苗倒伏死亡。子叶腐烂：幼苗出土后，子叶被病虫侵入，出现湿腐状病斑，使子叶腐烂、幼苗死亡。在湿度过大、苗木密集或揭草过迟的情况下感染此病。苗木立枯：苗木茎部木质化后，病菌主要从根茎部以下根部侵染，引起根部腐烂，病苗枯死而不倒伏。

（2）防治方法。参照根腐病的防治方法。

3. 叶枯病

（1）症状。叶枯病为真菌 *Septoria microspora* Speg. 引起的病害，成年植株多见。发病初期，叶片出现褐色圆形病斑，以后不断扩大，密布全叶。病斑边缘褐色，中间白色，有时使叶片破裂穿孔，严重时叶片枯死。

（2）防治方法。第一，冬季结合清洁田园，清扫枯枝落叶，集中处理，用土封盖严密，使其发酵腐熟，既减少了病害的污染，又可以积肥。第二，发病初期，及时摘除病叶，挖坑深埋。避免病叶随风飘扬，到处传播。第三，发病后每隔 7～10d 喷 1 次 1∶1∶100 波尔多液，连续喷洒 2 或 3 次。

4. 杜仲角斑病

本病在各地杜仲林场和苗圃地都有发生，为害叶，使叶片枯死早落。

（1）症状。病斑多分布在叶的中间，呈不规则暗褐色多角形斑块，叶背病斑颜色较淡。病斑上长灰黑色霉状物，即病菌的分生孢子梗和分子孢子。秋后，有的病斑上长有病菌的有性孢子，呈散生颗粒状物。最后叶片变黑脱落。

（2）防治方法。本病的防治关键在于加强抚育，增强树势，及时使用 1% 波尔多液喷雾保护。

5. 杜仲褐斑病

（1）症状。病斑初为黄褐色斑点，然后扩展成红褐色长块状或椭圆形大斑，有明显的边缘，上生灰黑色小颗粒状物，即病菌的子实体。

（2）防治方法。发病林分可参照杜仲角斑病的防治方法进行防治。

6. 杜仲灰斑病

（1）症状。病害先自叶缘或叶脉开始发生，初呈紫褐色或淡褐色近圆形斑点，后扩大成灰色或灰白色凹凸不平的斑块，病斑上散生黑色霉点。嫩枝梢病斑黑褐色椭圆形或梭形，后扩展成不规则形，后期有黑色霉点，严重时枝梢枯死。

（2）防治方法。应加强抚育管理，增强树势，清除侵染源。发芽前采用 0.3％五氯酚钠或波美 5 度石硫合剂喷杀枝梢越冬病菌。发病期用 50％托布津或退菌特 400～600 倍液或 25％多菌灵 1000 倍液喷杀。

7. 杜仲枝枯病

（1）症状。病害多发生在侧枝上。先是侧枝顶梢感病，然后向枝条基部扩展。感病枝的皮层坏死，由灰褐色变为红褐色，后期病部皮层下长有针头状颗粒状物，即病菌的分生孢子器。当病部发展至环形，引起枝条枯死。

（2）防治方法。促进林木健壮生长，防治各种伤口，是防治本病的重要措施。感病枯枝应进行修剪，连同健康部剪去一段，伤口用 50％退菌特 200 倍液喷雾，也可用波尔多液涂抹剪口。发病初期，喷施 65％代森锌可湿性粉剂 400～500 倍液，每 10d 1 次，共喷 2 或 3 次。

（二）虫害

杜仲的虫害主要有金龟子、地老虎、蝼蛄、豹纹木蠹蛾、咖啡豹蠹蛾、刺蛾、茶翅蝽象。

1. 金龟子

金龟子主要以幼虫为害杜仲幼苗，幼苗高 10cm 以下时，根系幼嫩，幼虫在土内、2～5cm 深处啃食幼根，并将主根咬断；幼苗高 10～30cm 时，幼虫则以啃食幼根皮为主，在土内 2～10cm 深处将主根皮啃食 2/3～1 周，呈不规则缺刻状，使地上部分叶片萎蔫，顶梢下垂，最后导致幼苗死亡。

防治方法：适时翻耕土地；人工捕杀或放养家禽啄食，可减轻危害。成虫盛发期，利用灯光诱捕。苗圃地必须使用充分腐熟的农家肥作肥料，以免孳生蛴螬。幼苗生长期发现幼虫为害，可用 50％辛硫磷乳油或 25％乙酰甲胺磷 1000 倍液灌注根际，可取得较好的防治效果。每公顷施用 1500g 治金龟孢杆菌孢子折菌粉（10 亿/g），均匀撒入土中，使蛴螬感染发生乳状病致死。由于病菌能重复感染，所以病菌可在土壤中保持较长的时间。

2. 地老虎

地老虎 1 年发生多代，以第 1 代幼虫 4～5 月为害较重，初龄幼虫群集于幼嫩部分取食，3 龄后分散，白天蜷缩于幼苗根茎部以下 2～6cm 深处，晚上出来食害，从根茎部咬断幼苗嫩茎，拖入洞内。

防治方法：及时清除杂草，减少、消灭成虫产卵场所，改变幼虫的吃食条件。幼虫为害期间，每天早晨在断苗处将土挖开，捕捉幼虫。在幼虫 3 龄前用 50％辛硫磷乳油 800～1000 倍液喷施根茎部；或利用地老虎食杂草的习性，在苗圃堆放用可湿性 6％敌百虫粉剂拌过的湿润鲜杂草，诱杀地老虎，草药比例为 50：1。用黑光灯诱杀成虫。

3. 蝼蛄

蝼蛄喜食刚发芽的种子，危害幼苗，不但能将地下嫩苗根茎取食成丝丝缕缕状，还能在苗床土表下开掘隧道，使幼苗根部脱离土壤，失水枯死。

防治方法：施用充分腐熟的有机肥料，可减少蝼蛄产卵。做苗床前，每公顷以50％辛硫磷颗粒剂375kg用细土拌匀，搅于土表再翻入土内。用50％辛硫磷乳油0.3kg拌种100kg，可防治多种地下害虫，不影响发芽率。毒饵诱杀：用90％敌百虫原药1kg加饵料100kg，充分拌匀后撒于苗床上，可兼治蝼蛄、蛴螬及地老虎。灯光诱杀：一般在闷热天气，晚上8～10点用灯光诱杀。

4. 豹纹木蠹蛾

雌蛾常将卵分散产于树皮裂缝或根际处，每一雌蛾可产卵600～800粒。幼虫孵化后蛀树皮，以后蛀入韧皮部及形成层，直至木质部。随幼虫的增长，食量增大从而使树干内形成长50～130cm的扁平圆形蛀道。幼虫在蛀道内有上下往返的习性，因而使蛀道在树干内形成环状，被害树易倒。

防治方法：冬季检查清除被害树木，并进行剥皮等处理，以消灭越冬幼虫；于成虫羽化初期，产卵前利用白涂剂涂刷树干，可防产卵或产卵后使其干燥而不能孵化；幼虫孵化初期，可在树干上喷洒80％氧化乐果乳剂400～800倍液等；当幼虫蛀入木质部后，可根据排出的虫粪找出蛀道，再用废布、废棉花等蘸取敌百虫原液或50％久效磷等塞入蛀道内，并以黄泥封口。该虫主要发生在湖南省慈利江垭林场。该场采用生物防治方法，于3月中旬选择毛细雨天或阴天，施用白僵菌，危害率下降48.4％；林内招引益鸟，捕食害虫。

5. 咖啡豹蠹蛾

咖啡豹蠹蛾以幼虫蛀害杜仲枝干，在枝干内形成圆形蛀道，并在蛀道下环蛀。被害木不仅长势受到严重影响，而且还容易风折和机械折断。

防治方法：在危害较轻的园地，清除被害枝条，集中处理，就可起到良好的效果。危害严重的园地，也以剪除被害枝为主，药剂防治为辅，避免使用化学药剂。防治方法可参考豹纹木蠹蛾。

6. 刺蛾

刺蛾以幼虫为害叶片，幼虫发生期为7月中旬至8月下旬，小幼虫吃叶肉，长大后咬食叶片呈不规则缺刻，严重时仅剩叶柄、叶脉。

防治方法：人工消灭越冬茧，幼虫发生期喷施50％辛硫磷800倍液，发现初孵幼虫，摘除虫叶并消灭幼虫。利用刺蛾的趋光性进行灯光诱杀。施放赤眼蜂，每公顷3000头，可收到良好效果。微生物防治，可用0.3亿个/ml的苏云金杆菌防治幼虫，6d死亡率达100％。

7. 茶翅蝽象

以成虫、若虫吸含平茬幼树和嫁接苗幼嫩顶梢、果实果柄部位的汁液。嫩梢被害后顶梢干枯变黑，顶梢暂时停止生长，10～15d后由危害部位以下侧芽萌发2～4个新梢，呈丛生状；为害杜仲果实，主要以从果柄处刺吸果实汁液为主，被刺吸为害的果实逐渐干缩变黑，甚至脱落。

防治措施：成虫越冬期在集中发生地进行人工捕捉。夏季在炎热的中午前后，该虫多群集于杜仲枝干背阴处，也可采取人工捕杀。裂翅蜻象为害杜仲嫩梢或果实较轻时，一般不进行化学防治。当为害果实严重时，喷施 50％氧化乐果 800～1000 倍液或 50％辛硫磷乳油 1000 倍液，具有较好的防治效果。

【采收加工】

1. 采收

杜仲定植后，以 15～20 年的成龄树开始剥皮较为适宜。剥皮以 4～7 月树木生长旺盛时期进行较好，这时树皮容易剥脱，也易于愈合再生。采收树皮的方法主要有三种：部分剥皮法、砍树剥皮法、大面积的环状剥皮法（王秀英，2008）。

1）部分剥皮法：又称局部剥皮法。即在树干离地面 10～20cm 以上部位，交错地剥去树干外围面积 1/4～1/3 的树皮，使养分运输不致中断，待伤口愈合后，又可依前法继续取皮。每年可更换剥皮部位，如此陆续局部剥皮。

2）砍树剥皮法：此种剥皮方法多在老树砍伐时使用。先在齐地面处，绕树干锯一环状切口，按商品规格所需长度向上量，再锯第二道切口，在两道切口之间，用利刀纵割 1 刀，再环剥树皮，上下左右轻轻剥动，使树皮与木质部分离。剥下第一筒树皮后把树砍倒，照此法按需要的长度在主枝上剥取第二筒、第三筒皮，剥完为止。不合长度的较粗树枝的皮剥下后也可作碎皮供药用。

3）大面积的环状剥皮法：近年来在一些地区已推广。经研究发现，2～3 年长成的新树皮（称再生树皮）的有效成分和药理作用与原来树皮（称原生树皮）完全相同，新树皮与原来树皮的结构基本相同。大面积环状剥皮的优点是，采收的树皮多，为部分剥皮所得树皮的 3～4 倍；避免了资源缺乏时的砍树剥皮。操作方法是先在树干分枝处的下面横割 1 刀，再与之垂直呈"丁"字形纵割 1 刀，深度要掌握好，割到韧皮部，不要伤害木质部。然后撬起树皮，沿横割的刀痕把树皮向两侧撕离，随撕随割断残连的韧皮部，待绕树干 1 周全部割断后，即向下撕到离地面约 10cm 处割下树皮，环剥即告完毕。注意选择生长势强壮的杜仲树进行环剥，新树皮易于再生。环剥后 3～4d，一般表面呈现黄绿色，表示已形成愈伤组织，逐渐长出新皮。根据山东省经验，剥皮 3～4 年之后，新树皮能长到正常厚度，可再次环剥。环剥后表面呈现黑色部分，表示该处不能形成愈伤组织，也就不能长成新树皮。若环绕树干 1 周均呈黑色，则表示环剥失败，植株死亡。环剥时如气候干燥，要注意在剥前 3～4d 适当浇水，以增加树液，利于剥皮。剥皮后 24h 严禁日光直射、雨淋和喷农药，否则会造成死亡。剥皮的手法要准（不伤害木质部），动作要轻、快、准，将树皮整体剥下，不要零撕碎剥，更不要使用剥皮工具或指甲等戳伤木质部外层的幼嫩部分，也不要用手触摸，因为这些部分稍受一点损伤，就会影响该部分愈伤组织的形成，进而变黑死亡。

2. 初加工

剥下的树皮可先用开水烫一下，然后按当地习惯所需的长度，把树皮整理好。将皮的内面双双相对，层层重叠、压紧，堆积放置于平地，以稻草垫底，四面用稻草盖好，上盖木板，并加石块压平，再用稻草覆盖，经 6～7d 闷压发热（也称发汗），然后可在中间抽出一块检查，如果树皮内面已呈暗紫色、紫褐色，即可取出晒干；如皮色还是紫红色，必须再经发汗。如此三晾三闷，直到皮色变为暗紫色或紫褐色为止。压平晒干后的杜仲树皮，外皮粗糙者，还需刨去粗糙表皮，再分成各种规格打捆出售。

3. 分级标准

以肉厚、块完整、去净粗皮、断面丝多、内表皮暗紫色或紫褐色、有光润感者为佳品，反之，肉薄、表皮粗糙、断面丝少、内表皮紫红色者为次品。

【化学成分】 从目前对杜仲所含有效成分研究来看，已知的主要成分有环烯醚萜类、杜仲胶、木脂素类及苯丙素类等 40 多种化合物。其中木脂素类及环烯醚萜类所占的比例较大，其次是黄酮类及其他类化合物。研究表明，杜仲皮、叶及枝条所含的有效成分基本相同（程光丽，2006）。

1. 环烯醚萜类

已从杜仲的皮和叶内分离出 11 种环烯醚萜类化合物，包杜仲醇（eucommiol）、杜仲醇苷（eucommioside）、脱氧杜仲醇、京尼平苷、京尼平苷酸、桃叶珊瑚苷（aucubin）、哈帕苷丁酸酯、筋骨草苷、雷扑妥苷、车叶草苷、车叶草酸、去乙酰车叶草酸、10-乙酰鸡矢藤苷表杜仲醇、地芰普内酯等。

2. 杜仲胶

广泛存在于杜仲皮、叶、果皮内，杜仲皮一般含有 6%～10%，叶含有 2%～3%，果实含有 10%～12%。杜仲胶习称古塔波胶（cutta-percha）或巴拉塔胶（balata），为天然高分子化合物，它与天然橡胶的化学组成完全一样，即 $(C_5H_8)_n$，只是两者分子链的构型不同，天然橡胶是顺式-1,4-聚异戊二烯，杜仲胶为反式-1,4-聚异戊二烯，两者互为异构体。杜仲胶链结构具有双键、柔性、反式结构，这种特征可在工业上得到充分利用。

3. 木脂素及甾体类

从杜仲中已分离到的木脂素化合物有 27 种，包括双环氧木脂素类、松脂酚类、丁香树脂醇类、橄榄树脂素类、松柏醇类、吉尼波西狄克酸甲酯等。还分离出 β 谷甾醇、胡萝卜苷和三萜类化合物（直链三萜醇、白桦脂醇、白桦脂酸）。

4. 苯丙素类

主要有绿原酸（chlorogenic acid）、松柏酸、咖啡酸（caffeic acid）、酒石酸、白桦脂酸（betulinic acid）、熊果酸（ursolic acid）、香草酸（vanilic acie）、癸酸（capric acid）、半己酸（coproic acid）。

5. 其他成分

氨基酸及微量元素，包括丝氨酸、谷氨酸、甘氨酸、丙氨酸、精氨酸等 17 种游离氨基酸和锗、硒等 15 种微量元素。还含有黄酮类、槲皮素、金丝桃苷、紫云英苷、抗真菌蛋白、正二十九烷、正三十烷、生物碱、多糖、半乳糖醇、杜仲烯醇及挥发油等成分。

【鉴别与含量测定】

一、鉴别

1) 显微镜下本品粉末棕色。橡胶丝成条或扭曲成团，表面呈颗粒性。石细胞很多，大多成群，类长方形、类圆形、长条形或形状不规则，长约 $180\mu m$，直径 $20\sim80\mu m$，壁厚，有的胞腔内含橡胶团块。木栓细胞表面观多角形，直径 $15\sim40\mu m$，壁不均匀增厚，木化，有细小纹孔；侧面观长方形，壁三面增厚，一面薄，孔沟明显。

2) 取本品粉末 1g，加氯仿 10ml，浸渍 2h，过滤。滤液挥干，加乙醇 1ml，产生具弹性的胶膜。

二、含量测定

高效液相色谱法测定：

（1）色谱条件与系统适用性试验。用十八烷基硅烷键合硅胶为填充剂；甲醇-水（25∶75）为流动相；检测波长为 277nm。理论板数按松脂醇二葡萄糖苷峰计算应不低于 1000。

（2）对照品溶液的制备。精密称取松脂醇二葡萄糖苷对照品适量，加甲醇制成每毫升含 0.5mg 的溶液，摇匀，即得。

（3）供试品溶液的制备。取本品约 3g，剪成碎片，揉成絮状，取 2g，精密称定，置索氏提取器中，加入氯仿适量，加热回流 6h，弃去氯仿液，药渣挥去氯仿，再置索氏提取器中，加入甲醇适量，加热回流 6h，提取液回收甲醇至适量，转移至 10ml 量瓶中，加甲醇至刻度，摇匀，过滤，即得。

（4）测定法。分别精密吸取对照品溶液与供试品溶液各 $10\mu l$，注入液相色谱仪，测定，即得。

本品含松脂醇二葡萄糖苷（$C_{32}H_{42}O_{16}$）不得少于 0.10％。

【附注】

杜 仲 叶

【概述】杜仲是伏牛山道地药材。传统上以树皮入药，近些年来，其药用价值越来越受到重视，《中国药典》（2005 年版）也首次将杜仲叶作为一味新药收录。

20 世纪 80 年代以来我国开始了杜仲叶的开发研究，但是还相对落后于国外。日本 20 世纪 80 年代后出现了杜仲叶袋泡茶、速溶茶、罐装茶、软包装饮料、即售热饮料等产品，并应用于饲料添加剂生产领域，以此来提高鸡、甲鱼、鳗鱼等的品质。美国航空和航天局医学专家用杜仲叶中提取的特殊成分供宇航员服用，发现可以促进人体皮肤、骨骼、肌肉中蛋白质胶原的分解和合成，从而防止宇航员在太空失重环境中骨骼和肌肉功能的退化。其抗氧化效果明显好于维生素 E。杜仲叶可促进人体皮肤、骨骼和肌肉中蛋白质胶原体的合成和分解，促进代谢，预防衰老；在失重或超重环境下，抗人体肌肉和骨骼老化，预防骨质疏松。杜仲叶作为航空航天人员的保健品，具有巨大的开发潜力。

此外，抗疲劳应激试验表明，杜仲叶具有明显的解除疲劳、恢复损伤的作用。杜仲叶能显著改善人体免疫系统的免疫力，防御疾病，抑制病原体的侵入，并且具有双向调节细胞免疫功能的作用，使人体的免疫功能处于良好的状态。

杜仲叶和皮一样具有降压作用，而且叶比皮具有更佳的疗效。杜仲叶所含的降压主导成分是杜仲皮的 18.75 倍。

（1）抗菌消炎功能。杜仲叶中含有丰富的氯原酸，含量达 2.5%～5.28%。氯原酸具有广泛抗菌、兴奋中枢神经、促进胆汁和胃液分泌、止血、提高白细胞数量和抗病毒的作用。

（2）清除体内垃圾。杜仲叶对血清中超氧阴离子自由基的清除率达 76.8% 以上，降低肝组织过氧化脂质的作用达 64%。

（3）其他功效。国内和日本专家近年来的研究表明，使用以杜仲叶为原料提取的化妆品后，可使肌肤美白，消除老年斑、妇女产后形成的色素沉着斑，还能促进头发的黑色素细胞分裂，防止白发产生。饮用杜仲茶还可减肥，预防牙齿松动、牙周病、老年痴呆症、胃寒症等。耐受量、急性毒性试验、积蓄量、亚急性毒性试验，慢性毒性等系列试验均证明杜仲叶无毒性，属无毒级。

【商品名】杜仲叶

【别名】思仙叶、木棉叶、思仲叶

【基原】杜仲科植物杜仲的干燥叶子。

【原植物】见杜仲。

【药材性状】本品多破碎，完整叶片展平后呈椭圆形或卵形，长 7～15cm，宽3.5～7cm。表面黄绿色或黄褐色，微有光泽，先端渐尖，基部圆形或广楔形，边缘有锯齿，具短叶柄。质脆，搓之易碎，折断面有少量银白色橡胶丝相连。气微，味微苦（中华人民共和国药典委员会，2005）。

【种质来源】见杜仲。

【生长习性及基地自然条件】见杜仲。

【种植方法】见杜仲。

【采收加工】

（1）采叶树的选择。采叶时要注意以下几点：①选择无病虫害和没有喷洒过农药的树木，以防树叶上的病菌、虫斑、农药残毒对人体产生毒害。②采绿叶，忌采发黄的叶，因绿叶药用有效成分含量高，发黄叶含量少。③提取杜仲胶用的杜仲叶，只要不腐烂变质即可。

（2）采叶时间。杜仲的主要药用成分京尼平苷酸在 8 月含量最高，丁香醇二糖苷在8～9 月含量最高，所以，一般采叶时间可在 7～10 月，而 8 月是采叶的最佳时期。杜仲叶用于提取杜仲胶时，其含胶量因成熟度不同而有所差异。嫩叶含量较少，老叶含量较多，老黄叶含量更多，因此，提取杜仲胶的叶是越老越好。但也有人认为 5 月下旬至6 月初的杜仲叶含胶量最高，从不影响树木生长的角度出发，11 月的落叶最好。

（3）采叶后的处理。为防止腐烂，杜仲叶采收后要先摊放在室内，并及时进行杀青处理，否则，杜仲叶的大量生理活性物质将被分解。最简单的杀青方法是以普通饭锅作为炒锅，先将锅洗刷干净，然后加热，使锅温达 200～220℃ 时（白天看锅底灰白色，晚上微红色，或将手放在距锅底 10cm 左右处，感到十分烫手），投入鲜叶 1～2kg，立即盖上锅盖，闷炒 1～2min，待锅盖缝冒出较多的水汽时，开盖扬炒，抖散水汽，炒至叶面失去光泽，叶色暗绿，叶质柔软，手握叶不粘手，失重 30% 左右即可。也可以用杀青锅杀青，在 200℃ 左右的温度下杀青处理 5min。专门制胶用的杜仲叶不作杀青处理，但杀青处理后的杜仲叶仍可提取杜仲胶。

（4）储藏。杀青处理后的杜仲叶要及时烘干或晾干，去掉杂质，用尼龙布、麻袋装袋，制胶用的杜仲叶也要晾干装袋。存放于干燥通风的仓库里，注意防潮防晒、防虫、防鼠害。

【化学成分】 从目前对杜仲所含有效成分的研究来看，已知的主要成分有环烯醚萜类、杜仲胶、木脂素类及苯丙素类等 40 多种化合物。其中木脂素类及环烯醚萜类所占的比例较大，其次是黄酮类及其他类化合物。研究表明，杜仲皮、叶及枝条所含的有效成分基本相同。

【鉴别与含量测定】

一、鉴别

薄层鉴别 取［含量测定］项下的供试品溶液作为供试品溶液。另取杜仲叶对照药材 1g，加甲醇 25ml，加热回流 1h，冷却，过滤，滤液作为对照药材溶液。再取绿原酸对照品，加甲醇制成每毫升含 1mg 的溶液，作为对照品溶液。照薄层色谱法试验，吸取上述三种溶液各 5～10μl，分别点于同一以羧甲基纤维素钠溶液为黏合剂的硅胶 H 薄层板上，以乙酸丁酯：甲醇：水（7：2.5：2.5）的上层溶液为展开剂，展开，取出，晾干，置紫外光灯（365nm）下检视。供试品色谱中，与对照药材及对照品色谱相应的位置显相同颜色的荧光斑点。

二、含量测定

高效液相色谱法测定：

（1）色谱条件与系统适用性试验。以十八烷基硅烷键合硅胶为填充剂，以乙腈：0.4% 磷酸溶液（13：87）为流动相，检测波长为 327nm，理论板数按绿原酸峰计算应不低于 2000。

（2）对照品溶液的制备。精密称取绿原酸对照品适量，置棕色量瓶中，加 50% 甲醇制成每毫升含 50μg 的溶液，即得。

（3）供试品溶液的制备。取本品粉末（过 3 号筛）1g，精密称定，置具塞锥形瓶中，精密加入 50% 甲醇 25ml，称定重量，加热回流 30min，冷却，再称定重量，用 50% 甲醇补足减失的重量，摇匀，过滤，取续滤液，即得。

（4）测定法。分别精密吸取对照品溶液与供试品溶液各 10μl，注入液相色谱仪，测定，即得（中华人民共和国药典委员会，2005）。

本品按干燥品计算，含绿原酸（$C_{16}H_{18}O_9$）不得少于 0.080%。

【主要参考文献】

程光丽.2006. 杜仲有效成分分析及药理学研究进展. 中成药, 28 (5)：723～725

丁宝章. 1997. 河南植物志. 郑州：河南科学技术出版社：132, 133

王秀英. 2008. 杜仲栽培管理与采收技术. 现代农业科技, 6：51, 52

杨得坡, 张铭哲.1999. 河南伏牛山五种野生名贵木本药材的生态生物学特性与栽培要点. 中药材, 22 (11)：553, 554

杨得坡, 张小莉, 张铭哲.1999. 河南伏牛山区十三种野生名贵中药材的生长环境与现状. 中药材, 22 (10)：493～496

张再元, 王惠文, 杜红岩.1991. 河南省杜仲种质资源研究. 经济林研究, 9 (1)：80～84

中华人民共和国药典委员会.2005. 中华人民共和国药典（2005年版 一部）. 北京：化学工业出版社：114, 115

辛　夷

Xinyi

FLOS MAGNOLIAE

【概述】辛夷 *Flos Magnolia* 是地理标志药材（南召辛夷）。始载于《神农本草经》。味辛，性温，归肺、胃经，具散风寒、通鼻窍之功能。主要用于风寒头痛、鼻塞、鼻渊、鼻流浊涕等症的治疗。

《中国药典》（2005年版）收载的辛夷来源于木兰科植物望春花 *Magnolia biondii* Pamp. 湖北木兰（武当玉兰）*Magnolia sprengeri* Pamp. 或玉兰 *Magnolia denudata* Desr. 的干燥花蕾。另外，也有以木兰科植物木兰 *M. delavayi* Desr.、凹叶木兰 *M. Sargentiann* Rehd. et wils 和滇藏木兰 *M. delavayi* Fr. 等植物花蕾入药的。

据报道，辛夷植物已超过30种。其中包括渐尖木兰 *M. acminata* Linn.、天目木兰 *M. amoena* Cheng、望春玉兰 *M. biondii* Pamp.、黄山木兰 *M. cylindrica* Wils.、椭圆叶玉兰、伏牛玉兰、日本辛夷、木兰（紫玉兰）、柳叶木兰、景宁木兰、星花木兰、武当木兰、腋花玉兰、舞钢玉兰、河南玉兰、朱砂玉兰等（傅大立，2000）。

全国辛夷主栽品种为望春玉兰、腋花玉兰，其次为玉兰和木兰。宋留高等报道了河南木兰属特有、珍稀树种资源9种、1亚种、16个特有新品种，其中12个为辛夷新品种（宋留高等，1998）。

辛夷适生区域广阔，在我国的河南、安徽、湖北、浙江、陕西、山东、江苏、四川等省区均有分布。其中河南省南召则是中国辛夷的主要产区，所以常称之为南召辛夷。主要分布在伏牛、大别、桐柏一带的山区，其中以伏牛山区南召县的辛夷最为有名，质优量大，素有"辛夷之乡"的盛誉，在元末明初就有规律性生产，年产辛夷万余千克供药用，至今仍保留有500年以上的辛夷天然植物群落。

药用辛夷的品种虽多，但产地不同，药材品质差异很大。据河南农业大学测定，湖北五峰辛夷挥发油含量为1.33%，浙江昌化为2.47%，安徽怀宁为2.17%，陕西留坝为1.4%，而南召辛夷挥发油含量达4.82%，高于其他产地1～2倍。因此，伏牛山区南召辛夷花蕾色泽鲜艳，蕾形端正，鳞毛整齐，芳香浓郁，挥发油含量高居全国之首。

无论从数量、质量、道地等各方面讲，都是其他地区无法比拟的，因此，南召望春辛夷有辛夷"王牌"之称。

【商品名】辛夷

【别名】木笔花、望春花、迎春花、木兰、紫玉兰、白玉兰、二月花、广玉兰。

【基原】木兰科植物望春花、湖北木兰（武当玉兰）或玉兰的干燥花蕾。

【原植物】木兰科 Magnoliaceae 落叶乔木，高 6～12m，胸径可达 1m。树皮淡灰色，平滑，小枝较细，无毛。叶长圆状披针形或卵状披针形，长 10～18cm，宽 3.5～6.5cm，先端尖，基部宽楔形或圆形，初被毛，后变无毛，侧脉 10～15 对，叶柄长 1～2cm；托叶痕长为叶柄的 1/5～1/3。花蕾着生于幼枝顶端，在前一年秋季形成，长 1.7～2.5cm，直径 1～1.2cm，外有苞片，密被灰白色或淡黄色长柔毛，花梗上有小芽和突起的红色皮孔，花先叶开放，长 6～8cm，芳香，花被 9 片，白色，外面基部带紫色，排成 3 轮，外轮（花萼）3 片，近条形，长约 1cm，内两轮近匙形，长 4～5cm，内轮较窄；雄蕊与心皮均多数，花柱顶端微弯。聚合果圆柱形，稍扭曲，长 8～14cm。果黑色，球形，两侧扁，密生凸起小瘤点。种子鲜红色，干后暗红色，扁圆状卵形或一侧平坦。花期 3～4 月，果期 8～9 月。

【药材性状】本品呈长卵形，似毛笔头，长 1.2～2.5cm，直径 0.8～1.5cm。基部常具短梗，长约 5mm，梗上有类白色点状皮孔。苞片 2 或 3 层，每层 2 片，两层苞片间有小鳞芽，苞片外表面密被灰白色或灰绿色茸毛，内表面类棕色，无毛。花被 9 片，类棕色，外轮花被 3 片，条形，约为内两轮长的 1/4，呈萼片状，内两轮花被 6 片，每轮 3 片，轮状排列。雄蕊和雌蕊多数，螺旋状排列。体轻，质脆。气芳香，味辛凉而稍苦（中华人民共和国药典委员会，2005）。

【种质来源】本地抚育

【生长习性及基地自然条件】

一、生长发育特征

有较强的抗逆性，在酸性或微酸性土壤上生长良好，苗期怕强光。种子有休眠特性，需低温沙藏 4 个月方可打破休眠，低温处理的种子发芽率达 80% 以上，种子萌发力强，成枝率高，在 10 年生树上，成枝率可达 67.5%。苗高 1～2m 就可开花，花芽顶生或腋生，在当年生枝条上于秋季形成，第 2 年春天先花后叶。花芽为混合芽，在生长过程中鳞片要脱落 4 次，鳞片每脱落 1 次，芽明显膨大。实生苗 8～10 年产蕾，嫁接苗 2～3 年产蕾。

二、生长条件

辛夷喜温暖气候和阳光充足的环境。稍能耐寒，在气温 -15℃ 时，能露地越冬。在土质肥沃、疏松、排水良好的沙质壤土和酸性至微酸性壤土上生长良好。适应性强，山沟、平地、缓坡地、丘陵地以及房前屋后零星地均可栽培。但土质黏重、低洼积水以及盐碱地不宜种植。自然条件下的紫玉兰和望春花生长在海拔 3000～6000m 的山坡林缘。

三、土壤种类

土壤以疏松肥沃、排水良好的沙壤土为好。

【种植方法】

一、选地整地

育苗地，宜选择疏松、肥沃、排水良好的沙质壤土和有水源的地块。栽植地宜选择向阳的缓坡地，最好是成片栽植，也可以利用庭院、房前屋后的闲散地零星栽培。若选坡度大的山地，必须在垦复后修筑成梯田或角鳞坑栽植，以防水土流失（李玉昌，2005）。

二、繁殖方法

以种子繁殖为主，也可分株、扦插和嫁接繁殖。

1. 种子繁殖

（1）采种与种子处理。选主干通直、树冠圆整的15～20年生的健壮植株为采种母株。9月中上旬，当聚合果变红、部分开裂、稍露鲜红色种粒时，即可采集。采回后，先将果实摊开晾干，待全裂时脱出红色种子。然后，将种子与粗砂混拌，反复搓揉，使其脱去红色肉质皮层。含油脂的外种皮搓得越净，发芽率越高。搓净后再将种子用清水漂去种皮、杂质和瘪籽，晾干后进行湿沙层积储藏。其方法：在干燥向阳处挖1层积坑，深90cm，大小视种子多少而定。坑底整平，先铺1层6～9cm厚的细砂，再将1份种子与2～3份清洁河沙混拌均匀，保持湿润，平摊于坑内，厚30cm左右，上面再盖6cm厚的细砂，坑顶封土略高出地面，上盖杂草，保持湿润。翌年早春当种子裂口露白时，立即取出播种。过迟，播种时易将过长的胚根折伤，造成播种失败。若少量种子，可置于水缸或木箱内层积沙藏。层积期间要经常检查，发现霉变，及时处理。

（2）播种育苗。于3月上旬，在整好的苗床上，按行距20～25cm开沟条播，沟深2.5～3cm，将催芽籽均匀地摆入沟内，覆土2～3cm，轻轻压实，畦面盖草。播后经常保持土壤湿润，1个月左右即可出苗。齐苗后及时揭去盖草，加强苗床管理，培育1～2年，当幼苗高80～100cm时即可出圃移栽。

2. 分株繁殖

于立春前后，挖取老株的根蘖苗，或将灌木丛状的小植株全株挖起，带根分株另行栽植。要随分随栽，成活率较高。

3. 扦插繁殖

于夏季或夏、秋季之间进行扦插育苗。选一年或二年生粗壮的嫩枝，取其中、下段截成15～20cm长的插条，每段需有2或3个节位，上端截平，下端近节处削成马耳形斜面。然后，将插条先用清水湿润，蘸500ppm吲哚丁酸（IBA）加滑石粉调成的粉剂少许，在插床上按行距20cm、株距5～7cm插入土中，覆土压紧，浇水湿润，搭矮棚遮阴，经常淋水，保持土壤湿润，1个月左右即可生根。完全成活后，再行移栽。硬枝不易成活。

4. 嫁接繁殖

砧木采用紫玉兰或白玉兰一年或二年生、发育良好、生长壮实、根系发达、无病虫害的实生苗。接穗采已开花结果的优良母株上发育充实、芽呈休眠状、无病虫害的一年生枝条。采后立即剪去叶片，留叶柄，并用湿润的稻草包裹。于5月中下旬，采用带木质部的削芽接或"丁"字形芽接法。选天气晴朗、无风或微风，在下午2～5时嫁接，成活率最高。嫁接成活与否，以叶柄一触即落为准。成活后立即解除绑绳。待新芽长出后进行剪砧，并抹除砧芽，以促接芽萌发生长。管理得好，2～3年即可开花。

三、栽植

于秋冬季或翌年早春萌发前移栽。春栽宜早不宜迟，否则根系难以愈合，影响成活率，且生长势弱。以春季刚展叶或中秋定植为最适期。栽时，挖取二年生幼苗，根系蘸黄泥浆或带土团移栽，成活率较高。若为成片造林，按行、株距2.5m×1.8m挖穴施入基肥栽植。平地栽植密度可大一些，以行、株距3m×2m或2m×2m，每亩栽110～160株为宜。

四、田间管理

1. 间苗与定苗

幼苗出土后，当出现2片真叶时进行第1次间苗，去弱留强。当长有3或4片叶时，按株距18cm定苗。保持土壤湿润，并进行追肥，促使幼株生长健壮。第2年春季或秋冬季出圃定植。

2. 中耕除草

定植后，于每年春、夏、秋三季各进行中耕除草1次。成林后，每年中耕除草2次。幼苗期，每年中耕除草3或4次，每次中耕后浇施1次稀薄人畜粪水或尿素，以促幼苗生长健壮。

3. 追肥

辛夷喜肥。定植后，每年追肥3或4次。第1次于2月中旬，每亩施用腐熟厩肥或堆肥2000kg与过磷酸钙100kg混合堆沤后的复合肥，于株旁开沟施入，施后覆土盖肥，以促进植株早期的营养生长；第2次于早春采花蕾后，正值萌芽抽枝期间，每株施入腐熟堆肥10～15kg，以促枝叶生长繁茂；第3次于夏季摘心后，每株施入上述复合肥10kg，以促多发中、短花枝；第4次于冬季重施1次冬肥，每株开沟施入厩肥、饼肥、骨粉等混合堆沤的复合肥15kg，为翌年花芽分化打下营养基础。

4. 整形修剪

辛夷幼树生长较旺盛，树冠形成快，易造成郁闭，致使树冠内膛通风透光不良，枝条生长纤弱，影响花芽的形成。因此在定植后第2年定干，高度为1～1.5m。打顶以后使其发权。视生长势和枝条的分布情况，修剪成疏散分层形或自然开心形的丰产树型。由于叶芽萌发力强，成枝率高，冬季修剪应以疏剪为主，短截为辅。除将枯枝、徒长枝、病虫枝以及生长过密的枝条从基部疏剪外，一般不作短剪，因其顶芽能抽生长枝，其下的腋芽能抽生中、短枝，多数能形成花芽。每次修剪以后，必须追肥1次，以利恢复树势，保证主干与树冠的健壮生长。衰老树上的多年生侧枝一般不开花结果，应进行回缩更新修剪，以增强树势，促使重新抽生更多的生长枝，能更新复壮（李玉昌，2005）。

五、病虫害防治

1. 病害

辛夷病害主要为立枯病，4～6月多雨时期易发，危害幼苗，基部腐烂。

防治方法：①苗床平整，排水良好；②进行土壤消毒处理，每亩可用15～20kg硫酸亚铁，磨细过筛，均匀撒于畦面；③拔除病株，立即烧毁。

2. 虫害

1）蝼蛄、地老虎：苗期虫害，为害嫩茎，可用2.5%敌百虫粉拌毒饵诱杀。

2）蓑蛾：又名袋蛾、避债蛾。幼虫取食叶肉，造成孔洞和缺刻。尤其在高温干旱时为害严重。防治方法：①冬季摘除越冬虫囊；②夏季悬挂黑光灯诱杀雄蛾；③喷90%敌百虫2000倍液灭杀。

3）刺蛾：又名痒辣子。6～9月，幼虫取食叶片，造成缺刻和孔洞。防治方法：①冬春季敲掘虫茧（卵）；②喷施孢子含量100亿个/g青虫菌粉剂300～500倍液。

4）木蠹蛾：7～8月上旬，幼虫先蛀入细枝，稍长大后转蛀粗枝及主枝梢部，常将枝梢蛀成孔，周围变黑褐色，树枝易折断、枯死。防治方法：①田间悬挂黑光灯，诱捕成蛾；②及时剪除病虫枝，集中烧毁；③喷90%敌百虫800倍液，每7d1次，连喷2或3次。

其他虫害：介壳虫、红蜘蛛、蚜虫等按常规防治。

【采收加工】

1. 采收

辛夷嫁接苗，春季剪砧，当年即可成蕾，两年有产，3～4年即可采摘花蕾。应于立冬至立春前进行采摘，晚摘花蕾发虚，质量差，故宜早不宜晚。花期4月左右，但在温暖地区开花较早山地或寒冷地带较迟。采时要逐朵从花柄处摘下，切勿损伤树枝，以免影响第2年产量。

2. 初加工

晒干：采收后，白天在阳光下曝晒，并要做到白天翻晒通风，晚间堆放在一起，使其夜间堆集发汗，内外干湿一致，晒至半干时，堆放1～2d后再晒至全干，1个月左右可以干透，即为成品。成品以黄绿色，有特殊香气，味辛，凉为佳。

烘干：采收后遇到阴雨天，用无烟煤或炭火烘烤，当烤至半干时，也要堆放1～2d后再烘烤，烤至花苞内部全干为止。

【化学成分】《中药大辞典》记载了辛夷有78种成分。据张鑫报道，辛夷不同的部位成分一样（张鑫，1999）。辛夷的主要成分可分为以下几大类：

1）烯类：β-侧柏烯、α-蒎烯（α-pinene）、莰烯（camphene）、香桧烯（sabinene）、β-蒎烯（β-pinene）、α-菲榄烯、蒈烯（carene）、γ-松油烯（γ-terpinene）、(E)-β-金合欢烯（(E)-β-fornesene）、α-石竹烯（α caryophyllcnc）、吉马烯、γ-衣兰油烯（γ-muurolene）、β-衣兰油烯（β muurolene）、二氢白菖考烯、大牦牛儿烯-β,β-甜没药烯、γ-荜澄茄烯、α-衣兰油烯（α-muurolene）、β-芹子烯。

2）醇类：γ-香芹宁烯醇、α-松油醇、芳樟醇（linalool）、月桂烯醇、莳醇、顺式-胡椒醇、蒎醇、玫瑰醇、橙花醇、橙花叔醇、喇叭醇、榄香醇（elemol）、金合欢醇、香茅醇（citronellol）。

3）酯类：α-佛手柑内酯、丙酸芳樟酯、乙酸龙脑酯（bornylacetate）、乙酸二氢松油酯、邻苯二甲酸二乙酯、乙酸金合酯。

4）黄酮苷类：云香苷、紫丁香苷、β-谷鼎醇-D-葡萄糖苷及花色苷类化合物。

5）木脂素类：松脂素二甲醚（pinoresind dimethyl ether）、里立脂素-β-二甲醚（lirioresinol-β-dimethylether）、木兰脂素（magnolin）、辛夷脂素、芝麻脂素。

另外还含有桉叶油素、癸酸、油酸、维生素 A、O-甲基丁香醚、1,8-桉叶素（1,8-lineole）、樟脑（camphor）、龙脑、真细辛酮、反细辛酮、二十一碳烷、二十三碳烷等类物质。

【鉴别与含量测定】

一、鉴别

薄层鉴别　取本品粗粉 1g，加三氯甲烷 10ml，密塞，超声处理 30min，过滤，滤液蒸干，残渣加三氯甲烷 2ml 溶解，作为供试品溶液。另取木兰脂素对照品，加甲醇制成每毫升含 1mg 的溶液，作为对照品溶液。照薄层色谱法（《中国药典》（2005 年版）附录Ⅵ B）试验，吸取上述两种溶液各 2～10μl，分别点于同一以羧甲基纤维素钠为黏合剂的硅胶 H 薄层板上，以三氯甲烷-乙醚（5：1）为展开剂，展开，取出，晾干，喷以 10%硫酸乙醇溶液，在 90℃加热至斑点显色清晰。供试品色谱中，与对照品色谱相应的位置显相同的紫红色斑点。

二、含量测定

1. 挥发油

照挥发油测定法［《中国药典》（2005 年版）附录Ⅹ D］测定。本品含挥发油不得少于 1.0%（ml/g）。

2. 木兰脂素

照高效液相色谱法［《中国药典》（2005 年版）附录Ⅵ D］测定。

（1）色谱条件与系统适用性试验。以辛基键合硅胶为填充剂，以乙腈-四氢呋喃-水（35：1：64）为流动相，检测波长为 278nm。理论板数按木兰脂素峰计算应不低于 9000。

（2）对照品溶液的制备。精密称取在 60℃减压干燥至恒重的木兰脂素对照品适量，加甲醇制成每毫升含木兰脂素 0.1mg 的溶液，即得。

（3）供试品溶液的制备。取本品粗粉 1g，精密称定，置具塞锥形瓶中，精密加乙酸乙酯 20ml，称定重量，浸泡 30min，超声处理（功率 250W，频率 33kHz）30min，冷却，再称定重量，用甲醇补足减失的重量，摇匀，过滤，精密量取续滤液 3ml，加于中性氧化铝柱（100～200 目，2g，内径 9mm，湿法装柱，用乙酸乙酯 5ml 预洗）上，用甲醇 15ml 洗脱，收集洗脱液，置 25ml 量瓶中，加甲醇至刻度，摇匀，过滤，取续滤液，即得。

（4）测定法。分别精密吸取对照品溶液与供试品溶液各 4～10μl，注入液相色谱仪，测定，即得。

本品按干燥品计算，含木兰脂素（$C_{23}H_{28}O_7$）不得少于 0.40%。

【主要参考文献】

傅大立 . 2000. 辛夷植物研究进展 . 经济林研究，18（3）：62～64

李玉昌 . 2005. 辛夷及栽培技术 . 中国林副特产，78（5）：18，19

宋留高，赵天榜，陈志秀等 . 1998. 河南木兰属特有珍稀树种资源的研究 . 河南林业科技，（1）：3～7

张鑫 . 1999. 辛夷不同部位挥发油化学组分的对比研究 . 郑州轻工业学院学报，（3）：24

中华人民共和国药典委员会 . 2005. 中华人民共和国药典（2005 年版　一部）. 北京：化学工业出版社

连　翘

Lianqiao

FRUCTUS FORSYTHIAE

【概述】本品为伏牛山地理标志药材（伏牛山连翘）。始载于《神农本草经》："味苦平。主寒热，鼠瘘，瘰疬，痈肿，恶创，瘿瘤，结热，蛊毒。一名异翘，一名兰华，一名轵，一名三廉。生山谷。"具有清热解毒、疏散风热、消痈散结、利尿的功效（中华人民共和国药典委员会，2005；国家中医药管理局中华本草编委会，1998）。现代药理研究表明，连翘具有抗菌、消炎、抗病毒作用。

连翘（*Forsythia suspensa*）是木樨科（Oleaceae）连翘属植物。栽培或野生于山地，传统以果实入药，8～9 月采摘近成熟果实，蒸后晒干，称为"青翘"。10 月间打落成熟果实，过筛除去种子及杂质后晒干，称为"老翘"。老翘呈长卵形，常为分裂后的分离果瓣。

我国连翘资源比较丰富，主要分布于伏牛山区。从主产区的资源情况来看，以伏牛山的卢氏、栾川、嵩县产量最多，占全国总产量的 30% 左右。老翘和青翘的质量相同，只是销路不一样，青翘大多数销于浙江、四川、上海、北京等地，老翘则行销全国或出口。主产卢氏、栾川、嵩县、鲁山、汝阳、新安、西峡等县（中国科学院植物研究所，1994；中国医学科学院药物研究所，1984；刘庆华等，1984）。伏牛山连翘个大、肉厚、皂苷含量高而闻名。

【商品名】连翘

【别名】连召、青翘、老翘、异翘、连翘壳、连翘心、大翘子、黄花杆、黄寿丹、落翘、连壳

【基原】为木樨科植物连翘的果实。

【原植物】直立或蔓生落叶灌木。枝中空或具片状髓。叶对生，单叶，稀 3 裂至三出复叶，具锯齿或全缘，有毛或无毛；具叶柄。花两性，一至数朵着生于叶腋，先于叶开放；花萼深 4 裂，多少宿存；花冠黄色，钟状，深 4 裂，裂片披针形、长圆形至宽卵形，较花冠管长，花蕾时呈覆瓦状排列；雄蕊 2 枚，着生于花冠管基部，花药 2 室，纵裂；子房 2 室，每室具下垂胚珠多枚，花柱细长，柱头 2 裂；花柱异形，具长花柱的花，雄蕊短于雌蕊，具短花柱的花，雄蕊长于雌蕊。果为蒴果，2 室，室间开裂，每室具种子多枚；种子一侧具翅；子叶扁平；胚根向上。染色体基数 $X=14$。

【药材性状】连翘呈长卵形至卵形，长 1.5～2cm，直径 0.5～1.3cm。表面有不规则的纵皱纹及多数凸起的小斑点，两面各有一条明显的纵沟，顶端锐尖，基部有小果梗或已脱落。连翘分青翘和黄翘（老翘），青翘多不开裂，表面绿褐色，凸起的灰白色小斑点较少，质硬，种子多数，黄绿色、细长一侧有翅。青翘以干燥、色黑绿不裂口为佳。老翘自顶端开裂或裂成两瓣，表面黄棕色或红棕色，内表面多为淡黄棕色，平滑，具一纵隔。质脆，种子棕色，多已脱落。气微香，味苦。老翘以色棕黄、壳厚、无种子、显光泽者为佳。

【种质来源】本地野生

【生长习性及基地自然条件】

一、生长发育特征

连翘生长发育与自然条件密切相关。在土地湿润、温度 15℃ 条件下，约 15d 出苗。苗期生长慢，生育期较长，移栽后 3～4 年开花结果。3 月气温回升，先叶开花，5～9d 花渐凋落，20 d 左右幼果出现，叶蒂形成；5 月气温增高，展叶抽新枝，9～10 月果实成熟。连翘的雌蕊有长短两种花柱类型，称为异形花柱。同种花柱类型的花授粉率极低，仅为 4% 左右，不同花柱类型的花授粉结实率高。在自然关系下，长花柱和短花柱的类型的分布很不均匀，不同地区长短花柱类型的分布也不均匀，因此结果情况也各不相同，甚至出现整片不结果的灌丛。

二、生长条件

连翘为落叶灌木，高 2～3m，适宜于亚热带和暖温带的气候，具有喜温暖湿润，阳光充足，耐寒、耐旱、耐涝、耐瘠薄的特性，野生于海拔 60～200m 的半阴山坡或向阳山坡的疏灌木丛中。以连翘为建群种的灌丛群落广泛分布于我国山西中南部，河北北部，河南的西部和北部，陕南的秦岭和陕北的黄土高原，湖北、山东部分地区有少量分布。海拔 80～150m、无高大乔木的坡地可形成以连翘为主要优势品种的单品种自然群落，有利结果；海拔 80m 以下或 1500m 以上则多与其他乔木、灌木、草本植物形成混

生群落，连翘长势较差，结果也少。种子在较高温度条件下容易萌发，发芽适温为25～30℃。种子寿命为1～2年。

三、土壤种类

连翘对土壤和气候要求不严格，耐寒，耐旱，忌水涝，适生于深厚肥沃的钙质土壤。

【种植方法】

一、选地整地

选择地块向阳、土壤肥沃、质地疏松、排水良好的沙壤土，于秋季进行耕翻，耕深20～25cm，结合整地施基肥，每亩施圈肥2000～2500kg，然后耙细整平。直播地按株、行距1.3m×2m，穴深与穴径30～40cm；育苗地作成1m宽的平畦，长度视地形而定。

二、繁殖方法

（一）种子育苗

1. 坡地直播整地与播种

选定种植区域，铲除棘丛杂梢、荒草残茎，深翻土层，有条件可施入粪肥。整好地块按2m左右行距开沟，条播与撒播，覆盖厚度1cm左右，温湿度适宜，30d左右出苗。

2. 平地育苗整地与播种

平地建立苗圃田，选土层深厚、疏松肥沃、排水性好的壤土，每亩施腐熟农家肥2000kg，犁深、耙细、耧平，按1m宽度打畦，畦埂宽20cm，长畦两边留出人行道。然后按行距20～25cm开宽沟，深4～5cm，播幅宽7～10cm，覆土1cm左右，踩实，盖草，保持湿度，20d左右出苗。

3. 留种技术

选择生长健壮、枝条节间短而粗壮、花果着生密而饱满、无病虫害的优良单株作采种母株，于9～10月采集成熟果实，薄摊于透风阴凉处后熟数日，阴干后脱粒，选取籽粒饱满的种子沙藏作种用。

4. 种子储藏

在不同条件下储藏连翘种子，对其发芽率影响极大。将连翘种子放鸡心瓶藏室温下，2年后测发芽率为43.7%。连翘种子采用干燥器储存较好。储存11个月出苗率仍可达85.3%，用干沙储存7个月，出苗率则降至31.3%，储存8个月以上则完全丧失发芽力。而用湿沙储存，在储存期间种子陆续发芽，故播种后期出苗率不如干燥器储存的高（刁诗冬等，2004）。

（二）扦插育苗

1. 插壤准备

小量扦插可按长4m、宽1m、高0.3m设计插床，大量扦插依扦插量扩大插床面积。选沙壤土做插壤底土，细沙铺面，用 0.1％高锰酸钾溶液喷洒消毒。

2．插条准备

3 月下旬至 4 月上旬，选旺盛生长的优良母株，取一年或二年生枝条，剪成长 30cm 的插穗（每段带 3 节眼），下端近节处削成马耳形斜面，上端朝上，勿使颠倒，30 根或 40 根一捆。

3．激素处理

用浓度 500ppm 的生根粉溶液或 500～1000ppm 的植物生长素溶液浸蘸插穗基部 10s，取出晾干，药液扦插或不处理直接扦插也可。

4．扦插方法

在插床上按行距 10cm 开沟，株距 5cm 定点定位，用木棒预先打孔，然后再将插穗下端插入孔内，深度为插穗的一半，壅紧周围土壤后浇水。

（三）压条育苗

利用连翘株下垂枝条于 3～4 月萌芽前压入土内使梢部露出，入土处用刀刻伤再覆以细土以利生根。

（四）育苗管理

1．种子育苗

坡地播种后及时除草勿使草荒，平地播种，待苗出齐在阴天或晴天傍晚揭去盖草。苗高 7～10cm 时按株距 7cm 定苗，勤耕锄并施稀人畜粪水或少量氮肥促苗旺长。

2．扦插育苗

春季气温低，中山区扦插床上可搭设塑料棚增温保湿，随自然气温增高逐渐撤去。

3．压条育苗

在生新株后剪离母体。

三、栽植

1．地点选择

退耕还林地、向阳沟谷地、丘陵地、田埂、地角、庭院、闲地绿化带、花坛。

2．行株距要求

行距 2m，株距 1.5～2m。

3．造林方式

平地：规律性行株距设计定行定株栽植；坡地：林带式或鱼鳞坑式定植；公园、花坛、街道绿化带、庭院、田埂、空闲地依地域阔窄进行规划设计，定行定点栽植；陡坡水土保持林区采用鱼鳞式栽植；疏林、闲散地可在空隙补栽。

4．开窝栽植

幼苗移栽：挖穴宽 50cm，深 40cm，施入农家肥与土搅拌后将连翘根平展放入，压土踩实，浇水，待水洇下，再覆土。

成株移栽：挖穴宽 100cm，深 50cm 或依根形挖穴，填入粪肥后浇水封土。

四、管理

（一）田间管理

1. 田间管理

（1）中耕除草。新植连翘林地每年 3～8 月松土除草 3 次。

（2）施肥。幼林期在连翘株旁挖窝或开环状沟施入适量农家肥或氮肥后培土。结果后于春、夏季在植株旁挖窝或开沟施入适量农家肥或化肥，促使尽快进入结果盛期。

（3）修剪整形。幼树长至 1m 开始修剪。具体方法：初冬在主干距地面 80cm 处剪顶，翌年两侧新芽育成新枝，新枝延长至 60cm 时距主干 40cm 处剪去，促发茁壮新枝，由此培育出不同方向的 4 个主枝，在主枝上培养侧枝，经数年修整，使之形成自然开心形。

公园、花坛、街道绿化带等处连翘可根据观赏与经济两个效益相结合进行伞形、花篮形的艺术修剪。

2. 野生资源保护

（1）建立保护区。以乡镇、村、组为单位，根据连翘自然群落建立连片的资源保护区，并建立组织，制定措施，加强保护。

（2）封山。对散生区采取封山管护，严禁杀梢、放牧、折枝等破坏行为发生。

（3）清坡。对密生区采取清坡管理。清除连翘株间的乔木、灌木、杂草，伐过密连翘株，开展松土施肥。

（4）老株更新。将大型的天然老株上过密的纤弱枝、枯枝及病虫枝基部萌芽剪除，减少养分消耗，恢复树势。

（二）病虫害防治

1. 蚜虫

为害顶芽，使幼嫩部位生长不良，叶片卷曲。

防治方法：用 0.65％苦蒿素杀虫水剂 400～500 倍液喷洒或用烟草 1kg 捣碎加水 10kg 浸泡 24h 滤液喷洒。

2. 钻心虫

幼虫钻入木质髓心为害茎秆，可致被害植株不能开花结果，甚至被害部位以上枯死。

防治方法：用 50％敌敌畏乳油或 40％乐果 30 倍液蘸药棉塞孔或用注射器注入孔后泥封。

【采收加工】

因采收时间和加工方法不同，中药将连翘分为青翘、黄翘、连翘心三种。豫西传统以采黄翘入药为主。

（1）青翘。于寒露节前后采收未成熟的青色果实，用沸水煮片刻或蒸 30min，取出晒干即成。以身干、不开裂、色较绿者为佳。

（2）黄翘。于立冬后采收熟透的黄色果实，晒干，除去杂质，习称"老翘"。以身干、瓣大、壳厚、色较黄者为佳。

（3）连翘心。将果壳内种子筛出，晒干即为连翘心。

【化学成分】果实含连翘酚、甾醇化合物、皂苷（无溶血性）、黄酮醇苷类及马苔树脂醇苷（matairesinoside）等。果皮含齐墩果酸（oleanolic acid）。青连翘含皂苷 4.89%，生物碱 0.2%。果实含白桦脂酸（betulinic acid）、熊果酸、齐墩果酸、牛蒡子苷元（arctigenin）、牛蒡子苷（arctin）、罗汉松脂素（matairesinol）、罗汉松脂酸苷（matairesinoside）、连翘脂素（forsythigenin）、连翘苷（forsythin）、连翘酚（forsythol）、（+）-松脂素及（+）-松脂素-β-D-葡萄糖苷和芦丁。种子含挥发油约 4%，主成分为 β-蒎烯（β-pinene），占 60.2%，其次为 α-蒎烯 15.7%，另有芳樟醇 6% 和对聚伞花烃 3.5%。

【鉴别与含量测定】

一、鉴别

（1）连翘药材中连翘苷的定性鉴别。取过 60 目筛的本品粉末 0.5g，加甲醇 25ml，超声 30min，过滤，回收滤液至干，残余物以 1ml 甲醇溶解，摇匀，即得供试品溶液。另制备连翘苷对照品溶液（1.0mg/ml 甲醇溶液）。照薄层色谱法［《中国药典》（2005 年版）附录Ⅵ B］试验，分别精密吸取上述各溶液 4μl，点于同一块硅胶 G 薄层板上，以 $CHCl_3$-CH_3OH（6：1）为展开剂，展开，取出，晾干，以 10% 浓硫酸/乙醇溶液为显色剂加热显色。供试品色谱中，与对照品色谱相应的位置显相同颜色的斑点。

（2）连翘药材中连翘酯苷 A 的定性鉴别。供试品溶液的制备同（1）。另制备连翘酯苷 A 对照品溶液（0.5mg/ml 甲醇溶液）。照薄层色谱法［《中国药典》（2005 年版）附录Ⅵ B］试验，分别精密吸取上述各溶液 4μl，点于同一块高效硅胶 G 薄层板上，以乙酸乙酯-丁酮-甲酸-水（5：3：1：1）为展开剂，展开，取出，晾干，以碘蒸气显色。供试品色谱中，与对照品色谱相应的位置显相同颜色的斑点（阴健等，1993）。

二、含量测定

1. 色谱条件与系统适应性试验

C18 ODS 柱，CH_3CN-H_2O（25：75）为流动相，检测波长 277nm，柱温 27℃，流速 0.8ml/min，理论塔板数按连翘苷峰面积计算不低于 4000。

2. 对照品溶液的制备

精密称取连翘苷对照品 5mg，于 25ml 容量瓶中，用甲醇溶解，定容，摇匀。分别精密吸取该溶液 0.5ml、1.0ml、2.0ml、3.0ml、5.0ml、7.0ml 于 10ml 容量瓶中，以甲醇稀释，定容，即得。作为对照品溶液。

3. 供试品溶液的制备

精密称取过 60 目筛的木品粉末 0.4g，置于 10ml 具塞刻度试管中，精密加入甲醇

10ml，冷浸 24h，超声 30min，离心，吸取上清液，作为供试品溶液。

4．测定法

分别吸取对照品溶液（0.10mg/ml）15μl、20μl 及供试品溶液 15μl 注入高效液相色谱仪，在上述色谱条件下测定供试品中连翘苷的峰面积积分值，按外标法计算，即得。

连翘药材含量按连翘苷（$C_{27}H_{34}O_{13}$）计算，每克不得低于 0.5mg（陈发奎，1997）。

【主要参考文献】

陈发奎．1997．常用中草药有效成分含量测定．北京：人民出版社：305～311

刁诗冬，徐同印，李军．2004．连翘的栽培技术．时珍国医国药，15（2）：75

国家中医药管理局中华本草编委会．1998．中华本草．（下册）．上海科学技术出版社：1453

刘庆华，刘彦辰．1998．实用植物本草．天津：天津科技出版社：134

阴健，郭力．1993．中药现代研究与临床应用北京．北京：学苑出版社：356～359

中国科学院植物研究所．1994．中国高等植物图鉴．第三册．北京：人民卫生出版社：347

中国医学科学院药物研究所．1984．中药志．第三册．北京：人民卫生出版社：345～347

中华人民共和国药典委员会．2005．中华人民共和国药典（一部）．北京：化学工业出版社

麦　冬
Maidong
RADIX OPHIOPOGONIS

【概述】麦冬（*Ophiopogon japonicus*（Thunb.）Ker-Gawl.）为豫西道地药材。始载于《神农本草经》，列为上品。《本草纲目》云："此草根似麦而有须，其叶如韭，凌冬不凋，故谓之麦冬，及有诸韭、忍冬诸名。俗作门冬，便于字也。可以服食断谷，故又有余粮、不死之称。"其在伏牛山区海拔 2000m 以下的山坡阴湿处、林下或溪旁广有分布。本品味甘、微苦，性微寒。归肺、胃、心经。微香质润，清和平缓。具有滋阴润肺、益胃生津、清心除烦的功效，主治肺燥干咳、阴虚劳咳、肺痈、咽喉疼痛、津伤口渴、内热消渴、肠燥便秘、心烦失眠。

【商品名】麦门冬

【别名】大麦冬

【基原】本品为百合科植物麦冬的干燥块根。

【原植物】多年生常绿草本，茎短，植株高 12～40cm，须根的中部或先端常有膨大部分，形成纺锤状肉质小块根。叶丛生，窄长线性，基部有多数纤维状的老叶残基；叶长 15～40cm，宽 1.5～4mm，先端急尖或渐尖，基部绿白色并稍扩大，并在边缘具膜质透明的叶鞘。花葶比叶短很多，长 7～15cm，总状花序穗状，顶生，长 3～8cm，小苞片膜质，每苞片腋生 1～3 朵花；花梗长 3～4mm，关节位于中部以上或近中部；花微下垂，花被 6 片，不展开，披针形，长约 5mm，淡紫色或白色；雄蕊 6 个，着生

在花被片的基部，花药三角状披针形；子房半下位，3 室，花柱长约 4mm，因基部宽阔而略呈圆锥形。果实浆果状，球形，直径 5～7mm，早期绿色，成熟后暗蓝色。花期 5～8 月，果期 7～9 月。

【药材性状】 块根呈纺锤形或长圆形，两端略尖，中部充实或略收缩，长 1.5～3cm，直径 3～6mm。表面黄白色或淡黄色，有不规则的纵皱纹。未干透时，质较柔韧，干后质硬脆，易折断；折断面黄白色，角质样，中央有细小中柱。气微香，味微甜。以个肥大、黄白色者为佳。

【种质来源】 本地野生

【生长习性及基地自然条件】 麦冬喜温暖湿润环境。土质以疏松、肥沃、排水良好的砂质壤土较好。生长前期需适当荫蔽，若强光直射，叶片发黄，生长发育受影响。能耐 0℃ 低温，耐湿、耐肥。

【种植方法】

一、选地整地

选择排灌方便、土质疏松肥沃的沙质壤土，经多次犁耙，每亩施入农家肥 2000～3000kg，耙匀起畦，畦宽 1～1.2m，高约 20cm。

二、分株繁殖

清明前后将老株挖出，切除块根、须根和老根茎，将丛生植株分成单株，剪去叶片长度的 1/3，以叶片不散为度。先把苗在清水中浸 10～15min，然后按株行距 16～26cm 开穴种植，每穴栽苗 4～6 株，栽深约 3cm，种后浇定根水。

三、田间管理

中耕除草、间作：麦冬前期生长缓慢，杂草易滋生，应勤除草。麦冬前期需要荫蔽忌强光，在行间可适当间作豆类和蔬菜作物。追肥：春季和秋季是麦冬大量分蘖和块根膨大阶段，应重施磷、钾肥，配合氮肥使用，每亩施过磷酸钙 25kg，人粪尿 1500kg，饼肥 100kg。此外，旱季要注意灌溉，保持土壤湿润。

四、病虫害防治

（1）黑斑病。此病常于 4 月中旬开始发生，6～7 月为盛期。发病初期叶面变黄，并逐渐向叶基部蔓延，产生青、白、黄等不同颜色的水浸状病斑。一般植株外围叶片易受害，被害叶片逐渐卷缩枯萎，影响生长。病原菌随病叶遗留在土壤中越冬，成为第 2 年的侵染菌源。一般在多雨季节易发病。土壤瘦瘠或施氮肥过多，植株抗病力减弱，则发病严重。

防治方法：①选用健株种苗种植；②栽种前用 1∶1∶100 倍波尔多液或 65% 代森锌可湿性粉剂 500 倍液侵种苗 5min，以杜绝种苗带菌；③加强田间管理，及时排除积水；④冬季将枯株病叶清理干净，并进行烧毁；⑤发病期用 1：1：200 倍波尔多液或 50%多菌灵 1000 倍液喷施，10d 一次，连续喷 3 或 4 次。

（2）根结线虫病。被线虫为害植株根部形成大小不等的根结，呈念珠状，根结上又可长出不定毛根，这些毛根末端再次被线虫侵染，形成小的根结。块根上也生有根结，须根缩短，表皮粗糙、开裂，呈红褐色。切开根结，可见白色发亮的球状物，即为雌成虫。

防治方法：①搞好轮作。不与烟草、紫云英、豆角、薯、瓜类、白术、丹参等作物轮作，最好与禾本科作物轮作。②选用无病种苗，剪净老根防止带虫。③进行土壤处理。种植前每亩用 5%克线磷颗粒剂 5kg 施入畦土内，也可用 40%甲基异硫磷乳油，每亩 1kg 加细沙适量撒于畦土内，与表土混匀，再进行栽种。

（3）蝼蛄。俗称"土狗"。成虫和若虫都能为害，咬食苗根。一年发生 3 代，以成虫或若虫越冬。第 2 年 3～4 月开始发生。多在夜间活动，喜飞，有趋光性和趋粪性。

防治方法：①栽种前结合整地，每亩用 50%辛硫磷乳油 0.5kg，加水配成 800 倍液，喷洒土面，并把表层药土翻入土中。②麦冬生长期，每亩用 5%辛硫磷颗粒剂 3kg 或 5%甲基异硫磷颗粒剂 3kg，兑细土 20～30kg，混合均匀撒于畦土上面。③用香料诱杀。

（4）蛴螬。一般在 8～9 月发生，为害根苗，影响生长。可用 90%敌百虫 200 倍液喷杀（韩学俭，2001；黄虹，2006）。

【采收加工】麦冬以块根入药。种植 2～3 年后，于 4～5 月采收。将麦冬挖起，抖去泥土，摘下块根日晒，晒软后再揉搓，反复多次，直至去尽须根，干燥后即可药用。

【化学成分】

1. 麦冬块根中含多种甾体皂苷

麦冬皂苷又名沿街草皂苷（ophiopogonin）A、B、B′、C、C′、D、D′。其中以麦冬皂苷 A 的含量最高，约占生药的 0.05%；麦冬皂苷 B 的含量次之，约占 0.01%；麦冬皂苷 C 及麦冬皂苷 D 的含量均很低。麦冬皂苷 A、B、C、D 的苷元均为鲁斯皂苷元（ruscogenin）；麦冬皂苷 B′、C′、D′的苷元均为薯蓣皂苷元（diosgenin）。从川产麦冬中分离得到 5 种甾体皂苷，其中一个首次发现的甾体皂苷，即薯蓣皂苷元-3-O-[α-L-吡喃鼠李糖（1-2）][（3-O-乙酰基）-β-D-吡喃木糖（1-3）]-β-D-吡喃葡萄糖苷（杨志等，1987a，1987b）。

2. 高异黄酮类化合物

甲基沿阶草酮甲、甲基沿阶草酮乙（methylophiopogonanone A、B），甲基麦门冬酮甲、甲基麦门冬酮乙（methyl ophiopogonone A、B），沿阶草酮甲（ophiopogonanone A），麦冬酮甲、乙（又名麦冬异黄酮甲、乙；ophiopogonone A、B），异麦冬酮甲（isoopiopogonone A）、去甲基异麦冬酮乙（desmethylIsoopiopogonone B）。从浙麦冬中分离并鉴定出 5 种黄酮类化合物，其中有 2 种为第 1 次得到：6-甲酰基-异麦冬酮甲、乙（6-formyl-isoopiopogonone A、B）。

还含有低聚糖（Oligosaccharide A、B、C），分子质量 500～10 000Da，含量95％～98％。萜苷化合物：龙脑-β-D-葡萄糖苷、龙脑-6-O-β-D-洋芫荽糖-β-D-葡萄糖苷、龙脑硫酸酯钙等。部分成分结构式见图4。

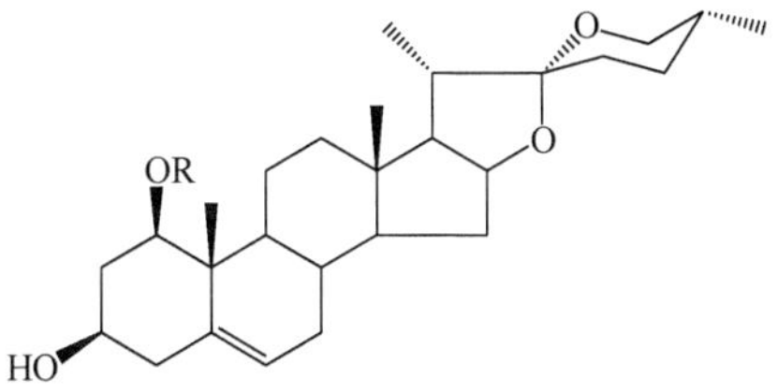

鲁斯皂苷元：R＝H
麦冬皂苷 B：R＝L-rha (1-2)-D-fcu-

麦冬皂苷 D：R＝L-rha (1-2)-D-fcu-
　　　　　　　　　　D-xyl (1-3)

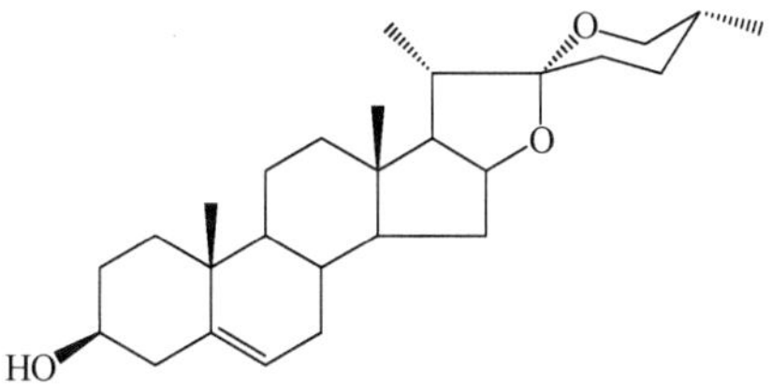

薯蓣皂苷元：R＝H
麦冬皂苷 B′：R＝Lac-rha (1-2)-D-glu-
　　　　　　　　　　D-xyl (1-3)

麦冬皂苷 C′：R＝L-rha (1-2)-D-glu-

麦冬皂苷 D′：R＝L-rha (1-2)-D-glu-
　　　　　　　　　　D-xyl (1-3)

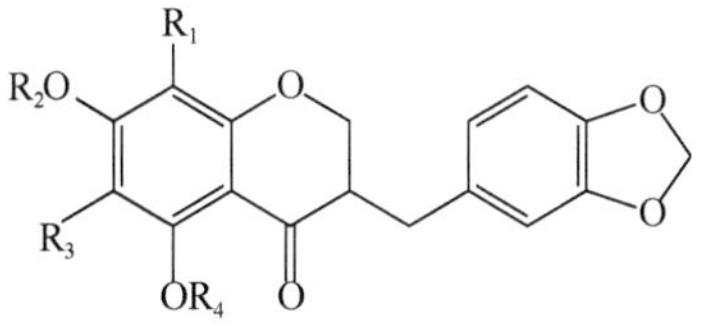

沿阶草酮甲：$R_1＝R_2＝R_4＝H$，$R_3＝Me$
甲基沿阶草酮甲：$R_1＝R_3＝Me$，
　　　　　　　　$R_2＝R_4＝H$

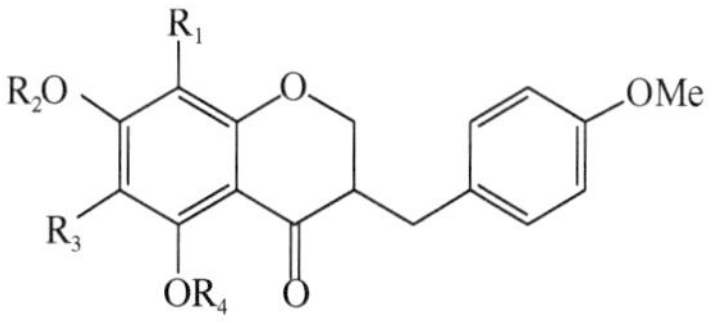

沿阶草酮乙：$R_1＝R_2＝R_4＝H$，$R_3＝Me$
甲基沿阶草酮乙：$R_1＝R_3＝Me$，
　　　　　　　　$R_2＝R_4＝H$

图 4　麦冬部分成分结构式

【鉴别与含量测定】

一、鉴别

1. 显微鉴别

块根横切面：表皮为1列薄壁细胞。外皮层细胞3～5列，壁木化；皮层占根的大部分，约20列薄壁细胞，细胞中含黏液质及针晶束，针晶长20～88μm；内皮层外侧为一列石细胞，其内壁及侧壁增厚，纹孔细密，内皮层细胞的壁均匀增厚，木化，中柱很小，中柱鞘为1或2列薄壁细胞。辐射型维管束，韧皮部束16～22个，各位于木质部束的弧角处；木质部束由木化组织连接成环层，髓小。

2. 理化鉴别

取本品2g，剪碎，加三氯甲烷-甲醇（7∶3）混合溶液20ml，浸泡3h，超声处理30min，冷却，过滤，滤液蒸干，残渣加三氯甲烷0.5ml溶解，作为供试品溶液。另取麦冬对照药材2g，同法制成对照药材溶液。照薄层色谱法试验，吸取上述两种溶液各10μl，分别点于同一硅胶GF$_{254}$薄层板上，以甲苯-甲醇-冰乙酸（80∶5∶0.1）为展开剂，展开，取出，晾干，置紫外光灯（254nm）下检视。供试品色谱中，与对照药材色谱相应的位置显相同颜色的斑点。

二、含量测定

（1）对照品溶液的制备。精密称取果糖100mg置于50ml量瓶中，加蒸馏水稀释至刻度，摇匀，即得。

（2）多糖的提取。取样品50g，加10倍量水，煎煮3次，每次煎煮30min，过滤，合并滤液，70℃浓缩至1：1，加乙醇至含醇量80%，静置，过夜。沉淀冷冻干燥，得总多糖。

（3）供试品溶液的配置。取总多糖适量，加蒸馏水配成2mg/ml的溶液，摇匀，即得。

（4）测定方法。取对照品及供试品溶液适量，置于具塞试管中，分别加入2g/L的蒽酮-硫酸试剂4ml，混匀，迅速置于冰浴中冷却30min，按照分光光度法于625nm处测定吸光度（冯怡等，2006）。

【附注】

1. 沿阶草 麦冬 *Ophiopogon bodinieri* Levl.

多年生草本。根纤细，近末端有膨大纺锤形小块根。地下茎长。直径1～2mm，节上具膜质的鞘。茎很短。叶基生成丛，禾叶状，长20～40cm，宽2～4mm，先端渐尖，具3～5条脉，边缘具细锯齿。花葶较叶稍短或几等长，总状花序长1～7cm，具数朵至10余朵花；花常单生或2朵簇生于苞片腋内；苞片线性或披针形，少数呈针形，稍带黄色，半透明，最下面的长约7mm；花梗长5～8mm，关节位于中部；花被片卵状披针形、披针形或近矩圆形，长4～6mm，内轮3片宽于外轮，白色或稍带紫色；花丝很短，长不及1mm，花药狭披针形，长约2.5mm，常呈黄绿色；花柱细，长4～5mm。种子近球形或椭圆形，直径5～6mm。花期6～8月，果熟期8～10月。

分布于伏牛山嵩县白河、卢氏淇河、西峡、内乡、南召、鲁山、淅川等；生于海拔500～2000m的山坡、山谷潮湿地、沟边、灌丛或林下。

2. 间型沿阶草 山麦冬 *Ophiopogon intermedius* D. DON

多年生草本，植株丛生，有粗短、块状的根状茎。根细长，分枝多，常在近末端有膨大成椭圆形或纺锤形的小块根。茎很短。叶基生成丛、禾叶状，长15～70cm，宽2～8mm，具5～9条脉，背面中脉明显隆起，边缘具细齿，基部常包以褐色膜质的鞘及其枯萎后撕裂成纤维。花葶长20～50cm，通常短于叶，有时等长于叶；总状花序长2.5～7cm，具15～20朵花；花常单生或2或3朵簇生于苞片腋内；苞片钻形或披针形，最下面的长可达2cm，有的较短；花梗长4～6mm，关节位于中部；花被片矩圆形，先端钝圆，长4～7mm，白色或淡紫色；花丝极短，花药条状狭卵形，长3～4mm；花柱细，长约3.5mm。种子椭圆形。花期5～8月，果熟期8～10月。

分布于伏牛山南部，多生于海拔800～2000m的山谷、林下阴湿处或水沟边。

【主要参考文献】

冯怡，韩宁，徐德生．2006．麦冬多糖含量测定方法的研究．中成药，28（5）：705～707
韩学俭．2001．麦冬种植及其管理技术．农村经济与科技，6（8）：33
黄虹．2006．麦冬高产栽培要点．安徽林业，13（2）：38
姜宇，段昌令，柴兴云等．2007．麦冬须根化学成分研究．中国中药杂志，32（11）：1112～1114
沈红林，向能军，许永等．2008.GC-MS分析麦冬中脂溶性成分．光谱实验室，25（4）：669～672
肖培根．2001．新编中药志．第一卷．北京：化学工业出版社：481
杨志，肖蓉，肖倬殷．1987a．川产麦冬化学成分的研究（Ⅰ）．华西药学杂志，2（3）：57
杨志，肖蓉，肖倬殷．1987b．川产麦冬化学成分的研究（Ⅱ）．华西药学杂志，2（3）：121

栀 子

Zhizi

FRUCTUS GARDENIAE

【概述】 栀子为地理标志药材（唐河栀子）。栀子原名卮子，《神农本草经》列为中品。《本草纲目》列入木部灌木类。李时珍曰："卮，酒器也。卮子相之，故名。俗作栀。"又曰："卮子叶如兔耳，厚而深绿，春荣秋瘁。入夏开花，大如酒杯，白瓣黄蕊，随即结实，薄皮细子有囊，霜后收之。"其在伏牛山广有分布，尤以南阳唐河为最。本品味苦，性寒。归心、肺、三焦经。具有泻火除烦、清热利尿、凉血解毒的功效。临床用于治疗热病心烦、黄疸尿赤、血淋涩痛、血热吐衄、目赤肿痛、火毒疮疡；外治扭挫伤痛。

【商品名】 栀子

【别名】 黄栀子、山栀、山黄栀、水横栀、山栀子（通称）

【基原】 本品为茜草科植物栀子 *Gardenia jasminoides* Ellis 的干燥成熟果实。

【原植物】 常绿灌木，高 50～200cm。小枝绿色，初被毛，后近无毛。叶对生，稀三叶轮生；具短柄；托叶两片，膜质，生于叶柄内侧，通常联合成鞘包围小枝；叶革质，具光泽，椭圆形、阔倒披针形或倒卵形，长 6～12cm，宽 2～4cm，先端急尖或渐尖，钝头，基部楔形，全缘，侧脉羽状。花大，极芳香，腋生或顶生，花梗短，花萼绿色，下部连成圆筒状，具 6～8 条翅状纵棱，先端裂片 6～8 个，窄条形，长 1.6～2.6cm；花冠白色，后变乳黄色，质厚，高脚碟状，基部合生成筒，上部 6 或 7 裂，旋转排列，裂片阔倒披针形，与花管约等长，长 2～3cm，宽 1～2cm，先端圆；雄蕊与花冠裂片同数，着生于花冠喉部，花丝极短或近无，花药线性，2 室，纵裂；雄蕊 1 个，子房下位，1 室，侧膜胎座，胚珠多数。果大，肉厚，深黄色，倒卵形或长椭圆形，外果皮上具 6～8 条肉质翅状纵棱。顶端冠以条状细长宿萼。种子多数，鲜黄色，扁圆形或扁长圆形。花期 5～7 月，果期 8～11 月。

【药材性状】 本品呈长卵圆形或椭圆形，长 1.5～3.5cm，直径 1～1.5cm。表面红黄色或棕红色，具 6 条翅状纵棱，棱间常有 1 条明显的纵脉纹，并有分枝。顶端残存萼片，基部稍尖，有残留果梗。果皮薄而脆，略有光泽；内表面色较浅，有光泽，具 2

或 3 条隆起的假隔膜。种子多数，扁卵圆形，集结成团，深红色或红黄色，表面密被细小疣状突起。气微，味微酸而苦。

【种质来源】 本地抚育

【生长习性及基地自然条件】 黄栀子喜温暖、阳光充足的气候条件，较耐阴，海拔 700m 以下均可栽培。对土壤要求不严，一般贫瘠的土壤也可种植，但以土层深厚、肥沃疏松、排水良好的酸性或中性土壤种植为佳。

【种植方法】

一、选地整地

（1）育苗地。育苗地应选择东南向的山脚处或半阳的丘陵地为好，土壤以疏松肥沃、透水通气良好的沙壤土为宜，播前深翻土地，耙细整平，做宽 1～1.2m、高 20cm 左右的苗床。

（2）定植地。定植地宜选坐北朝南或东南向，大水体附近最好。需选耕作层深厚、土壤肥沃、土质疏松、排灌方便的冲积壤土、棕壤土和砾质土栽培。重黏土和重盐碱土不宜种植。选地后宜冬前深翻，使其冻垡。3～4 月定植壮苗（单株定植），一般株、行距（1～1.5）m×2m，亩栽 200～300 株。成林前行间可种花生或药材。

二、繁殖方式

可用种子、扦插和分株三种方法繁殖。种子繁殖的苗木数量大，成株后生长势强，病虫害少；扦插法、分株法是营养繁殖，种性易保持，成苗快，投产早；近来也有用嫁接繁殖的。

（1）种子繁殖。春、秋二季均可播种，以春播为佳。春播多在 2 月下旬至 3 月初，秋播在 9 月下旬至 10 月。将选择好的栀子果实剪破，取出种子用清水浸泡 12h，捞出下沉的充实种子，晾至半干即可播种。播前苗床先泼施人粪尿作为基肥，整平后按行距 25cm 开深 2cm 的浅沟，将种子均匀播入，覆 1～2cm 厚的草木灰与磷肥拌和的营养土，稍压，再盖一薄层稻草，以保持土壤湿润，每亩用种 2～3kg。幼苗出土后，揭去覆盖物，经常保持苗床湿润，及时除去杂草，追肥 2 或 3 次，分期分批匀苗，最后保持株距在 10～15cm，必要时适当培土。

（2）扦插繁殖。一般于 2 月下旬至 4 月之间，或 9 月下旬至 10 月下旬进行，选择优良健壮、生长 2～3 年的枝条，剪成 18～20cm 的插条，在高畦上按行距 20～30cm、株距约 10cm 扦插。扦插时枝条应稍微倾斜在苗床上，入土约 2/3，上端留 1 个芽节露在土面。插后经常浇水，保持床木湿润。

（3）分株繁殖。于春季或秋季，选择优良健壮的株系，刨开表土，将幼株从母株相连处分挖出来，然后单独栽植施浇稀粪水，促其成活。

三、田间管理

（1）中耕除草。定植后特别加强中耕除草，每年保持 2 次以上，中耕除草宜浅，冬季结合根际培土进行防冻保湿。

（2）整形修剪。通常采用主干三分枝自然圆头形的整形方法，栽植后 1 年就应修剪珠芽，将主干 30cm 以下的芽全部抹去，确保树形小乔木化。夏季对夏梢摘心，无果枝轻度修剪（周早弘，2006）。冬季剪除过密枝、细弱枝、病虫枝，整理树形，培养成多头式内空外圆、层次分明的树冠。

（3）追肥。①春梢肥，在 3 月底、4 月初，每亩施尿素 3～4kg 为开花奠定营养基础。②壮果肥，在花谢后的 6 月下旬，每亩深施复合肥 4～6kg，此次忌施氮肥，以防止夏梢过量抽发，导致结果部位迅速上移。③花芽分化肥，立秋前后施用，亩施尿素 6～7kg 配合粪尿水 200kg，兑磷酸二氢钾 5kg，穴施，施好这次肥是来年增产的关键。④基肥，也叫腊肥，采果后到冬前施用，亩施农家肥 1000～1500kg，加拌 30～35kg 磷肥。

四、病虫害防治

（1）褐斑病、溃疡病。此为常见的叶、果病害。防治方法：用 70％甲基托布津 1000 倍液或 65％代森锌 800 倍液于 5 月下旬发病前和 8 月上旬分别喷药，每隔 15d 1 次，连续 2 或 3 次。

（2）绿灰蝶、咖啡透翅天蛾。5 月上旬至 12 月均有为害。防治方法：重点在 5 月下旬开花盛期和 7 月上旬幼果期，可用 2.5％功夫乳油 2000 倍液或 2.5％溴氰菊酯 2000 倍液喷施，现倡导使用生物农药，如阿维菌素 2000 倍液或强敌 312（500 倍液）等。

（3）龟蜡蚧。局部地方为害较重，6～7 月若虫大量出现时栖居于叶片、枝梢上吸食为害。6～7 月，第一代卵孵化盛期用药，可用 25％优乐得可湿性粉剂 1000 倍液或 40％速扑杀乳油 1000 倍液常规喷雾，重点是树冠膛、叶片反面。

五、留种技术

一般情况下，栀子种子在播种后第 3 年开始结果。留种时应选生长势强、进入旺盛结果年龄、无病虫害的植株作留种母株，注意疏花疏果，加强田间管理。果实成熟时，选择果大饱满、色红、皮薄、无病虫为害的果实，晒至半干，剥开果实，取出种子，放水中揉搓，收集下沉于水底的饱满种子，于通风处晾干，装入布袋挂藏（郑昭宇等，2008）。

【采收加工】秋季霜降后，当果实成熟饱满呈黄色带红时采收，将果实倒入沸水中烫过，然后滤除水分晒至果实干燥种子坚硬，或入笼稍蒸后直接晒干或烘干。

【化学成分】栀子含有多种环烯醚萜苷类成分：栀子苷，又名京尼平苷（geniposide）、羟基栀子苷（gardenoside）、京尼平-1-β-D-龙胆双糖苷（genipin-1-β-D-gentiobioside）、山栀苷（shanzhiside）、栀子新苷（gardoside）、鸡矢藤次苷甲酯（scandoside methyl ester）、去乙酰基车前草酸甲酯（deacetyl asperulosidic acid methyl ester）及栀子苷酸（geniposidic acid）等。并含有 6″-O-对香豆酰京尼平龙胆双糖苷（6″-O-p-coumaroylgenipin gentiobioside）（付小梅等，2000）。

另外含有二十九烷（nonacosane）、β-谷甾醇（β-sitosterol）、D-甘露醇（D-mannitol）、藏红花素（ursolic acid）。部分成分结构式见图 5。

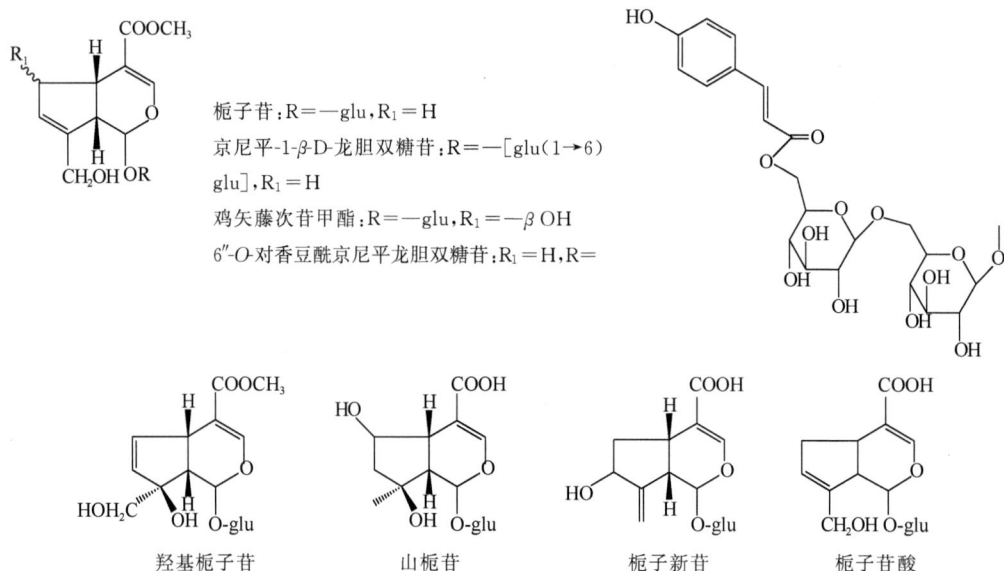

图 5　栀子中部分成分结构

【鉴别与含量测定】

一、鉴别

（1）本品粉末红棕色。果皮石细胞类长方形；果皮纤维细长，梭形，直径约 $10\mu m$，长约 $110\mu m$，常交错、斜向镶嵌状排列；含晶石细胞类圆形或多角形，直径 $17\sim31\mu m$，壁厚，胞腔内含草酸钙方晶，直径约 $8\mu m$。种皮石细胞黄色或淡棕色，长多角形、长方形或形状不规则，直径 $60\sim112\mu m$，长 $230\mu m$，壁厚，纹孔很大，胞腔棕红色。草酸钙簇晶直径 $19\sim34\mu m$。

（2）取本品粉末 0.2g，加水 5ml，置水浴中加热 3min，过滤。取滤液 5 滴，置蒸发皿中，蒸干，加硫酸 1 滴，即显蓝绿色，迅速变为褐色，继转为紫褐色。

（3）取本品粉末 1g，加 75％乙醇 10ml，置温水浴中浸 2h，过滤，滤液作为供试品溶液。另取栀子苷对照品，加乙醇制成每毫升含 4mg 的溶液，作为对照品溶液。照薄层色谱法试验，吸取上述两种溶液各 $5\mu l$，分别点于同一硅胶 G 薄层板上，以乙酸乙酯-丙酮-甲酸-水（5：5：1：1）为展开剂，展开，取出，晾干，喷以硫酸乙醇（硫酸 5ml 加乙醇至 10ml）溶液，在 110℃加热至斑点显色清晰。供试品色谱中，与对照品色谱相应的位置显相同颜色的斑点。

二、含量测定

1. 色谱条件与系统适用性试验

用十八烷基硅烷键合硅胶为填充剂，乙腈-水（15：85）为流动相，检测波长为 238nm。理论板数按栀子苷峰计算应不低于 1500。

2. 对照品溶液的制备

精密称取栀子苷对照品适量，加甲醇制成每毫升含 $30\mu g$ 的溶液，即得。

3. 供试品溶液的制备

取本品粉末 0.1g（同时另取本品粉末测定水分），精密称定，置具塞锥形瓶中，精密加入甲醇 25ml，密塞，称定重量，超声处理 20min，冷却，再称定重量，用甲醇补足减失的重量，摇匀，过滤，精密量取续滤液 10ml，置 25ml 量瓶中，加甲醇至刻度，摇匀，即得。

4. 测定法

分别精密吸取对照品溶液与供试品溶液各 10μl，注入液相色谱仪，测定，即得（赵静等，2007）。

【附注】商品中有一种混淆品水栀子，又名大栀子，系大花栀子 *Gardenia jasminoides* Ellis var. *grandiflora* Nakai 的干燥果实，果大，长圆形，长 3～7cm，棱高。外敷做伤科药，不作内服药，主要用作无毒燃料，供工业用。

【主要参考文献】

陈红，肖永庆，李丽等．2007. 栀子化学成分研究．中国中药杂志，32（11）：1041～1043
付小梅，周光雄，葛菲等．2000. 等栀子类药材的研究概况及展望．中国野生植物资源，20（2）：24～30
傅春升，娄红祥，张学顺．2004. 栀子的化学成分与药理作用．国外医药·植物药分册，19（4）：152～156
李霄，石任兵，刘斌等．2005. 清脑宣窍方有效部位的化学成分研究（Ⅰ）．北京中医药大学学报，28（2）：71～73
罗光明，陈岩，张晓云等．2008. 不同品种及产地栀子水溶性成分指纹图谱研究．中成药，30（4）：475～479
谢学建，张俊慧，马爱华．2000. 中药栀子研究进展．时珍国医国药，11（10）：943～945
赵静，游国钧，李辉．2007. 不同采收时期栀子中栀子苷的含量测定．中医药导报，13（7）：102，127
赵淑杰，梁大雪．1994. 栀子及不同炮制品中栀子甙的含量分析．中国中药杂志，19（10）：601～603
郑昭宇，李平英，吴金娥等．2008. 栀子病虫害调查及防治技术．现代园艺，11：27
周早弘．2006. 栀子 GAP 规范种植技术．广西农业科学，37（3）：253～255

桔　梗
Jiegeng
RADIX PLATYCODONIS

【概述】本品为地理标志药材（豫西桔梗）。《本草经》记载："桔梗生嵩高山谷（伏牛山脉）。按桔梗降气开结，其功在苦，今他处产者俱甘，而嵩产独苦，是为上矣。"《本草经》曰："桔梗，一名犁如。味辛，性微温。生山谷。治胸胁痛、肠鸣、惊悸。生嵩高。"《范子计然》曰："桔梗出河东洛阳。"它是有 2000 多年药用历史且用量大的中药品种。本品味苦，性平，归肺经，有宣肺、利咽、祛痰、排脓的功能。临床主要用于止咳化痰，无论外感或内伤所致寒热虚实之咳嗽皆可选用；也用于治疗由气滞、血淤、热结、痰阻所致的各种咽痛；桔梗善行上焦，能治心肺受病、气血受伤、血脉不畅引起的胸痛（余椿生，2006）。桔梗幼嫩茎叶及根可做蔬菜，尤其是在朝鲜、韩国，是传统的民族特色食品，目前在我国也已逐渐开始食用。桔梗还可以加工成罐头、酿酒、配制化妆品等。此外，桔梗花大、色艳、形美，可栽培为观赏花卉。因此，桔梗具有很高的药用价值和经济价值。

桔梗科桔梗属植物全世界仅 1 个种（紫花桔梗）、1 个变种（白花桔梗）。白花桔梗在我国东北地区有少量栽培，其植株矮小，分枝多。国内学者发现新的栽培变种——重瓣桔梗 *Platycodon grandiflorus* （Jacq.） A. DC. cv. plenusX. S. Wen（严一字 等，2006）。伏牛山区主产紫花桔梗，主要分布在嵩县、卢氏、栾川、内乡等。

【商品名】桔梗

【别名】铃铛花、梗草、和尚头花、土人参、包袱花、绿花根、道拉基（朝鲜语）、符蔰、白药、利如、卢茹、房图、荠世纪、苦梗、苦桔梗、大药、苦菜根

【基原】桔梗 *Platycodon grandiflorum* （Jacq.） A. DC. 为桔梗科植物干燥的根。

【原植物】多年生草本，有白色乳汁；根粗壮，肉质，长圆柱形，表皮黄褐色。茎直立，高 40～120cm，无毛，单一或不分枝。叶互生、对生或 3 或 4 片轮生；卵形或卵状披针形，长 2～7cm，宽 1～3cm，顶端急尖，基部宽楔形，边缘具尖锯齿。表面绿色，下面被白粉；无叶柄或有极短柄。花 1 朵至数朵，生于茎或分枝顶端。花萼钟状，无毛，被白粉，裂片 5 个，三角形或狭三角形；花冠蓝紫色，浅钟状，长 2.5～3.5cm，宽 3.5～5cm，无毛，5 浅裂，裂片三角形，开展；雄蕊 5 枚，与花冠裂片互生，花丝基部加宽，内有短柔毛；柱头 5 裂，线形，子房下位，5 室，胚珠多数。蒴果倒卵圆形，顶端 5 瓣裂。种子卵形，具 3 棱，黑褐色，有光泽。花期 7～10 月，果期 8～10 月（丁宝章等，1997）。

【药材性状】本品呈圆柱形或略呈纺锤形，下部渐细，有的有分枝，略扭曲，长 7～20cm，直径 0.7～2cm。表面白色或淡黄白色，不去外皮者表面黄棕色至灰棕色，具纵扭皱沟，并有横长的皮孔样斑痕及支根痕，上部有横纹。有的顶端有较短的根茎或不明显，其上有数个半月形茎痕。质脆，断面不平坦，形成层环棕色，皮部类白色，有裂隙，木部淡黄白色。气微，味微甜后苦。

【种质来源】本地野生

【生长习性及基地自然条件】

一、生长发育特征

桔梗的生长发育情况：4 月中下旬出苗，随着气温升高而抽茎展叶，5～6 月为营养生长盛期，7 月下旬至 9 月上旬为花期，9 月为果期，10 月地上茎叶枯萎。桔梗主要用种子繁殖，春播、秋播或冬播均可。桔梗为直根系，种子萌发后，胚根当年主要为伸长生长，一年生苗的根茎只有一个顶芽，二年生苗可萌发 2～4 个侧芽。主根第 1 年伸长最快，可达 15～30cm，第 2 年缓慢，但明显增粗。

二、生长条件

桔梗喜温，喜光，耐寒，怕积水，忌大风。适宜生长的温度为 10～30℃，最适宜温度为 20℃，能忍受零下 20℃低温。在土层深厚、疏松肥沃、排水良好的沙壤土中植株生长良好。土壤水分过多或积水易引起根部腐烂。

三、土壤种类

桔梗为深根性植物，对土质要求不严，但宜栽培在富含腐殖质的沙壤土、黄棕壤土，有机质大于或等于1%；pH5.6～7.0。

【种植方法】

一、选地整地

1. 选地

在土壤深厚、疏松肥沃、排水良好的沙质壤土中植株生长良好。土壤水分过多或积水易引起根部腐烂。前茬作物以豆科、禾本科作物为宜。黏性土壤、低洼盐碱地不宜种植。pH6.5～8的土壤最适宜。

2. 整地

选地后及时翻耕、碎土，播种前一般先深翻土地25～50cm，秋耕越深越好，以消灭越冬虫卵、病菌。因桔梗的主根能伸入土中40cm左右，深耕细耙可以改善土壤理化性质，促使主根生长顺直、光滑、不分杈。如果土壤墒情不足，应先灌水造墒再耙。

基肥以有机肥为主，每亩施腐熟的农家肥3000～4000kg，或施100kg生物肥料，施后犁耙1次，整平耙细，做畦或打垄。雨水少的地区作平畦，雨水多的地区作高畦，以利排水。畦宽约120cm，作业道30～40cm，畦高15～20cm，畦长根据灌溉条件和地形而定。

二、繁殖技术

桔梗以种子繁殖为主，其在生产上有直播和育苗移栽两种方式，因直播产量高于移栽，且根直分杈少，便于刮皮加工，质量好，生产上多用。

1. 种子选择

桔梗种子寿命只有1年，饱满新种子发芽率为70%左右，储存1年以上的种子发芽率很低，生产上应选用两年或三年生植株新产的种子。以大而饱满、颜色油黑、发亮的种子质量最好，播种后出苗率高。

2. 浸种催芽

为促进提早出苗，可用温水浸种催芽处理。①将种子放在50℃温水中搅拌至水凉后，再浸8h捞出，种子用湿布包上，放置于25～30℃的地方，上面用湿麻袋片盖好，每天早晚用温水淋浇1次，4～5d种子萌动即可播种。②播种前也可将种子用0.3%～0.5%高锰酸钾溶液浸24h，冲去药液，以提高发芽率。

3. 播种时期

桔梗直播可春播、秋播或冬播。春播在3月中上旬至4月中旬；秋播于10月中旬至11月中旬进行；冬播于地冻前进行，第2年春出苗。

4. 播种方式

桔梗种子细小，需精细整地播种。可采用条播或撒播。在整好的畦面上，按15～

18cm 行距开条沟，沟深 1.5～2cm，将种子均匀撒入沟内，播后覆细土约 1cm，或以盖住种子为度，稍压，再覆盖约 3cm 厚的稻草，浇一次透水，以防雨水冲刷，并可保持土壤湿润和地温，一般 10～15d 出苗。每亩用种子 800～1000g。撒播，将种子拌细沙，均匀撒于畦面，盖一薄层细土，再覆盖一层稻草。

三、田间管理

1. 苗期管理

苗高 3～5cm 时，进行 1 或 2 次间苗；苗高 10～12cm 时进行定苗，按株距 6～8cm 留壮苗 1 株。若有缺苗，则宜选择阴雨天进行补苗。撒播的种子可按株距 6cm 左右 "品" 字形定苗。

2. 中耕除草

幼苗期宜勤除草松土，苗小时宜用手拔除杂草，以免伤害小苗，每次间苗应结合除草 1 次。定植以后适时中耕、除草、松土，保持土壤疏松无杂草，松土宜浅，以免伤根。中耕宜在土壤干湿度适中时进行。一般一年要除草 3 或 4 次。种植第 2 年，植株尚未封垄前，可除草 1 或 2 次。植株长大封垄后，不宜再进行中耕除草，以免折断茎秆。

3. 追肥

一般追肥 5 或 6 次。促苗肥：定苗后应及时追施 1 次稀的人畜粪水（粪水比例 1∶10）或尿素 2～3kg；壮苗肥：在苗高约 15cm 时，再施 1 次，或每亩追施过磷酸钙 20kg，尿素 8kg，在行间开沟施入，施后盖土，天旱时浇水；花期肥：6～7 月开花时，为使植株充分生长，可追施稀人畜粪水 1 次，每亩 500～800kg；或磷钾复合肥，每亩 30kg；越冬保温肥：入冬地上植株枯萎后，可结合清沟培土 3～5cm，加施草木灰或土杂肥；返青肥：第 2 年开春齐苗后，施 1 次稀的人畜粪水，每亩 800～1000kg，以加速植株返青生长；送嫁肥：6～7 月开花前，再追施 1 次人畜粪水，加过磷酸钙 25kg，进一步促进茎叶生长，开花结籽，并为后期的根茎生长提供足够的养料。最佳用肥是土杂灰拌发酵的菜饼或拌复合肥。尽量少施或不施氮肥，可防止或减轻倒伏。

4. 灌水排水

定苗后，视植株生长情况，进行浇水和追肥。若天气干旱，可结合追肥进行灌水。雨季要及时清沟理墒，畦间沟加深，大田四周加开深沟，以利及时排水，避免田间积水、烂根。

5. 清沟培土、防倒伏

二年生桔梗植株高达 60～90cm，一般在开花前易倒伏。所以种植一年的桔梗，入冬后应结合施越冬肥，在株旁进行培土，防止风害折断茎秆和倒伏。翌年春季适当控制氮肥用量，配合磷、钾肥的施用，使茎秆生长粗壮。在雨季前结合松土进行清沟培土，可防止或减轻倒状。

6. 岔根防治

桔梗商品以顺直、坚实、少岔根为佳。采用直播、撒播或宽幅撒播种植是防止产生岔根的有效措施。另外，为了促进桔梗的主根生长，必须要进行打芽，每株只留主芽 1

或 2 个，其余枝芽在每年春季全部摘除，保持一株一芽。同时多施磷肥，少施氮、钾肥，防止地上部分徒长，促使根部正常生长，可以减少岔根、支根。

四、病虫防治

（一）主要病害

1. 轮纹病

病害主要发生在成叶和老叶上，也可为害嫩叶和新梢，叶片病斑通常由叶尖或叶缘开始，先为黄绿色小斑，后呈褐色，近圆形、半圆形或不规则形大斑，一般有深浅褐色相间的同心轮纹；以后病斑中央变为灰白色，上生黑色小粒点。防治方法：5～6 月发病初期喷药 1 次，发病严重的在 7～8 月再喷 1 次。尤其是夏季久旱后遇降雨，应在雨后开晴时，立即喷药，防止病害扩展蔓延。药剂可选用多抗霉素 100～200mg/L，或 25％灭菌丹可湿性粉剂 400 倍液，或 50％甲基托布津可湿性粉剂、50％多菌灵可湿性粉剂、50％苯菌灵可湿性粉剂各 1000 倍液喷雾防治。

2. 纹枯病

纹枯病主要为害叶片。防治方法：①加强田间管理，雨后注意排水，及时拔除发病植株；②发病初期喷洒 1：1：100 波尔多液或 50％多菌灵 1000 倍液。

3. 根腐病

根腐病危害根部，受害根部出现黑褐斑点，后期腐烂至全株枯死。防治方法：①用多菌灵 1000 倍液浇灌病区；②雨后注意排水，田间不宜过湿。

4. 白粉病

白粉病主要危害叶片。发病时，病叶上布满灰粉末，严重至全株枯萎。防治方法：发病初用波美 0.3 度石硫合剂或白粉净 500 倍液喷施或用 20％的粉锈宁粉 1800 倍液喷洒。

（二）主要虫害

1. 根结线虫

桔梗感染根结线虫后，初时植株地上部分症状表现不明显；发生严重时，地上部分表现生长不良、矮小、黄化、萎蔫，似缺肥水或枯萎病症状，干旱或蒸发旺盛时，中午植株萎蔫。重病株拔起后会发现根茎或须根上长出瘤状根结，一般呈球状，绿豆或黄豆粒大小，剖开根结在显微镜下可见很多细小的乳白色线虫藏于其内，在根结之上可长出细弱的新根，再度感染形成根结肿瘤。

防治方法：①农业防治。第一，合理轮作。第二，加强田间管理，彻底处理病残体。第三，慎施肥料。施用不带病残体或充分腐熟的有机肥料，减少传染源。第四，深冬耕。冬季进行耕作，将残留土壤的线虫幼体翻至地表，利用低温将其冻死，减少传染源。②药剂防治。一是土壤消毒。在整地时每亩用 3％米乐尔颗粒剂 4～6kg 或 5％涕灭威颗粒剂 3～4kg 或 5％杀线灵颗粒剂 3～4kg 拌干细土 25kg 均匀撒施，先撒后犁。或在播种前每亩用 1.8% 北农爱福丁乳油 450～500ml，拌细沙土 20～25kg 均匀撒施。二是灌根。在发病初期用 1.8% 虫螨克乳油 1000 倍液灌根，10～15d 灌根 1 次。

2. 地老虎

地老虎危害幼苗，沿地表咬断幼苗，造成断垄缺苗。防治方法：可在太阳未出之前人工捕杀。

3. 蚜虫、红蜘蛛

蚜虫、红蜘蛛危害幼苗和叶片，密集于桔梗的枝梢和嫩枝的叶背吸取汁液。防治方法：发病期用 40% 乐果乳油 2000 倍液或 80% 敌敌畏乳油 1500 倍液喷杀，每 10d 喷杀 1 次。

【采收加工】

1. 采收

桔梗种植 2～3 年收获，采收期可在秋季 9～10 月或翌年春季桔梗萌芽前进行。秋季采者体重质实，质量较好。一般在地上茎叶枯萎时采挖，过早采挖根部尚未充实，折干率低，影响产量；收获过迟不易剥皮。

2. 初加工

菜用者：挖回的根条晾干，即可装箱出售；也可加工腌渍，制脯、做罐头等。

药用者：鲜根挖出后，去净泥土、芦头，浸水中用竹刀、木棱、瓷片等刮去外皮（栓皮），洗净，晒干或烘干。晒干时经常翻动，到近干时堆起来发汗一天，使内部水分转移到体外，再晒至全干。阴雨天可用无烟煤炕烘，烘至桔梗出水时出炕摊晾，待回润后再烘，反复至干。

3. 分级标准

桔梗为统货，以头部直径 0.5cm 以上、长度不小于 7cm、无粗皮、无根须、无虫蛀霉变者为合格品；以根条肥大、色白或带微黄、体实、味苦、具菊花纹者为佳。

【化学成分】

1. 皂苷

桔梗中含有大量的三萜皂苷，是主要的药理活性成分。桔梗根中分离得到的皂苷均为 12-烯-齐墩果酸型五环三萜皂苷。通常在 3 位和 28 位连糖形成双糖链皂苷。糖基主要有 D-葡萄糖、L-阿拉伯糖、L-鼠李糖、D-木糖和 D-芹糖及其衍生物。通过酸水解、甲基化，从桔梗中分离到 4 种桔梗皂苷元的甲基酯。这些皂苷元是桔梗皂苷元（platy-codigenin）、远志酸（polygalacicacid）、桔梗酸 A（platycogenicacid A）及桔梗酸 A 内酯（platycogenicacid Alactone），从桔梗中还分离得到另 2 个苷元：桔梗酸 B（platyco-genicacid B）和桔梗酸 C（platycogenicacid C）。除远志酸（型）外，其他类型的苷元为桔梗所特有。

2. 黄酮类化合物

黄酮类成分主要存在于桔梗植物的地上部分。有 9 种黄酮类成分，从日本产桔梗花中分到一种花色素——飞燕草素-二咖啡酰芦丁醇糖苷（platyconin），这是最早从桔梗中分离得到的黄酮类化合物。从日本产桔梗种子中分离到 5 种黄酮类化合物，分别为黄杉素〔(2R，3R)-taxifolin〕、(2R,3R)-黄杉素 7-O-α-L 吡喃鼠李糖基-(1→6)-β-D 吡喃葡萄糖苷（flavorplatycoside）、槲皮素-7-*O*-葡萄糖苷（quercetin7-*O*-glucoside）、槲皮素-7-*O*-芸香糖苷（quercetin7-*O*-rutinoside）、木樨草素-7-*O*-葡萄糖苷（luteolin7-*O*-glucoside）。从波兰产桔梗的地上部分检测到 4 种黄酮，以芹菜素-7-*O*-葡萄糖苷（apigenin7-*O*-glucoside）为主，还含有木樨草素（luteolin）、芹菜素（apigenin）等化合物。这些化合物主要为二氢黄酮和黄酮及其苷类化合物。

3. 聚炔类化合物

从桔梗的须根中鉴别出 2 种聚炔类化合物 lobetyol 和党参炔苷（lobetyolin），从其培养物中还鉴别出另一种聚炔类化合物 lobetyolinin，这些聚炔类化合物被作为桔梗植物化学分类的重要依据标准。

4. 多聚糖

桔梗根中含有大量由果糖组成的桔梗聚糖及大量的菊糖。

5. 其他成分

桔梗根中含 A 菠菜甾醇（A spinasterol）及其葡萄糖苷、豆甾烯醇等多种甾醇和白桦脂醇（betulin）。桔梗根及其种子中还含有挥发油、多种不饱和脂肪酸、氨基酸及矿物质等营养成分。

【鉴别与含量测定】

一、鉴别

1. 显微鉴别

1）本品横切面：木栓细胞有时残存，不去外皮者有栓皮层，细胞中含草酸钙小棱晶，栓内层窄，常见裂痕。韧皮部乳管群散在，壁略厚，内含微细颗粒状黄棕色物，形成层成环。木质部导管单个散在或数个相聚，呈放射状排列。薄壁细胞含菊糖。

2）取本品，切片，用稀甘油装片，置显微镜下观察，可见扇形或类圆形的菊糖结晶。

2. 理化鉴别

取本品粉末 1g，加 7%硫酸乙醇-水（1∶3）混合液 20ml，加热回流 3h，冷却，用三氯甲烷振摇提取 2 次，每次 20ml，合并三氯甲烷液，加水 30ml 洗涤，弃去洗液，三氯甲烷液用无水硫酸钠脱水，过滤，滤液蒸干，残渣加甲醇 1ml 使溶解，作为供试品溶液。另取桔梗对照药材，同法制成对照药材溶液。照薄层色谱法［《中国药典》（2005 年版）附录ⅥB］试验，吸取上述两种溶液各 10μl 分别点于同一硅胶 G 薄层板上，以三氯甲烷-乙醚（1∶1）为展开剂，展开，取出，晾干，喷以 10%硫酸乙醇溶液，在 105℃加热至斑点显色清晰。供试品色谱中，与对照药材色谱相应的位置显相同颜色的斑点。

二、含量测定

取本品粗粉 4g，精密称定，置索氏提取器中，加甲醇 25ml，浸泡 15h 后，再加甲醇 25ml，加热回流 6h，放置过夜，过滤，滤液浓缩至 15~20ml，冷却，加乙醚 50ml 振摇，放置至澄明，弃去上清液，沉淀分次加甲醇（20ml、10ml、5ml）加热使之溶解，冷却，过滤，合并甲醇液，浓缩至 15～20ml，冷却，加乙醚 50ml，振摇，同上法处理，合并甲醇液，置恒重的蒸发皿中，于水浴上蒸发至干，在 105℃干燥至恒重，计算，即得。

本品含总皂苷不得少于 6.0%。

【主要参考文献】

丁宝章，王遂义，高增义．1997．河南植物志．郑州：河南科学技术出版社
么厉，程惠珍，杨智．2006．中药材规范化种植（养殖）技术指南．北京：中国农业出版社
王志芬，苏学合，闫树林等．2006．全国主要产区桔梗结实特性的比较研究．现代中药研究与实践，20（5）：7～9
严一字，吴基日，孙丽娜．2006．桔梗种质资源的 RAPD 分析．安徽农业科学，34（16）：3908～3910
余椿生．2006．桔梗．食品与药品．8（5）：75
中华人民共和国药典委员会．2005．中华人民共和国药典（2005 年版——部）．北京：化学工业出版社

楤　木
Songmu
CHINESE ARALIA

【概述】楤木为伏牛山原道地药材品种。具祛风除湿、利水和中、活血解毒的功效，用于治疗风湿关节痛、腰腿酸痛、肾虚水肿、消渴、胃脘痛、跌打损伤、骨折、吐血、衄血、疟疾、漆疮、骨髓炎、深部脓疡。《中国药典》（2005 年版）没有关于楤木的记载。主产于伏牛山区的西峡、南召、淅川及栾川等地。

【商品名】楤木

【别名】刺老苞、鹊不宿、鹊不踏、刺龙苞、鸟不宿、黑龙皮、雀不站、百鸟不站、百鸟不栖、千枚针、飞天蜈蚣

【基原】楤木为五加科楤木属植物楤木 *Aralia chinensis* L. 干燥根皮和茎皮。

【原植物】灌木或小乔木。树皮灰色，疏生针刺及斜环状叶痕。小枝通常淡灰棕色，有绒毛印疏生细刺。叶为二回或三回羽状复叶，长 60～110cm，羽片有小叶 5～11 个，稀 13 个，卵形、阔卵形或长卵形，长 5～12cm，稀长达 19cm。宽 3～8cm，先端渐尖或短渐尖，基部圆形。表面密生糙毛，背面有淡黄色或灰色短柔毛，脉上更密，边缘有锯齿；稀为细锯齿或不整齐组重锯齿；叶柄长达 50cm，与叶轴有细刺，大型圆锥花序，长 30～60cm，密生淡黄棕色或灰色短柔毛，花白色、芳香；子房 5 室，花柱 5 个，离生或基部合生。果实球形，黑色，直径约 3mm，有 5 棱。花期 7～9 月，果熟期 9～11 月（丁宝章等，1997）。

【药材性状】楤木根皮：呈单或双卷筒状，常切成 30cm 长，捆扎成束。表面具支根痕及横长的皮孔，栓皮褐色，片状脱落。去栓皮表面黄白色，有明显横环纹。质轻、脆，易折断，断面浆性，白色，片状分层。气香，味苦。

楤木茎皮：片状，长 10～20cm，常有刀削痕迹，削面有树胶样渗出物，栓皮脱落，外表面淡绿白色或黄白色，皮孔较圆，外凸。断面略呈粉性。不整齐，呈片状层叠。内表面黄白色，常附有少量木材。气香，味苦。

【种质来源】野生居群

【生长习性及基地自然条件】耐寒，耐旱，有一定适应能力，宜在向阳、疏松肥沃的腐殖上中栽培。

【种植方法】无性繁殖法：从山野林地挖取自生楤木的根条，剪成 15cm 的小段，按行株距 15～20cm 插于苗床，覆草，保持湿润，一般 30～40d 即萌发新芽，翌年春按行株距（10～20）cm×（70～80）cm 挖穴坑，施入腐熟堆肥，待清明节前后取带土的苗木栽入穴中，每穴栽苗 1 株，培土踩实，及时浇水。

田间管理：栽植 1～2 年，夏、秋季清除杂草，追施少量肥料，然后中耕培土。定植第 2 年植株高达 2m 以上，于早春萌芽前修剪整枝。

【采收加工】秋、冬季采挖根部，洗净，切片，晒干。

【化学成分】楤木皂苷、齐墩果酸、刺囊酸（echinocystic acid）、常春藤皂苷元（hederagenin）、谷甾醇（sitosterol）、豆甾醇（stigmasterol）、菜油甾醇（campesterol）、马栗树皮素二甲酯（esculetin dimethyl ether）（王忠壮等，1994a，1994b）、蛋白质、维生素、微量元素和人体需要的多种氨基酸（汪学昭等，1995）。

【鉴别与含量测定】

一、鉴别

1) 取本品粗粉 2g，置索氏提取器中，加甲醇适量浸泡 8h，置水浴上加热回流提取 5h。取提取液置圆底烧瓶中回收甲醇至干。残留物加水 15ml 溶解，加 20％硫酸溶液 5ml，沸水浴加热回流 5h，取出，冷却，用 20％氢氧化钠溶液调节 pH 至 2～3，转移至分液漏斗中，加氯仿提取 6 次，每次 25ml。合并氯仿液，用水洗涤 2 次，每次 20ml，弃去水液。取氯仿液减压蒸干。残渣加氯仿-甲醇（1∶1）溶解，并定容至 10ml，摇匀，作为供试品溶液。另取楤木对照药材 1g，同法制成对照药材溶液。照薄层色谱法［《中国药典》(2005 年版) 附录ⅥB］试验，吸取上述两种溶液各 4μl，分别点于同一硅胶 G 薄层板上，以石油醚（60～90℃）-苯-乙酸乙酯-冰乙酸（1∶20∶5∶0.75）为展开剂，展开，取出，晾干，喷以 10％硫酸乙醇溶液，105℃ 烘烤 5min。供试品色谱中与对照药材色谱相应的位置显相同颜色的斑点。

2) 取药材 2g，用甲醇提取，回收甲醇，残渣用 25％硫酸溶液水解 3h，以氯仿萃取水解液，浓缩后与齐墩果酸液分别在硅胶 G 薄层板上点样，经苯-乙酸乙酯（7∶3）展开，5％磷钼酸乙醇液显色，在 R_f 值为 0.61 处均有一明显斑点（检查齐墩果酸）（姚向超等，2005）。

二、含量测定

（1）色谱条件与系统适用性试验。以十八烷基硅烷键合硅胶为填充剂，以甲醇-水（90∶10）为展开剂，检测波长 220 nm。理论板数按齐墩果酸峰计算应不低于 3000。

（2）对照品溶液的制备。准确称取齐墩果酸标准品适量，加甲醇制成每毫升含 1mg 的混合溶液，即得。

（3）供试品溶液的制备。精密称取 0.5g 样品粉末，用甲醇在索氏提取器中提取 3h，回收甲醇至尽，浸膏加 20％硫酸溶液 20ml，水浴回流 4h，冷却后加入 20ml 水，用 60ml 水饱和的氯仿分 5 次萃取，合并萃取液，回收氯仿至干，用甲醇溶解并定容至 25ml，取 1ml，用甲醇稀释至 10ml，过滤，取续滤液，即得。

（4）测定法。分别精密吸取对照品溶液与供试品溶液各 10μl，注入液相色谱仪，测定，即得。

【附注】

辽东楤木
Liaodongsongmu
JAPANESE ARALIA

【商品名】辽东楤木

【别名】龙牙楤木、刺老鸦

【基原】辽东楤木为五加科楤木属植物楤木、辽东楤木 *Aralia elata*（Miq.）Seem. 干燥根皮和茎皮。

【原植物】灌木或小乔木。小枝棕色，疏生多数长 1～3mm 细刺，基部膨大；嫩枝上常有长达 1.5cm 的细直刺。二回或三回羽状复叶，长 40～80cm；叶轴和羽片轴基部通常有短刺；羽片有小叶 7～11 个，薄纸质或膜质，阔卵形、卵形至椭圆状卵形，长 5～15cm，宽 2.5～8cm，先端渐尖，基部圆形至心形，稀为阔楔形，边缘疏生锯齿，无毛或两面叶脉有柔毛疏细刺毛。圆锥花序长 30～45cm，伞房状；主轴短，长 2.5cm，分枝在主轴顶端排列成指状，密生灰色短柔毛；花黄白色；子房 5 室，花柱 5 个，离生或基部合生。果实球形，黑色。花期 6～8 月，果熟期 9～10 月。

【药材性状】同楤木。

【种质来源】野生

【生长习性及基地自然条件】辽东楤木为半阴性树种，不耐干旱，根系分布在土壤浅层，栽培时应选择背阴坡，郁闭度为 30％左右，土壤湿润不积水，土质疏松肥沃且富含有机质，土层深厚、排水良好，pH 5.5～6.5 的壤土生长较好。

【种植方法】

一、繁殖

1. 枝条扦插

楤木枝条扦插是人工栽培扩大繁殖的重要方法。扦插地要有灌溉条件，土壤疏松，有机质含量高。扦插前每亩施土粪 3000～5000kg、三元复合肥 25kg 作底肥，耕深 20cm 左右，打碎土块，整平做成 1.5m 宽的畦。扦插枝条，一是在野生资源中剪取，二是在大田、大棚平茬时剪取，对剪下的枝条要及时沙藏储存待用。扦插时要求插条长 20cm，并用 2‰生根粉水浸泡 4h。在畦内按 40cm 行距开沟，沟深 7～8cm，株距 20cm。将枝条大头向下，刺尖向上 30°斜插，枝条露出地平面 2cm，及时覆土，整平畦面，进行灌水。为了增温保墒，顺地面覆盖农膜。扦插时间以 3 月为好，插后 30～40d 发芽。田间管理主要是除草、灌水，在 7 月追 1 次肥，每亩施三元复合肥 25kg。

2. 根系移植

楤木根系分生能力较强，是扩大繁殖的一种途径。其选地、整地、施肥、做畦技术同枝条扦插。母株根可在野生植株周围 30cm 以外挖取，挖时只挖粗度在 1cm 以上的，细小根不要挖，挖下的根系要当天沙藏保存。移植时，将根系取出剪截成 20cm 的根段（有 1 个以上芽眼），再用 2‰的生根粉水浸泡 4h 后栽植。按行距 40cm 开成 7～8cm 深的沟，将根段按 30°坡度斜插于沟内，大头向上，小头向下，斜向一致，根段露出地平面 1cm，然后覆土，整平地面，及时灌水，之后覆盖地膜，以利增温保墒。一般根段栽植后 40～50d 发芽。田间管理同枝条扦插技术。

3. 种子育苗

要用种子育苗，需在 9～10 月及时采收成熟果实，放于清水中搓洗，使果实与种子分离。将分离出的种子与湿沙按 1：（3～4）的比例搅拌均匀，装入容器，放于阴凉处，以防失水，促进种子后熟。土壤封冻时，将装种容器搬入室内，进行变温处理。到春播时，用 40℃温水浸种 24h，捞出后再按种、沙配比为 1：（3～4）的比例放到 15～25℃的条件下进行催芽。楤木菜种子一般在气温达到 13℃时就开始发芽。待催芽的种子发芽率达 30% 以上时进行播种。苗床要选择向阳、有灌溉条件的土地。苗床阳畦宽 1.2～1.3m、长 10m、深 12cm，畦内耕深 10～15cm。每畦施优质土粪 130kg、三元复合肥 400g 作底肥。肥土混匀后，整平，灌足底水，待水完全渗下后撒种子。每标准畦用纯种子 100g，要撒均匀，种子要用过筛营养土（土粪、炉渣、锯末比为 6：4：1）覆盖 1cm 厚。随后用竹竿搭成小拱棚覆上 1.5m 宽的农膜即成。楤木菜种子发芽出苗慢，未经处理的种子播后 60d 左右才出苗。因此，育苗时要进行催芽处理，以确保早出苗，出全苗。要高度注意苗床湿度管理，保持湿润，并及时除草。一般当年育苗，苗子生长高度在 20cm 左右，再到苗床培育 1 年，即可移植大田。

二、植株移栽

1. 土壤选择

进行人工栽培，必须有灌溉条件或年降雨量在 750mm 以上的湿润气候和土壤条件。宜选择沙壤土，土壤有机质含量在 1% 以上。忌黏重土和盐碱土。

2. 整地作畦

移栽前，每亩施有机肥 3000～5000kg、三元复合肥 20～25kg，深耕 20～25cm，打碎土块，整平后做成 1.5m 宽的畦备用。

3. 适期移栽

可分春、秋两季进行移栽。秋栽，在叶片全部落完后的 11 月上旬至 12 月上旬；春栽，在萌芽前、土壤解冻后的 3 月。

4. 移栽方法

首先按苗木的大小、粗细进行分类，小的靠南栽、大的靠北栽。栽植密度：露地每亩栽植 4000 株，即行距 50cm，株距 30cm；大棚每亩栽植 6000 株，行距 40cm，株距 25cm。不论大田或大棚移栽均需隔 4 行留出 70～80cm 宽的操作带。栽植前将植株平茬到 50cm 高（剪下的枝条可储藏，留作扦插繁殖），用 2‰的生根粉水浸泡根系 4h。据试验，平茬定植的较不平茬的成活率提高 21%；用生根粉处理较不处理的成活率高出 11.9%。栽植深度为 15～20cm，不宜太深。栽后覆土、压实、扶正、及时灌水。

5. 田间管理

在移栽后、发芽前始终保持土壤湿润，以保成活，但不能渍水。大棚栽培可在 11 月扣棚。当外界气温降到 0℃ 以下时，注意棚上加盖草帘或保温被保温。

【采收加工】秋、冬季采挖根部，洗净，切片，晒干。

【化学成分】主要为皂苷类：龙芽皂苷，另外还有蛋白质、维生素、微量元素和人体必需的多种氨基酸。

【鉴别与含量测定】同楤木。

湖 北 楤 木

Hubeisongmu

HUPEHARALIA

【商品名】湖北楤木

【别名】刺包头、飞天蜈蚣

【基原】湖北楤木为五加科楤木属植物湖北楤木 *Aralia hupehensis* Hoo. 干燥根皮和茎皮。

【原植物】灌木或乔木。小枝密生黄棕色绒毛，有刺；刺粗壮，长 3～6mm，密生黄棕色绒毛，基部膨大。二回羽状复叶；叶轴和羽片密生绒毛；羽片有小叶 9 个，纸质，卵形至长圆状卵形，长 8～13cm，宽 3～6cm，先端长渐尖或短渐尖，基部圆形，表面粗糙，脉上密生细糙毛，背面密生黄色绒毛，边缘有锯齿，齿有刺尖，侧脉 8 对，网脉明显。圆锥花序顶生，长 25～35cm，主轴短，长约 5cm，分枝 2～5 个，指状排列，长 10～20cm。密生黄棕色绒毛；花白色，子房 5 室，花柱 5 个，离生，反曲。果实球形，黑色。花期 7 月，果熟期 9 月。

【药材性状】同楤木。

【种质来源】野生。

【生长习性及基地自然条件】不耐干旱，适生于背阴坡、土壤湿润不积水、土质疏松肥沃且富含有机质、土层深厚、海拔 1200m 的地方。

【种植方法】同辽东楤木。

【采收加工】秋、冬季采挖根部，洗净，切片，晒干。

【化学成分】湖北楤木皂苷 A（araliahupehenoside A）、湖北楤木皂苷 B（araliahupehenoside B）、湖北楤木皂苷 C（arahahupehenoside C）、湖北楤木皂苷 D（arahahupehenoside D）、齐墩果酸（oleanolic acid）、E（elatoside E）、刺老牙皂苷 F（elatosideF）、楤木皂苷Ⅲ（araliasaponin Ⅲ）、人参皂苷Ⅱ（chikusetusaponin Ⅱ）、楤木皂苷 A（araloside A）、龙牙楤木皂苷Ⅳ（tarasaponin Ⅳ）、楤木皂苷 A 甲酯（araloside A methyl ester）、紫丁香苷（syringin）。

【鉴别与含量测定】同楤木。

波 缘 楤 木
Boyuansongmu
UNDULATE-LEAVED ARALIA

【商品名】波缘楤木

【别名】红刺脑包、顶天刺、三百棒、紫红伞

【基原】波缘楤木为五加科楤木属植物波缘楤木 *Aralia undulata* Hand.-Mazz. 干燥根皮和茎皮。

【原植物】灌木或乔木。材皮赤褐色。小枝有刺，短粗。叶大，二回羽状复叶，长达 80cm；叶柄无毛。疏生少数短刺；羽片有小叶 5～15 个，纸质，卵形至卵状披针形，长 5～13.5cm，宽 2.5～6cm，先端长渐尖或是尖状，基部圆形，侧生小叶基部歪，背面灰白色，两面均无毛，边缘有波状齿，齿有小尖头，侧脉 7～9 对，网脉明显。圆锥花序大，主轴短，长 5～10cm，分枝长达 55cm，指状排列，密生短柔毛或几无毛；花白色，子房 5 室，花柱 5 个，离生。果实球形，黑色，有棱，直径 3cm。花期 6～8 月，果熟期 10 月。

【药材性状】同楤木。

【种质来源】野生

【生长习性及基地自然条件】不耐干旱，适生于背阴坡、土壤湿润不积水、土质疏松肥沃且富含有机质、土层深厚、海拔 1000m 左右的山中密林或山谷疏林下。

【种植方法】同楤木。

【采收加工】秋、冬季采挖根部，洗净，切片，晒干。

【化学成分】楤木皂苷、齐墩果酸、刺囊酸、常春藤皂苷元、谷甾醇、豆甾醇、菜油甾醇、马栗树皮素二甲酯（esculetin dimethyl ether）、维生素、微量元素和人体必需的多种氨基酸。

【鉴别与含量测定】同楤木。

【主要参考文献】

丁宝章，王遂义. 1997. 河南植物志. （第三册）. 郑州：河南科学技术出版社. 121～122

汪学昭，王忠壮，翟振兴等. 1995. 楤木属药用植物的微量元素分析. 微量元素与健康研究，12（3）：37

王忠壮，陈琰，宋洪杰等. 2000. 太白楤木中齐墩果酸的含量测定. 第二军医大学学报，21（5）：473～475

王忠壮，靳守东，仝山丛等. 1999. 楤木属植物药食兼用嫩芽化学成分分析. 营养学报，21（1）：100

王忠壮，张凤春，苏中武等. 1995. 太白楤木的生药学研究及化学成分分析. 中国药学杂志，30（4）：199

王忠壮，郑汉臣，苏中武等. 1994a. 楤木的生药学研究和挥发油成分分析. 中国药学杂志，29（4）：201

王忠壮，郑汉臣，苏中武等. 1994b. 八种楤木属药用植物化学成分分析. 中国中药杂志，19（1）：6

姚向超，邓杏灵，曾池清. 2005. 薄层扫描法测定黄毛楤木中齐墩果酸的含量. 江西中医学院学报，17（3）：
　　45，46

Zou Minliang，Mao Shilong，Xia Zhenghua. 2001. Two new triterpenoid saponins from Aralia subcapitata. Natural
　　Product Leters，15（3）：157～161

大宗药材篇

千 里 光
Qianliguang
HERBA SENECIONIS SCANOENTIS

【概述】本品为豫西盛产药材。始载于《本草纲目拾遗》，陈藏器说："千里及藤生道旁篱落间，叶细而厚，宣湖间有之。"《证类本草》转引《图经本草》之言曰："千里光生筎卅浅山及路旁，味苦甘寒无毒。"性寒，味苦。具有清热解毒，明目退翳，杀虫止痒功效。主要用于治疗流感、上呼吸道感染、肺炎、急性扁桃体炎、前列腺炎、急性肠炎、菌痢、黄疸型肝炎、胆湿癣炎、急性尿路感染、目赤肿痛翳障、痈肿疔毒、丹毒、湿疹、干湿癣疮、滴虫性阴道炎、烧烫伤。

我国分布的菊科千里光属植物有 160 余种，其中作为药用的品种在《全国中草药汇编》（1996 年第二版）中收载了 17 种。由于千里光属植物中普遍含肝毒成分——吡咯里西啶类生物碱（PA），因此有些国家对该属植物的使用作出了相应的管理规定。

《中国药典》（1977 年版）收载品种为菊科千里光属植物千里光 *Senecio scandens* Buch. -Ham. ex D. Don 的干燥地上部分。此品种在伏牛山分布广泛，其变种羽叶千里光 *Senecio scandens* Buch. -Ham. ex D. Don var. incisus Franch，产于伏牛山灵宝、卢氏、栾川、西峡等地，生境及用途同千里光。

【商品名】千里光

【别名】千里及、千里急、黄花演、眼明草、九里光、金钗草、九里明、黄花草、九岭光、一扫光、九龙光、千里明、百花草、九龙明、黄花母、七里光、黄花枝草、粗糠花、野菊花、天青红、白苏杆、箭草、青龙梗、木莲草、软藤黄花草、光明草、千家药

【基原】千里光属植物千里光的干燥地上部分。

【原植物】多年生草本。茎曲折、攀援，长 2～5m，多分枝，初被密柔毛。叶卵状披针形至长三角形，长 3～7cm，宽 1.5～4cm，先端长渐尖，基部楔形或截形，边缘具不规则钝齿、波状齿或全缘，有时下部具 1 或 2 对裂片，两面疏生短柔毛或表面光滑无毛，叶柄长 3～10mm，无毛或疏被短毛；上部叶渐尖，线状披针形，近无柄。多数头状花序，排列成开展的复伞房状或圆锥状聚伞花序；总花序梗反折或开展，被短柔

毛，具线形苞叶；总苞杯状，直径 4～5mm，基部具数个披针形小苞；总苞片约 13 片，线状披针形，边缘膜质；花黄色；舌状花约 8 个，舌片长 6～8mm；筒状花多数，长约 8mm，花药基部尾状，花丝先端膨大，花柱分枝先端平截。果实圆柱形，被短毛；冠毛白色或污白色，长约 7mm。花期 8～10 月，果熟期 9～11 月。

【药材性状】 干燥全草长 60～100cm，或切成 2～3cm 长的小段。茎圆柱状，表面棕黄色；质坚硬，断面髓部发达，白色。叶多皱缩，破碎，呈椭圆状三角形或卵状披针形，基部戟形或截形，边缘有不规则缺刻，暗绿色或灰棕色，质脆。有时枝梢带有枯黄色头状花序。

【种质来源】 本地野生

【生长习性及基地自然条件】 生于海拔 1000m 以下的山坡、山沟、河滩、田边、林缘及灌丛。适应性较强，耐干旱、潮湿，对土壤条件要求不严，但以沙质壤土及黏壤土生长较好。

【种植方法】 可用种子和扦插繁殖。种子细小，发芽率低。适宜的发芽温度为 15～20℃，在 20℃时，6～8d 的发芽率为 10% 左右。生产上采用扦插繁殖，具有繁殖系数高、见效快、费用低等特点。

1. 插床与基质

插床多长方形，长、宽根据需要而定，床高 12～15cm，床内填充厚 10cm 的清洁、无污染的细河沙。为防止细沙中带有病毒，可用 0.5g 的高锰酸钾溶液消毒灭菌，以提高扦插成活率。另外，还应搭设塑料拱棚来保温、保湿。

2. 温度

一般情况下，白天气温 21～25℃，夜晚温度不低于 15℃。床温保持 15～20℃或略高于平均气温 3～5℃时，就可以完全满足生根的需要。

3. 扦插时间

只要温度适宜，尤其是床内温度，一年四季均可随时扦插。在雨量充沛的 7～8 月可以露地扦插。

4. 选择插条

选择生长健壮、尚未木质化的新梢为好；因为其内含有充分的营养物质，生命力强，容易愈合生根。一般每个插条保留 3 或 4 个芽，长 10～15cm。剪口要平整，顶端留 1 或 2 片叶。叶片过大可适当剪去一部分，以减少蒸腾；新梢枝条顶端如果过嫩可去掉一小部分。

5. 扦插方法

先将床面刮平，用小木棍扎穴，穴深 5～10cm，株距 3～4cm，插条放入后扶正，用沙夹住。扦插完毕后用喷水的方式浇透水，最后用棚膜盖严保温。随时取插条进行处理，促进形成层细胞分裂，加速愈伤组织形成。

6. 扦插后管理

绿枝扦插后经常保持床内湿润，以沙床湿度 60% 左右、床内大气湿度 85% 左右为宜，避免插条水分散失过多而枯萎。床内温度过高时，应采取遮阳措施及揭膜通风（短时）。正常情况下，扦插后 7～10d 开始形成愈伤组织，10～20d 就会有不定根从愈伤组织中分化出来。当根条数达 5 条以上、根长达到 3cm 以上时取出，先移到较小的花盆或育苗箱中培养，新生枝条过长时可适当打顶，以利于成活。1 周后见光，再生长 3 周便可移栽。

【采收加工】9～10 月收割全草，晒干或鲜用。以叶多、色绿者为佳。

【化学成分】酚酸类：氢醌（hydroquinone）、对羟基苯乙酸（phydroxyphenyla-cetic acid）、香草酸（vanillic acid）、水杨酸（salicylic acid）、焦黏酸（pyromucic acid）、齐墩果醇（陈录新等，2006）。

挥发油类：石竹烯、芳樟醇、萜品醇、香叶醇、榄香烯、龙脑、丁子香酚、对聚伞素等。

生物碱类：千里光碱（senecionine）、千里光菲灵碱（seneciphylline）、生物碱（adonifoline）。

类胡萝卜素类：α-胡萝卜素（α-sitosterol）、β-胡萝卜素（β-sitosterol）、β-玉米胡萝卜素（β-zeacarotene）、菊黄质（chrysanthemaxanthin）、毛茛黄素（flavoxanthin）等。

微量元素：钙、锌、锰、铯、铁、硼、铂、铜、镁、钾、钠、铝、硅 13 种微量元素（史辑等，2007）。

黄酮类：槲皮素（quercetin）、大黄素（emodin）、4-(吡咯烷-2-酮基)-5-甲氧基-苯基乙酸、消旋丁香脂素（lirriodendrin）、金丝桃苷（hyperoside）、蒙花苷（linarin）（陈录新等，2006b）。

【鉴别】

显微鉴别　叶表面观，下表皮细胞形状不规则，壁深波状弯曲；气孔不定式，副卫细胞 3～6 个；非腺毛多数，尤以叶脉处为多。上表皮细胞壁微波状或波状弯曲，气孔少数，有非腺毛。非腺毛 2～12 个细胞，多弯曲，长约 270μm，直径 12～31μm，基部细胞膨大，顶端细胞渐尖或钝圆，有的膨大成椭圆形、半圆形或类圆形，有的中部或顶部细胞缢缩，细胞内常含淡黄色油状物；细胞壁稍增厚，具疣状突起，下部细胞有的具细条状角质纹理。

【附注】

羽叶千里光　与千里光的主要区别为叶羽状深裂。产于伏牛山灵宝、卢氏、栾川、西峡等地。

【主要参考文献】

陈录新，李宁，张勉等. 2006a. 千里光的研究进展. 海峡药学，18（4）：13～16

陈录新，马鸿雁，张勉等. 2006b. 千里光化学成分研究. 中国中药杂志，31（22）：1872～1875

史辑，张芳，马鸿雁. 2007. 千里光化学成分研究. 中国中药杂志，32（15）：1600～1602

大戟（京大戟）

Jingdaji

RADIX EUPHORBIAE PEKINENSIS

【概述】 本品为豫西道地药材，大戟始载于《神农本草经》。韩保昇曰："苗似甘遂而高大，叶有白汁，花黄，根似细苦参，皮黄黑，肉黄白，五月菜苗，二月、八月采根用。"苏颂曰："春生红芽，渐长作丛，高一尺以来，叶似初生杨柳小团，三月、四月开黄紫花。"李时珍曰："其根辛苦，戟人咽喉，故名。"以上所述均指大戟科大戟而言。《中国药典》（1977 年版）将本品改为京大戟，主要是与茜草科的红大戟相区别，以免混淆。

其在伏牛山区广有分布。本品味苦，性寒，有毒。有泻水逐饮、消肿散结的功能。用于治疗水肿胀满、痰饮、胸膜炎积水、晚期血吸虫病腹水、肝硬化腹水及精神分裂症；外治疗疮疖肿。孕妇忌服，体弱者慎用；反甘草。

【商品名】 京大戟

【别名】 龙虎草、膨胀草、九头狮子草、天平一枝香、膨胀草、将军草、震天雷

【基原】 本品为大戟科植物京大戟 *Euphorbia pekinensis* Rupr. 的根。

【原植物】 多年生草本，高 30～80cm，植物体内有白色乳汁。根圆锥状；茎直立，被白色短绒毛，上部分枝。叶互生，几无柄，长圆状披针形，长 3～8cm，宽 5～13cm，下面稍被白粉，全缘。伞形聚伞状花序顶生，通常有 5 伞梗，腋生者多只 1 梗，伞梗顶端着生一杯状聚伞花序，基部有卵状或卵状披针形苞片，5 片轮生，杯状花序总苞坛形，顶端 4 裂，腺体椭圆形；雄花多数，雄蕊 1 个；雌花 1 个，子房球形，3 室，花柱 3 个，顶端 2 浅裂。蒴果三棱状球形，表面具疣状突起；种子卵形，灰褐色。花期 4～5 月，果期 6～7 月。

【药材性状】 根呈不规则的长圆锥形，略弯曲，常有分枝，长 10～20cm，直径 0.5～2cm，近头部偶有膨大至 4cm；根头常带有茎的残基及芽痕。表面灰棕色或棕褐色，粗糙，有纵直沟纹及横向皮孔，支根少而扭曲。质坚硬，不易折断，断面类棕黄色或类白色，纤维性。气微，味微苦涩。

【种质来源】 本地野生

【生长习性及基地自然条件】 生于山坡路旁、荒地、草丛、林缘及疏林下。

【种植方法】 大戟的种植一般采用种子繁育，即果穗上果实已变为黄褐色、一碰即脱落的老熟种子。播种后用草覆盖地面能较好地保持土壤水分，防止雨水冲刷，有利于种子萌发出土。种子出苗早，出苗较整齐，出苗率高。为害京大戟的主要病害为根腐病，常在种植后的第 2 年开始发生，多在夏天多雨季节。发病时地表处根皮先变黑，最后全根腐烂，地上枯萎死亡。可选有一定坡度的生荒地种植，雨季注意排水防涝，冬季清理枯茎，铲除杂草，并用火烧土拌生石灰（0.5%～1%）培土，保持地块清洁。发病时用 0.5% 石灰石或 70% 甲基托布津 1000～1500 倍液浇灌。为害京大戟的主要虫害为

地老虎，春季幼苗出土后，咬食嫩叶嫩茎。用 40 ％氧化乐果 800 倍液或 20 ％速杀丁 2000～2500 倍液喷杀，7～10d 喷一次，连喷 2 或 3 次。

【采收加工】秋、冬季采挖，但以秋季为佳。将挖回的根部除去须根，洗净，晒干；或洗净后用开水略烫，更易干燥。本品鲜时易霉烂，要及时干燥，切忌堆放，以免变质。

以条粗、断面白色者为佳。

醋京大戟：取京大戟加醋（每 100kg 用醋 30～50kg）浸拌，放锅内与醋同煮，至将醋吸尽，切断，晒干。

【化学成分】根含大戟苷（euphornon），由大戟苷元（euphornetin）、D-葡萄糖与 L-阿拉伯糖缩合而成；并含有生物碱，大戟色素（euphorin）A、B、C 等；还含有山奈酚、槲皮素、芹菜素、鼠李素、槲皮苷、槲皮素-3-O-α-D-阿拉伯糖苷、芹菜素-7-O-β-D-葡萄糖糖苷等黄酮类成分，以及有机酸、鞣质、树脂胶和多糖，并分离得到大戟酸与三萜醇（耿婷等，2008；石心红等，2006）。

【鉴别】

1）本品粉末淡黄色。淀粉粒单粒类圆形或卵圆形，直径 3～15μm，脐点点状或裂缝状；复粒由 2 或 3 分粒组成。草酸钙簇晶直径 19～40μm。具缘纹孔及网纹导管较多见，直径 26～50μm。纤维单个或成束，壁较厚，非木化。无节乳管多碎断，内含黄色微细颗粒状乳汁。

2）取本品手切薄片 2 片，一片加冰乙酸与硫酸各 1 滴，置显微镜下观察，在韧皮部乳管群处呈现红色，5min 后渐褪去；另一片加氢氧化钾溶液，呈棕黄色。

3）取本品粉末 0.5g，加石油醚 5ml，振摇数分钟后，浸渍 1h，过滤，搜集滤液，作为供试品溶液。另取京大戟对照药材 0.5g，同法制备对照药材溶液。照薄层色谱法试验，吸取上述两种溶液各 5μl，点样，以甲醇-氯仿（5∶10）展开，展距 2cm，吹干，再用甲醇-氯仿（0.25∶10）展开，展距 10cm，取出，晾干。用碘蒸气熏后，再用香荚兰醛浓硫酸喷雾显色。供试品色谱中，与对照药材相同的位置显相同颜色的斑点。

【主要参考文献】

丁宝章，王遂义. 1997. 河南植物志.（第二册）. 郑州：河南科学技术出版社：488，489

耿婷，丁安伟，张丽. 2008. 大戟属植物的研究进展. 中华中医药学刊，26（11）：2433～2436

石心红，王宇行，孔令义. 2006. 准噶尔大戟根中黄酮类成分的研究. 中国中药杂志，41（20）：1538～1540

中华人民共和国药典委员会. 2005. 中华人民共和国药典（2005 年版 一部）. 北京：化学工业出版社：156

五 味 子

Wuweizi

FRUCTUS SCHISANDRAE SPHENANTHERAE

【概述】本品为地理标志药材（豫西五味子），始载于《神农本草经》列为上品。距今已有 2000 多年的历史。晋代葛洪《抱朴子》曾载："五味者五行之精，其子有五味。淮南公羡门子服之十六年，面色如玉女，入水不沾，入火不灼，"颇有神话色彩。李时珍曰："五味今有南北之分，南产者色红，北产者色黑，入选补药必用北产者乃良。"今用五味子仍分南五味子、北五味子两类，南五味子即华中五味子，南五味子主要分布于河南豫西、陕西秦岭等地。五味子味酸、甘，性温，归肺、心、肾经。具收敛固涩、益气生津、补肾宁心之功效，主要用于治疗久嗽虚喘、梦遗滑精、遗尿尿频、久泻不止、自汗、盗汗、津伤口渴、气短脉虚、内热消渴及心悸失眠等症。与其他中药配伍用于治疗肝炎、肝肾功能不足、月经失调、神经衰弱等。

　　林祁对 12 个国家标本馆所收藏的 5000 余份南五味子属植物标本进行研究确定 11 个种。我国有 8 种（林祁，2002）。河南伏牛山区有 1 种，主产于西峡、内乡、南召、卢氏、栾川等 8 个县（市），有 300 多万株。其中西峡、卢氏年产量居河南省产区县之首位。南五味子是伏牛山区适应性较强、分布较广、开发潜力很大的一种野生药用植物资源（何洪中等，1998）。

　　【商品名】南五味子

　　【别名】红木香、紫金藤、紫荆皮、盘柱香、内红消、风沙藤、小血藤、南五味、山五味子、西五味、西五味子、川五味、川五味子、华中五味子、香苏、红铃子、玄及、会及、五梅子、药葡萄

　　【基原】木兰科南五味子属植物南五味子 *Schisandra sphenanthera* Rehd. et Wils. 的干燥成熟果实。

　　【原植物】落叶木质藤本。小枝褐色或紫褐色，有时剥裂。叶革质或近纸质，有光泽，椭圆形或椭圆状披针形，长 5～10cm，宽 2～5cm，先端渐尖，基部楔形，边缘有疏锯齿；叶柄长 1.5～3cm。花单生于叶腋，黄色，芳香；花梗细长下垂；花被片 8～17 个；雄花雄蕊 30～70 个；雌花心皮 40～60 个。浆果深红色至暗红色，卵形，聚合成近球形聚合果，直径 2.5～3.5cm。花期 5～6 月，果熟期 9～10 月。

　　【药材性状】本品呈球形或扁球形，直径 4～6mm，表面棕红色或暗棕色，干瘪、皱缩，果肉常紧贴于种子上，种子 1 或 2 粒，肾形，表面棕黄色，有光泽，种皮薄而脆，果肉气微，味微酸。

　　【种质来源】本地野生

　　【生长习性及基地自然条件】南五味子在河南省伏牛山区分布地带为北纬 33°05′～33°48′，东经 111°01′～111°46′，海拔 400～1200m；多自然生长在山坡的中上部稀疏林冠下；年平均气温 15.1℃，最高气温 42℃，最低气温 -14℃；年降水量 800～1000mm，年平均相对湿度为 68%；全年无霜期 235d。在伏牛山区的分布情况：五味子在伏牛山区分布状况是阴坡多，阳坡少；稀疏林中最多，灌木林中次之，开阔地带最少（内乡县及栾川县无）。

　　冬季短时间低温（-8～-10℃）有利于五味子的休眠，个别地区可忍耐短暂的 -18℃低温，但长期在 -10℃以下时可引起不同程度的冻害。突如其来的低温对五味子的危害特别严重，尤其是春季气温已开始上升、五味子开始萌动发芽时，遇到低温或晚霜，会造成严重损害。

　　南五味子生长受湿度、降水量的影响：水分的缺少会严重影响五味子的生长和开花结实，但水分过多、湿度过高，南五味子叶黄凋落，病害蔓延。夏季为南五味子主要生长季节，此时气温较高，土壤水分的蒸发和南五味子叶片的蒸腾严重，需水量特别大。若春、夏、秋季干旱会造成五味子大量落花落果。花期空气相对湿度与五味子也有直接关系。从始花到终花需要 10～15d，空气适当干燥、相对湿度 50%～60%、气温 20～30℃的晴天，五味子一般在 7～10 时开花，8 时开花最多。

　　南五味子生长受气温影响，自然生长于暖温带地区。喜温暖湿润，畏严寒及干旱。正常生长发育、开花结实要求年平均气温 10～16℃，3～6 月平均气温 10℃以上，7～10 月平均气温 25℃左右，无霜期 190～260d。在五味子分布的北界地区，只要保证 3～10 月有足够的日照和有效积温，无霜期 180～200d 时也能正常生长发育，开花结果。

　　对土壤要求不严，无论是黄壤、沙壤，还是在麻岩壤土均有生长。但以土质疏松、有机物含量高、排水良好、pH5～6.5 的微酸性麻岩壤上生长最多，沙壤次之。通气性差、排水不良的黏重黄壤上分布最少或无；凡是产量高的植株都是生长在麻岩壤上，因为这种土壤土质疏松，透气性好，落叶层厚，富含腐殖质；坡下部（因受人为因子的影响）少或无，坡中部较多，坡上部多而集中。在海拔 600～1000m 处适宜生长，产量较高。

　　【种植方法】南五味子多为野生居群，少量通过有性繁殖进行人工栽培。

1. 留种

　　五味子栽后 4～5 年大量结果，秋季 8～9 月果实呈紫红色时摘下。一部分晒干或阴干储存，少量去掉果肉洗出种子备来年种植。种子主要来源于伏牛山西峡、内乡、南召、卢氏、栾川等。

2. 育苗

　　直播干种子不出苗，因种皮坚硬、光滑有油层，不透水，播前需进行种子处理，在室温下浸种 3 昼夜后，用 3 倍量的净河沙混拌均匀，埋藏于较凉爽的地方，3～4 个月后，种子裂口露出胚根，再行播种。通常于晚秋或早春育苗条播，每亩用种 5kg 左右，覆土 1.65 cm，浇透水，并盖草，保持土壤湿润。出苗后撤去盖草，搭架遮阴，保持少量阳光。第 2 年或第 3 年早春即可定植。

3. 定植

　　五味子是喜肥植物，定植时要施足基肥，先挖深、宽各约 33cm 的穴，将肥料与土混合填入穴内，栽苗时要使根系伸展，有利于成活和生长，栽后踏实灌水。搭支架有两种情况，一种是利用天然支架，另一种是人工支架。天然支架就是利用树木作支架，选作天然支架的树种以叶片较小、生长势不太旺为宜，山楂树是比较理想的树种，可按行、株距 3 m×3 m 的规格先栽上树苗，然后在每株树下栽 2 株五味子苗，距离树根 67cm 左右，一边栽一株。若用人工支架，可按大行距 1m、小行距 67cm、株距 50cm 的规格栽植五味子苗，行向南北向，以利通风透光。

4. 田间管理

　　幼苗期间生长缓慢，注意锄草和松土，适当浇水，第 2 年以后立支架供枝条攀援，使枝叶通风透光，促进生长。除定植时施足基肥外，每年春季进行追肥，每亩施厩肥或堆肥 1500～2500kg，过磷酸钙 15～20kg。为了调节植物营养，减少不必要的营养消耗，要剪枝，每年冬季植株休眠以后、春季萌发前为修剪季节。

5. 病虫害

南五味子抗病虫害能力较强。叶枯病和卷叶虫是一般的病害和虫害。

（1）叶枯病。初期从叶尖或边缘发起，感染整个叶面，使之枯黄脱落，严重时果穗脱落。

防治方法：加强田间管理，注意通风透光。发病初期用 1：1：100 倍波尔多液喷雾，7d 1 次，连续数次。

（2）卷叶虫。幼虫为害，造成卷叶，影响果实生长，甚至脱落。

防治方法：用 50％辛硫磷 1500 倍液或 50％磷胺 1500 倍液或 40％乐果 1000 倍液或 80％敌百虫 1500 倍液喷洒。

【采收加工】

栽后 4～5 年结果，8 月下旬至 10 月上旬，果实呈紫红色时，随熟随收，晒干或阴干。遇雨天可用微火炕干。

分级标准

据中华人民共和国国家中医药管理局，中华人民共和国卫生部制定的药材商品规格标准，将南五味子分为一等品和二等品。

一等品标准：干货。呈不规则球形或椭圆形。表面紫红色或红褐色，皱缩，肉厚，质柔润，内有肾形种子 1 或 2 粒。果肉味酸，种子有香气，味辛、微苦。干瘪粒不超过 2％，无梗枝、杂质、虫蛀、霉变。

二等品标准：干货。呈不规则球形或椭圆形。表面黑红、暗红或淡红色，皱缩，肉较薄，内有肾形种子 1 或 2 粒。果肉味酸，种子有香气，味辛、微苦，干瘪粒不超过 20％，无梗枝、杂质、虫蛀、霉变。

【化学成分】南五味子的化学成分主要有木脂素类和三萜类。

1. 木脂素类

联苯环辛烯类木脂素是南五味子的主要活性成分，包括五味子甲素（deoxyschizandrin）、五味子酯甲（schisandrin A）、五味子酯乙（schisandrin B）、五味子酯丙（schisandrin C）和五味子酚（schisanhenol）等，并以五味子甲素、五味子酯甲为主。这些成分具保肝降酶、抗炎、抗氧化等药理作用。此外，南五味子还含有具抗肿瘤活性的二芳基丁烷类木脂素、安五脂素，以及一些药理活性尚不清楚的芳基四氢萘和四氢呋喃类木脂素成分，如五味子酮（schisandrone）和 d-表加巴辛（d-epigalbacine）等（高建平等，2003a，2003b）。

2. 三萜类

三萜类成分是南五味子属植物与五味子属植物化学成分的主要区别之一。南五味子属植物中主要含羊毛甾烷（烯）型四环三萜类成分。一般可根据 20 位连接的基团类型将其分为两类：基团为当归酸侧链则为三萜酸类，基团为六元内酸环则为三萜内酯类（李晓光等，2003）。

【鉴别与含量测定】

一、鉴别

1. 显微鉴别

　　油细胞类圆形，直径约 $80\mu m$；中果皮细胞含草酸钙簇晶和方晶。种皮表皮石细胞长约 $50\mu m$，直径 $20\sim30\mu m$，外侧壁较内侧壁厚，内含棕色至黑棕色物，壁孔及孔沟细小，其内侧 5 细胞长圆形或类圆形，长径 $50\sim120\mu m$，短径 $50\sim60\mu m$，壁厚，壁孔及沟明显。

2. 理化鉴别

　　取本品粉末 1g，加三氯甲烷 20ml，加热回流 0.5h，滤干，残渣加三氯甲烷 1ml 使之溶解，作为供试品溶液。另取南五味子对照药材 1g，同法制成对照药材溶液。再取南五味子甲素对照品，加三氯甲烷制成每毫升含 1mg 的溶液，作为对照品溶液。用薄层色谱法试验，吸取上述三种溶液各 $2\mu l$，分别点于同一硅胶 GF_{254} 薄层板上，以石油醚（$30\sim60℃$）-甲酸乙酯-甲酸（15：15：1）的上层溶液为展开剂，展开，取出，晾干，置紫外光灯（254nm）下检视，供试品色谱中，与对照药材和对照品色谱相应位置显相同颜色的斑点（高建平等，2003）。

二、含量测定

1. 色谱条件与系统适用性试验

　　以十八烷基硅烷键合硅胶为填充剂，以四氢呋喃-水（40：60）为流动相，检测波长为 254nm。理论板数按五味子酯甲峰计算应不低于 3000。

2. 对照品溶液的制备

　　精密称取五味子酯甲对照品适量，加甲醇制成每毫升含 $20\mu g$ 的溶液，即得。

3. 供试品溶液的制备

　　取本品粉末（过 3 号筛）约 0.5g，精密称定，置具塞锥形瓶中，精密加入甲醇 50ml，称定重量，超声处理（功率 250W，频率 40kHz）30min，冷却，再称定重量，用甲醇补足减失的重量，摇匀，过滤，取续滤液，即得。

4. 测定法

　　分别精密吸取对照品溶液与供试品溶液各 $5\mu l$，注入液相色谱仪，测定，即得。

　　本品含五味子酯甲（$C_{30}H_{32}O_9$）不得少于 0.12%。

【主要参考文献】

高建平，王彦涵，陈道峰. 2003a. 南五味子类药材的鉴别研究. 中草药，34（7）：646～649

高建平，王彦涵，郁韵秋等. 2003b. 南五味子木脂素成分的 HPLC 含量测定及其变异规律. 中国天然药物，1（2）：89～93

何洪中，王昌明. 1998. 伏牛山区五味子资源分布及适生条件调查初报. 河南林业科技，18（2）：32～34

李晓光，罗焕敏. 2003. 南五味子属植物化学成分及其活性研究进展. 中国中药杂志，28（12）：1120～1125

林祁. 2002. 南五味子属（五味子科）一些种类的分类学订正. 植物研究，22（4）：399～411

楼之岑，秦波. 2000. 常用中药品种整理和质量研究. 北京：北京医科大学、协和医科大学联合出版社：297～368
中华人民共和国药典委员会. 2005. 中国药典 2005 年版（2005 年版 一部）. 北京：化学工业出版社

天　名　精
Tianmingjing
HERBA CARPESII

【概述】天名精是豫西道地药材。始载于《神农本草经》，列为上品。《名医》曰："一名天门精，一名五门精，一名麑颅，一名蟾蜍兰，一名觐。生平原，五月采。"为菊科多年生草本植物天名精属天名精 *Carpesium abrotanoides* L. 全草。其带根全草入药，味苦，辛，性凉，有小毒。入肝、肺经。具有清热解毒、止咳平喘、散瘀止痛等功效。主治小儿肺炎、疟疾、腹泻、疮痈肿毒、跌打损伤、咳喘痰多、痢疾、胸肋疼痛、毒蛇咬伤等症。全草水浸液可做农药，杀青菜虫、地老虎、守瓜虫等。果实为中药的鹤虱，味苦、辛，性平，具有驱虫功能，主治蛔虫病、绦虫病、蛲虫病、虫积腹痛等。

该物种为中国植物图谱数据库收录的有毒植物，其毒性为全草，有小毒，对人皮肤能引起过敏性皮炎、疮疹；动物试验有中枢麻痹作用。

我国天名精属植物有 10 余种，生长于山坡、路旁、草地和荒野，在房前屋后的闲杂地上常成大片草丛，常于果、桑及茶园中为害，在新开垦的旱田中也常侵入，但发生量小，危害轻，是常见杂草。分布于伏牛山各县区。

【商品名】天名精

【别名】地菘、挖耳草、野烟兜、杜牛夕、臭花娘子、皱面草、野烟、鹤虱

【基原】为菊科植物天名精的全草。

【原植物】菊科多年生草本，高 50～100cm。茎直立，上部多分枝，密生短柔毛，下部近无毛。叶互生；下部叶片宽椭圆形或长圆形，长 10～15cm，宽 5～8cm，先端尖或钝，基部狭，成具翅的短柄，边缘有不规则的锯齿或全缘，上面有贴生短毛，下面有短柔毛和腺点，上部叶片渐小，长圆形，无柄。头状花序多数，沿茎枝腋生，有短梗或近无梗，直径 6～8mm，平立或稍下垂；总苞钟状球形，总苞片 3 层，外层极短，卵形，先端尖，有短柔毛，膜质或先端草质，中层和内层长圆形，先端圆钝，无毛；花黄色，外围的雌花管状，3～5 齿裂；中央的两性花筒状，5 裂，外面具头状腺体，雄蕊先端无附属体，基部箭形，具毛状尾。果实绿色，长 3～5mm，具肋，先端具喙。花期 6～7 月，果期 8～9 月。

【药材性状】根茎不明显，多数为细长的棕色须根。茎表面黄绿色或黄棕色，有纵条纹，上部多分枝；质较硬，易折断，断面类白色，髓白色、疏松。叶多皱缩或脱落，完整叶片卵状椭圆形或长椭圆形，长 10～15cm，宽 5～8cm，先端尖或钝，基部狭，成具翅的短柄，边缘有不规则锯齿或全缘，上面有贴生短毛，下面有短柔毛或腺点；质脆易碎。头状花序多数，腋生，花序梗极短；花黄色。气特异，味淡、微辛。

【种质来源】本地野生

【生长习性及基地自然条件】天名精嫩苗绿色，似皱叶莴芥。开小黄花，如小野菊花，结实如茼蒿，其根白色，如短牛膝。喜温暖、湿润气候和阴湿环境，山区、平原等地均可栽培。适生长于排水良好、适度肥沃的沙质土壤，适应力强，贫瘠土壤也能生长。

【种植方法】

（1）栽培技术。用种子繁殖。9～10月采集成熟种子，春季3～4月播种，条播，覆土仅盖没种子为度，浇水，保持土壤湿润，经15～20d出苗。

（2）田间管理。苗具4～6片真叶时间苗，按株距15cm定苗，苗高30cm进行松土除草，并延施人粪尿1次，适当增施过磷酸钙。

【采收加工】天名精一年四季均可采收。用工具挖出全株，洗净，鲜用或晒干。

【化学成分】全草含倍半萜内酯、天名精内酯酮（carabrone）、鹤虱内酯（carpesiolin）、大叶土木香内酯（granilin）、依瓦菊素（ivalin）、天名精内酯醇（carabrol）、依生依瓦菊素（ivax-illin）、11(13)-去氢腋生依瓦菊素［11(13)-dehydroivaxillin］、特勒内酯（telekin）、异腋生依瓦菊素（isoivaxillin）及11（13)-二氢特勒内酯［11(13)-dihydrotelekin］。

【鉴别】

1. 显微鉴别

根（直径约2mm）横切面，表皮为1列形状不规则的薄壁细胞。皮层由7～10列薄壁细胞组成，细胞多呈类长方形，皮层近韧皮部侧有分泌腔断续排列成环，内皮层不明显。韧皮部约占横切面的1/10，形成层不明显，木质部较宽广，导管类圆形，多单个散在，直径15～63μm，木纤维多角形，壁较薄，为木质部的主要组成部分。无髓。

茎（直径约3mm）横切面，表皮由1列排列紧密的略呈椭圆形的薄壁细胞组成，常被2或3个细胞单列非腺毛。皮层薄壁细胞10余列，外侧2或3列排列较紧密，内皮层不明显。外韧型维管束20～40束呈环状排列；韧皮部外侧具纤维束，多呈半月形，壁木化；韧皮部狭；形成层不明显；木质部略呈三角形或三角状半圆形，主要由木纤维和导管组成，导管直径9～32μm。髓射线较窄，由2至数列呈径向延长的薄壁细胞组成。髓较发达，由类圆形的薄壁细胞组成，髓中央有对称的空洞（刘合刚等，2000）。

叶片横切面，上、下表皮细胞均为1列，细胞多呈类圆形或类方形，少数为不规则形，壁薄；上、下表皮均有2～4个细胞组成的非腺毛及少量单细胞头单细胞柄的腺毛。叶内无栅栏组织与海绵组织之分，主脉上、下表皮内为2或3列厚角细胞，细胞排列紧密，其内方的数列细胞多呈不规则形，排列较疏松。主脉维管束3～5束，均为双韧型，形成层不明显，木质部导管单个径向排列或散在。

全草粉末灰黄色至黄绿色，味微苦、涩。导管碎段较多，多为螺纹导管，直径11～31μm，也可见网纹、孔纹导管，直径19～46μm。纤维众多，一类细长而较直，常多数成束，直径10～17μm，先端倾斜或较长，壁略厚，胞腔较大；另一类较短，略弯曲，也多数成束，先端较钝，壁较厚，壁孔及孔沟明显。非腺毛由 2～4 个细胞组成，基部细胞略呈方形。腺毛少见，为单细胞头单细胞柄。草酸钙方晶散在，直径 6～19μm。气孔较少，不定式，副卫细胞 6 或 7 个，壁略呈波状弯曲。

2. 理化鉴别

取本品粗粉 10g，加乙醇 100ml，加热回流 1h，过滤，挥去乙醇，用乙酸乙酯50ml 溶解，再加 5％氢氧化钠 10ml 振摇提取，连续 3 次，合并提取液，弃去氢氧化钠层，乙酸乙酯液用蒸馏水洗至中性，供如下试验：

取上述乙酸乙酯液 10ml，置蒸发皿中，水浴蒸干，加乙醇 10ml 溶解，再加 4％氢氧化钠溶液 4ml，水浴加热约 4min，冷却后取溶液 2ml 置于试管中，滴加 5％盐酸试液数滴，溶液变混浊。

取上述乙酸乙酯液 2ml，加盐酸羟胺饱和甲醇液与氢氧化钠甲醇液（1mol/L）的混合液（1∶1）2ml，稍置片刻后再滴加 1％三氯化铁盐酸（1％）溶液，显紫红色。

【主要参考文献】

刘合刚，司晓棠，詹亚华等. 2000. 天名精的生药学研究. 药学实践杂志，18（5）：296，297

木　通
Mutong
CAULIS AKEBIAE

【概述】本品为豫西道地药材，始载于《药性论》，味苦，微寒，归心、小肠、膀胱经。清心火，利小便，通经下乳，用于治疗胸中烦热、喉痹咽痛、尿赤、五淋、水肿、周身挛痛、经闭乳少。木通属植物全国有 2 种和 2 变种。多以藤本能利水或药材"茎有细孔，两头皆通"者取木通之名，但木通科木通为传统木通药材的正品和主流品种。作为药用品种的主要是《中国药典》（2005 年版）收载的木通 *Akebia quinata* （Thunb.）Decne.、三叶木通 *Akebia trifoliata*（Thunb.）Koidz.、白木通 *Akebia trifoliata* var. *australis*（Diels）Rehd。伏牛山区的木通有 2 种和 2 变种，分别为木通、三叶木通、白木通和多叶木通 *Akebia quinata*（Thunb.）Decne. var. *polyphylla* Nakai，其中多叶木通《中国药典》未收载，但其用途和正品相同。

民间流通使用的木通来源复杂，比较混乱，如关木通和川木通。其中关木通为马兜铃科植物东北马兜铃 *Aristolochia manshuriensis* Kom. 的干燥藤茎，伏牛山区主产于灵宝、卢氏、栾川、嵩县、西峡等县；川木通为毛茛科植物小木通 *Clematis armandii* Franch 或绣球藤 *Clematis montana* Buch. Ham. 的干燥藤茎（崔亚君等，2004），伏牛山区也有分布。

从药物的性味归经及功效主治来看，三种木通均可用于治疗经脉不通、气化阻滞等症，唯木通科木通药性平和，适应证广，且安全无毒；川木通和关木通性味偏苦寒，前者尤适于湿热瘀血所致经脉不通，后者偏重于心火亢盛所致经脉不通。关木通药用始于清代，并一度成为木通药材的主要品种，20世纪60年代后相继发现其具有严重的急性肾毒性而被淘汰，木通科木通又恢复其传统正品的药用地位。

【商品名】木通

【别名】八月炸、三叶拿绳、八月瓜、通草、附支、丁翁、丁父、蓄藤、王翁、万年、万年藤、燕覆、乌覆、八月瓜藤、地海参

【基原】木通科木通属植物木通（高慧敏等，2006），三叶木通 *Akebia trifoliata* (Thunb.) koidz 或白木通 *Akebia trifoliata* (Thunb.) koidz. var. *australis* (Dieis) Rehd. 的干燥藤茎。

【原植物】

1. 木通

落叶藤本，枝有长、短之分，无毛。小叶5个，倒卵形或长倒卵形，先端圆而中间微凹，并有一细短尖，全缘，表面深绿色，背面带白色，无毛。雌花暗紫色；雄花紫红色，较小。浆果椭圆形，暗紫色，熟时纵裂；种子黑色。花期4～5月，果熟期8～9月。

2. 三叶木通

落叶木质藤本，枝有长、短之分，无毛。小叶3个，卵圆形、宽卵圆形或长卵形，长、宽变化较大，先端钝圆、微凹或具短尖，基部圆形或宽楔形，有时略呈心脏形，边缘浅裂或呈波状，侧脉通常5或6对，叶柄细瘦，长6～8cm，总状花序腋生，长约8cm；花单性，雄花生于花序上部，雄蕊6个，雌花生于下部，萼片紫色，花瓣状，具6个退化雄蕊。果实肉质，长卵形，成熟后沿腹缝线开裂；种子多数，卵形，黑色。花期4～5月，果熟期8～9月。

3. 白木通

为木通的变种，与正种的区别：小叶卵形或卵状长圆形，全缘或近全缘。雌花直径达3cm（丁宝章等，1997）。

【药材性状】本品呈圆柱形，常稍扭曲，长30～70cm，直径0.5～2cm，表面灰棕色至灰褐色，外皮粗糙而有许多不规则的裂纹或纵沟纹，具突起的皮孔。节部膨大或不明显，具侧枝断痕。体轻，质坚实，不易折断，断面不整齐，皮部较厚，黄棕色，可见淡黄色颗粒状小点，木部黄白色，射线呈放射状排列，髓小或有时中空，黄白色或黄棕色。气微，味微苦而涩。

【种质来源】本地野生

【生长习性及基地自然条件】

1. 生长发育特征

三叶木通喜肥趋湿，较耐寒，惧高温，适宜在中性或偏酸性（pH 5.5～6.5）土壤中生长。种子在气温8℃以上开始萌芽，8～12℃为发芽较适温度。气温在8℃以上，播种后40～50d出苗，幼苗出土后能经受短时间霜冻。植株生长速度随着温度升高而加快，日平均气温超过28℃时，植株地上部分生长速度下降。立冬前后，三叶木通果实停止生长，霜降前后，三叶木通茎藤停止生长，进入休眠。

2. 生长条件

稍耐阴，喜温暖气候及湿润土壤，多为黄壤或沙壤土。

3. 上壤种类

黄壤或沙壤土，土质疏松，中性和微酸性，保水力强，排水性好，滤水透气，土壤肥沃，腐殖质层深厚。

4. 土壤肥力

土壤有机质含量为 35.2～85.6g/kg，平均 45.3g/kg；总氮含量为 1.64～3.10 g/kg，平均 1.95 g/kg；碱解氮含量为 57.19～140.55mg/kg，平均 77.59mg/kg；速效磷含量为 9.57～16.00mg/kg，平均 10.15mg/kg；速效钾含量为 25.56～47.54 mg/kg，平均 31.95mg/kg；

【采收加工】

1. 采收

三叶木通生长期内，随采收年限延长，药材品质性状变优。折干率上升，药材及药材表皮色泽加深，呈浅褐色；药材溶重变小，灰分下降；茎藤通透性增强。三年生第 1 次攀缘茎的药材性能与二年生茎藤相当，三年生第 2 次攀缘茎的药材质量与二年生第 1 次攀缘茎及一年生茎藤的质量相当。从药材的质地、溶重、有效物质浓度等性状来看，三叶木通的采收年限以三年生的茎藤为宜；采收部位以三年生主茎为主。以 11 月中旬采收为宜。采收时，选取三年生主茎离根茎节 2～3cm 处截，连茎、叶及攀缘物拔起，防止对不收茎藤的植物损伤。

2. 初加工

去叶去小枝：粗度直径小于 0.5cm 以下的细小枝叶全部去掉。

截段：茎藤粗度直径 0.5cm 以上的茎藤均可以截段入药，药材节段长度 50cm 左右。

清洗：茎段用清水浸泡 1～2min，用有压力的水冲洗；时间不能太长，否则会降低药材有效物质含量。

干燥：阴干或 60℃ 条件下烘干均可，两种干燥方式对药材质量没有影响。

以肥壮、皮皱者为佳。

【种植方法】

一、选地整地

选用山地或林地，进行木通播种育苗或穴播，能充分利用林地有机质含量，肥力，对温度和水分的缓冲能力及土壤理化性状比农田土壤要好些的优势。伐林栽培应在木通播种前 1 年进行，让有机质充分分解，增加土壤的有效养分，对改良土壤理化性状，协调土壤固、液、气三相比例，消灭病源和害虫，促进木通生长都十分有利。选择朝东或朝南向阳坡，坡度 15°左右，以沙质壤土为好。挖沟撩壕做畦，畦宽 1.5m，沟宽 40cm，沟深 60cm；用 70% 代森锰锌粉剂 7.5kg/hm² 进行土壤消毒处理，用少量河沙或煤渣改良土壤，施腐熟的猪粪、牛粪、马粪、饼肥 3kg/m²，与土混合后灌沟。

二、搭架攀缘

木通是缠绕性攀缘藤本植物。选用缓生性明显的树种做攀缘架，按 3m 行距，修剪活体攀缘物后间作木通（熊大胜等，2006）。人工攀缘支架可以用双排水泥柱（规格：10cm×10cm×250cm 或 10cm×15cm×270cm，两根水泥柱用横条连接）或双排木材（直径 10～15cm），每隔 4～6m 设一立排柱。排柱埋入地下 50～70cm，每隔 50cm 高，拉一道横向镀锌铁丝构成高单篱架。4 月底（小满前后），用 50cm 长的小竹竿，引茎藤上第一道镀锌铁丝；5 月底（夏至前后），将茎藤绑在第二道铁丝上；7 月下旬（立秋前后），剪掉超过第二道铁丝上已经相互缠绕打结的小茎藤。搭架要根据地势分段搭设，并留好作业通道。

三、播种育苗

木通多用种子繁殖，也可以扦插繁殖。从播种到收获需要 3 年时间，第 1 年为茎藤营养体生长，第 2～3 年开花结果。第 3 年年底及以后，每年采收茎藤和果实入药。

选种与种子处理：木通种子在 9 月底成熟，10 月中上旬选择软熟或已经开口的果实采种。将采摘来的浆果及时水洗搓去果肉，用湿润河沙（种子与河沙比为 1：4，湿度以手捏成团，松手能散为度）在 10～11 月室温条件下储藏 30～35d，让种子完成形态后熟作用和层积发芽。待种胚突破种皮能见种芽后，择晴天播种。

播种：木通播种以 12 月底或翌年 1 月中上旬为宜，过早易遭受鼠害，过迟生长不良。沿开沟撩壕沟的两边条播或穴播，播种要均匀，保持粒距 5cm 左右，盖火土灰 3cm 厚，最后盖草保湿，出苗时撤除。直播栽培播种量：种芽 1.5～2g/m² 或 150～180kg/hm²，苗圃播种量：种子 900～1000kg/hm²，可移栽大田 6hm²。

四、苗地管理

幼苗出土后，要及时撤除盖头草，并除草、间苗。第一片真叶全展后，按株距 6cm 定苗，并追肥 1 或 2 次，施尿素或复合肥 300kg/hm²。及时灌溉排水，干旱浇水，雨涝排水。

苗期病虫害主要是红体叶蝉，其为害幼小茎尖，应及时防治，否则会导致茎藤短缩。防治方法：择晴天用敌百虫、敌杀死等杀虫剂可以有效控制红体叶蝉的危害。敌百虫用量：450g/hm²，每 10g 加水 10kg 喷雾；敌杀死用量：135ml/hm²，每 6ml 加水 10kg 喷雾。连续 1 或 2 次即可控制。

五、木通苗木移栽

1. 起苗

春分前后，木通抽梢之前移栽。边移栽边泼水，确保成活率。移栽后，遇上连续 3 个晴天，应注意浇水。如果因移栽田未空只能在 9～10 月移栽时，应注意做好两件工作：一是苗床管理。春分之后，木通实生苗会抽梢攀缘，应在苗床内插小竹竿，供木通茎藤攀缘，否则会导致各单株新梢之间相互缠绕，严重影响木通茎藤生长。二是连带小竹竿起苗。起苗时应连小竹竿同时挖起，逐株修剪后定植；起苗和修剪过程中，一定要尽量减少对木通茎藤的伤害。

2. 定植

春分前后起苗立即定植，秋栽更应该及时定植，否则成活率低。移栽地应按直播育苗地同样挖沟撩壕做畦、改良土壤和施用基肥。种植密度 $329 \sim 348$ 株/$100m^2$，3.3万～3.5万株/hm^2。穴植时按穴畦距 $1m \times 1.5m$ 规格移栽，条植时按空-行-行-空（75cm：40cm：40cm：75cm），每垄横排 2 株，纵排 2 列，株距 $9 \sim 10cm$，深度为$3 \sim 5cm$。

3. 田间管理

全年除草 2 或 3 次，追肥 2 或 3 次，结合施肥再除草松土 2 或 3 次。2 月 9 日施萌芽肥，3 月 30 日施春梢肥，5 月 20 日施夏梢肥；施纯氮 $1.99 \sim 2.22kg/100m^2$，纯磷$1.34 \sim 1.48kg/100m^2$，纯钾 $2.61 \sim 2.78kg/100m^2$。氮-磷-钾比例为 3：2：4。

木通修剪能极显著地提高先年母茎的粗度和材积，提高当年木通药材产量和质量。结合新梢引上搭架第一道铁丝，绑在第二道铁丝和剪掉超过第二道铁丝相互缠绕结团的小茎等田间管理工作进行。5 月中旬，每条先年母茎选留 2 或 3 个新梢，第$4 \sim 8$ 束幼叶时摘掉新梢茎尖，称为 4/4 修剪或 2/8 修剪。5 月中下旬间隔 5d 左右修剪 1 次。

六、病虫害防治

为害木通的主要病害有白粉锈病、短缩病、枯萎病、锈病和叶斑病；主要虫害有红体叶蝉、蚜虫、毛辣虫、尺蠖等。防治应采取农业综合措施与药剂防治并举方案，做好种子、种苗及土壤消毒工作，多雨季节注意及时清沟排涝，松土施肥，发现病株应及时清除，并用生石灰消毒病穴，控制传染。

【化学成分】

1. 萜类化合物

以三萜及其皂苷为主，苷元分别为常春藤皂苷元、去常春藤皂苷元、齐墩果烷皂苷元、去齐墩果烷皂苷元、阿榄江仁酸皂苷元、去阿榄江仁酸皂苷元，以常春藤皂苷元居多。

2. 氨基酸

木通植物中的氨基酸有 17 种之多（高慧敏等，2006）。

3. 其他成分

豆甾醇（stigmasterol）、β-谷甾醇（β-sitosterol）、β-谷甾醇-β-D-葡萄糖苷（β-sitos-terol-β-D-glucoside）、白桦脂醇（petulin）、肌醇（znositol）、胆甾醇（cholesteryl），叶含槲皮素（ouercetin）、咖啡酸（caffeic aeid）、对香豆酸（p-cumaric acid）、齐墩果酸（oleanicacid）和山奈醇（kaempferol）。种子含脂肪油，主要为油酸（oleicacid）、亚油

酸（linoleic acid）、棕榈酸（palmitic acid），并含少量乙酸（刘桂艳等，2004）。

【鉴别与含量测定】

一、鉴别

1. 显微鉴别

显微鉴别木通的藤茎横切面的结果如下。

1）木通木栓细胞数列，常含有褐色内含物；栓内层细胞含草酸钙小棱晶，含晶细胞壁不规则加厚，弱木化。皮层细胞6~10列，有的含数个小棱晶。中柱鞘由含晶纤维束与含晶石细胞群交替排列成连续的浅波浪形环带。维管束16~26个。韧皮部细胞薄壁性。束内形成层明显。

木质部导管散孔型。射线明显，其外侧有1~3列含晶石细胞与中柱鞘含晶石细胞相连接；形成层内侧射线细胞壁加厚、木化，具明显单纹孔。髓周细胞圆形，壁厚、木化，有圆形单纹孔，常含1个至数个棱晶，中央有少量薄壁细胞，壁不木化。

2）三叶木通与木通极相似，主要区别为木柱细胞无褐色内含物；中柱鞘含晶纤维束与含晶石细胞群交替排列成连续的环带，但含晶石细胞群仅存在于与射线相对处；维管束27~31个。

3）白木通与木通相似，主要区别为中柱鞘与三叶木通相似，含晶石细胞群仅存在于射线外侧；射线中径向排列的含晶石细胞多不与中柱鞘含晶石细胞群相连；维管束约13个。

2. 理化鉴别

取齐墩果酸对照品、常春藤皂苷元对照品，加甲醇制成每毫升各含1mg的溶液，作为对照品溶液。照薄层色谱法［《中国药典》（2005年版）附录ⅥB］试验，吸取"含量测定"项下供试品溶液$10\mu l$及上述两种对照品溶液各$2\mu l$，分别点于同一硅胶G薄层板上，以正己烷-乙酸丁酯-冰乙酸（6∶4∶0.25）为展开剂，展开，取出，晾干，喷以10％硫酸乙醇溶液，在105℃加热至斑点清晰。供试品色谱中，与对照品色谱相应的位置显相同颜色的斑点。

二、含量测定

1. 色谱条件与系统适应性试验

以十八烷基硅烷键合硅胶为填充剂，以甲醇-水-冰乙酸-三乙胺（87∶13∶0.04∶0.02）为流动相，检测波长210nm。理论板数按齐墩果酸峰计算应不低于2000。

2. 对照品溶液的制备

精密称取齐墩果酸对照品、常春藤皂苷元对照品适量，加甲醇制成每毫升各含1mg的混合溶液，即得。

3. 供试品溶液的制备

取本品粉末（过4号筛）约2g，精密称定，加甲醇50ml，超声处理（功率250W，频率50kHz）30min，过滤，残渣用甲醇适量洗涤，合并滤液与洗液，回收溶剂至干，残渣加水10ml溶解，用水饱和正丁醇振摇提取3次，每次20ml，合并提取液，蒸干，残渣加甲醇 20ml、盐酸 2ml，加热水解 4h。水解物加水 10ml，用三氯甲烷振摇提取 2 次，每次 20ml，合并提取液，回收溶剂至干，残渣加甲醇溶解并转移至 10ml 量瓶中，加甲醇至刻度，摇匀，过滤，取续滤液，即得。

4. 测 定 法

分别精密吸取对照品溶液与供试品溶液各 20μl，注入液相色谱仪，测定，即得。

本品按干燥品计，含齐墩果酸（$C_{30}H_{48}O_3$）和常春藤皂苷元（$C_{30}H_{48}O_4$）的总量不得少于 0.15%。

【附注】

多叶木通 Akebia quinata（Thunb.）Decne. var. polyphylla Nakai　多叶木通为木通的变种，用途同正种，但《中国药典》（2005 年版）未收载。

落叶藤本植物。老枝红褐色，密生小皮孔。掌状复叶，小叶 5～7 枚，椭圆形或椭圆状倒卵形，全缘，长 4.5～6cm，宽 2.5～2.8cm，顶端凹，有突尖，基部圆形，叶背面带白色，总叶柄长 5～7cm，小叶柄长 10～15mm。5 月开花，花深紫色，有香气。果实长 6～7cm，熟时紫红色，带白粉。

其生于山坡灌丛或山谷杂木林中，在四川、江苏、浙江、陕西等省有分布。河南主要分布于伏牛山、大别山和桐柏山区。

八 月 札

Bayuezha

FRUCTUS AKEBIAE

【概述】八月札出自《饮片新参》，味微苦，性平。归肝、胃、膀胱经。疏肝和胃，活血止痛，软坚散结，利小便。主治肝胃气滞，脘腹、饮食不消，下痢便泄，疝气疼痛，腰痛，经闭痛经，瘿瘤瘰疬，恶性肿瘤。

八月札果实鲜美、味甜美、风味独特，可制作保健饮料，在人们崇尚绿色保健食品的今天，是一种潜力很大的保健水果。种子的含油量为 43%，是榨取食品油的原料之一，榨出的油中含有维生素 B、维生素 C 及维生素 E 等，色清味香（王勇等，2004）。

【商品名】八月札

【别名】木通子、冷饭包、羊开口、燕蓄子、畜蓄子、拿子、桴棳子、覆子、八月瓜、八月炸、野毛蛋、野香蕉、玉支子、腊瓜

【基原】木通科木通 Akebia quinata（Thunb.）Decne、三叶木通 Akebia trifoliata（Thunb.）koidz 和白木通 Akebia trifoliata（Thunb.）koidz. var. australis（Diels）Rehd. 的果实。

【原植物】同木通。

【药材性状】

1）木通果实肾形或长椭圆形，稍弯曲，长 3～9cm，直径 1.5～3.5cm；表面土棕色，有不规则纵皱网纹，先端钝圆，基部有果梗痕；质坚实而重，果瓤白色，粉性；种子多数，略呈三角形，紫红色，表面略平坦。气微香，味苦。

2）三叶木通果实长椭圆形或略呈肾形，长 3～8cm，直径 2～3cm；表面浅灰棕色或黄棕色，有不规则纵向网状皱纹，未熟者皱纹细密，先端钝圆，有时可见圆形柱头残基，基部具圆形稍内凹的果柄痕；果皮革质，较厚。断面淡灰黄色，内有多数种子，包埋在灰白色果瓤内；果肉气微香，味微涩。种子扁长卵形或不规则三角形，略扁平，宽约 5mm，厚约 2mm；表面红棕色或深红棕色，有光泽，密布细网纹，先端稍尖，基部钝圆，种脐略偏向一边，其旁可见白色种阜；种皮薄，油质；胚细小，长约 1mm，位于靠近基部一端；气微弱，味苦，有油腻感。

3）白木通果实卵形或椭圆形，长约 8cm，直径 3～3.5cm；表面微显褐色，光滑或具粗纵皱网纹，多细小龟裂。商品有时切成纵片，果皮略光滑，微向内凹，果瓤土灰色，木质；种子长三角状，紫红色，表面有致密细纵纹。以完整、肥壮、质重、土黄色、皮皱、大小均匀不开裂者为佳。

【种质来源】同木通。

【生长习性及基地自然条件】同木通。

【采收加工】8～9 月果实成熟时采摘，晒干，或用沸水泡透后晒干。以果实饱满、干燥、无杂质者为佳。

【化学成分】果皮含齐墩果酸-3-鼠李糖基阿拉伯糖苷［oleanolic acid-3-O-α-L-rha (1→2) -α-L-arabinopyranoside］、常春藤皂苷元-3-木糖基阿拉伯糖苷［hederagenin-3-O-β-D-xyl（1→3）-α-L-arabinopyranoside］、常春藤皂苷元-3-鼠李糖基阿拉伯糖苷［hederagenin-3-O-α-L-rha（1→2）-α-L-arabinopyranoside］、齐墩果酸-3-葡萄糖基阿拉伯糖苷［oleanolic acid-3-O-β-D-glu（1→2）-α-L-arabinpyoside］、常春藤皂苷元-3-阿伯糖-28-鼠李糖基二葡萄糖苷［3-O-α-L-ara-hederagenin-28-O-α-L-rha（1→4）-β-D-glu（1→6）-β-D-glucopyranoside］、齐墩果酸-3-鼠李糖基阿拉伯糖-28-鼠李糖基二葡萄糖苷［3-O-α-L-rha-L-rha（1→2）α-L-ara-oleanolicacid-28-O-α-L-rha（1→4）-β-D-glu（1→6）-β-D-glucopyranoside］、常春藤皂苷元-3-鼠李糖基阿拉伯糖-28-鼠李糖基二葡萄糖苷［3-O-α-L-rha（1→2）-α-L-ara-hederagenin-28-O-α-L-rha（1→4）-β-D-glu（1→6）-β-D-glucopyranoside］、常春藤皂苷元-3-木糖基鼠李糖基阿拉伯糖苷［hederagnin-3-O-β-D-xyl（1→3）-α-L-rha（1→2）-α-L-arabinopyranoside］、阿江榄仁酸（arjunolic acid）、20（29）-去氢-30-阿江榄仁酸［20（29）-dehydro-30-norarjunolic acid］、阿江榄仁酸-28-鼠李糖基二葡萄糖苷［norarjunolic acid-28-O-α-L-rha（1→4）-β-D-glucopyranoside］、阿江榄仁酸-28-木糖基鼠李糖基二葡萄糖苷［arjunolic acid-28-O-β-D-xyl（1→3）-α-L-rha（1→4）-β-D-glu（1→6）β-D-hlucopyranoside］。

种子含皂苷（saponino）AQ-A、AQ-B、AQ-C、AQ-D、AQ-E、AQ-F、AQ-G；还含脂肪油，其中主含油酸甘油酯、亚麻酸甘油酯及软脂酸甘油酯。

【种植方法】同木通。

【鉴别】

1. 理化鉴别

1）泡沫试验：取本品粉末少量，加 10 倍水量，充分振摇，产生大量持久性泡沫（检查皂苷）。

2）溶血试验：取用生理盐水稀释的 1% 新鲜兔血 1ml，沿管壁加入本品的生理盐水浸出液（1：3）若干，迅速发生溶血现象（检查皂苷）。

3）取本品干燥粉末少量，置白瓷板上滴加浓硫酸后，初呈黄棕色，继而变红，最后变蓝（检查皂苷）。

2. 显微鉴别

1）三叶木通果实横切：外果皮表皮细胞 1 列，偶见气孔；下有切向延长的黄棕色下皮细胞 3～5 列，壁稍增厚。中果皮外方为大小不等的石细胞及纤维，成群排成环层，石细胞较小，胞腔内常有草酸钙方晶；向内薄壁组织间也有石细胞群，并有少数维管束散在。内果皮为 1 列扁平细胞。种皮表皮细胞棕黄色，壁厚，外有较厚角质层；其下为数列切向延长的黄棕色椭圆形厚壁细胞和数列薄壁细胞。胚乳细胞含油滴及糊粉粒。子叶细胞含油滴。

2）粉末特征：黄棕色。①石细胞多角形、类圆形或圆形，直径 30～106μm，胞腔内常含草酸钙棱晶，长 6～13μm，宽约 8μm。②纤维壁厚，腔窄细，常与石细胞相伴。③淀粉粒众多，单粒类球形，直径 6～14μm，脐点点状。④种皮细胞棕黄色，短纤维状，纹孔明显细密。⑤胚乳细胞多角形，内含糊粉粒。

【主要参考文献】

崔亚君，叶敏，张冰等. 2004. 木通类中药研究现状及建议. 中药研究与信息，6（11）：23～25

丁宝章，王遂义，高增义，1997. 河南植物志. 郑州：河南科学技术出版社

高慧敏，王智民. 2006. 木通属药用植物研究进展. 中国中药杂志，31（1）：10，11

刘桂艳，王晔，马双成等. 2004. 木通属植物木通化学成分及药理活性研究概况. 中国药学杂志，39（5）：330，331

王勇，戴联林，康海峰. 2004. 晋南地区三叶木通野生资源的开发利用. 中国野生植物资源，24（2）：23～25

熊大胜，王继永，李子辉等. 2006. 三叶木通规范化生产操作规程. 中国现代中药，8（5）：37～39

中华人民共和国药典委员会，2005. 中华人民共和国药典（2005）一部. 北京：化学工业出版社

牛　蒡　子

Niubangzi

FRUCTUS ARCTII

【概述】本品为豫西道地药材，始载于《本草图经》，味辛、苦，性寒、归肺胃二经，具有疏散风热、宣肺透疹、解毒利咽。用于治疗风热感冒、咳嗽痰多、麻疹、风疹、咽喉肿痛、痄腮丹毒、痈肿疮毒。牛蒡产于伏牛山等河南各山区，也有栽培；我国南北各省（自治区）均产。全世界共有 10 种，我国有 2 种。

【商品名】杜大力：产于浙江嘉兴、乌镇等地。子粒饱满，呈青灰色，品质最优，为道地药材。关大力，又名北大力，产于东北辽宁等地。川大力：主产于四川。汉大力：主产于湖北。因集散于汉口而得名。牛蒡子：或称牛子、大力子，为各种牛蒡子的

统称。

【别名】大力子、牛子、恶实、鼠黏子

【基原】为菊科植物牛蒡 *Arctium lappa* L. 的干燥成熟果实。

【原植物】二年生大型草本，高 1～2m。主根肉质。茎直立，紫色，上部多分枝，被微毛。基生叶丛生，具长柄；中部叶宽卵形至心形，长 40～50cm，宽 30～40cm，上部叶渐尖，先端钝圆，基部心形，边缘微波状或有细齿，表面无毛，背面密被灰白色绒毛，叶脉在背面凸起。头状花序丛生或排列成伞房状，直径 3～4cm，有花序梗；总苞球形；总苞片披针形，长 1～2cm，先端钩齿状内弯；花筒状，淡紫色，先端 5 裂片狭三角形。果实略呈三棱状，长约 5mm，宽约 3mm，灰黑色，表面具斑点；冠毛短刚毛状，淡黄色。花期 6～7 月，果熟期 9～10 月（丁宝章等，1997）。

【药材性状】本品呈长倒卵形，略扁，微弯曲，长 5～7mm，宽 2～3mm。表面灰褐色，带紫黑色斑点，有数条纵棱，通常中间 1 或 2 条较明显。顶端钝圆，稍宽，顶面有圆环，中间具点状花柱残迹；基部略窄，着生面色较浅。果皮较硬，子叶 2 片，淡黄白色，富油性。气微，味苦后微辛而稍麻舌。

【种质来源】本地野生

【生长习性及基地自然条件】

1. 生长发育特征

　　牛蒡适应性强，原野生山坡、沟路旁、住宅周围，喜温和湿润气候，耐寒，生长期需水多，较低的丘陵和低山栽培最适宜。牛蒡为深根植物，喜肥，种植在疏松、土层深厚、肥沃的土壤。种子发芽适温为 20～25℃，发芽率 70%～90%，种子寿命为 2 年。播种当年只形成叶簇，第 2 年才能抽茎开花结果。4～5 月生长慢，7～8 月生长迅速，翌年 5～6 月开花，7 月种子开始成熟。

2. 生长条件

　　气候：牛蒡生育适温为 20～25℃，直根极耐寒，但地上部在 3℃ 则枯死。湿度过高，种子不易萌芽，冬季播种受到低温的影响，初期生长缓慢。最适宜月份一般在 9 月下旬至 10 月上旬。

　　喜温暖湿润气候，不择土壤，耐寒耐旱，原野生于山区丘陵的山涧、沟溪边，栽培于平整地区的房前屋后、地头沟边，一切闲散地旁均可种植，但怕夏季的多雨季节积水，喜阳光，半阴半阳的树林内也可生长。

3. 土壤种类

　　牛蒡直根耐水性差，直根浸在水面下 2d 以上则腐烂，宜选排水良好的地域种植。极适合种植于土层深厚的壤土或沙质壤土，pH 6.5～7.5 微酸性至微碱性为佳。

【种植方法】

一、选地整地

　　牛蒡对土壤要求不太严格，但栽培时，宜选土层深厚、疏松、排水良好的地块。深翻 30～40cm，耙细、整平，每亩施农家肥 3000～4000kg，做成 1～1.5m 宽畦。

二、繁殖方法

种子繁殖,采用直播方法。春、夏、秋季均可播种。秋播在 8～9 月,在整好的畦上按 50～80cm 开浅沟进行条播;或按 80cm 株距穴播,每穴点入种子 5 或 6 粒,播种前,将种子放入 30～40℃的温水中浸泡 24h,有利于出苗。播后覆土 3～4cm,稍压后浇水,15d 可出苗,每亩用种 1kg。也可育苗移栽,于 3 月上旬在苗床上播种,5 月上旬或秋季移栽。

三、田间管理

幼苗期或第 2 年春季返青后进行松土,前期要特别注意除草,后期叶子较大时停止中耕。当苗长至 4 或 5 片真叶时,按株距 20cm 间苗,间下的苗可带土移栽;苗具 6 片叶时,按株距 40cm 定苗,穴播者每穴留 1 或 2 株。第 2 年茎生叶铺开时,不再进行除草,但要追肥 2 或 3 次,每亩施人粪尿 2000～3000kg。植株开始抽茎后,每亩追施磷酸二铵 15kg 或过磷酸钙 20kg,促使分枝增多,籽粒饱满。施后要浇水,雨季注意排水。

四、病虫害防治

牛蒡的病害有细菌性叶斑病、白粉病、黑斑病、花叶病;虫害有蚜虫、连纹夜蛾。

1. 细菌性叶斑病

该病在 7 月、8 月高湿多雨季节多有发生,主要为害叶片和叶柄。叶片染病,初在叶面上生许多水渍状暗绿色圆形至多角形小斑点,后逐渐扩大,在叶脉间形成褐色至黑褐色多角形斑,中央部分褪成灰褐色,表面呈树脂状。有的卷缩。叶柄染病,初现黑色短条斑后稍凹陷,叶柄干枯略卷缩。该病病菌主要在种子、土壤及其病残体上越冬,翌年适宜时进行初侵染,田间通过雨水、灌溉水、农事操作等途径引起再侵染,病菌主要从伤口侵入。

防治方法:①高畦栽培,严禁大水漫灌,减少水流传染。②及时摘除病叶,以减少菌源。初期喷 1∶150 的波尔多液,每隔 5～7d 1 次,连续 2 或 3 次。③发病时可用77%可杀得 WP500 倍液或 60%琥胶肥酸铜可湿性粉剂 500 倍液,隔 10d 左右 1 次,连喷 2 或 3 次。

2. 白粉病

该病主要为害叶片,有时也为害叶柄、茎和花萼。潮湿和通风、光线不好时易发生。发病初期,在叶两面均可产生白色圆形小粉斑,叶背面居多,后期病斑变为灰白色,病叶变黄干枯,病斑生许多黄褐色至黑色小点,即为病菌闭囊壳。病菌以菌丝体、闭囊壳随病残体越冬,为来年初侵染来源。分生孢子借气流或雨水传播,田间有多次再侵染。当温度适宜,相对湿度 80%以上,植株长势弱,密度大时发病重。

防治方法:注意田间通风透光,摘除病叶烧掉。发病初期喷药保护,可用 20%三唑酮(粉锈宁)乳油 2000 倍液,或 50%多硫胶悬剂 600 倍液,或农抗 120 或武夷菌素100～150 倍液进行喷雾,隔 7～10d 喷 1 次,连喷 2 或 3 次。或喷洒 0.3～0.5 波美度石硫合剂，7～10d 1 次，连续 3 或 4 次。

3. 黑斑病

该病多在秋季发生，主要为害叶片、叶柄。病叶初期产生褐色圆形病斑，大小 2～20mm，表面光滑，后期病斑中间变薄且褪为浅灰色，易破裂或穿孔，其上生黑色粒点。病菌以分生孢子器在病叶上越冬，第 2 年产生分生孢子借风雨传播，进行初侵染和再侵染。高温高湿的环境条件易发病。

防治方法：①清除病残体于田外烧毁；②牛蒡播种前用 50℃ 温水浸种 30min 或用 3％ 农抗 120 水剂浸种 15min；③与其他作物进行 3 年以上轮作，合理密植，使田间通风透光；④发病初期用 77％ 可湿性可杀得 WP500 倍液或 14％ 络氨酮水剂 300 倍或波尔多液、多菌灵液进行喷雾，隔 10d 左右 1 次，连喷 2 或 3 次。

4. 花叶病

染病植株叶片颜色浓淡不均匀，呈黄绿相间的斑驳状，有时叶片皱缩不展，植株矮小。该病可在多种寄生植物或病株残体中越冬，并长期存活，田间靠汁、液摩擦接触或辣根长管蚜传播。该病的发生与环境条件关系密切，高温干旱利于发病。此外，栽培粗放，偏放氮肥，植株生长势弱，土壤瘠薄，板结，排水、通风不良等均利于病害发生。

防治方法：①治虫防病，用 10％ 吡虫啉可湿性粉剂 1500 倍液或 50％ 辛氰乳油 4000 倍液消灭传毒蚜虫，可减轻该病为害；②注意田间卫生，及时拔除病株，带出田外销毁；③发病初期，喷施 1.5％ 植病灵 1000 倍液或高锰酸钾 1000 倍液进行喷雾。

5. 蚜虫

成虫、若虫在苗期和现蕾期都有发生，吸取汁液，茎、叶、花、果都可受侵害，影响植株的正常生长发育。

防治方法：发生时用 40％ 乐果 800 倍液、6％ 可湿性六六六粉 300 倍液、8％ 敌敌畏乳剂 2000 倍液或石灰烟草水喷杀。

6. 连纹夜蛾

幼虫嚼食叶片，造成缺刻、孔洞，影响植株的正常生长发育。

防治方法：50％ 磷胺乳油 1500 倍或 90％ 敌百虫 800 倍液喷雾，7～10d 喷 1 次，连续数次。

【采收加工】

1. 采收

牛蒡子生长两年后，即可抽薹开花、结籽。秋季当地上牛蒡籽骨朵由青转黄时，即可分批采收。直播或移栽的第 2 年秋季可采收。牛蒡子的开花期不一致，应成熟一批采收一批，过于成熟种子自然脱落。采收时为防扎手，要用剪刀剪割，然后置干净院内脱粒晒干，为防脱粒时细毛进入眼睛，最好带上风镜或眼镜。

2. 初加工

牛蒡子在晒场曝晒，充分干燥后，用木棒反复打击，脱出果实，然后扬净，去杂质，晒干即为牛蒡子。

本品以粒大、饱满、色青白、有明显花纹者为佳。

【化学成分】

1) 牛蒡子中含有多种挥发油成分，对牛蒡子挥发油成分进行分析，得率 0.2%，折光率 1.4623，比重 1.01。将挥发油进行 GC-MS 联用分析，其中 R-胡薄荷酮和 S-胡薄荷酮是主要的化学成分。

2) 牛蒡子中含量最高的是木脂素成分，经研究发现主要包括拉帕酚 A、B、C、D、E、F、H（lappaolA、B、C、D、E、F、H）、牛蒡苷（arctiin）、牛蒡苷元（arctigenin）、罗汉松酯素以及 2，3-二苄基丁内酯木脂素等，以及新牛蒡素乙（neoarctin B）。在此类组分中，以牛蒡子苷的含量远较其他组分为高。牛蒡苷元为牛蒡苷分解后的产物。

3) 牛蒡子中还含有约 26.1% 的油脂，其中有棕榈酸（palmitic acid）、硬脂酸（stearic acid）、油酸（oleic acid）、亚油酸（linoleic acid）、亚麻酸（cinolenic acid），亚油酸为主，其次为油酸和亚麻酸，可与月见草籽油、核桃油、大豆油的营养价值相媲美。除此之外，牛蒡子中还含约 24.7% 的蛋白质。

【鉴别与含量测定】

一、鉴别

1. 显微鉴别

本品粉末灰褐色。内果皮石细胞略扁平，表面观呈尖梭形、长椭圆形或尖卵圆形，长 70~224μm，宽 13~70μm，壁厚约 20μm，木化，纹孔横长。中果皮网纹细胞横断面观类多角形，垂周壁具细点状增厚；纵断面观细胞延长，壁具细密交叉的网状纹理。草酸钙方晶直径 3~9μm，成片存于黄色的中果皮薄壁细胞中，含晶细胞界限不分明。子叶细胞充满糊粉粒，有的糊粉粒中有细小簇晶，并含脂肪油滴。

2. 理化鉴别

取本品粉末 0.5g，加乙醇 20ml，超声处理 30min，过滤，滤液蒸干，残渣加乙醇 2ml 使之溶解，作为供试品溶液。另取牛蒡子对照药材 0.5g，同法制成对照药材溶液。再取牛蒡苷对照品，加乙醇制成每毫升含 5mg 的溶液，作为对照品溶液。照薄层色谱法［《中国药典》(2005 年版) 附录 Ⅵ B］试验，吸取供试品溶液 3μl、对照药材溶液 3μl、对照品溶液 5μl，分别点于同一硅胶 G 薄层板上，以氯仿-甲醇-水（40：8：1）为展开剂，展开，取出，晾干，喷以 10% 硫酸乙醇溶液，在 105℃ 加热至斑点显色清晰。供试品色谱中，与对照药材及对照品色谱相应的位置分别显相同颜色的斑点。

二、含量测定

(1) 色谱条件与系统适用性试验。以十八烷基硅烷键合硅胶为填充剂，甲醇-水（1：1.1）为流动相，检测波长为 280nm。理论板数按牛蒡苷峰计算应不低于 1500。

精密称取牛蒡苷对照品适量，用甲醇制成每毫升含 0.5mg 的溶液，即对照品溶液。

取本品粉末（过 3 号筛）0.5g，精密称定，置 50ml 量瓶中；加甲醇约 45ml，超声处理（功率 150W，频率 20kHz）20min，加甲醇至刻度，摇匀，过滤，即供试品溶液。

(2) 测定法。分别精密吸取对照品溶液与供试品溶液各 10μl，注入液相色谱仪，测定，即得。

本品含牛蒡苷（$C_{27}H_{34}O_{11}$）不得少于 5.0%。

【附注】

牛　蒡　根

Niubanggen

RADIX ARCTII

【概述】牛蒡根出自《药性论》。《本草拾遗》云："恶实根，蒸，暴干，不尔令人欲吐。"归肺、心经，散风热，消毒肿；主治风热感冒、头痛、咳嗽、热毒而肿、风湿痹痛、癥瘕积块、痈疖恶疮、痔疮脱肛。牛蒡根药食两用，生于沟谷林边、山野路旁，全国分布广泛；有栽培。《中国药典》（2005 年版）未见收载。

牛蒡根形状颇似人参，在日本有"东洋参"之称，一直被日本、韩国、欧美国家和我国台湾地区公认为营养价值极高的特种保健型蔬菜。牛蒡根富含菊糖、纤维素、蛋白质、钙、磷、铁等，其胡萝卜素含量比胡萝卜高 150 倍，蛋白质和钙的含量为根类蔬菜之首。作为一种粗纤维植物，它能清除体内垃圾和毒素，改善体内循环，有一定的利尿解热、抑制发炎的作用，尤其对糖尿病、肥胖症、风湿、解肝毒、便秘等有明显疗效。在我国《现代中药学大词典》和《中药大词典》中都提出了牛蒡有抗菌、抗肿瘤生长、促进新陈代谢的药理作用。美国著名的保健专家艾尔·敏德尔博士在《抗衰老圣典》中将牛蒡形容为"是一种可以帮助人体维持良好工作状态（从幼年到老年）的温和营养药草，牛蒡可日食而无任何副作用，且对体内系统的平衡具有复原功效"。

【别名】牛蒡、黑萝卜、蒡翁菜、东洋参、牛鞭菜、恶实根、鼠黏根、牛菜

【基原】为菊科植物牛蒡 *Arctium lappa* L. 生长 2 年以上的根。

【原植物】二年生大型草本，高 1～2m。茎直立，紫色，上部多分枝，有纵条棱。基生叶丛生，大型，有长柄；茎生叶互生，卵形或心形，长 40～50cm，宽 30～40cm，边缘微波状或有细齿，基部心形，下面密被灰白色短柔毛。头状花序多数，排成伞房状；总苞球形，总苞片披针形，先端具短钩；花红紫色，全为管状。瘦果椭圆形，具棱，灰褐色，冠毛短刚毛状。花期 6～7 月，果期 9～10 月。

【药材性状】牛蒡呈纺锤形或长圆锤形，少分枝。表面棕褐色，有明显的纵沟及纵皱纹。质韧，断面半透明质样；皮部黄棕色，形成层环明显；木部黄白色，具放射状纹理。气微，味微苦。

【采收加工】

1. 采收与加工

10 月间采挖 2 年以上的根，洗净，晒干。采收牛蒡根时要深挖，把全株完整取出，去净泥沙和须根，在叶柄 2cm 处切断并分级。选择上市出售的牛蒡根必须无斑点，无病虫危害，条形光直，无分叉。

2. 分级标准

分级标准：一级品长 70cm 以上，粗头直径 2～3cm 以上；二级品长 50～70cm 以

上，粗头直径 1～3cm 以上；三级品长 30～50cm，粗头直径 1～3cm。

【化学成分】愈创木内酯类化合物：牛蒡根噻吩-a（lappaphen-a）、牛蒡根噻吩-b（lappaphen-b）。

硫炔类化合物：牛蒡酮（arctinone）a、b，牛蒡醇（arctinol)a、b，牛蒡醛（arctinal）, 牛蒡酸（arctic acid)b、c，牛蒡酸 b 甲酯（methyl arctate b），(11E)-1，11-十三碳二烯-3,5,7,9-四炔[(11E)-1,11-tridecadien-3,5,7,9-tetrayne]，(3E，11E)-1，3,11-十三碳三烯-5，7，9-三炔 [(3E，11E)-1,3,11-tridecatrien-5，7，9-triyen]，(3E)-3-十三碳烯-5,7,9,11-四炔-1,2-环氧化合物[(3E)-3-tridecen-5,7,9,11-tetrayne-1，2-epoxide]，(4E、6E、12E)-4,6,12-十四碳-8，10-二炔-1，3-二乙酸酯，(4E、6Z)-4,6-十四碳二烯-8,10,12-三炔-1，3-二乙酸酯[(4E，6Z)]-4,6-tetradecadien-8，10，12-triyn-1，3-diyl diac-etate]，[(8Z，15Z)-十七碳-1,8,15-三烯-11，13-二炔[(8Z，15Z)-heptadeca-1,8,15-trien-11，13-diyn]，(S)-12，13-环氧-2，4,6,8，10-十三碳烯-3,5,7,9,11-五炔。

根中的挥发性成分有去氢木香内酯（de-hydrocostus lactone）、去氢二氢木香内酯（dehydrodihydrocostus lactone）、3-辛烯酸（3-octenoic acid）、3-己烯酸（3-hexenoic acid）、2-甲基丙酸（2-methy propionic acid）、2-甲基丁酸（2-methylbu-tyric acid）、2-甲氧基-3-甲基吡嗪（2-methoxy-3-methylpyrazine）、苯乙醛（phenyacetaldehyde）、苯甲醛（benzaldehyde）、丁香烯（caryophyllene）、1-十七碳烯（1-heptadecene）、1-十五碳烯（1-pen-tadecene）等成分。

此外，还含 α，β-香树酯醇（α，β-amyrin）、羽扇豆醇（lupeol）、蒲公英甾醇（taraxas-terol）、φ-蒲公英甾醇（φ-taraxasterol）、豆甾醇（stigmasterol）、谷甾醇（sitos-terol）。

【主要参考文献】

丁宝章，王遂义，高增义. 1997. 河南植物志. 郑州：河南科学技术出版社

中华人民共和国药典委员会. 2005. 中华人民共和国药典（2005）一部. 北京：化学工业出版社

王 不 留 行
Wangbuliuxing
SEMEN VACCARIAE

【概述】本品为豫西道地药材，始载于《神农本草经》，列为上品。历代本草均有收载，韩保升《蜀本草》云："叶似菘蓝，花红白色，子壳似酸浆，实圆黑似菘子，如黍粟。"有关本草所述，常不一致。麦蓝菜之名，见于《救荒本草》载："其叶抱茎对立，每一叶间，窜生一叉，茎叉梢头，开小肉红花。"明代《本草纲目》云："王不留行能走血分，乃阳明冲任之药。苗高一二尺，三四月开小花如风铃状，红白色，结实如灯笼草子，壳有五棱，壳内包一实，大如豆，实内细子，大如菘子，生如熟黑。"以上描述的王不留行，与现今大部分地区用药一致。

王不留行为我国传统中药。味苦，性平。归肝、胃经。具有活血通经、催生下乳、消肿敛疮的功效。用于治疗乳汁不下、经闭、痛经、乳痈肿痛。我国中医的耳穴疗法中，常用王不留行籽进行埋压，辅助治疗青少年近视、面神经麻痹、突发性耳聋、过敏性鼻炎、咳嗽、喘憋性肺炎、失眠、更年期综合征、高血压、单纯性肥胖、化疗胃肠反应、便秘、痔疮等病症（李中国等，1992）。孕妇或经血过多者慎用。

王不留行的原植物品种复杂，初步统计不少于 10 种，且多属不同属或科的植物，药用部位也不同。例如，桑科植物薜荔的干燥花托（果壳）在广东、广西等省（自治区）作王不留行使用，锦葵科植物川黄花稔的干燥全草在云南省作王不留行习用；藤黄科植物湖南连翘的地上部分，在云南省作王不留行习用；野牡丹科的野牡丹的根及茎在台湾、福建地区使用。但以植物麦蓝菜的种子使用最普遍，故列为正品。王不留行的伪品主要有十字花科植物油菜的干燥成熟种子，习称"芸苔子"；豆科蚕豆属的 4 种野豌豆的种子：野豌豆、四籽野豌豆、窄叶野豌豆、硬毛果野豌豆。《中国药典》(2005 年版) 收载的王不留行为石竹科植物麦蓝菜 *Vaccaria segetalis* (Neck.) Garcke 的干燥成熟种子。

历史上王不留行多杂生于麦田之中，近年则以栽培为主，野生越来越少。本品药食两用。王不留行中含淀粉 53%，可酿酒、制醋；种子可榨油，可作为新型能源材料，具有良好的开发前景。尤其是近几年奶牛业的不断发展，具有极强催乳作用的王不留行，早已成为奶牛业不可缺少的饲料添加剂而被广泛应用，并以每年 20% 以上的速度递增。2002 年全国的用量为 1200t，现在每年需要 1500t 左右。

王不留行的主产区有豫西的洛阳和河北的邢台。豫西为王不留行的主要产地之一，2003 年种植面积约 1500 亩，分布在嵩县、伊川、宜阳、洛宁、孟津、新安、渑池、陕县等地。产量最高时达 890t 左右，全国需求量的 50% 以上都由该地区供应，为全国主流品种。据报道，不同产地的王不留行样品，刺桐碱、异肥皂草苷含量变化范围不大，说明药材品质较为稳定。洛阳产王不留行中两个成分的含量均高于河北邢台。

【商品名】王不留行

【别名】留行子、大麦牛、不留子、牧牛、不留行、禁宫花、剪金花、金剪刀草、金盏银台、麦蓝子、道灌草、兔儿草、奶米

【基原】王不留行为石竹科植物麦蓝菜的干燥成熟种子。

【原植物】一年生草本，高 30～70cm。全株光滑无毛，粉绿色。茎直立，圆柱形，茎节处略膨大，上部叉状分枝。基部叶长椭圆形，长 2～6(-9) cm，宽 1.5～2.5cm，先端锐尖，基部渐狭成短柄；茎生叶长椭圆形至披针形，基部心脏形，无柄。聚伞花序具多花；花梗长 1～4 cm；萼筒长 1～1.5cm，具有 5 条肋棱，花后基部稍膨大，顶端狭窄，5 齿裂；花瓣 5 个，淡红色，倒卵形，基部具长爪；雄蕊 10 个，子房长卵形，花柱 2 个。蒴果卵形，顶端 4 齿裂；种子圆形，黑色，有明显粒状突起。花期 4～5 月，果熟期 5～6 月。

【药材性状】 种子呈球形，直径 1.5～2mm，表面黑色，少数红棕色，略有光泽，放大镜下可见密布细小疣状突起，一侧有浅色圆点状的种脐及一条浅沟，沟内的疣状突起整齐纵向排列。质坚硬，难破碎。用水浸软，除去种皮，可见胚弯曲成环状，子叶 2 片，胚乳白色。气微，味淡，以粒饱满、色黑者为佳。

炒王不留行：种皮鼓起，多裂开而现出白色胚乳，质脆。

【种质来源】 本地资源

【生长习性及基地自然条件】

1. 生长发育特征

王不留行的种子幼嫩时白色，而后变为橘红色，最后呈黑色而有光泽，表面有颗粒状突起。种子无休眠期，种子发芽率为 80％ 左右，温度在 18～25℃，有足够的湿度，播种后 4～5d 出苗。生长期 4～7 月，5～6 月植株生长最快，花期 4～5 月，果期 6 月，种子 7 月成熟。种子寿命为 2～3 年。

2. 生长条件

王不留行喜温暖、湿润气候，耐旱，但过干地区植株生长矮小，产量低。忌水浸，种植于低洼积水地或雨季根部易腐烂，地上枝叶枯黄直至死亡。

3. 土壤种类

对土壤要求不严，一般土地均能种植。但以沙质壤土和黏壤土为佳。砂土、砂砾土不宜栽培。

4. 土壤肥力

王不留行是喜肥植物，土壤肥力中等以上生长良好。

【种植方法】

一、选地整地

选土壤疏松、肥沃、排水良好的夹沙土种植。结合整地每亩施入腐熟厩肥或堆肥 2500kg 作基肥，然后充分整细整平，开宽 1.3m 的高畦，四周开好排水沟待播。

二、繁殖方法

王不留行采用种子繁殖，宜选择籽粒饱满、黑色、有光泽、成熟的种子做种。播种时间一般在 9 月中下旬至 10 月上旬，也可春种夏收。

1）春播宜 4 月初，宜早不宜迟，否则会明显减产。播种时按行距 30cm 开浅沟进行条播，均匀地将拌灰的种子撒于沟内，覆土 1～1.5cm，稍压，使种子与土壤紧密结合，便于种子吸收养分，促进萌发。若土壤干燥，播后需立即浇水。4～5d 出苗。

2）秋播于 9 月中旬至 10 月上旬播种，当年出苗，上冻前（将结冰时）浇 1 次水，且在畦上覆盖马粪或厩肥，以保植株安全越冬。第二年化冻后，将粪块碎细，然后浇水。上冻前播种的当年不出苗，可用牲畜粪覆盖，第二年化冻后将粪块砸碎整平，浇水以待植株萌发。秋播比春播出苗早，所以产量高，品质好。

王不留行可点播或条播。点播：在整好的畦面上，按行、株距 25cm×20cm、深 3～5cm 挖穴，然后按亩用种量 1kg，将种子与草木灰、人畜粪水混合拌匀，制成种子灰，每穴均匀地撒入一小撮，播后覆盖厚 1～2cm 的细肥土。条播：每亩用种子 1.5kg 左右。按行距 25～30cm 开浅沟，沟深 3cm 左右，将种子灰均匀地撒入沟内，覆细土 1.5～2cm 厚。播种量每亩 1～1.5kg。

三、田间管理

1. 中耕除草

苗高 7～10cm 时，进行第 1 次中耕除草和间补苗。每穴留壮苗 4 或 5 株；条播的按株距 15cm 间苗。间去弱苗、病苗以及过稠密的苗，若有断垄现象，应及时补苗。清明（4 月上旬）至谷雨（4 月下旬），植株根系不发达，中耕除草松土时宜浅，以免伤及根部。小满（6 月上旬）再中耕除草 1 次，以后根据植株生长情况，有草即拔除，不再中耕。

2. 施肥

一般进行 2 或 3 次。第 1 次中耕除草后每亩施稀薄人畜粪水 1500kg 或尿素 5kg。第 2 次中耕除草后，每亩施较浓的人畜粪水 2000kg 加过磷酸钙 20kg，以后用 0.2％磷酸二氢钾根外追肥 1 或 2 次，有利增产。

3. 排灌

追肥后需立即浇水，使养分能迅速渗入土中，以利于植株根系的吸收，并促使植株开花结籽。花谢后不再浇水。在生长过程中，若天旱不雨需浇水抗旱，当苗高 5cm 左右时需浅浇水 1 次，苗高 12～15cm 时浇第 2 次水。秋播越冬的幼苗在结冰前需浅浇水，以保持地温，利于幼苗越冬。雨季注意疏通排水沟，及时排除地内积水。

四、病虫防治

1. 叶斑病

叶斑病危害叶片，病叶上形成枯死斑点，发病后期在潮湿的条件下长出灰色霉状物。防治方法：①施磷、钾肥，或在叶面喷施 0.2％磷酸二氢钾，增强植株抗病力；②发病初期，喷 65％代森锌 500～600 倍液，或 50％多菌灵 800～1000 倍液，或 1：1：100 波尔多液，每 7～10d 1 次，连喷 2 或 3 次。

2. 食心虫

以幼虫为害果实。用 90％敌百虫 1000 倍液或 80％敌敌畏 1000 倍液喷杀。

【采收加工】

1. 采收

6～7 月种子成熟，多数变黄褐色，少数已变黑色蒴果未开裂时割取全草，晒干，收集种子，除去杂质，晒干。

2. 炮制

取净药材置热锅中，用文火炒至大多数爆开白花，取出，放凉。

王不留行以种子饱满为佳，否则次之。炒王不留行以爆花率 70％以上为佳，否则次之。

【化学成分】种子含多种皂苷、黄酮苷、环肽和生物碱。其中王不留行皂苷（vacsegoside）由棉根皂苷元、葡萄糖醛酸、葡萄糖、木糖、阿拉伯糖、岩藻糖、鼠李糖组成。皂苷水解可得王不留行次皂苷（vaccaroside，$C_{36}H_{54}O_4$ 在种子中含量约 8％），继续水解得棉根皂苷和葡萄糖醛酸。另含异肥皂草苷（isosaponarin），酸解时其苷元肥皂草素（saponaretin）一部分脱水生成牡荆素（vitexin）（鲁静等，1998）。还含有王不留行黄酮苷（vaccarin）、6-N-甲基腺苷（6-N-methyl adenosine）、N,N-二甲基-L-色氨酸（N-dimethyl-L-tryptophan）（桑圣民等，2000）、氢化阿魏酸（hydroferulic acid）、尿核苷（uridine，Ⅱ）、王不留行环肽 A(segetalin A)、王不留行环肽 B(segetalin B)、王不留行环肽 D(segetalin D)、王不留行环肽 E(segetalin E) 和刺桐碱（hypaphorine）（桑圣民等，2000a，2000b）（图 6）。

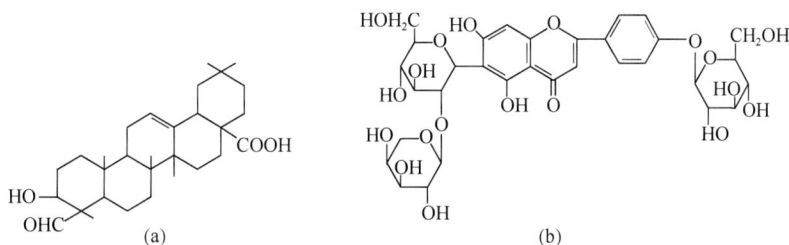

图 6　棉根皂苷元（a）和王不留行黄酮苷（b）

【鉴别与含量测定】

一、鉴别

1. 显微鉴别

种子横切面：种皮由数列细胞组成，细胞壁呈连珠状增厚，有些细胞内含棕色物。胚乳占横切面的大部分，细胞中含细小糊粉粒与淀粉粒。子叶与胚根位于种子的两侧。

2. 薄层鉴别

取本品粉末 1.5g，加甲醇 25ml，热回流 0.5h，冷却，过滤，滤液蒸干，残渣加甲醇 2ml 使之溶解，作为供试品溶液。另取王不留行对照药材 1.5g，同法制成对照药材溶液。吸取上述两种溶液各 10μl，分别点于同一硅胶 G 薄层板上，以三氯甲烷-甲醇-水（15∶7∶2）得下层溶液为展开剂，展开，取出，晾干，喷以改良碘化铋钾试液。供试品色谱中，与对照药材色谱相应的位置显相同的橙红色斑点。

二、含量测定

1. 分光光度法测总黄酮含量

（1）对照品溶液的制备。取芦丁对照品 10mg，精密称定，置 25ml 容量瓶中，加入少量乙醇微热溶解后，稀释并定容至刻度，摇匀，即得（每毫升含芦丁 0.4mg）。

（2）标准曲线的制备。精密量取上述对照品溶液 0.2ml、0.4ml、0.6ml、0.8ml、1.0ml 置于具塞试管中，分别加入 5% $NaNO_2$ 0.3ml 振摇 6min，再分别加入 10% $Al(NO_3)_3$ 0.3ml，振摇 6min，再分别加入 1mol/L NaOH 4ml，振摇 6min 后，加水使成 10ml，同时做一空白，进行全波长扫描，在 508nm 处有最大吸收，测定吸光度，以吸光度为纵坐标，浓度为横坐标，绘制标准曲线。

（3）测定法。取王不留行粉 0.5g，精密称定，置索式提取器中乙醇回流提取 4h，将提取液浓缩至 15ml，过滤得滤液置于 25ml 容量瓶中，乙醇定容备用。精密吸取上述样品液 0.5ml，按标准曲线的制备项下的方法测定吸光度，将值带入标准曲线计算，得其总黄酮含量（王鲁石等，2003）。

2. 高效液相法测定刺桐碱、异肥皂草苷

（1）色谱条件。色谱柱：Nucleosil C_{18} 5μm，4.6mm×220mm；流动相：35%甲醇 10min→45%甲醇 15min；流速：0.7ml/min；检测波长：280nm。

（2）对照品溶液的制备。精密称取刺桐碱和异肥皂草苷对照品适量，加甲醇制成每毫升含 0.025mg、0.17mg 的溶液，作为对照品溶液。

（3）供试品溶液的制备。取样品粉末 2.5g，精密称定，加甲醇 25.0ml，称重，水浴回流 30min，冷却后，补足失重，过滤，精密吸取续滤液 10ml，蒸干，残留物以水 6ml 分次溶解，洗涤容器并倾入预先处理好的大孔树脂柱（1.2cm×8cm 柱床）顶端，分 2 次以水冲洗，每次 2ml，从第 2 次开始收集洗脱液于 25ml 量瓶中，并以 40%乙醇洗脱定容，摇匀后过 0.5μm 微孔滤膜，滤液作为供试品溶液。

（4）样品测定。按供试品溶液制备方法，制备样品，并按色谱条件测定，即得（鲁静等，1998）。

【主要参考文献】

李中国，朱庆云，战玉田. 1992. 王不留行籽按压定喘穴治疗喘憋性肺炎 32 例. 中国中西医结合杂志，12（12）：757

刘红卫. 2004. 王不留行减产严重缺口大. 全国药材商情，19：5，6

鲁静，林一星. 1998. 中药王不留行中刺桐碱和异肥皂草苷分离鉴定和测定. 药物分析杂志，18（3）：163～165

桑圣民，劳爱娜. 2000a. 中药王不留行化学成分的研究Ⅲ. 天然产物研究与开发，3（12）：12～15

桑圣民，劳爱娜. 2000b. 中药王不留行化学成分的研究Ⅱ. 中草药，7（3）：7

王鲁石，杜华，王晋. 2003. 王不留行总黄酮的含量测定. 中国医药学报，18（增刊）：65

白　术

Baizhu

RHIZOMA ATRACTYLODIS MACROCEPHALAE

【概述】本品为地理标志药材（豫西白术），始载于《神农本草经》："气味甘温，无毒，治风寒湿痹、死肌、痉疸，止汗、除热、消食，列为上品。"本品味苦、甘，性温。归脾、胃经。具有健脾益气、燥湿利水、止汗、安胎的功效。用于治疗脾虚食少、腹胀泄泻、痰饮眩悸、水肿、自汗、胎动不安。

历代本草均有记载。《本草图经》云："今白术生杭、越、舒、宣州……凡古方云术者，乃白术也。"《本草蒙荃》云："浙术俗名云头术……歙术俗名狗头术。"《本草品汇精要》："杭州於潜佳。"《本草纲目》云："白术，桴蓟也，吴越有之。"《本草纲目拾遗》云："孝丰天目山有仙丈峰产吴术，名鸡脚术，入药最佳。"《开宝本草》云："味苦、甘，温，无毒。主大风在身面，风眩头痛，目泪出，消痰水，逐皮间风水结肿，除心下急满，及霍乱、吐下水止，利腰脐间血，益津液，暖胃，消谷，嗜食。"《医学启源》记载："除湿益燥，和中益气，温中，去脾胃中湿，除胃热，强脾胃，进饮食，止渴，安胎。"

【商品名】 白术

【别名】 于术、冬术、于潜白术、山芥、山姜、山连、山精、冬白术、山蓟、杨枹蓟、天蓟、乞力伽、白大寿、沙邑条根、枹杨、枹蓟、种术

【基原】 本品为菊科植物白术 *Atractylodes macrocephala* Koidz. 的干燥根茎。

【原植物】 多年生草本，茎直立，叶互生，茎下部叶 3 裂或羽状 5 深裂，裂片椭圆形至卵状披针形，顶端裂片最大，边缘有刺状齿，叶柄长；茎上部叶分裂或不分裂，叶柄渐短。头状花序顶生，总苞钟状，总苞片 7 或 8 层，基部有羽状深裂的叶状苞片；全为管状花，花冠紫色，先端 5 裂；雄蕊 5 个，聚药；子房下位。瘦果被黄白色茸毛，冠毛羽状，长 1cm 以上。花期 9～10 月，果期 10～11 月。

【药材性状】 本品为不规则的肥厚团块，长 3～13cm，直径 1.5～7cm。表面灰黄色或灰棕色，有瘤状突起及断续的纵皱纹和须根痕，顶端有残留茎基和芽痕。质坚硬，不易折断，断面不平坦，黄白色至淡棕色，有棕黄色的点状油室散在。气清香，味甘、微辛，嚼之略带黏性。

【种质来源】 本地种源

【生长习性及基地自然条件】

1. 生长发育特征

喜凉爽气候，怕高温高湿，耐寒怕涝。白术在气温 30℃ 以下时，植株生长速度随气温升高而加快，如气温升至 30℃ 以上则生长受到抑制，根状茎要求在 15℃ 以上才能萌发，而地下部的生长以 26～28℃ 最为适宜。白术较能耐寒，在北方能安全越冬。霜后停止生长，根状茎在野外直接越冬，不需要任何防护措施。野生种一般随种子的传播生于天然腐殖质较多的坡地或沟谷地段，以灰褐色土壤为好；引种时应选地势高、干燥、排水良好的坡地及林下。

2. 生长条件

白术对土壤水分要求不严格，但在苗期应适当浇水。对湿度的要求：土壤不宜过分湿渍，否则易引发透气不良，生长初期土壤含水量 20%，生长后期含水量 15% 为宜。如此时干旱，幼苗生长迟缓，但高温季节，应注意排水，否则容易发生病害。生长后期，根状茎迅速膨大，这时需保持土壤湿润，如土壤干燥对根状茎膨大有影响。白术对土壤要求不严格，酸性的黏壤土、微碱性的沙质壤土都能生长，以排水良好的沙质壤土

为好，而不宜在低洼地、盐碱地种植。育苗地最好选用坡度小于15°～20°的阴坡生荒地或撂荒地，以较瘠薄的地为好，过肥的地白术苗枝叶过于柔嫩，抗病力减弱。

白术不能连作，种过之地需隔5～10年才能再种，其前作以禾本科为佳，因禾本科作物无白绢病感染（小麦、玉米、谷子）。不能与花生、元参、白菜、烟草、油菜、附子、番茄、萝卜、白芍、地黄等作物轮作。

【种植方法】

一、育苗

1. 整理苗床

白术在播种前一个月翻土，覆盖30cm厚的杂草，烧土消毒，防止病虫害发生，烧完后将草灰翻入土内。如不经烧土，可在头年冬天进行翻土，使土壤经过冰冻充分风化。土地经过处理后，做成宽100～130cm、高20～25cm的畦，畦面呈弧形，中间高，四周低，每公顷施用有机肥750～1200kg作为基肥。

2. 播种

播种3月下旬至4月上旬，在干旱地区宜先在温水中浸泡种子24h，捞起与沙土混合播入田间，如果有灌水条件的地方，可不浸种。播法分撒播和条播两种。播种方式以条播为好。条播每公顷60～75kg，行距16cm，播幅6～10cm开浅沟。深3～5cm，沟底要平，使出苗一致。覆土可用熏土覆盖3cm，1hm² 育苗田可供150hm² 地，出苗前土壤应保持足够温度，或上面盖蒿草或厩肥，避免土壤板结。

3. 苗期管理

幼苗出土后，间去密生苗和病弱苗，及时锄草，苗高3～6cm时浅锄。在天气干旱时浇水或在行间插枝条或覆盖草以达到遮阴的目的。苗高5～6cm时，可按株距6～10cm定苗，看苗的情况，苗期追肥1或2次，每公顷施有机肥2250kg加水3倍，加少量尿素为好，用量不宜过多。7月下旬至9月下旬是根形成期，所以多追肥。

10月下旬至11月上旬（霜降后立冬前）白术苗叶色变黄时，开始挖取种栽，选择晴天去除茎叶和须根，在离顶端1cm处剪去枝叶，切勿伤主芽和根状茎表皮，阴干2～3d，待表皮发白，水汽干后进行储存。

4. 种栽储存方法

选择干燥阴凉地方，避免日光直晒，用砖砌成方框，先铺3～5cm厚的沙，上铺术栽12～13cm厚，如此一层沙，一层术栽，堆至30cm高，堆放的中央插几束稻草以利通风。上面盖层沙或土，开始不宜太厚，防止发热烧烂。冬季严寒时，再盖层稻草，沙土要干湿适中，沙太干会吸收术栽水分，沙太湿会使术栽早期发芽。术栽储存期间，每隔15～30d检查一次，发现病栽应及时排出，以免引起腐烂。如果术栽萌动，要进行翻动，以防芽的增长。小量储藏装入缸罐，缸口覆沙或用青松叶遮盖，青松叶干燥后宜随时更换，并应经常检查，发现腐烂立即剥除。挖坑储藏：选背阴处挖100cm深的坑，长度视种栽多少而定，把栽放坑内15cm厚，覆土5cm，气温下降加厚，最冷盖30～50cm，10～20d检查一次。另一种是露天储存，即术栽不刨出来，留在地里越冬。

5. 选择术栽

收获后与下种前均可进行,但以收获后居多。按品质好坏将术栽分大、中、小,有病都除掉。选择标准:形状整齐、无病虫害、芽饱满,根茎上部细长、下部圆形,而且大如青蛙形,且密生柔软细根,主根细短或没有主根,以在高山生地种的品质为优良。凡术栽畸形,顶部为木质化的茎秆,细根粗硬稀少,主根粗长,以及在低山熟地种的,则品质低劣,种植后生长不良,容易感染病害,不宜选择。

二、整地下种

12月下旬至翌年3月下旬(冬至至翌年春分)均可下种。一般可根据土壤、气候条件而提早或推迟。早下种的多先长根,后发芽,根系长得深,发育健壮,抗旱及吸肥力均强。土层浅薄的地区保温差,可推迟在2～3月下种。下种以5～6cm深度,浅播易孳生侧芽,术形不美,寒冷地方易受冻害,深植过度,则抽芽困难,术形细长,降低品质。

栽种方法可分为条栽、穴栽两种。前者畦宽2m,后者畦宽1.3m,行、株距26cm×13cm、20cm×13cm等,下种密度每公顷15 000～180 000株,种栽量每公顷750kg左右。

三、田间管理

1. 中耕除草

浅松土,原则上做到田间无杂草,苗未出土前浅松土,苗高3～6cm时除草,土不板结,雨后露水未干时不能除草,否则容易感染铁叶病。7月下旬至9月下旬正是长根的时候,拔草一月1或2次。

2. 追肥

施足基肥以腐熟厩肥或堆肥等为主。基肥每公顷用腐熟有机肥11 250kg,过磷酸钙375～525kg。5月上旬,苗基本出齐,施稀薄腐熟有机肥一次,每公顷7500kg。结果期前后是白术整个生育期吸肥力最强、生长发育最快、地下根状茎膨大最迅速的时候,一般在盛花期每公顷施人粪尿15 000kg,过磷酸钙450kg。

方法:在株距间开小穴施后覆土,在早晨露水干后进行。

3. 灌溉排水

白术忌高温多湿,需注意做好排水工作。如排水不畅,将有碍术株生长,易得病害。田间积水易死苗,要注意挖沟、理沟、雨后及时排水。8月下旬根状茎膨大明显,需要一定水分,如久旱需适当浇水,保持田间湿润,否则影响产量。

4. 特殊管理

(1) 摘除花蕾。为了促使养分集中供应根状茎促其增长,除留种株每株5或6个花蕾外,其余都要适时摘蕾,一般在7月中旬至8月上旬,即在20～25d分2或3次摘完。摘花在小花散开、花苞外面包着的鳞片略呈黄色时进行,不宜过早或过迟,摘蕾过早,术株幼嫩会生长不良,过迟则消耗养分过多。以花蕾茎秆较脆、容易摘落为标准。

一手捏住茎秆，一手摘花，须尽量保留小叶，防止摇动植株根部，也可用剪刀剪除。摘蕾在晴天早晨露水干后进行，免去雨水浸入伤口，引起病害或腐烂。

（2）盖草防旱。白术种植于山地，因山地土壤结构较差，保水力弱，灌溉不便，在谷雨后和大暑前，术地可盖一层鲜草，防止土壤水分过分蒸发。在平原地区，也应进行盖草工作。另外，可用地膜法，既防旱，又防杂草生长和病害发生。

5. 选留良种

在白术摘蕾前，选择术株高大、上部分枝较多、健壮整齐、无病虫害的术株留种用，选择花蕾早而大的花蕾作种，剪去结蕾迟而小的花蕾，促使种产饱满。立冬后，待术株下部叶枯老时，连茎割回，挂于阳光充足的地方，10～15d 后脱粒，去掉有病虫害瘦弱的种子，装在布袋或纸袋内储存于阴凉通风处。如果留种数较多，不便将茎秆割回，可只将果实摘回放于通风阴凉处，干后将种子打出储存，备播种用。

四、病虫害防治

（一）病害

白术的主要病害有白绢病、立枯病、铁叶病、锈病、根腐病等。

1. 白绢病

又称"白糖烂"。4～6 月或 8～9 月高温多雨季节，尤以土质黏重、排水不良的术地多见，初期在术周围的表土上，发现白色绢丝状的白毛（半知菌的菌丝）由术株周围附近逐渐扩大，布满土面与土隙间；并在术株离土面 0.6～1cm 处，在株秆的周围及土层下 16～20cm 深处，沿着主根或细根附着小米、大米颗粒（菌核），由小变大，呈乳白色，后逐渐变为淡黄最后呈褐色，发病严重时，白术根腐烂，术株周围泥土变成黑色，气味腐臭，蔓延很快。

防治方法：①与禾本科作物轮作。②选无病害种栽，并用 50% 退菌特 1000 倍溶液浸种后下种。③栽种前每公顷用 15kg 五氯硝基苯处理土壤。④及时挖出病株，并用石灰消毒病穴。⑤用 50% 多菌灵或 50% 甲基托布津 1000 倍液浇灌病区。

2. 立枯病

又称烂茎瘟。苗期病害，早春因阴雨或土壤板结，发病重，受害苗基部呈褐色干缩凹陷，使幼苗折倒死亡。

防治方法：①土壤消毒，种植前每公顷用五氯硝基苯处理土壤。②发病期用五氯硝基苯 200 倍液浇灌病区。

3. 铁叶病

发生在叶上，叶呈铁黑色，后期病斑中央呈灰白色，上生小黑点。

防治方法：①清理田间卫生，烧毁残株病叶。②发病初期喷 1∶1∶100 波尔多液或 50% 退菌特 1000 倍液，7～10d 1 次，连续 3 或 4 次。

4. 锈病

又称黄斑病，叶上长病斑，梭形或近圆形，褐色，有黄绿色晕圈。叶背病斑处生黄色颗粒状物，破裂后期出黄色粉末。

防治方法：①打扫田间卫生，烧毁残株病叶。②发病初期喷 97％敌锈钢 300 倍液，或 0.2～0.3 波美度石硫合剂，7～10d 1 次，连续 2 或 3 次。

5. 根腐病

又称干腐病，病原是真菌中一种半知菌，伤害根状茎，使根状茎干腐，维管束系统呈褐色病变。

防治方法：①与禾本科轮作。②选用无病健壮的株作种，并用 50％退菌特 1000 倍液浸 3～5min，晾干后下种。③发病期用 50％多菌灵或 50％甲基托布津 1000 倍液浇灌病区。

6. 菟丝子

又称金丝藤，是一种寄生性种子植物，发生的原因是其混在白术种子里。7～8 月发病严重。

防治方法：①水旱轮作。②除去混进白术种子里的菟丝子种子。③发现后早期除掉。④施用鲁保一号防治，土制粉剂每公顷 22.5～37.5kg 喷粉，或喷洒菌液，土制品每公顷 11.25～15kg 或工业品每公顷 3.75～6kg 加水 1500kg 喷雾。

(二) 虫害

白术虫害方面主要有地老虎、蛴螬、术蚜，其中以地老虎、蛴螬为害最严重。

1. 地老虎

白术苗出土后至 5 月，地老虎为害最严重，一般以人工捕杀为主。术苗期，每天或隔天巡视术地，如发现新鲜苗子和术叶被咬断过，在受害术株上面有小孔，可挖开小孔，依隧道寻觅地老虎的躲藏处，进行捕杀。至 6 月后术株稍老，地老虎为害逐渐减轻。

2. 术蚜

3 月下旬至 6 月上旬（春分至芒种）为害最严重。

防治方法：用鱼藤精 1 份加水 400 份，充分搅匀后，在清晨露水干后喷射，效果良好。

3. 蛴螬

立夏至霜降期间，白术收获前，均有为害，小暑至霜降前为害最严重。

防治方法：①人工捕杀，9～10 月早翻土，此时，蛴螬还未入土深处越冬，在翻土时应进行深翻细捉。②用桐油、硫酸铜（俗称胆矾）防治，在摘蕾后，结合第 3 次施肥时，每 50kg 有机肥加桐油 200～300g 施下防治。

4. 白蚁

自大暑后，术株主秆较老，白蚁食白术块根上部接近表土中的茎秆，受害白术株枯黄，以致枯死。

防治方法：在大暑后将嫩松枝截成 33cm 左右的松枝段，埋于术地的行间，诱集白蚁蛀食。每隔 10d 捕杀一次，可以避免受害。

5. 术籽虫

属鳞翅目螟蛾科，为害白术种子。

防治方法：①冬季深翻地，消灭越冬虫源。②水旱轮作。③白术初花期，成虫产卵前喷 50％敌敌畏 800 倍液，7～10d 1 次，连续 3 或 4 次。④选育抗虫品种，阔叶矮秆型白术能抗此虫（郑小东等，2008；商蓉，2004a，2004b）。

【采收加工】

1. 采收

采收期在当年 10 月下旬至 11 月上旬（霜降至冬至），待下部叶枯黄、上部叶变脆，茎秆由绿色转枯黄，地下茎停止膨大时采收。过早采收术株还未成熟，块根鲜嫩，折下率不高；过迟新芽萌发，块根养分被消耗。要防止冻伤，选择晴天，土质干燥时挖出，除去泥沙。

2. 加工

加工有烘干、晒干两种。烘干的称炕术，晒干的叫生晒术。一般以炕术为主。

3. 炕术

视烘灶大小，将鲜术铺至炕面，开始时火力稍大而均匀，保持 80℃左右。1h 后，待蒸汽上升，白术表皮已熟，便可压低火力。约 2h 后，将白术上下翻转、耙动，使细根脱落。继续烘 3～5h，将白术全部倒出，不断翻动，至须根全部脱落，再修除术秆，此时叫"退毛术"。然后，将大、小白术分开，大的放底层，小的放上层，再烘 8～12h，温度 60～70℃，约 6h 翻 1 次，达七八成干时，全部出炕，再次修去术秆，此时叫"二复子"。最后，将大、小白术分别堆置室内 6～7d(不宜堆高)，使内心水分外溢，表皮软化，仍分大、小白术上炕，此时叫"炕干术"。这时要用文火，温度 50～60℃，约 6h 翻 1 次，视白术大小，烘 24～36h，直至干燥为止。要视白术的干湿度灵活掌握火候，既要防止高温急干，烘泡烘焦，又不能低温久烘，变成油闷霉枯。燃料切勿用松柴，以免影响外色。

4. 生晒术

将鲜白术抖净泥沙，剪去术秆，日晒至足燥为止。在翻晒时，要逐步搓擦去根须，遇雨天，要薄摊于通风处，切勿堆高淋雨。不可晒后再烘，更不能晒晒烘烘，以免影响质量。

5. 分级标准

以个大、体重、无空心、断面白色的白术质量为好。

【化学成分】白术中主要成分为挥发油成分、氨基酸和多炔类化合物。

挥发油主要成分为苍术酮（atractylone）、白术内酯Ⅰ、Ⅱ、Ⅲ、Ⅳ（atractylenolideⅠ、Ⅱ、Ⅲ、Ⅳ）等。杜松脂（junipercamphor）、棕榈酸、呋喃二烯（furanodiene）、3-β-羟基苍术酮（3-β-hydroxyatractylone）、3-β-乙酰基苍术酮（3-β-acetoxyatractylone）、羟基白术内酯、苍术醇、芹烷二烯酮［selina-4(14)，7(11)-dien-8-one］、桉树醇（eudesmol）、茅术醇（hinesol）、白术内酰胺（atractylenolactam）、双表白术内酯（biepiasterolid）（陈文等，2007）。

白术中还含有 17 氨基酸，主要有天冬氨酸（aspartic acid）、丝氨酸（serine）、谷氨酸（glutamic acid）、丙氨酸（alanine）、缬氨酸（viline）、异亮氨酸（isoleucine）、

亮氨酸（leucine）、酪氨酸（tyrosine）、苯丙氨酸（phenylalanine）、赖氨酸（lysine）、组氨酸（histidine）、精氨酸（arginine）、脯氨酸（proline）等。

另外还含有多炔醇类化合物：14-乙酰基-12-千里光酰基-8-顺式白术三醇（14-acetyl-12-senecioyl-2E，8Z，10E-atractylentriol）、14-乙酰基-12-千里光酰基-8-反式白术三醇（14-acetyl-12-senecioyl-2E，8E，10E-atractylentriol）、12-千里光酰基-8-顺式白术三醇（12-senecioyl-2E，8Z，10E-atractylentriol）、12-千里光酰基-8-反式白术三醇（12-senecioyl-2E，8E，10E-atmctylentriol）等。另含东莨若素（scopoletin）、果糖、菊糖（inulin）（董岩等，2003）。

部分化合物的结构见图 7。

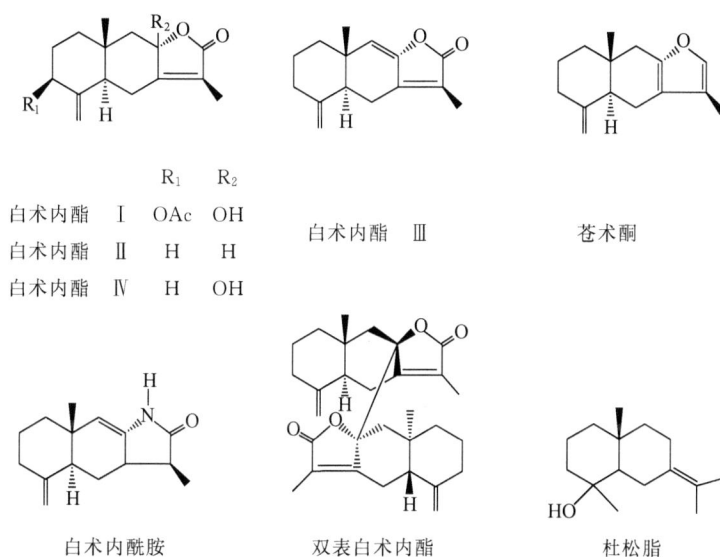

| | R₁ | R₂ |
白术内酯　Ⅰ　OAc　OH
白术内酯　Ⅱ　H　H
白术内酯　Ⅳ　H　OH

白术内酯　Ⅲ　　苍术酮

白术内酰胺　　双表白术内酯　　杜松脂

图 7　白术中部分成分结构式

【鉴别与含量测定】

一、鉴别

1. 显微鉴定

本品粉末为淡黄棕色。草酸钙针晶细小，长 10～32μm，不规则地聚集于薄壁细胞中，少数针晶直径至 4μm。纤维黄色，大多成束，长梭形，直径约 40μm，壁厚，木化，孔沟明显。石细胞淡黄色，类圆形、多角形、长方形或少数纺锤形，直径 37～64μm。薄壁细胞含菊糖，表面显放射状纹理。导管分子短小，为网纹及具缘纹孔，直径 48μm。

2. 理化鉴定

取本品粉末 0.5g，加正己烷 2ml，超声处理 15min，过滤，滤液作为供试品溶液。另取白术对照药材 0.5g，同法制成对照药材溶液。参照《中国药典》（2005 年版）薄层色谱法试验，吸取上述新制备的两种溶液各 10μl，分别点于同一硅胶 G 薄层板上，以石油醚（60～90℃）–乙酸乙酯（50∶1）为展开剂，展开，取出，晾干，喷以 5％香草醛硫酸溶液，加热至斑点显色清晰。供试品色谱中，与对照品色谱相应的位置显相同颜色的斑点，并显有一桃红色主斑点（苍术酮）。

　　取本品粉末 2g，置具塞锥形瓶中，加乙醚 20ml，振摇 10min，过滤。取滤液 10ml 挥干，加 10％香草醛硫酸溶液，显紫色；另取滤液 1 滴，点于滤纸上，挥干，喷洒 1％香草醛硫酸溶液，显桃红色。

二、含量测定

白术内酯Ⅱ

　　（1）色谱条件与系统适用性试验。用十八烷基硅烷键合硅胶为填充剂；甲醇-水（80∶20）为流动相；检测波长为 276nm；柱温 30℃；流速为 1.0ml/min。理论板数按槲皮素峰计算应不低于 2500。

　　（2）对照品溶液的制备。精密称取白术内酯Ⅱ对照品适量，加稀甲醇制成每毫升含 0.04mg 的溶液，即得。

　　（3）供试品溶液的制备。取本品粉末（过 3 号筛）0.5g，精密称定，置于具塞三角瓶中，加甲醇 10.0ml，精密称定，超声提取 15min，再称定重量，用甲醇补足减失的重量，溶液用 0.45μm 微孔滤膜过滤，即得。

　　（4）测定法。分别精密吸取对照品溶液与供试品溶液各 10μl，注入液相色谱仪，测定（李伟等，2005）。

【主要参考文献】

陈文，何鸽飞，姜曼花. 2007. 近十年白术的研究进展. 时珍国医国药，18（2）：388～390
董岩，辛炳炜. 2003. 白术化学成分研究新进展. 山东医药工业，22（3）：32，33
黄宝山，孙建枢，陈仲良. 1992. 白术内酯Ⅵ的分离鉴定. 植物学报，31（8）：614～617
江苏新医学院. 1985. 中药大辞典. 上海：上海人民出版社：670
李伟，文红梅，崔小兵等. 2005. HPLC 法测定白术中白术内酯Ⅱ的含量. 现代中药研究与实践，19（5）：35，36
林永成，金涛，袁至美等. 1996. 中药白术中一种新的双倍半萜内酯. 中山大学学报（自然科学版），35（2）：75，76
彭国印. 2005. 白术的主要病虫害及防治. 湖南林业，8：24
商蓉. 2004a. 白术高效栽培（上）. 农家致富，3：30，31
商蓉. 2004b. 白术高效栽培（下）. 农家致富，4：30；31
郑小东，刘利华，刘小丽等. 2008. 白术优质高产栽培技术. 中国农村小康科技，12：58～60
中华人民共和国药典委员会. 2005. 中华人民共和国药典. 北京：化学工业出版社
朱海涛，陈吉炎，陈黎等. 2006. 白术的生药学研究. 时珍国医国药，17（6）：1019，1020
Chen Zhong-Liang, Cao Wen-Yi, Zhou Guo-Xin et al. 1997. A sesquiterpene lactam from *Artractylodes macrocephala*. Phytochemistry, 45（4）：765～767

白　芍

Baishao

RADIX PAEONIAE ALBA

【概述】本品为豫西道地药材，始载于《神农本草经》，列为中品。其味苦、酸，性微寒。归肝、脾经。具有养血敛阴、平肝、柔肝止痛之功效。主治月经不调、痛经、崩漏带下、自汗盗汗、眩晕、头疼、虚热、脘腹疼痛、泻痢腹痛、风湿痹痛、四肢挛痛。

芍药有赤白之分，始自陶弘景。据称："今出白山、蒋山、茅山最好，白而长尺许，余处亦有而多赤，赤者小利。"马志注云："此有两种，赤者利小便下气，白者止痛散血，其花亦有赤白二色。"陈承《本草别说》中载："本经芍药生丘陵川谷，今世所用者多是人家种植，欲其花叶肥大，必加粪壤。"可见宋代已广泛采用栽培的芍药入药。李时珍在《本草纲目》中提到："白者，色白多脂；赤者，色紫瘦多脉。"根据现今的实际应用情况，结合本草记述中的植物形态、地理分布和附图，可以认为白芍多是栽培的芍药 *Paeonia lactiflora* Pall.，而赤勺则主要是采自野生的芍药。两者主要不同为加工方法有别。形状与李时珍的描述基本符合。本品在伏牛山区广有分布，且栽培较多。

【商品名】白芍

【别名】余容、其积、解仓、梨食、白术、铤、将离

【基原】本品为毛茛科植物芍药的干燥根。

【原植物】多年生草本，高 40～70cm。根肥大，纺锤形或圆柱形。茎直立，上部略分枝，叶互生，茎下部叶为二回三出复叶，小叶窄卵形、披针形或椭圆形，长 7.5～12cm，宽2～4cm，先端渐尖或锐尖，基部楔形，全缘，叶缘具骨质细乳突。花大，直径5.5～10cm，单生于花茎分枝的顶端，每花茎可有 2～5 朵；萼片 3 或 4，叶状；花瓣 10 片左右或更多，白色、粉红色或红色，倒卵形，长约 4cm，宽约 1cm；雄蕊多数，花药黄色；心皮 3～5 个，分离。蓇葖果 3～5 个，卵形，长约 2cm。先端钩状向外弯，无毛或被浓密白毛。花期 5～7 月，果期 6～7 月。

【药材性状】根呈圆柱形，长 5～18cm，直径 1～3cm，表面浅棕色或类白色，光滑，隐约可见横长皮孔及纵皱纹，有细根痕或残留棕褐色的外皮。质坚实，不易折断，断面类白色或微红色，角质样，形成层环明显，木部有放射线纹理。气微，味微苦而酸。以根粗、坚实、无白心或裂隙者为佳。

【种质来源】本地野生

【生长习性及基地自然条件】生于山坡、山谷的灌木丛或蒿草丛中。喜温暖湿润气候，耐严寒，以排水良好、土层深厚、疏松肥沃的沙质壤土和富含腐殖质的壤土为佳，黏土及低洼地不宜栽培。

【种植方法】

一、选地整地

选择排水良好、土层深厚肥沃的壤土或沙壤土。前作以玉米、小麦、豆类、甘薯等作物较好。栽前要求精耕细作，耕深 25～30cm，耕翻 1 或 2 次，结合耕翻每亩施厩肥或堆肥 2500～4000kg 作基肥，耙平，做成 1.3m 高的畦。如雨水过多、排水不良的地块，畦宽为 1m 左右，畦间的沟宽 40cm、深 20cm 以上。沙质壤土中的现有幼龄树木在果林、荒山、坡地、田间地头、道路两旁都可栽培，特别是道路两侧空地和大小的旅游景点、山庄、农庄等，栽培后，花开五颜六色，芳香四溢，很是迷人，既起到较好的美化环境作用，又获得了可观的经济效益，可谓一举两得。

二、种芽处理

白芍一般选择芽头作为繁殖材料，将芽头顺其自然生长形状切成数块，每块具芽 2 或 3 个，芽肉厚度 2cm 以上，芽头最好随切随栽，如不能及时栽种，应暂时储藏。选阴凉干燥通风处，于地上铺湿润细沙土，将芽头向上堆放，再盖湿润沙土储藏。或挖坑储藏，下雨时注意排水，以免霉烂。

三、栽培时间

华北地区最适宜的栽种时间为 9～10 月，南部和温度较高的地区可封冻前种植，过晚芍药头已发新根，栽培时容易弄断，影响来年生长。

四、栽种方法

首先把白芍芽头大小分开，分别栽种，以出苗整齐、便于管理。大田栽培，行、株距 50cm×30cm，每亩栽 4000～4500 株。以旅游观赏为主要目的的栽培，可根据景点的具体布局，灵活合理地选择栽培方式。穴栽，每穴放芽头 1 或 2 个，栽深 4～5cm 为宜，盖熟土并施入粪肥，覆土堆成馒头状，以利越冬。翌年 3 月上旬前后，芍药萌发前，把馒头状的土壤扒开。

五、田间管理

出苗后每年中耕除草 2 或 3 次，中耕易浅，以免伤根死苗。10 月下旬，地冻前，在离地面 7～10cm 处剪除枝叶，在根际培土，以利越冬。第 2 年起每年追肥 3 次，第 1 次 3 月下旬至 4 月上旬，施淡人粪尿，第 2 次 4 月下旬每亩施人粪尿 500kg，第 3 次 10～11 月，以圈肥为主，每亩 1500～2000kg。第 3 年 3 月下旬每亩施人粪尿 750kg，腐熟饼肥 50kg，过磷酸钙 25kg；4 月下旬每亩施人粪尿 1000kg；11 月间施厩肥 1500～2000kg。第 4 年收获前追肥 2 次，3 月下旬每亩施人粪尿 1000kg，加硫酸铵 10kg，过磷酸钙 25kg；4 月下旬，除磷肥外，按上述施肥量再施 1 次，每次施肥，宜于植株两侧开穴施下。芍药喜旱怕涝，一般不需灌溉，严重干旱时，宜在傍晚灌注 1 次水。多雨季节，及时清沟排水，减少根病。

六、病虫害防治

1. 病害

白芍的主要病害有灰霉病、叶斑病。

（1）灰霉病。又名花腐病。为害茎、叶、花各部。一般从下部叶的叶尖或叶缘开始发生，病斑褐色，近圆形，有不规则的轮纹。在天气潮湿时长出霉状物；茎部被害，出现褐色、梭形病斑，致使茎部腐烂，植株折断，重则引起全株倒伏；花蕾、花发病后，颜色变褐腐烂，也生有灰色霉状物。防治方法：①秋季芍药落叶后，将枯残叶集中烧毁并深埋。②下种前深翻土地，将表层土翻入下层，以减轻来年发病。③加强田间管理，注意雨后及时排水。④合理密植，使株间通风透光，促进植株生长健壮，提高抗病力。⑤选用无病种芽，并用 65％代森新 300 倍液浸种 10～15min，消毒处理后下种。⑥发病初期喷 50％多菌灵 800～1000 倍液，每隔 10d 1 次，连喷 2 或 3 次。或发病初期喷 1∶1∶100 倍波尔多液，每隔 10～14d 1 次，连喷 3 或 4 次。

（2）叶斑病。为害叶片，发病初叶正面出现褐色近圆斑，后逐渐扩大，呈同心轮纹状。病斑多时，互相连接成为大斑，使叶片枯死。天气潮湿时，病斑上长出黑色霉状物。一般下部叶片先发病，逐渐向上部叶片扩展。发病严重时叶片焦枯，提早落叶，植株长势衰弱，影响产量和质量。防治方法：①收获后清除残蚀病叶，集中销毁，消灭越冬病菌。②深翻土地，实行三年轮作。③结合摘蕾、中耕除草等田间管理，摘除植株下部病叶，带出田外集中销毁。④发病初期喷 50％多菌灵 800～1000 倍液，或托布津 1000～1500 倍液，或 1∶1∶100 倍波尔多液，每隔 10d 1 次，连喷 2 或 3 次。

2. 虫害

蛴螬。又名华北大黑鳃金龟、暗黑鳃金龟、铜绿丽金龟，是为害发生的优势虫种。幼虫生活在土中，在土下取食为害。在幼苗期，地下根茎的基部被咬断或大部分被咬断，地上部分枯死；在成株期，块根被咬食，形成空洞、疤痕，从而影响产量和质量。幼虫 4 月开始为害，6 月中下旬是幼虫为害高峰期。成虫 5 月中旬开始出土活动，盛发期在 5 月上旬至 7 月下旬。防治方法：①栽前土壤处理。翻耕前每亩用 40％的甲基异柳磷乳油或 50％辛硫磷乳油 250～300ml，或溴乳油 300～350ml，加湿润细土 10～15kg，充分拌匀做成毒土，挖穴后将配好的毒土直接施于栽植穴内，再栽芽。或均匀撒于地表，随即整地翻入土中，即可栽芽。②幼虫防治，可进行 2 次，一次春季结合晾根施药防治越冬幼虫；第 2 次于夏季 7～8 月施药防治当年孵化的幼虫，可采用毒饵法和毒土法。③成虫的防治，大面积田块可喷药剂防治成虫。在成虫盛发期 5 月上旬，用 40％乐果乳剂和 80％敌敌畏乳剂 1500 倍液，每亩用药液量 100kg，也可每亩使用 1.5％的乐果乳剂和 2.5％敌百虫粉剂 2.5kg，或在成虫盛发期（5 月中上旬）用新鲜的杨树枝浸以 500～600 倍氧化乐果药液，插在芍药田中诱杀。也可用黑光灯诱杀或日落后树下烧火诱杀（杜兆蒿等，2000；邓煜，2006）。

【采收加工】

1. 采收

于栽种后 3～4 年采收，一般在 8 月选晴天进行。过早会影响产量和质量；最迟不能超过 9 月底，先割去茎叶，用三尺耙深入地下 33～50cm，把根挖起，抖掉泥土，运至室内，将芍根从芍头着生处切下，然后将粗根上的侧根剪下，修平凸面，切去头尾，按大、中、小分为三档，在室内堆 2～3d，每天翻堆 2 次，促使芍根水分蒸发，质地变得柔软，便于加工。

2. 加工

芍药加工分煮芍、去皮、干燥三个步骤。

（1）煮芍。先将水烧至 80～90℃，把芍根洗净后捞出，放入锅内，放水量以浸没芍根为度，每锅放芍根 15～25kg。煮时不断上下翻动，使芍根受热均匀，保持锅水微沸。小芍根煮 5～8min，中等芍根煮 8～12min，大芍根煮 12～15min。煮制是芍药加工过程中很重要的一环，既要将芍根煮透，又不可将芍根煮过，无论是未煮透还是煮过都会直接影响到加工成品的品质。煮得过久，内部空心，分量减小；过生则内层中心变黑。

（2）去皮。人工去皮：用竹刀、玻璃仔细刮去芍根外层栓皮，并把有虫眼处挖掉。不可用铁制刀刮皮，否则会使芍根变色。

机械去皮：将芍根和粗河沙一起放入滚筒机内（滚筒机直径约 1.2m，长约 3m，内有齿轮，转速 30r/min）。开动电源，芍根和粗沙随齿轮转动上下翻滚，在粗沙的摩擦下芍药的栓皮被除去。

（3）干燥。煮好的芍根薄摊暴晒 1～2h 后，堆厚暴晒，使表皮慢慢收缩。这样筛晒的芍根表皮皱纹细致，颜色也好。晒时要不断上下翻动。中午太阳过强，用竹席等物盖好芍根，下午 3～4 时后再摊开晒。晒 3～4d 后，把芍根在室内堆放 2～3d，促使水分外渗"发汗"，然后继续晒 3～5d。反复进行 4 次，才能晒干。

其商品规格如下。

一等：长 8cm 以上，中部直径 1.7cm 以上。无芦头、麻点、破皮、裂口、夹生、杂质、虫蛀、霉变。

二等：长 6cm 以上，中部直径 1.3cm 以上，间有麻点。无芦头、破皮、裂口、夹生、杂质、虫蛀、霉变。

三等：长 4cm 以上，中部直径 0.8cm 以上，间有麻点。无芦头、麻点、破皮、裂口、夹生、杂质、虫蛀、霉变。

四等：长短粗细不分，间有夹生，间有花麻点、头尾碎节。无枯芍、芦头、杂质、虫蛀、霉变。

【化学成分】 根含芍药苷（paeoniflorin），羟基芍药苷（oxypaeoniflorin），苯甲酰芍药苷（benzoylpaeoniflorin），芍药内酯苷（白芍苷 albiflorin），芍药苷元酮（paconiflorigenone），芍药新苷（lactiflorin），芍药内酯（paeonilactone）A、B、C，胡萝卜甾醇苷（daucostelrol）。还从根的鞣质中分得 1，2，3，6-四-O-没食子酰基葡萄糖（1，2，3，6-tetra-O-galloyl-β-D-glucose）、1，2，3，4，6-五-O-没食子酰基葡萄糖（1，2，3，4，6-penta-O-galloyl-β-D-glucose，Ia）及相应的六-O-没食子酰基葡萄糖（Ib）和七-O-没食子酰基葡萄糖（Ic）等。挥发油中主要含苯甲酸、牡丹酚（paeonol）及其他醇类和酚类成分共 33 个（张晓燕等，2002）。部分成分结构式见图 8。

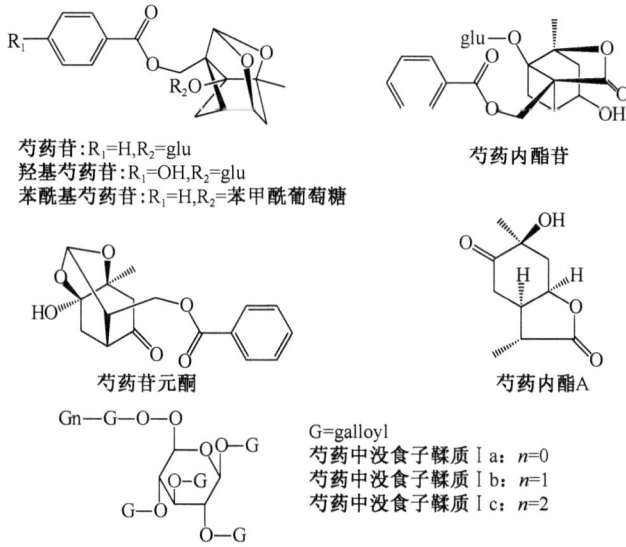

芍药苷:R=H,R=glu
羟基芍药苷:R=OH,R=glu
苯酰基芍药苷:R=H,R=苯甲酰葡萄糖

芍药内酯苷

芍药苷元酮

芍药内酯A

Gn—G—O—O—O
G=galloyl
芍药中没食子鞣质Ⅰa: $n=0$
芍药中没食子鞣质Ⅰb: $n=1$
芍药中没食子鞣质Ⅰc: $n=2$

图8　白芍中部分成分结构式

【鉴别与含量测定】

一、鉴别

1. 显微鉴别

白芍根横切面：木栓层偶有残存。栓内层系切向延长的薄壁细胞，常被刮去而残缺。韧皮部主要由薄壁细胞组成。形成层环微波状弯曲。木射线宽10列至数十列细胞；木质部束窄，导管径向排列呈1～3行，并有多数导管间断地相聚成群，初生木质部不明显。薄壁细胞中含草酸钙簇晶和糊化淀粉粒团块。

粉末特征：本品粉末黄白色，糊化淀粉团块多，草酸钙簇晶直径 $11\sim35\mu m$，存在于薄壁细胞中，常排列成行，或一个细胞中含有数个簇晶。具缘纹孔导管及网纹导管直径 $20\sim65\mu m$。纤维长梭形，直径 $15\sim40\mu m$，壁厚，微木化，具大的圆形纹孔。

2. 理化鉴别

1）本品横切面加三氯化铁显蓝色，尤其在形成层及木薄壁细胞部分较为显著。

2）取本品粗粉 $0.5g$，加乙醚 $50ml$，加热回流 $10min$，过滤。取滤液 $10ml$，蒸干，加醋酐 $1ml$ 与硫酸4或5滴，先显黄色，后渐变成红色、紫色，最后呈绿色。

3）薄层色谱鉴别　取本品粉末 $0.5g$，加乙醇 $10ml$，振摇 $5min$，过滤，滤液蒸干，残渣加乙醇 $1ml$ 使溶解，作为供试品溶液。另取芍药苷对照品，加乙醇制成每毫升含 $1mg$ 的溶液，作为对照品溶液。照薄层色谱法试验，吸取上述两种溶液各 $10\mu l$，分别点于同一硅胶G薄层板上，以三氯甲烷-乙酸乙酯-甲醇-甲酸（40∶5∶10∶0.2）为展开剂，展开，取出，晾干，喷以5%香草醛硫酸溶液，加热至斑点显色清晰。供试品色谱中，与对照品色谱相应的位置显相同的蓝紫色斑点。

二、含量测定

芍药苷含量测定

(1) 色谱条件与系统适用性试验。以十八烷基硅烷键合硅胶为填充剂，以乙腈-0.1%磷酸溶液（14：86）为流动相，检测波长为 230nm。理论板数按芍药苷峰计算应不低于 2000。

(2) 对照品溶液的制备。精密称取减压干燥至质量恒定的芍药苷对照品适量，加甲醇制成每毫升含 60μg 的溶液，即得。

(3) 供试品溶液的制备。取本品粉末 0.1g，精密称定，置 50ml 量瓶中，加稀乙醇 35ml，超声处理（功率 240W，频率 45kHz）30min，冷却，加稀乙醇至刻度，摇匀，过滤，取续滤液，即得。

(4) 测定法。分别精密吸取对照品与供试品溶液各 10μl，注入液相色谱仪，测定，即得（李越峰等，2008）。

【附注】

1. 赤芍 *Paeonia veitchii* Lynch

草本，高 40～60cm。茎圆柱形，光滑。二回三出复叶，小叶纸质，2 或 3 深裂，裂片再次分裂，小裂片狭椭圆形或披针形，先端尖，表面沿脉有短粗毛，背面无毛，略有白粉；叶柄圆柱形，长 3～3.5cm，顶端生有小叶柄，长 3cm，侧生小叶柄长 1cm。花朵 2 或 3 朵生于茎顶，在花芽发育不全时仅开 1 朵，直径 6～9cm；苞片线形；萼片 5 个，绿色，卵形，距长渐尖；花瓣 7 个，朱红色，宽卵形，先端凹陷或 2 裂，基部楔形，边缘不整齐，雄蕊多数；心皮 2～5 个，密被黄绒毛。蓇葖果成熟后常反卷。花期 5 月下旬，果期 7～8 月。

分布于河南伏牛山灵宝县的河西、卢氏县的大块地、栾川的龙峪湾等，生于海拔 2000m 以上的林下阴湿地方。

2. 草芍药（山芍药）*Paeonia obovata* Maxim.

多年生草本，高 40～60cm。茎圆柱形，无毛，基部有数个鞘状鳞片。二回三出复叶或茎上部为 3 小叶或单叶；顶生小叶倒卵形或宽椭圆形，侧生小叶椭圆形，长 6～12cm，先端短锐尖，基部楔形，表面光滑，背面无毛或幼时被稀疏柔毛；叶柄长 5～10cm，顶生小叶柄长 2～2.5cm，侧生小叶柄长 3～5cm。花单生茎顶，红色或白色；萼片 5 个，长 1.2～1.5cm；花瓣倒卵形，长 2.5～4cm；雄蕊多数；心皮 2～4 个，无毛或有时被短绒毛。蓇葖果卵圆形，红色，成熟时果瓣反卷。花期 5～6 月；果熟期 7～8 月。

分布于灵宝的河西、卢氏的大块地、栾川的老君山、嵩县的龙池幔、鲁山的石人山、南召的宝天幔、西峡的黄石庵、内乡的夏官、淅川的荆子关、桐柏县的水帘洞、方城的大寺等；生于山坡或山谷林下。

3. 毛叶草芍药（野芍药）*Paeonia obovata* Maxim. var *willmottiae*（Stapf）Stern（*Paeonia willmottiae* Stapf）

毛叶草芍药与正品的区别：叶背面密被长绒毛和短绒毛。花乳白色。

产于河南伏牛山，生于山坡林下、山谷或溪谷。

【主要参考文献】

陈四平，张浩，李相坤. 2008. 中药白芍的研究进展. 承德医学院学报，25（3）：293~296

邓煜. 2006. 药用植物白芍的栽培技术. 农村科技与信息，13（12）：44

杜兆蒿，郝雁，君逊芝. 2000. 白芍高产栽培技术. 时珍国医国药，11（11）：1056

高海，王卫峰. 1998. 白芍药材中芍药苷的含量测定方法考察. 西北药学杂志，13（1）：42，43

赫炎，赵慧东，唐力英等. 2007. 白芍饮片 HPLC 指纹图谱的定量标示研究. 中国中药杂志，32（12）：1161~1164

李雪莲，来平凡. 2008. 白芍品种的本草学研究及现代实验研究. 亚太传统医药，4（5）：36~38

李越峰，杨武亮，沈菲等. 2008. 高效液相色谱测定白芍中芍药苷的含量. 时珍国医国药，19（2）：438，439

彭华胜，王德群. 2007. 赤芍白芍划分的本草学源流. 中华医史杂，37（3）：133~136

孙力娟. 2007. 中草药白芍栽培技术. 北京农业，31：15，16

王巧，郭洪祝，霍长虹. 2007. 白芍化学成分研究. 中草药，38（7）：972~976

张晓燕，李铣. 2002. 白芍的化学研究进展. 沈阳药科大学学报，27（1）：70~73

白　茅　根

Baimaogen

RHIZOMA IMPERETAE

【概述】 本品为豫西道地药材，始载于《神农本草经》，列为中品。因其叶如矛，故称之为茅。李时珍曰："茅有白茅、管茅、黄茅、香茅、芭茅数种，叶皆相似。白茅短小，三、四月开白花成穗结果实，其根甚长，白如筋而有节，味甘，俗称丝茅。"本品在伏牛山区广有分布。其味甘，性寒，有清热、凉血止血、利尿的功效，临床用于治疗热病烦渴、肺热咳嗽、胃热呕吐、吐血、衄血、尿血、热病烦渴、黄疸、水肿、热淋涩痛以及急性肾炎水肿等症。

【商品名】 白茅根

【别名】 丝茅、茅根、茅针、绿茅草根、甜根

【基原】 本品为禾本科 Gramineae 植物白茅 *Imperata cylindrica* Beauv. var. major（Nees）C. E. Hubb. 的干燥根茎。

【原植物】 多年生草本植物，高 20~100cm。具横走多节被鳞片的白色根状茎。秆丛生，直立。具 2~4 节，节具长 210mm 的白绒毛。叶鞘无毛或上部及边缘具柔毛，鞘口具疣基柔毛，鞘常多集于秆基，老时破碎呈纤维状；叶舌干膜质；叶线形或线状披针形，长 10~40cm，宽 2~8mm，顶端渐尖，上面被柔毛，边缘粗糙；顶尖叶较小，长 1~3cm，圆锥花序穗状，长 6~15cm，宽 1~2cm，分枝短缩而密集，有时基部较稀疏；小穗披针状，长 2.5~4mm，成对排列在花序轴上，其中一个具长柄 3.4mm，另一个具短柄 1~2mm，基部密生 12~15mm 的丝状柔毛；花两性，每小穗具 1 花；两颖几相等，5 脉，中脉延伸至上部，背部脉间常疏生丝状柔毛，边缘稍具纤毛；第一外稃卵状长圆形，长为颖之半或更短，顶端尖，具齿裂及少数纤毛；第二外稃长约 1.5mm。内稃宽约 1.5mm，大于其长度，顶端截平，无芒，具微小的齿裂；雄蕊 2 个，花药黄

色，长约 3mm；雌蕊 1 个，具较长的花柱，柱头 2 枚，紫黑色，羽毛状。颖果椭圆形，暗褐色，成熟的果序被白色长柔毛。花期 5～8 月。

【药材性状】 根茎呈细长圆柱形，通常不分枝，长 30～60cm，直径 2～4mm。表面黄白色或浅棕黄色，有光泽，具纵皱纹环节明显，略隆起，节上可见残留的鳞叶、根及芽痕，节间长 1.5～3cm。质轻而韧，不易折断，折断面纤维性，黄白色，皮部有多数空隙如车轮状，易与中柱分离，中心有一小孔。气微，味微甜。

以色白、条粗肥、无须根、味甜者为佳。

【种质来源】 本地野生

【生长习性及基地自然条件】 野生于路旁向阳干草地或山坡上。喜温暖湿润气候，喜阳耐旱，宜选一般坡地或平地栽培。

【种植方法】 用根茎繁殖。春季，挖取白茅地下根茎，按行、株距 30cm×30cm 栽种。

【采收加工】 四季均产，但一般在春、秋两季采挖。除去地上部分、叶鞘、鳞叶及须根，去净泥土，洗净、晒干。

【化学成分】 根茎中含有三萜化合物芦竹素（arundoin）、白毛素（cylindrin）、羊齿烯醇（fernenol）、乔木萜烷（arborane）、异乔木萜醇（isoarborinol）、西米杜鹃醇（simiacrenol）、乔木萜醇（arborinol）、乔木萜醇甲醚（arborinol methyl ether）、乔木萜酮（arborinone）和木栓酮（friedelin）（王明雷等，1997）等；根茎中还含可溶性钙；含糖 18.8%，其中主要是葡萄糖、蔗糖、少量果糖和木糖等；含简单酸类及其钾盐，如柠檬酸、苹果酸等；还含有类胡萝卜素类、叶绿素及白头翁素（anemonin）。人们还从其根茎中分离得到棕榈酸、β-谷甾醇、4，7-二甲氧基-5-甲基香豆素（焦坤等，2008）、胡萝卜苷（daucosterol）、对羟基桂皮醛（p-coumaric acid）和联苯双酯。部分成分结构式见图 9。

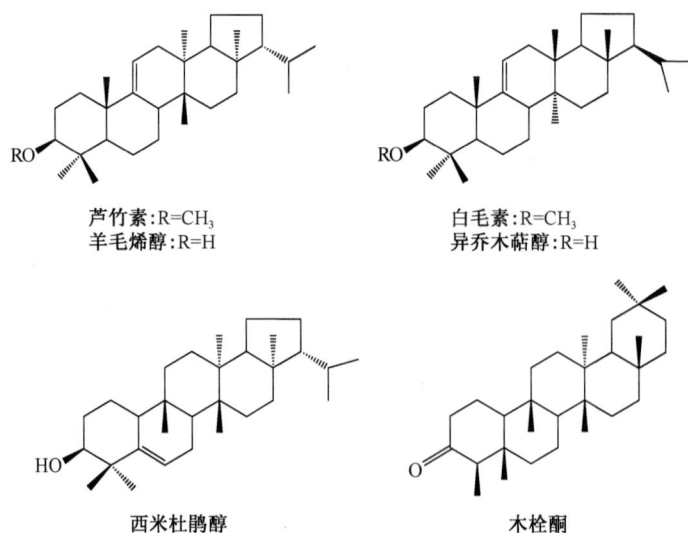

芦竹素:R=CH₃
羊毛烯醇:R=H

白毛素:R=CH₃
异乔木萜醇:R=H

西米杜鹃醇

木栓酮

图 9　白茅根中部分成分结构式

【鉴别与含量测定】

一、鉴别

1. 显微鉴别

根茎横切面：表皮为一列类方形细小细胞，有的细胞中含二氧化硅小块；下皮纤维1～4列，壁厚，木化；皮层为10余列薄壁细胞，散有数十个有限外韧型细小的叶迹维管束，四周有纤维包围，叶迹维管束的内方常形成裂隙；内皮层细胞的内壁特厚，粘连有二氧化硅的小团块。中柱鞘为1或2层厚壁细胞，中柱内散有多数有限外韧型维管束，四周有纤维束鞘纤维包围；中柱中央常有空洞。

2. 理化鉴别

1) 取本品粗粉5g，加苯30ml，加热回流1h，过滤。取滤液5ml，蒸干，残渣加醋酐1ml使溶解，再加硫酸1或2滴，即显红色，后渐变成紫红色、蓝紫色，最后变为污绿色（检查甾醇）。

2) 取本品粗粉1g，加水10ml，煮沸5～10min，过滤，滤液浓缩成1ml，加碱性酒石酸铜试液1ml，置水浴中加热，生成棕红色沉淀（检查多糖）。

3) 薄层色谱鉴别（孙启时等，1995）：取白茅根根茎粗粉2g，置沙式提取器中，加环己烷30ml，回流提取1h，过滤。回收环己烷至5ml，供点样用。对照品为芦竹素和β-谷甾醇。吸附剂：硅胶 G-CMC 薄层板。展开剂：环己烷-乙酸乙酯（7∶1）。显色剂：15%硫酸乙醇溶液喷雾，110℃烘5min，结果芦竹素显灰紫色，β-谷甾醇显紫色。

二、含量测定

1. 芦竹素和白茅素含量测定

采用岛津 CS-910 双波长薄层扫描仪，透射式锯齿扫描：λ_s：525nm，λ_R：700nm，狭缝1.25mm×1.25mm，灵敏度×2，扫描速度、纸速均为20mm/min。白茅根药粉过40目筛，各取6g，置250ml索氏提取器中，用石油醚回流提取，提取3次，每次3h，提取液回收石油醚，用氯仿定容于50ml容量瓶中。薄层层析以硅胶 GF254 铺薄层板，氯仿∶石油醚（1∶1）作为展开剂，10% H_2SO_4 乙醇液喷雾显色，显色温度105℃。

标准曲线制备。精密称取芦竹素对照品0.9980g，用氯仿定容至50ml，用微量进样器取标准品溶液5μl、10μl、15μl、20μl、25μl，分别点在同一薄层板上，按前述条件展开，显色，扫描（路金才等，1996）。

2. 白茅根中 4,7-二甲氧基-5-甲基-香豆素（siderin）含量测定

(1) 色谱条件与系统适应性试验。以十八烷基硅烷键合硅胶为填充剂；以甲醇-水（体积比为45∶55）为流动相；检测波长为323nm，流速为0.8ml/min，柱温为30℃。

(2) 对照品溶液的制备。精密称取减压干燥至质量恒定的 siderin 对照品5.261mg，加甲醇溶解，定容于25ml量瓶中，摇匀，用0.45μm微膜过滤，取续滤液备用。

(3) 供试品溶液的制备。精密称取白茅根药材粉末10g，置250ml索氏提取器中，加氯仿200ml，90℃提取4h，回收提取液至干，残渣用甲醇溶解，定容于10ml量瓶

中，摇匀。

（4）测定法。分别精密吸取上述对照品溶液与供试品溶液各 $10\mu l$，注入液相色谱仪，测定 4，7-二甲氧基-5-甲基–香豆素（siderin）的含量（赵燕燕等，2007）。

【附注】白茅的带茎花穗入药，称白茅根花。味甘，性温。归肺、胃经。止血镇痛。用于治疗吐血、衄血、刀伤等。常用量 10～15g。

【主要参考文献】

曹沛琴. 1992. 白茅根及其混淆品的鉴定研究. 中国药科大学，23（3）：177～180

焦坤，陈佩东，和颖颖等. 2008. 白茅根研究概况. 江苏中医药，40（1）：91～93

李永杰. 2007. 白茅根及其伪品的比较鉴别. 时珍国医国药，18（1）：161

路金才，孙启时，王明雷等. 1996. 白茅根中芦竹素和白茅素的含量测定. 沈阳药科大学学报，13（4）：59，60

隋洪玉，孙启时. 1999. 中药白茅根及其混淆品的鉴定. 沈阳药科大学学报，16（1）：36～39

孙启时，路金才，张炜等. 1995. 中药白茅根原植物的研究. 沈阳药科大学学报，12（4）：270～272，310

王明雷，孙启时. 1997. 白茅根化学及药理研究进展. 沈阳药科大学学报，14（1）：67～69，78

王明雷，王素贤. 1996. 白茅根化学成分的研究. 中国药物化学杂志，6（3）：192～194

赵燕燕，曹悦，孙启时等. 2007. RP-HPLC 法测定白茅根中 siderin 含量. 沈阳药科大学学报，24（2）：86～88

赵燕燕，贾凌云. 2002. 白茅根药材的指纹图谱. 沈阳药科大学学报，19（5）：352～354

白 首 乌

Baishouwu

RADIX CYNANCHI

【概述】本品为伏牛山盛产药材，始载于宋《开宝本草》。宋颂谓："春生苗，蔓延竹木墙壁间，茎紫色，结子有棱，似荞麦面而细小，秋冬取根，各有五棱瓣，似小甜瓜。"并谓"有赤、白二种"。其中赤者指何首乌，白者为白首乌。白首乌为萝藦科植物牛皮消及戟叶牛皮消的块根，在伏牛山区广有分布。具有补肝肾、益精血、强筋骨、乌须发、健脾消积、解毒之功效。主治腰膝酸痛、阳痿遗精、须发早白、关节不利、胃痛食少、涨腹积滞、疳疾痢痔、产后乳少、便秘、痔疮肿毒。本品未收载于《中国药典》（2005 年版）。

【商品名】白首乌

【别名】隔山消、白何乌、百何首乌、隔山撬、飞来鹤

【基原】为萝藦科植物牛皮消 *Cynanchum auriculatum* Royle ex Wight 及戟叶牛皮消 *Cynanchum bungei* Decne. 的块根。

【原植物】

1）牛皮消，蔓性半灌木，具乳汁。根肥厚，类圆柱形，表面黑褐色。断面白色。茎被微柔毛。叶对生；叶柄长 3～9cm；叶片心形至卵状心形，长 4～12cm，宽 3～10cm，先端短渐尖，基部深心形，两侧呈耳状内弯，全缘，上面深绿色，下面灰绿色，被微毛，柄长 10～15cm。聚伞花序伞房状，腋生；总花梗圆柱形，长 10～15cm，着花约 30 朵；花萼近 5 全裂，裂片卵状长圆形，反折；花冠辐状，5 深裂，裂片反折，白

色，内具疏柔毛；副花冠浅杯状，裂片椭圆形，长于合蕊柱，在每裂片内面的中部有一个三角形的舌状鳞片，雄蕊 5 个，着生于花冠基部，花丝连成筒状，花药 2 室，附着于柱头周围，每室有黄色花粉块 1 个，长圆形，下垂；雌蕊由 2 枚离生心皮组成，柱头圆锥状，先端 2 裂。蓇葖果双生，基部较狭，中部圆柱形，上部渐尖，长约 8cm，直径约 1cm。种子卵状椭圆形至倒楔形，边缘具狭翅，先端有一束白亮的长绒毛。花期 6～9 月，果期 7～11 月。

2）戟叶牛皮消，又名泰山何首乌、山东何首乌、地葫芦、大根牛皮消，攀援性半灌木。具乳汁。块根每株一般生 3 或 4 个，也可多至 5 或 6 个，常连接成念珠状。茎纤细而韧，被微毛。叶对生；叶片戟形，长 3～8cm，基部宽 1～5cm，先端渐尖，基部心形，两面被糙硬毛，以叶面较密；侧脉每边约 6 条。伞形聚伞花序腋生；花萼裂片披针形，基部内面腺体通常没有或少数；花冠辐状，白色或黄绿毛，裂片开放后反折，内面基部被微柔毛，副花冠裂片比合蕊柱长。种子先端有多数白色长丝光毛，长约 4cm。花期 6～7 月，果期 7～10 月。

【药材性状】

1. 来源于牛皮消

块根长圆柱形或结节状圆形，长 7～15cm，直径 1～4cm。表面浅棕色，有明显纵皱纹及横长皮孔，栓皮脱落出现网状纹理。质坚硬，断面类白色，粉性，具鲜黄色放射状纹理。气微，味微甘，后苦。

2. 来源于戟叶牛皮消

块根呈不规则的团块或类圆形，长 1.5～7cm，直径约 5cm。表面棕褐色，凹凸不平，具纵皱纹及皮孔。质坚硬，断面类白色，粉性，有稀疏黄色放射状纹理。

以块大，粉性足者为佳。

【种质来源】 本地野生

【生长习性及基地自然条件】

1. 牛皮消

生于海拔 3500m 以下的山坡岩石缝中、灌木丛中或路边、墙边、河流及水沟边潮湿地。

2. 戟叶牛皮消

生于海拔 1500m 以下的山坡、灌丛或岩石缝中。

【种植方法】 白首乌对土壤要求较严格，土壤黏重及地势低洼易积水之地不宜种植，适宜 pH 为 6.9～8。白首乌为多年生植物，温度在 15℃ 以上块根开始萌发，生长最适温度为 25～30℃，正常情况下 4～5 月萌发，6～8 月为营养生长期，9～10 月为营养与生殖生长同生期，11 月下旬至 12 月为成熟收获期。

一、选地、整地

宜选择地势平坦、排水良好、疏松肥沃的轻盐碱沙质壤土种植。播种前一般先深翻地 20～30cm，每亩施堆肥或厩肥 2500kg、过磷酸钙 40kg 或草木灰 100kg 作基肥，然后耕匀耙平，挖好田间一套沟，防止涝渍害。

二、繁殖方法

1. 种子繁殖

于 9 月中下旬蓇葖果成熟、由绿变黄时即可采集，不能等到果皮开裂。蓇葖果采集后放在通风干燥的室内阴干，不要聚堆，经常翻动，防止霉烂。当种皮干裂、露出白絮时即可掏出种子，用手把种子和种絮揉搓分离，除去白絮和瘪籽。净种晒干后放于通风干燥处待用。每个果可产种子 70~130 粒，种子千粒重 7.63g。

(1) 种子处理。在播种前 1d 用常温清水浸泡 24h 即可播种。

(2) 播种。于清明前后，垄上穴播，株距 30cm，每穴播 3~5 粒种子，每公顷 55 000 株，播种量每公顷 3kg（38.5 万粒），穴深 5~7cm，播种后覆土 2~4cm。为防止穴面干旱用草覆盖，浇水保持湿润，一般 12~15d 即可出苗。出苗后逐渐撤掉覆盖物。

面积小，有劳动力的宜采取垄式栽培，垄宽 0.4~0.5m，垄高 0.2m；面积大的早春空闲地宜采取地膜覆盖栽培方式，行距 0.4~0.5m，株距 0.2m；5 月中旬至 6 月中上旬种植的宜采取与高秆作物间套种，4 行白首乌 1 行高秆作物（如玉米、高粱、芝麻等）。

2. 分株繁殖

采收药材时，选择带有茎的块根做种源。大的块根可分为几块，但每块应留有芽眼 2 或 3 个，伤口处涂用草木灰，待伤口愈合后，按行距 30cm，株距 20cm，穴深 15~20cm 种植，每穴放种块 1 或 2 个，用块根量为 0.21~0.24kg/m²。

三、田间管理

1. 灌水与排水

移栽或大田定苗后 1~2 个月内需水较多，前 1 个月用水要多于后 1 个月，前半个月早晚各灌 1 次；以喷灌式灌水为好，以后可结合施肥灌水，一直到苗高 1m 左右为止。当苗高 1 m 以上时，一般不用灌水。如遇天旱，可适当灌水以保墒；如遇雨季，要及时排水，因为白首乌的生长习性是忌过分潮湿，如果雨水过多，潮气过大，一则引起烂根，二则会由于须根过度萌芽而影响块根生长，造成减产。

灌水主要在出苗期至分枝期，视墒情第 1 年灌水 3 或 4 次，第 2 年灌水 2 或 3 次，第 3 年灌水 1 或 2 次，为保墒越冬在每年封冻前灌足 1 次封冻水。

2. 除草追肥

生长期要及时松土除草，小面积以人工为好，大面积时可适当喷施除草剂，除草时不要伤及幼根，这样既可避免杂草争夺养分，又可利于通风透光，充分利用阳光和空气。结合灌水追肥，第 1 年追施豆饼 1 次、尿素 2 次，豆饼用量为 150g/m²，尿素每次用量 15g/m²，第 2 年、第 3 年要增施磷、钾肥，每次用量为过磷酸钙 30g/m²，氯化钾 15g/m²，或者施复合肥及有机生物肥 75g/m²。

3. 搭架修剪

当藤蔓长到 25cm 时开始搭架，以竹竿为材料，两行为一架，将藤蔓以顺时针方向绕在竹竿上，松脱处可用尼龙绳缚住，每株只留有藤，多余的分蘖苗以及以后的分枝藤条要剪掉，当高 1m 以上时保留分枝。如果肥水太多，生长旺盛要适当打顶，每年修剪 6 或 7 次。除做留种的植株外要对不作种用的植株摘蕾，以保证养分，利于根生长。

四、病虫害防治

病害防治：为害白首乌正常生长发育的主要病害有根腐病、褐斑病和锈病等。其防治方法：①采用合理密植、重施基肥、排水除湿、避免连茬等农业防治措施。②应用高效低毒低残留农药防治，可供选择的农药有 65％代森锰锌可湿性粉剂 500 倍液、50％多菌灵 500～600 倍液、1∶1∶120 波尔多液，以上用于防治褐斑病；50％硫黄胶悬剂 300 倍液、20％三唑酮乳油 1000 倍液、75％百菌清可湿性粉剂 500 倍液用于防治锈病；40％灭病威 500 倍液、1∶2∶300 波尔多液用于灌根或喷施，防治根腐病。

虫害防治：为害白首乌正常生长发育的主要虫害有蚜虫、钻心虫、地老虎和蛴螬等。地上害虫可用 10％大功臣 1000～1500 倍液，2.5％绿色功夫乳油 2000 倍液喷施；地下害虫可采用人工捕杀或 75％辛硫磷毒饵诱杀（吴庆林等，2005；杜雍，2005）。

【采收加工】 白首乌药用根的经济产量高峰为第 3 年，以留植方式栽培为佳，平均第 1 年根粗 1～3cm，根长 10～56cm，每公顷产量 1600kg；第 2 年平均根粗 2.2cm，根长 20.7cm，每公顷产量 6600kg；第 3 年平均根粗 2.5cm，根长 46cm，每公顷产量 11 000kg，可以达到药用生理成熟程度。第 3 年秋季落叶后进行采挖，用大镐深刨挖净取回后洗净，晒干后储藏，出售药用。

(1) 挑选分级。将采挖的白首乌按重量大小进行挑选、分级并分别堆放，有病虫害的剔除并进入下一道工序，挑拣的同时应除去其他非入药杂质。

(2) 白首乌等级标准划分。特级：鲜重 100g/个以上；一级：鲜重 50～99g/个；二级：鲜重 25～49g/个；三级：鲜重 25 g/个以下。

【化学成分】

1. 牛皮消

块根中含较高的磷脂（phyospholipid）和 C_{21} 甾体酯苷（C_{21} steroid ester glycoside）。从总苷中已经分离出隔山消苷（wilfoside）C_{3N}、C_{1N}、C_{1G}、K_{1N} 和牛皮消苷（cynauricuoside）A、B、C，以及萝藦胺（gagamine）、牛皮消素（caudatin）、萝藦苷元（metaplexigenin）、12-O-桂皮酰基去酰萝藦苷元（kidjoranin）4 个苷元。还含有白首乌二苯酮（baishouwubenzophenone）。另含人体所需的全部氨基酸，其中谷氨酸、天冬氨酸和精氨酸含量最高；并含有丰富的维生素，尤以 B 族维生素的含量为高，还含有较高的磷、钾、铜、锆、硒等无机元素（陈纪军等，1989）。

2. 戟叶牛皮消

块根含有羟基苯乙酮为苷元的苷类成分：戟叶牛皮消苷（bungiside）A、B、C、

D，还含有 4-羟基苯乙酮（4-hydroxyacetophenone）、2，4-二苯基苯乙酮、左旋的春日菊醇（leucanthemitol），7-*O*-葡萄糖基甘草苷元（7-*O*-glicosylliquiritigenin）、*β*-谷甾醇葡萄糖苷（*β*-sitosterolglucoside）以及磷脂类成分（刘成娣等，1990）。

【鉴别与含量测定】

一、鉴别

取本品粉末适量，以改良 Folich 试剂缓慢恒温渗滤至磷脂显色反应呈阴性。渗滤液低温（小于 50℃）减压回收溶剂，残渣用适量氯仿溶解并转移至具塞离心管中，加 5 倍量石油醚沉淀甾苷类化合物，离心后移取上清液于蒸发皿中，残渣如法重复 3 次，合并上清液，置真空干燥器中挥干溶剂，残渣以氯仿溶解，即得总磷脂提取液，并在 0～10℃ 保存。吸取该提取液适量，真空浓缩后点于三块预制硅胶 G 板上，同时点磷脂对照品。先用丙酮上行展开 1.7cm，取出在暗处挥去丙酮后置充氮干燥器中干燥 12h，再以乙酸乙酯-异丙醇-水（10：7：3）与第一次同向展开 15cm，取出挥干溶剂。第一块板以 Vaskovsky 试剂显色鉴别磷脂。第二块板喷茚三酮显色液，于 110℃ 加热 3min，检识磷脂酰乙醇胺（phosphaticlyl ethanolamine）和磷脂酰丝氨酸（phosphatidyl-serine）。第三块板喷 Dragendorff 试剂，鉴别磷脂酰胆碱，phosphatidyl choline 和溶血磷脂酰胆碱（lysophosphatidyl choline）。

二、含量测定

1. 白首乌二苯酮含量测定

（1）色谱条件与系统适用性试验。用十八烷基硅烷键合硅胶为填充剂；乙腈-水（50：50）为流动相；检测波长为 280nm，流速为 1.0ml/min；柱温温室

（2）对照品溶液的制备。精密称取白首乌二苯酮对照品适量，加流动相制成每毫升含 0.2mg 的溶液，即得。

（3）供试品溶液的制备。取本品粉末（过 4 号筛）0.2g，精密称定，置锥形瓶中，精密加入氯仿-甲醇（10：1）的混合溶液 25ml，称定重量，超声 30min，冷却，再称定重量，补足减失的重量，离心沉降，取上清液 10ml，蒸干，残渣用流动相转移至 10ml 量瓶中，用微孔滤膜（0.45μm）过滤，即得。

（4）测定法。分别精密吸取对照品溶液与供试品溶液各 10μl，注入液相色谱仪，测定，即得（徐凌川等，2006）。

2. 白首乌中多糖含量测定

（1）白首乌多糖的提取与精制。将新鲜的白首乌用植物粉碎机粉碎，再用无水乙醇提取数次，残渣风干。取适量干粉，放于圆底烧瓶中，按料水比 1：20，在温度 100℃ 的热水浴中回流浸提 2h，冷却后离心，合并上清液。上清液用酶法去除淀粉，按 18U/g加液化酶到上清液中，在 pH 为 6，85 ℃水浴条件下处理 1.5h，用 I_2/KI 溶液检验直到碘液不变色，接着按 200U/g 加糖化酶，pH 调至 6，水浴温度 60℃处理 1h。去淀粉后，接着用 sevag 法除去蛋白质，然后加 3 倍体积的 95% 乙醇溶液，静置 1h 后，

沉淀抽滤，干燥即得精制多糖。

（2）样品溶液的制备。精密称取适量样品粉末，分别置圆底烧瓶中，按一定料水比、水浴温度、浸提时间，在热水浴中回流浸提数小时，冷却后离心，合并上清液，上清液用酶法去除淀粉，浓缩后加 3 倍体积的 95％乙醇溶液，静置 1h 后，抽滤，沉淀用蒸馏水溶解，定容至 500ml，即为待测样液。

（3）标准曲线的制备。精确称取已经干燥的标准葡萄糖 20mg，用 500ml 重蒸水定容，分别吸取 0.2ml、0.4ml、0.6ml、0.8ml、1.0ml、1.2ml、1.4ml、1.6ml，各加水补至 2.0ml，然后加入水饱和苯酚水溶液 0.5ml，再加浓硫酸 7.5ml，摇匀后，室温放置 30min，在波长 490nm 处测定吸光度，空白对照以重蒸水代替糖溶液。

（4）换算因子的测定。精密称取干燥至恒重的精制白首乌多糖粉末 4mg，置于 50ml 容量瓶中，加水溶解至刻度，摇匀备用。精密移取该储备液 1.0ml，按照标准曲线项下的方法测定吸光度，计算出多糖中葡萄糖的浓度，按下式计算出换算因子，$F = W/C \cdot D$，式中，W 为多糖重量（mg）；C 为多糖中葡萄糖的浓度（mg/ml）；D 为多糖的稀释因素。

（5）多糖含量的测定。吸取样品液 1.0ml，用重蒸水定容至 50ml，取定容液 1.0ml，按上述步骤操作，同时做 3 个重复，测吸光度，以标准曲线和下式计算样品中多糖的百分含量。

多糖含量（％）＝ $C \cdot D \cdot F/W$，式中，C 为供试液葡萄糖浓度；D 为供试液的稀释因素；F 为换算因素；W 为供试品的重量（高丽君等，2004）。

【主要参考文献】

陈纪军，张壮鑫，周俊. 1989. 白首乌的化学成分. 云南植物研究，11（3）：358～360

杜雍. 2005. 白首乌的高产栽培. 农家致富，15：34

高丽君，汪汉忠，崔建华等. 2004. 苯酚-硫酸法测定白首乌中多糖含量. 山东农业大学学报（自然科学版），35（2）：295～297

刘成娣，龚树生. 1990. 抗衰老中药白首乌研究的进展. 北京中医学院学报，13（1）：45～47

吴庆林，史永阳，秦海因等. 2005. 白首乌人工栽培技术. 辽宁林业科技，1：53，54

徐凌川，马凤英，郭素等. 2006. 泰山白首乌质量标准初步研究. 食品与药品，8（1）：41，42

艾　叶

Aiye

FOLIUM ARTEMISIAE ARGYI

【概述】艾叶是中医常用药之一，始载于《名医别录》。味辛、苦，性温。归肝、脾、肾经。有温经止血、散寒止痛、祛湿止痒之功效。用于心腹冷痛、经寒不调、宫冷不孕、吐血、衄血、崩漏经多、妊娠下血；外治皮肤瘙痒。醋艾碳温经止血，用于虚寒性出血症。临床上应用艾叶治疗慢性肝炎、肺结核喘息症、慢性气管炎、急性菌痢、间日疟、钩蚴皮炎、妇女白带、寻常疣等。

艾叶所在的菊科蒿属 *Artemisia* L.，全球有 350 种以上，广布于欧洲、亚洲、北美洲等温带地区，少数分布于非洲、南亚及中美洲等热带地区，我国（不包括分出的绢蒿属 Seriphidium）有 170 种以上，《中国药典》（2005 年版）收载的艾叶来源于菊科植物艾 Artemisia argyi Levl. et Vant. 的干燥叶，各地均产。分布于伏牛山路旁、草地、荒野等处，也有栽培者。

【商品名】 艾叶

【别名】 艾、艾蒿、家艾

【基原】 本品为菊科植物艾的干燥叶。

【原植物】 多年生草本，高 45～120cm。茎直立，圆形，质硬，基部木质化，被灰白色软毛，从中部以上分枝。单叶，互生；茎下部的叶在开花时即枯萎；中部叶具短柄，叶片卵状椭圆形，长 2～5cm，宽 2～4cm，羽状深裂，裂片椭圆状披针形，顶生裂片披针形，侧生裂片耳形，先端钝，基部下延，边缘具粗锯齿，上面暗绿色，稀被白色软毛，并密布腺点，下面灰绿色，密被灰白色绒毛，叶脉显著凸起，叶柄长约 2cm；近茎顶端的叶无柄，叶片有时全缘完全不分裂，披针形或线状披针形。花序总状，顶生，由多数头状花序集合而成；总苞苞片 4 或 5 层，被白色绒毛，外层较小，卵状披针形，被短绒毛，中层及内层较大，广椭圆形，边缘膜质，背面密被绵毛；花托扁平，半球形，上生雌花及两性花 10 余朵；雌花不甚发育，长约 1cm，无明显的花冠；两性花与雌花等长，花冠筒状，红色，顶端 5 裂；雄蕊 5 枚，聚药，花丝短，着生于花冠基部；花柱细长，顶端 2 分叉，子房下位，1 室。瘦果长圆形，褐色，无毛。花期 8～10 月，果期 10～11 月。

【药材性状】 性状鉴别：叶皱缩，破碎，有短柄。完整叶片展平后呈卵状椭圆形，羽状深裂，裂片椭圆状披针形，边缘有不规则粗锯齿，上表面灰绿色或深黄绿色，有稀疏的柔毛及腺点，下表面密生灰白色绒毛。质柔软。气清香，味苦。

以叶厚、色青、背面灰白色、绒毛多、质柔软、香气浓郁者为佳（中华人民共和国药典委员会，2005）。

【种质来源】 本地野生

【生长习性及基地自然条件】 艾蒿喜温暖湿润气候，耐旱，耐阴。以疏松肥沃、富含腐殖质的壤土栽培为宜。

【种植方法】

（1）栽培技术。用分株繁殖。3～4 月挖掘株丛，分株栽种，按行、株距 33cm×33cm 开穴，每穴栽 3 或 4 株，填土压实，浇水。

（2）田间管理。每年中耕除草，施肥 2 或 3 次，可结合收获后进行，一般在 5 月、7 月、9 月，施肥以人畜粪肥为主。栽培 3～4 年后，老株要重新栽种。

【采收加工】 培育当年 9 月，第 2 年 6 月花未开时割取地上部分，摘取叶片嫩梢，晒干。

炮制艾叶：拣去杂质，去梗，筛去灰屑。

艾绒：取晒干的净艾叶碾碎成绒，拣去硬茎及叶柄，筛去灰屑。

艾炭：取净艾叶置锅内用武火炒至七成变黑，用醋喷洒，拌匀后过铁丝筛，未透者重炒，取出，晾凉，防止复燃，3d 后储存（每 100 斤[①]艾叶用醋 15 斤）。

【化学成分】

1. 挥发油

艾叶含挥发油 0.45%～1.00%，从中鉴定出 2-甲基丁醇（2-methylbutanol）、2-己烯醛（2-hexenal）、顺式-3-己烯-1-醇（cis-3-hexene-1-ol）、三环烯（tricyclene）、α-侧柏烯（α-thujene）、α-蒎烯（α-pinene）、樟烯（camphene）、香桧烯（sabinene）、β-蒎烯（β-pinene）、1-辛烯-3-醇（1-octen-3-ol）、2，4（8）-对-孟二烯［2，4（8）-pinthadiene］、对-聚伞花素（p-cymene）、1，8-桉叶素（1，8-cineole）、γ-松油烯（γ-terpinene）、蒿属醇（artemisia alcohol）、α-松油烯（α-terpinene）、二甲基苏合香烯（dimethylstyrene）、樟脑（camphor）、龙脑（borneol）、异龙脑（dioborneol）、4-松油烯醇（terpinen-4-ol）、对-聚伞花-α-醇（p-cymen-α-ol）、α-松油醇（α-terpineol）、顺式辣薄荷醇（cis-pieritol）、马革命草烯酮（verbenone）、桃金娘醇（myrtenol）、反式瓿薄荷醇（$trans$-piperitol）、反式午荸醇（$trans$-carveol）、顺式-香荸醇（cis-carveol）、乙酸-顺式-3-己烯醇酯（cis-3-hexenyl acetet）、对-异丙基苯甲醛（p-isopropyl-benzaldehyde）、葛缕酮（carvone）、香荸烯酮（carvenone）、紫苏醛（perillaldehyde）、乙酸龙脑酯（bornyl acetate）、紫苏醇（perilla-al-cohol）、香荆芥酚（carvacrol）、丁香油酚（eugenol）、（王古）（王巴）烯（copaene）、β-波旁烯（β-borbonene）、β-榄香烯（β-elemene）、甲基丁香油酚（methyleugenol）、反式-丁香烯（$trans$-caryophyllene）、顺式-β-金合欢烯（cis-β-farnesene）、葎草烯（humulene）、β-橄榄烯（β-maaliene）、反式-β-金合欢烯（$trans$-β-farnescene）、β-芹子烯（β-selinene）、γ-衣兰油烯（γ-muurolene）、γ-榄香烯（γ-elemene）、α-衣兰油烯（α-muurolene）、丙酸橙花醇酯（neryl propionate）、ξ-荜澄茄烯（ξ-cadinene）、丁香烯氧化物（caryophylleneoxide）、喇叭醇（ledol）、十五烷醛（pentadecanal）、六氢金合欢烯基丙酮（hexehydroarnesylacetone）、邻-苯二甲酸二丁酯（dibutylphthalate）、棕榈酸（palmitic acid）等 60 种成分（王新芳等，2006；梅全喜等，2006）。

2. 黄酮类成分

5，7-二羟基-6，3，4-三甲氧基黄酮（eupatilin）、5-羟基-6，7，3，4-四甲氧基黄酮（5-hydroxy-6,7,3,4-tetramethoxyfloxyflavone）、柳杉二醇（cryptomeridiol）、魁蒿内酯（yomogin）、1-氧代-4β-乙酰氧基桉叶-2，11（13）-二烯-12，8β-内酯［1-oxo-4β-acetoxyeudesma-2,11(13)-dien-12，8β-olide］、1-氧代-4α-乙醇氧基桉叶-2，11（13）-二烯-12，8β-内酯［1-oxo-4α-acetoxyeudesam-2,11(13)-dien-12-8β-olide］等。

3. 三萜类成分

α-香树脂醇（α-amyrin）及 β-香树脂醇（β-amyrin）、无羁萜（friedelin）、α-香树脂醇的乙醇酯（α-amyrin acetate）及 β-香树脂醇的乙醇酯（β-amyrin acetate）、羽扇烯酮（lupenone）、粘霉烯酮（gluctinone）、羊齿烯酮（fernenone）、24-亚甲基环木菠萝烷酮

[①]　1 斤＝500g，下同。

（24-methylenecycloartanone）、西米杜鹃醇（simiarenol）、3β-四氧基-9β，19-环羊毛甾-23（E）烯-25，26-二醇（3β-methoxy-9β，19-cycolanost-23（E）-ene-25，26-diol）等。

4. 其他成分

β-谷甾醇（β-sitosterol）、豆甾醇（stigmasterol）、棕榈酸乙酯（ethyl palmitate）、油酸乙酯（ethyl oleate）、亚油酸乙酯（ethyl linoleate）、反式的苯亚甲基丁二酸（phenylitaconic acid）以及镍、钴、铝、铬、硒、铜锌、铁、锰、钙、镁等元素。

【鉴别】

一、鉴别

1. 显微鉴别

本品粉末绿褐色。非腺毛有两种：一种为"T"字形毛，顶端细胞长而弯曲，两臂不等长，柄2～4细胞；另一种为单列性非腺毛，3～5细胞，顶端细胞特长而扭曲，常断落。腺毛表面观呈鞋底形，由4或6细胞相对叠合而成，无柄。草酸钙簇晶直径3～7μm，存在于叶肉细胞中（中华人民共和国药典委员会，2005）。

2. 薄层色谱鉴别

（1）供试品及对照品溶液的制备。取艾叶5g，加入乙醚50ml，超声提取15min，过滤，滤液挥干，加氯仿1ml，制得供试品溶液。取桉油精对照品，加氯仿制成每毫升含2μl的溶液，作为对照品溶液。

（2）色谱展开、显色及识别。按照《中国药典》（2005年版）附录ⅥB薄层色谱方法试验，分别吸取供试品溶液10μl，对照品溶液4μl，分别点于同一硅胶G薄层板上，以石油醚-苯-丙酮（6.0：4.0：0.1）为展开剂，展开，展距15cm，取出，晾干，喷以5%香草醛硫酸溶液，热风吹至斑点显色清晰。供试品色谱中，与对照品色谱相应的位置显5个紫红色斑点（汪国华等，2000）。

【主要参考文献】

梅全喜，高玉桥. 2006. 艾叶化学及药理研究进展. 中成药，28（7）：1030～1032
汪国华，张文惠. 2000. 艾叶中桉油精的薄层色谱鉴别. 江西中医学院学报，12（1）：29
王新芳，董岩，孔春燕. 2006. 艾蒿的化学成分及药理作用研究进展. 时珍国医国药，17（2）：174，175
中华人民共和国药典委员会. 2005. 中华人民共和国药典（一部）. 北京：化学工业出版社

合 欢 皮
Hehuanpi
CORTEX ALBIZIAE

【概述】本品为豫西道地药材，始载于《神农本草经》，列为中品。《唐本草》载："此树叶似皂荚、槐等，极细，五月花发，红白色，上有丝茸，秋实作荚，子极薄细尔。"《图经本草》云："人家多植于庭院间，木似梧桐，枝甚柔弱，叶似皂角极而繁密，互相交结。"其广布于伏牛山区。本品味甘、性平。归心、肝、肺经。有安神、活血、消痈的功效。用于治疗心神不安、忧郁失眠、肺痈疮肿、跌扑伤痛。

【商品名】 合欢皮

【别名】 夜合皮、合昏皮、合欢木皮、夜合树皮

【基原】 本品为豆科植物合欢 *Albizzia julibrissin* Durazz. 的干燥树皮。

【原植物】 落叶乔木，高达 10m 以上，树干灰褐色，小枝灰褐色至赤褐色，无毛，有棱条。二回偶数羽状复叶，互生，羽叶 4～15 对；小叶 10～30 对，无柄，小叶片镰状长圆形，长 5～12mm，宽 1～4mm，先端急尖，基部圆楔形，两侧不对称，全缘，边缘有毛，中脉紧靠上边缘，上面中脉上具短柔毛。托叶线状披针形，头状花序多数，呈伞房状排列，腋生或顶生；花淡红色，连雄蕊长 25～40mm；花萼漏斗状，均疏生短柔毛；雄蕊多数，基部结合成管包围子房，上部分离，花丝细长，上部淡红色，高出花冠管外；子房上位，圆柱状，花柱细长，几与花丝等长，柱头圆柱状。荚果扁平长条形，长 8～15mm，宽 10～25mm，黄褐色，幼时有毛，后渐脱落。种子椭圆而扁，褐色，光滑。花期 6～8 月，果期 8～10 月。

【药材性状】 本品呈卷曲筒状或半筒状，长 40～80cm，厚 0.1～0.3cm。外表面为灰棕色至灰褐色，稍有纵皱纹，有的成浅裂纹，密生明显的椭圆形横向皮孔，棕色或棕红色，偶有突起的横棱或较大的圆形枝痕，常附有地衣斑；内表面淡黄棕色或黄白色，平滑，有细密纵纹。质硬而脆，易折断，断面呈纤维性片状，淡黄棕色或黄白色。气微香，味淡、微涩、稍刺舌，而后喉头有不适感。

【种质来源】 本地野生

【生长习性及基地自然条件】 喜光。适应性强，对土壤要求不严，能耐干旱瘠薄，但不耐水湿。有一定的耐寒能力。具根瘤菌，有改良土壤的作用。浅根性。萌芽力不强，不耐修剪。

【种植方法】

一、繁殖

主要采用播种繁殖。10 月采种，种子干藏至翌年春播种，播前用 60℃ 热水浸种，每天换水 1 次，第 3 天取出保湿催芽 1 周，播后 5～7d 发芽。

二、栽培

育苗期及时修剪侧枝，保证主干通直。移植宜在芽萌动前进行，但移植大树时应设支架，以防被风刮倒。冬季于树干周围开沟施肥 1 次。

三、病虫害防制

介壳虫防治办法：一是用铁钩钩出幼虫，然后用 1000 倍的钾氢菊酯灌洞或 500 倍的氧化乐果合成药泥堵洞，避免病原菌从伤口处侵入。二是在 6～8 月未见发病之前，逐一开穴浇灌 50％ 的甲基托布津 500 倍液或 40％ 的多菌灵 600 倍液。三是对于移栽的合欢树，可用 10％ 硫酸铜溶液蘸根处理。对于修剪过的枝干断面，涂抹保护剂，防止

病原菌侵入。溃疡病危害，可用 50％退菌特 800 倍液喷洒。虫害有天牛和木虱，用煤油 1kg 加 80％敌敌畏乳油 50g 灭杀天牛，木虱用 40％乐果乳油 1500 倍液喷杀。

【采收加工】春、秋两季均可采收，以春季清明后采剥为宜，剥取树皮，扎成把，晒干即可。

【化学成分】主要含有皂苷、鞣质、木质素、糖苷、吡啶醇衍生物的糖苷等。皂苷有合欢苷（allibiside）、合欢苷元、刺囊酸（echinocyctic acid）、合欢三萜内酯（julibrotriterpenoidal lactone）；倍半萜糖苷有沃密夫醇 3′-O-β-D-洋芫荽糖-（1-6）-β-D-吡喃葡萄糖苷［vomifoliol 3′-O-β-D-apiofuranosyl-（1-6）-β-D-glucopyranoside］；酚苷有 3，4，5-三甲氧基苯酚-1-O-β-D-呋喃洋芫荽糖-（1-2）-β-D-吡喃葡萄糖苷［3，4，5-trimethoxylphenol-1-O-β-D-apiofuranosyl-（1-2）-β-D-glucopyranoside］。

木质素类三糖或四糖苷：（－）丁香树脂酚-4-O-β-D-吡喃葡萄糖苷［（－）-syringaresinol-4-O-β-D-glucopyranoside］、（－）丁香树脂酚-4，4′-O-β-D-吡喃葡萄糖苷［（－）-syringaresinol-4，4′-O-β-D-glucopyranoside］、（－）丁香树脂酚-4-O-β-D-呋喃洋芫荽糖-（1-2）-β-D-吡喃葡萄糖苷［（－）-syringaresinol-4-O-β-D-apiofuranosyl-（1-2）-β-D-glucopyranoside］、（－）丁香树脂酚-4-O-β-D-呋喃洋芫荽糖（1-2）-β-D-吡喃葡萄糖-4′-O-β-D-吡喃葡萄糖苷［（－）-syringaresinol-4-O-β-D-apiofuranosyl-（1-2）-β-D-glucopyranosyl-4′-O-β-D-glucopyranoside］、（－）丁香树脂酚-4，4′-双-O-β-D-呋喃洋芫荽糖（1-2）-β-D-吡喃葡萄糖苷［（－）-syringaresinol-4，4′-bis-O-β-D-apiofuranosyl-（1-2）-β-D-glucopyranoside］、淫羊藿皂苷 E5（icariside E5）、（＋）-南烛木树脂粉-4，9′-双-O-β-D-吡喃葡萄糖苷［（＋）-lyoniresinol-4，9′-di-O-β-D-glucopyranoside］、（＋）-木脂酚-9′-O-β-D-吡喃葡萄糖-（1-4）-β-D-吡喃葡萄糖苷［（＋）-lyoniresinol-9′-O-β-D-glucopyranosyl-（1-4）-β-D-glucopyranoside］（Hiroyuki et al，1992）。部分成分结构式见图 10。

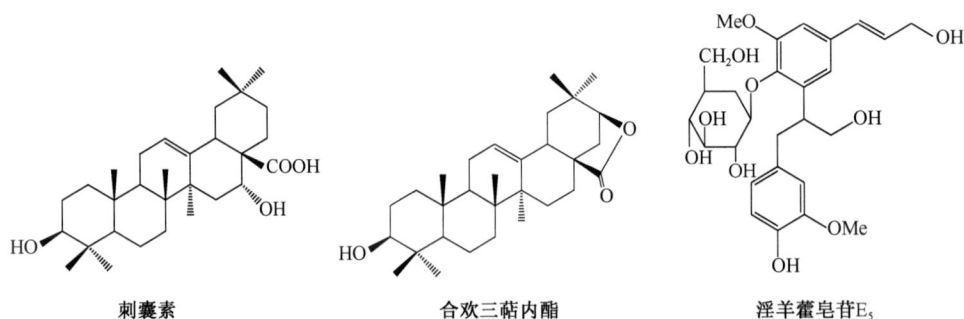

刺囊素　　　　　　　合欢三萜内酯　　　　　　　淫羊藿皂苷E5

图 10　合欢皮中部分成分结构式

环氧木质素类：哥拉苷 1-4-O-β-D-吡喃葡萄糖苷（glaberide 1-4-O-β-D-glucopyranoside）、哥拉苷 1-4-O-β-D-呋喃洋芫荽糖-（1-2）-β-D-吡喃葡萄糖苷［glaberide 1，4-O-β-D-apiofuranosyl-（1-2）-β-D-glucopyranoside］、（＋）-5，5′-二甲氧基拉瑞树脂酚-4-O-β-D-呋喃洋芫荽糖-（1-2）-β-D-吡喃葡萄糖苷［（＋）-5，5′-dimethoxylariciresinol-4-O-β-D-apiofuranosyl-（1-2）-β-D-glucopyranoside］、5，5′-二甲氧基-7-氧代拉瑞树脂酚-4′-

O-β-D-呋喃洋芫荽糖-（1-2）-β-D-吡喃葡萄糖苷［5，5′-dimethoxy-7-oxolariciresinol-4′-O-β-D-apiofuranosyl-（1-2）-β-D-glucopyranoside］（Junei et al，1991）以及（－）丁香树脂酚-4-O-β-D-吡喃葡萄糖苷，丁香树脂酚，（－）丁香树脂酚-4,4′-O-β-D-吡喃葡萄糖苷。部分结构式见图 11。

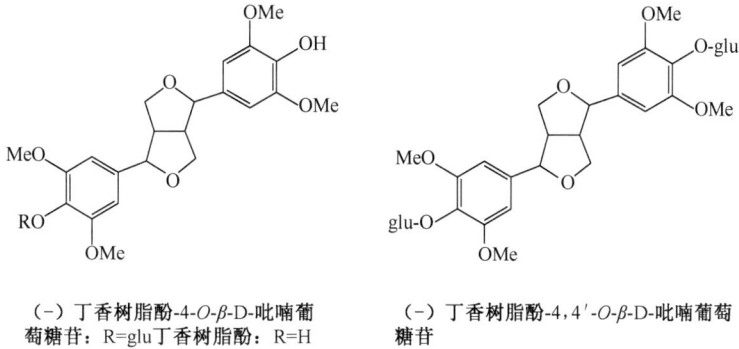

(－) 丁香树脂酚-4-O-β-D-吡喃葡
萄糖苷：R=glu 丁香树脂酚：R=H

(－) 丁香树脂酚-4,4′-O-β-D-吡喃葡萄
糖苷

图 11　合欢皮中部分成分结构式

酚酸甲酯糖苷：丁香酸甲酯-4-O-β-D-呋喃洋芫荽糖-（1-2）-β-D-吡喃葡萄糖苷［syringicacid methyl ether-4-O-β-D-apiofuranosyl-（1-2）-β-D-glucopyranoside］，以及含氮化合物吡啶醇衍生物的糖苷：3-羟基-5-羟甲基-4-甲氧基甲基-α-甲基吡啶-3-O-β-D-吡喃葡萄糖苷［3-hydroxyl-5-hydroxymethyl-4-methoxylmethyl-α-methylpyridine-3-O-β-D-Glucopyranoside］、合欢碱Ⅰ及Ⅱ（julibrine Ⅰ，Ⅱ）。其他还有葡萄糖、木糖、阿拉伯糖、果糖和鼠李糖类化合物。部分结构式见图 12。

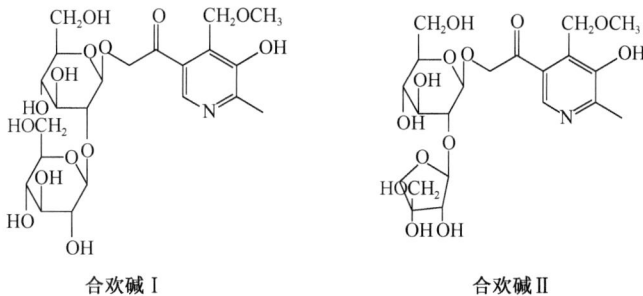

合欢碱Ⅰ　　　　　　　　　　　　　　　合欢碱Ⅱ

图 12　合欢皮中部分成分结构式

合欢茎皮中分离出金合欢皂苷元 B（acacigenin B）、美基豆酸内酯（machaerinic acid lactone）及美基豆酸（machaerinic acid）。此外，还含有 3′,4′,7-三羟基黄酮（3′,4′,7-trihydroxyflavone）、α-菠甾醇-D-葡萄糖苷（α-spinasteryl-D-glucoside）。

最近报道，从合欢皮的 95％乙醇提取物经正丁醇萃取部分中用 HPLC 分离得到 3 个新的三萜皂苷，分别为合欢皂苷 J_1（julibroside J_1）、合欢皂苷 J_2（julibroside J_2）、合欢皂苷 J_3（julibroside J_3）。部分成分结构式见图 13（陈四平等，1997）。

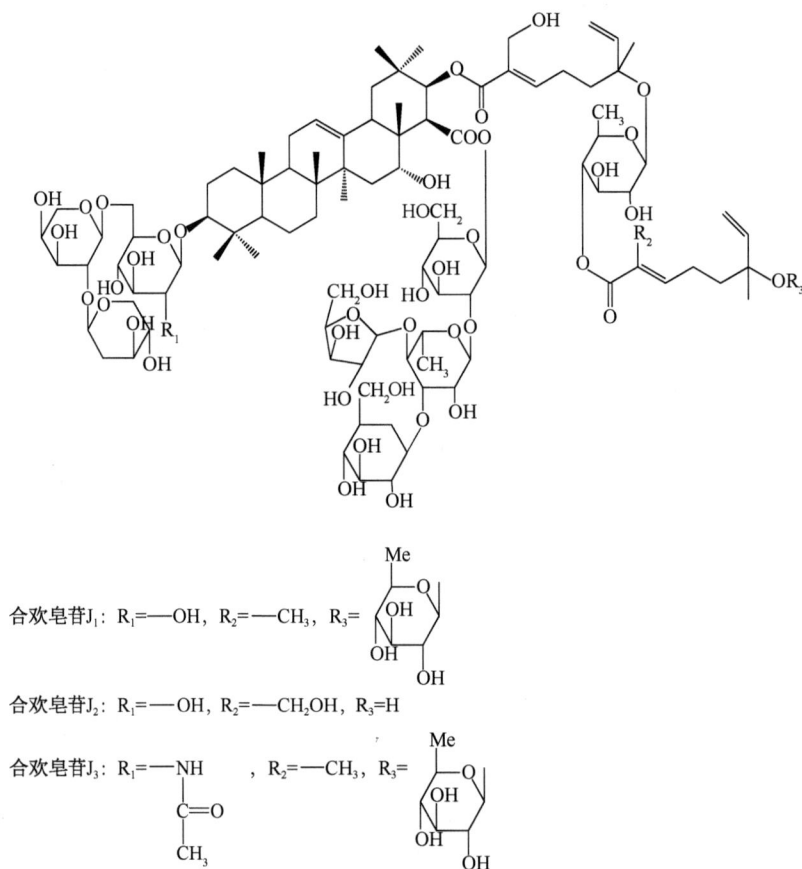

合欢皂苷J₁: R₁=—OH, R₂=—CH₃, R₃=

合欢皂苷J₂: R₁=—OH, R₂=—CH₂OH, R₃=H

合欢皂苷J₃: R₁=—NH, R₂=—CH₃, R₃=

图 13　合欢皮中部分成分结构式

【鉴别与含量测定】

一、鉴别

1. 显微鉴别

皮横切面：木栓层细胞数十列，常含棕色物及草酸钙方晶。皮层窄，散有石细胞及含晶木化厚壁细胞，单个或成群。中柱鞘部位为 2～6 列石细胞及含晶木化细胞组成的环带。韧皮部宽，外侧散有石细胞群，内侧韧皮纤维与薄壁细胞及筛管群相间排列成层；石细胞群与纤维束周围均有含晶木化厚壁细胞。射线宽 1～5 列细胞。

粉末为米黄色，特征：①纤维大多成束，细长，直径 7～25μm，壁极厚，淡黄棕色，木化。纤维束周围有含晶细胞，形成晶纤维。②石细胞众多，类方形、类长方形或类多角形，直径 11～60μm，壁极厚，木化，孔沟明显。石细胞群周围的厚壁细胞常含方晶。③含晶细胞类方形或类长圆形，直径 16～24μm，壁不均匀增厚，微木化，胞腔含方晶。④草酸钙方晶呈多面形，少数呈立方形或扁方形，直径约至 16μm。⑤韧皮薄壁细胞较小，壁稍厚，径向面观纹孔圆形；切向面观呈连珠状增厚。此外，有木栓细胞、筛管、淀粉粒。

2. 理化鉴别

1) 取本品粉末 1g，加水 10ml，置 60℃水浴中温浸 1h，过滤。取滤液各 3 滴，分置 2 支试管中：一管中加 0.1mol/L 盐酸溶液 5ml，另一管中加 0.1mol/L 氢氧化钠溶液 5ml，强力振摇 1min，碱液管泡沫比酸液管泡沫高 1 倍以上。

2) 取 1) 项中剩余的滤液 0.5ml，加生理盐水 2ml 及 2% 兔红细胞生理盐水混悬液 2.5ml，摇匀，有溶血现象。

二、含量测定

槲皮素的含量测定方法如下。

（1）色谱条件与系统适用性试验。用十八烷基硅烷键合硅胶为填充剂；甲醇-0.4% 磷酸水溶液（50∶50）为流动相；检测波长为 360nm；柱温 30℃；流速为 1.0ml/min。理论板数按槲皮素峰计算应不低于 2500。

（2）对照品溶液的制备。精密称取槲皮素对照品适量，加稀乙醇制成每毫升含 0.32mg 的溶液，即得。

（3）供试品溶液的制备。取本品粉末（过 3 号筛）0.5g，精密称定，置索氏提取器中，用氯仿脱脂至无色，弃去溶剂，挥干药渣，将其置于具塞三角瓶中，精密加入 80% 甲醇 50ml，称定重量，超声提取 2 次，每次 20min，冷却，再称定重量，用 80% 甲醇补足减失的重量，摇匀，过滤，精密吸取续滤液 10ml，加 1ml HCl 水浴回流 2h，转至 25ml 的量瓶中，加 80% 甲醇至刻度，用微孔滤膜（0.45μm）过滤，即得。

（4）测定法。分别精密吸取对照品溶液与供试品溶液各 10μl，注入液相色谱仪，测定（蔡伟等，2008）。

【附注】

1) 合欢花为常用中药，商品为豆科植物合欢的干燥花序。味甘，性平。有解郁安神的功效。用于心神不安、忧郁失眠。

2) 除上述合欢外，还有山合欢，别名：山槐，白夜合，*Albizzia kalkora* (Roxb.) Prain。落叶小乔木或灌木，高 3～8m，羽叶 2～4 对，小叶 5～14 对，两面均被短柔毛，中脉稍偏于上侧。头状花序 2～7 生于叶腋或于枝顶排成圆锥花序，花初为白色，后变黄色。本品外表面色较深，较粗糙，有细密皱纹。树皮含皂苷、鞣质。其树皮在湖北及浙江的部分地区作合欢皮使用。

【主要参考文献】

蔡伟，熊耀康，王芳芳等. 2008. HPLC 测定合欢不同部位槲皮素的含量. 中成药，30（4）：623，624

陈四平，张如意，马立斌等. 1997. 合欢皮中新皂苷的结构鉴定. 药学学报，32（2）：110～115

宋立人. 2001. 现代中药学大辞典. 北京：人民卫生出版社；876

邹坤，崔景容，冉福香等. 2005. 合欢皮中两个新八糖苷的分离鉴定和活性研究. 有机化学，25（6）：654～667

Higuchi H，Fukui K，Kinjo J et al. 1992. Four new glycosides from albizziae cortex. Ⅲ. Chem Pharm Bull.，40 (2)：534，535

Kinjo J，Higuchi H，Fukui K et al. 1991. Lignoids from albizzial corfex. Ⅱ. A biodegradation pathway of syringaresinol. Chem Pharm Bull，39（11）：2952～2955

Zou Kun, Zhao Yu Ying, Tu Guang Zhong et al. 2000. A new triterpenoid saponin from Albizzia julibrissin. Chin Pharm Sci, 9 (3): 125

地 黄
Dihuang
RADIX REHMANNIAE

【概述】地黄是伏牛山区大宗药材之一，出自《神农本草经》。地黄为玄参科植物地黄 *Rehmannia glutinosa* Libosch 的新鲜或干燥块茎。秋季采挖，除去芦头、须根及泥沙，鲜用；或将地黄缓缓烘焙至八成干。前者习称"鲜地黄"，后者习称"生地黄"。鲜地黄性寒，味甘、苦。生地黄性寒，味甘。鲜地黄清热生津，凉后止血；用于治疗热风伤阴、舌绛烦渴、发斑发疹、吐血、衄血、咽喉肿痛。生地黄清热凉血，养阴，生津；用于治疗热病烦渴、发斑发疹、阴虚内热、吐血、衄血、糖尿病、传染性肝炎（中华人民共和国药典委员会，2005）。

《本草纲目》云："今人惟以怀庆地黄为上，亦各处随时兴废不同尔，地黄初生塌地，叶如山白菜而毛涩，叶面深青色，又似小芥叶而颇厚，不叉丫，叶中撺茎，上有细毛，茎梢开小筒子花，红黄色，结实如小麦粒，根长三、四寸，细如手指，皮赤黄色，如羊蹄根及胡萝卜根，曝干乃黑。生食作土气，俗呼其苗为婆婆奶。古人种子，今惟种根。以二月、八月采根，殊未穷物性，八月残叶犹在，叶中精气，未尽归根，二月新苗已生，根中精气已滋于叶，不如正月、九月采者殊好，又与蒸曝相宜。"《本草乘雅半偈》："种植地黄之后，其土便苦，次年止可种牛膝，再二年可种山药，足十年上味转甜，始可复种地黄，否则味苦形瘦，不堪药也。"

地黄主要为栽培品，我国大部分地区有生产，地黄属现知有 6 种，《中国药典》（2005 年版）仅收载一种作为正品地黄入药。传统认为河南地区地黄产量大、质量优，称为"怀地黄"。现全国地黄产地较多，为比较全国各地地黄质量，测定了河南、山东成武、浙江仙居、陕西大荔、北京产地黄种梓醇、水醇浸出物、灰分、酸不溶性灰分、总还原糖及无机元素的含量。结果为怀地黄的梓醇含量明显高于其他产地样品，为 2.454%，其水浸出物和总还原糖含量也最高，分别为 89.89% 和 80.28%，而总灰分和酸不溶灰分较低，分别为 3.79% 和 1.11%。这说明怀地黄确实是一种优质地黄，传统把河南产地黄作为地黄的道地药材是科学的。

地黄除广泛用于制药，叶应用于保健食品，可制成饮料、药酒、茶、罐头等，是伏牛山区出口的大宗药材之一。

【商品名】地黄

【别名】生地、地髓、原生地、干生地、酒壶花、山烟根、山白菜

【基原】玄参科植物地黄的新鲜或干燥块茎。

【原植物】多年生直立草本，高 10～30cm。全株密被灰白色多细胞长柔毛和腺毛。根肉质，黄色。叶多基生，莲座状，叶片倒卵状披针形至长椭圆形，长 3～20cm，宽约 8cm，顶端钝，基部渐狭成柄，柄长 1～3cm，边缘齿钝或尖；茎生叶较小。总状

花序顶生，有时自茎基部开花；下部的苞片大，比花梗长，有时叶状，上部的小，花多少下垂；花萼筒部坛状，萼齿 5 个，反折，后 1 个略长；花冠紫红色，内面黄紫色，长约 4cm，冠筒中部略向下曲，上唇 2 裂片反折，下唇 3 裂片伸直，长方形，顶端微凹，长约 1cm；子房 2 室，花后渐变 1 室，无毛。蒴果卵形至长卵形，长 1～1.5cm；种子多数，卵形，淡棕色。花期 4～6 月，果熟期 6～7 月（丁宝章等，1997）。

【药材性状】

（1）鲜地黄。呈纺锤形或条状，长 8～24cm，直径 2～9cm。外皮薄，表面浅红色，具弯曲的纵皱纹、芽痕、横长皮孔样突起及不规则疤痕。肉质，易断，断面皮部淡黄白色，可见橘红色油点，木部黄白色，导管呈放射状排列。气微，味微甜、微苦。

（2）生地黄。多呈不规则的团块状或长圆形，中间膨大，两端稍细，有的细小，长条状，稍扁而扭曲，长 6～12cm，直径 2～6cm。表面棕黑色或棕灰色，极皱缩，具不规则的横曲纹。体重，质较软而韧，不易折断，断面棕黑色或乌黑色，有光泽，具黏性。气微，味微甜。

【种质来源】栽培居群

【生长习性及基地自然条件】

一、生长发育特征

地黄的自然生长期很长，在生产上一般为 160～180d。种子细小，千粒重约 0.15g，发芽率一般在 55% 左右。花期常随着气温的变化而转移，有 3～4 月开花的，也有 5～6 月才开花的。5～6 月为果熟期，8～10 月是根茎发育最快的时期，11 月以后叶渐枯萎，植株进入休眠期。根不同部位的生长发育能力不同，产量有很大的差异：靠近茎的芦头部最细，含营养少，但生根、出苗较多，前期生长慢，后期生长快，根茎较小，产量高；根茎中部含营养丰富，生长发育良好，能生长根茎，产量最高。根茎膨大部分只宜药用，根茎尾部含营养丰富。幼苗生长快，雨水多时容易腐烂，成苗率低。

地黄生活力弱，抗逆能力差，病虫害多。含有强烈的遗传毒素，品种容易退化，特别是在自然条件不适应的情况下退化最快，两年以后产量、品质就大大下降，这是当前生产上存在的主要问题。由于病虫害多，切忌连作，一般以 5～7 年轮作为宜。对前作的选择较严，前作以禾本科植物为好。一年可种两季，分春种和秋种两个生产季节。

二、生长条件

地黄喜阳光充足、日夜温差较大的气候，耐寒、耐旱。忌涝，但苗期和块茎膨大期需较多水分。种子在正常光照下，温度 22～30℃，湿度适合，播后 5d 左右出苗。如果温度低于 8℃，多不发芽。根茎在 18～20℃，温度适宜，10d 左右出苗。11～13℃时根茎萌发生长慢，需 30～45d 出苗；25～28℃最适宜发芽。幼苗出土后一个月根茎开始形成，秋植地黄的根茎在 9～10 月膨大增重最快。高温高湿易造成烂根。

三、土壤种类

土层深厚、肥沃而疏松的壤土和沙壤土低洼或盐碱地采取轮作，忌连作；中性、微碱的沙质壤土、二合土及肥沃的黏土也可。生长前期土壤含水量约 12% 即可，8～9 月块茎膨大盛期，保持土壤适度潮湿，有助于高产。整个生育期需要充足阳光，喜中性或微碱性、疏松肥沃、排水良好的沙质壤土，喜肥，以有机肥为佳。

【种植方法】

一、选地整地

生地黄易感染病害，对前茬作物要求很严，忌豆科、茄科、葫芦科、十字花科连作。前茬作物以禾本科为好。选光照充足、排水良好、肥沃疏松的土壤环境，前茬禾本科和蔬菜、白薯等作物为好，前作收获后，上冻前，深翻土地 30cm 左右。第 2 年春天种植前，每亩撒施栏肥 750～1000kg 或饼肥 50kg、钙镁磷肥 50kg 后进行翻耕，将肥料翻入土中，耙平整细作畦，宽 150cm 左右，长度根据种植数量和地形而定，地势低、多雨地区打高畦，20cm 左右高，或起垄，垄面宽 45～60cm，沟宽 30cm，高 20cm 左右，以利排水。特别注意的是，地黄不宜重茬，这也是选地中应注意的问题。

二、良种繁育方法

目前良种繁育的方法主要是无性繁殖，方法有 3 种。为了选择优良品种、防止种性退化，也可采用人工杂交和自然杂交相结合的有性繁殖方法，或采用茎尖组培方法。

（1）倒栽法。7 月中下旬于春播的地内，刨出部分地黄块茎，选择具有典型性状的优良块茎，截成 4～5cm 小段，进行栽培管理。翌年挖出分栽，产区广泛采用此法留种。

（2）窖藏法。秋天刨出春地黄时，挑出优良性状的块茎，储于背阴的沙窖内，第 2 年春天栽种。

（3）露地越冬法。春种较晚或生长较差的地黄，块茎较小，秋天可不刨，第 2 年春刨起作种苗种植。

三、繁殖方法

主要采用块茎繁殖和提芽繁殖的方法。

（1）块茎繁殖。日均气温稳定在 13℃ 以上即可栽种，18～21℃ 为适播温度，云南多数地区以雨水节令后，在 2 月中下旬为适。选择新鲜无病、粗 0.8～1.2cm 的块茎，截成 5～6cm 长的小段作种栽（种苗），最好随刨随种。按畦面纵向开沟条栽，土质肥沃可按行距 33cm 开沟，按株距 15～20cm 放种，覆土 34cm，压实表土后浇水，也可在栽前浇水，或透雨后栽种，有条件覆盖地膜效果更好。

（2）提芽繁殖。此法节约种栽（种苗），省工，产量较高。所谓"提芽"或称"提苗"，即在苗高 7～12cm 时，将嫩芽从母株（种茎）上掰下，立即定植。具体操作方法是在 3 月初选向阳背风地块作苗床，北高南低。每平方米用 40% 五氯硝基苯可湿性粉剂 5～10g，均匀撒施后深翻土地 35cm，进行土壤消毒，然后填入 20cm 厚经过消毒并掺有适量土杂肥的细沙或细土作苗床。将上年秋季培育的健壮地黄块茎中上部截成 3.5cm 的小段，用 4 号生根粉 50～100ml，浸泡 30min，捞出晾干，按间距 2～3cm 摆于苗床，上覆2cm消毒细土，再覆膜。苗高3～5cm揭膜，8～12片叶时，可以提芽作种栽（种苗）。苗陆续生长，可以第2次、第3次提芽。栽植方法与块茎相同，株距18cm，打3cm深塘栽。栽后必须保持土壤湿润，以保证成活。

四、田间管理

（1）及时间苗补苗。当苗高10～12cm时，开始间苗，每穴留壮苗1株。遇有缺株，应于阴天及时补栽，补栽时应带土起苗，这样成活率较高。

（2）中耕除草。地黄根茎入土较浅。中耕宜浅，避免伤根，幼苗周围的杂草要用手拔除，植株封行后，停止中耕。

（3）追肥。地黄喜肥，除施足基肥外，在间苗后每亩施入过磷酸钙100kg、腐熟饼肥30kg，以促进根茎发育膨大，封行时，于行间撒施1次火炕土灰，促植株健壮生长。

（4）灌溉。地黄前期需水量大。出苗后少浇水，保持"黄墒"（表土干白）为宜。采取"三浇，三不浇"方法，"三浇"即施肥后浇水，夏季雷阵雨后小浇凉井水，植株中午有萎蔫状时浇水；"三不浇"即天不旱不浇，中午地温、气温高时不浇，天阴欲雨不浇。后期为地下根茎膨大期，应节约用水。雨季应注意及时排水，防止根腐病的发生。

（5）除串皮根。地黄除主根外，还能沿地表长出细长地下茎，称串皮根。这些串皮根消耗较多的营养，应及时铲除。

（6）摘花。若非留种的地黄，发现孕蕾开花，要及时摘除，以免消耗养分。

五、病虫害防治

（1）斑枯病。斑枯病是地黄普遍发生、危害较重的一种病害。主要为害地黄叶片，在叶面产生黄褐色、圆形或不规则形病斑，中央有同心轮纹。防治措施：在无病区选留种；收挖前事先清除病残体，集中处理；发病初期喷洒75％百菌清可湿性粉剂500～600倍液，或50％甲基硫菌灵悬浮剂1500～2000倍液。

（2）枯萎病。病叶上先出现黄褐色、水渍状病斑，叶柄腐烂，逐渐传至全株，形成根腐，植株萎蔫。防治措施：选地势高燥地块种植；与禾本科作物轮作；选无病植株留种；及时开沟排水；发病初期用95％敌克松可湿性粉剂1000倍液浇根、灌塘，或50％腐霉利可湿性粉剂500～600倍液喷雾防治。

（3）花叶病。花叶病是由烟草花叶病毒传播的一种病害。主要表现为沿叶脉产生不规则、黄绿相间的斑驳，叶脉隆起，叶面皱缩，病株不长。防治措施：选择抗病品种和无病植株留种；及时防治蚜虫和叶蝉，减少传毒媒介；早期喷洒80％硫酸锌可湿性粉剂300～500倍液。全生育期喷2或3次，可抑制病毒为害；后期喷洒20％病毒A可湿性粉剂400～500倍液，或1.5％植病灵乳油800～1000倍液。

（4）胞囊线虫。以成虫、若虫习居土壤，为害地黄根部，使块茎老化，植物僵化。防治措施：与豆科、禾本科作物轮作；往年发病地块在耕作前，每亩撒施15％杀线虫颗粒剂或3％呋喃丹颗粒剂3～5kg，充分犁耕，杀死土内线虫。

（5）红蜘蛛。以成虫、若虫聚集叶背吸食汁液，严重影响植株生长。防治措施：收获后清洁田园；6月和9月两个高峰前喷洒40％硫酸烟碱乳油800～1000倍液，或

15％松脂合剂乳油 300～400 倍液，或 25％速灭威可湿性粉剂 500～600 倍液。任选 1 种均有效。

（6）线虫病（土锈病）。多发在 6～7 月。主要根部受害，地上部分植株发育不良，矮小，可使根系不发达、支根减少、细根增多、根瘤显著减少；每 0.0667hm² 1～1.5kg，或 6％林丹粉 1.5～2kg 处理土壤。此法可兼治多种地下害虫。

（7）拟豹信挟蝶幼虫（毛虫）。越冬幼虫 3 月即出现活动。第一代幼虫 6 月孵化，第二代 7 月下旬孵化，第三代 9 月上旬孵化。8 月为繁殖盛期，干旱期尤甚。发生后，叶肉被幼虫吃成网状。3 龄以上的幼虫分散生活，将叶片吃成不规则的大型虫孔，重者只剩下叶脉。可用 1∶1000 氧化乐果喷洒。最有效的方法为人工捕捉。

【化学成分】地黄的化学成分以苷类为主，其中又以环烯醚萜苷类为主。从鲜地黄及生地黄中，已分离鉴定了 23 种苷类：梓醇（catalpol），二氢梓醇（dihydrocatal-pol），益母草苷（leonuride），桃叶珊瑚苷（aucubin），单蜜力特苷，蜜力特苷，环戊烷单萜（rehmaglutin）A、B、C、D，苯丙素苷（phenylpropanoid glycoside），地黄苷（rehmaionoside）A、B、C、D，黄陵香苷（melittoside），含氯的地黄氯化臭蚁醛苷 glutinoside，胡萝卜苷，1-乙基-β-D-半乳糖苷和地黄苦苷（rehmapicroside）。部分结构式见图 14。

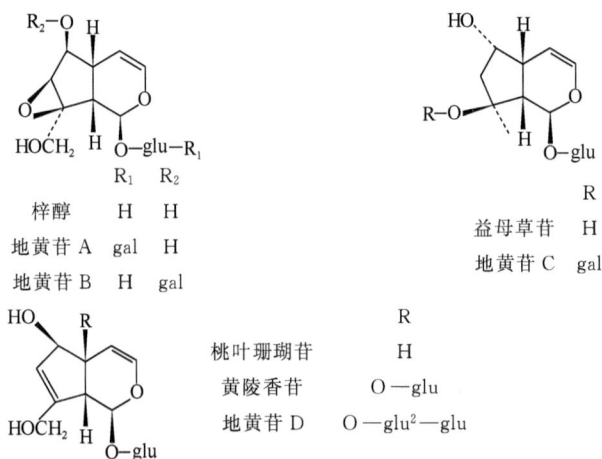

	R₁	R₂
梓醇	H	H
地黄苷 A	gal	H
地黄苷 B	H	gal

	R
益母草苷	H
地黄苷 C	gal

	R
桃叶珊瑚苷	H
黄陵香苷	O—glu
地黄苷 D	O—glu²—glu

图 14　地黄中部分成分的结构式

其次为糖类，已分离鉴定了 8 种糖：水苏糖、棉子糖、葡萄糖、蔗糖、果糖、甘露三糖、毛蕊花糖及半乳糖。鲜地黄中水苏糖含量高于生地黄，而六碳糖、蔗糖及三糖含量低于生地黄。生地黄中仅含少量还原糖。

地黄中含有 20 余种氨基酸，鲜地黄中精氨酸含量最高（李更生等，2004）。

【采收加工】

1. 采收

一般秋季收获，在叶逐渐枯黄，茎发干萎缩，苗心练顶时停止生长，根开始进入休眠期，嫩的地黄根变为红黄色时即可采收。采收时，选晴天，先割去地上茎叶，在地边开一沟，深 0.33m（1 尺）左右，顺次小心摘取块茎，做到不丢、不折、不损伤块茎，在地里按大小不同分等级。出土后因其容易霉烂应尽快加工。如果一时缺乏条件无法加工，则应留住鲜地黄上附着的泥土，不要洗，直接放在土地上，再盖上干燥泥土存放，随用随取，但储存时间一般不得超过 3 个月。

2. 初加工

挖出块茎，除去茎、叶、须根及泥土（不可水洗）即为鲜地黄。加工时，将鲜地黄放在 50～60℃ 火坑的箅子上慢慢烘焙，至内部逐步干燥且颜色变黑，直到生地黄发汗、全身柔软、内无硬核、外皮变硬，堆 1～2d，上盖草席，使其回潮，闷至全部发霉为度，取出晒干或烘干，除去白霉即为生地黄，以块大、断面乌黑油润者为佳。焙烤时要注意常翻动，中途不能停火。

3. 分级标准

（1）生地黄。分为五等。

一等：干货。纺锤形或条状圆根。体重质柔润。表面灰白色或灰褐色。断面黑褐色或黄褐色，具有油性。味微甜。每千克 16 支以内。无芦头、老母、生心、焦枯、杂质、虫蛀、霉变。

二等：干货。纺锤形或条状圆根。体重质柔润。表面灰白色或灰褐色。断面黑褐色或黄褐色，具有油性。味微甜。每千克 32 支以内。无芦头、老母、生心、焦枯、杂质、虫蛀、霉变。

三等：干货。纺锤形或条状圆根。体重质柔润。表面灰白色或灰褐色。断面黑褐色或黄褐色，具有油性。味微甜。每千克 60 支以内。无芦头、老母、生心、焦枯、杂质、虫蛀、霉变。

四等：干货。纺锤形或条状圆根。体重质柔润。表面灰白色或灰褐色。断面黑褐色或黄褐色，具有油性。味微甜。每千克 100 支以内。无芦头、老母、生心、焦枯、杂质、虫蛀、霉变。

五等：干货。纺锤形或条状圆根。体重质柔润。表面灰白色或灰褐色。断面黑褐色或黄褐色，具有油性，但油性少。味微甜。支根瘦小，每千克 100 支以上，最小货直径 1cm 以上。无芦头、老母、生心、焦枯、杂质、虫蛀、霉变。

（2）鲜地黄。不分等级。

【鉴别与含量测定】

一、鉴别

薄层鉴别　取本品粉末 2g，加甲醇 20ml，加热回流 1h，冷却，过滤，滤液浓缩至约 5ml，作为供试品溶液。另取梓醇对照品，加甲醇制成 1ml 含 0.5mg 的溶液，作为对照品溶液。照薄层色谱法试验，吸取上述两种溶液各 5μl，分别点于同一硅胶 G 薄层板上，以三氯甲烷-甲醇-水（14：6：1）为展开剂，展开，取出，晾干，喷以茴香醛试液，在 105℃ 加热至斑点显色清晰。供试品色谱中，与对照品色谱相应的位置显相同颜色的斑点［《中国药典》，（2005 年版）］。

取样品粉末 2g，加乙醇 20ml，超声处理 20min，过滤，滤液蒸干，加水 20ml 溶解，过滤，滤液通过大孔吸附树脂柱（内径 1.5cm，长 12cm），用水 50ml 洗脱，弃去洗脱液，再用 30％乙醇 30ml 洗脱，收集洗脱液，蒸干，加乙醇 1 ml 使溶解，作为供试品溶液。另取梓醇对照品，加甲醇制成 1ml 含 0.5mg 的溶液，作为对照品溶液。照薄层色谱法试验，吸取上述两种溶液各 5μl，分别点于同一硅胶 G 薄层板上，以氯仿-甲醇（7∶3）为展开剂，展开，取出，晾干，喷以 10％硫酸乙醇液，105℃ 加热至斑点显色清晰。供试品色谱中，与对照品色谱相应的位置均显相同的紫褐色斑点。

二、含量测定

（1）色谱条件与系统适用性试验。以十八硅烷键合硅胶为填充剂；以乙腈-0.1％磷酸溶液（1∶99）为流动相；检测波长为 210nm。理论板数按梓醇峰计算应不低于 5000。

（2）对照品溶液的制备。精密称取梓醇对照品适量，加流动相制成每毫升含 10μg 的溶液，即得。

（3）供试品溶液的制备。取本品（生地黄）切成约 5mm 的小块，经 80℃减压干燥 24h 后，磨成粗粉约 0.4g，精密称定，置具塞锥形瓶中，精密加入甲醇 25ml，称定重量，加热回流提取 1.5h，冷却，再称定重量，用甲醇补足减失的重量，摇匀，过滤，精密量取续滤液 10ml，浓缩至近干，残渣用流动相溶解，转移至 10ml 量瓶中，并用流动相稀释至刻度，摇匀，过滤，取续滤液，即得。

（4）测定法。分别精密吸取对照品溶液与供试品溶液各 10μl，注入液相色谱仪，测定，即得。

【附注】

熟 地 黄
Shudihuang
RADIX REHMANNLAE PRAEPARATA

【概述】熟地黄始载于《本草图经》，为玄参科多年生草本植物地黄的块茎。取生地黄，照酒炖法［《中国药典》(2005 年版)，附录ⅡD］炖至酒吸尽，取出，晾晒至外皮黏液稍干时，切厚片或块，干燥，即得熟地黄。性微温，味微甘。滋阴补血，益精填髓。主要用于治疗肝肾阴虚、腰膝酸软、骨蒸劳热、盗汗遗精、内热消渴、血虚萎黄、心悸怔忡、月经不调、崩漏下血、眩晕、耳鸣、须发早白等症状。熟地黄在临床上的应用较为广泛。

【商品名】熟地黄
【别名】酒壶花、山烟、山白菜
【基原】同地黄。
【原植物】同地黄。
【药材性状】本品为不规则块片、碎块，大小、厚薄不一。表面乌黑色，有光泽，黏性大。质柔软而带韧性，不易折断，断面乌黑色，有光泽。无臭，味甜。

【种质来源】 同地黄。

【生长习性及基地自然条件】 同地黄。

【种植方法】 同地黄。

【病虫害防治】 同地黄。

【采收加工】

（1）采收。同地黄。

（2）炮制。取净生地黄置缸内，加黄酒适量拌匀，焖润至酒尽时，置笼屉内用武火加热，用容器收集流出的熟地汁，蒸约 48h 至地黄中央发虚为度，取出，晒干。如此反复，蒸晒 8 次，至第 9 次将黄酒与砂仁粉一起拌入蒸 24h，以蒸至内外漆黑、味甜无苦味为度，取出，晾至八成干，切斜片 2～3mm 厚，晒干（河南省卫生厅，1983）。

（3）分级标准。一般为通货。

【化学成分】 本品主要含有苷类、糖类、氨基酸、有机酸等。苷类主要为环烯醚萜苷，梓醇（其在地黄的炮制过程中大部分被破坏），二氢梓醇，益母草苷，桃叶珊瑚苷，地黄苷 A、B、C、D，蜜力特苷，二氢蜜力特苷，地黄氯化臭蚁醛苷，地黄素及焦地黄素等；糖类含有大量还原糖：水苏糖、棉子糖、葡萄糖、葡萄糖胺、蔗糖、果糖、甘露三糖、半乳糖、地黄多糖 a、黄多糖 b 等；氨基酸含丙氨酸、谷氨酸、精氨酸、天冬氨酸、异亮氨酸、亮氨酸、脯氨酸、酪氨酸、丝氨酸、甘氨酸、苯丙氨酸、苏氨酸、胱氨酸等；有机酸含苯甲酸甲酯、辛酸甲酯、苯乙酸甲酯、亚油酸甲酯；此外还含有 5-羟甲基糠醛、β-谷甾醇、豆甾醇、维生素 A、无机元素等。

【鉴别与含量测定】

一、鉴别

薄层鉴别 取本品粉末 1g，加乙醇 10ml，浸泡 24h，过滤，滤液作为供试品溶液。另取 5-羟甲基糠醛对照品，加乙醇制成每毫升含 0.5mg 的溶液，作为对照品溶液。吸取供试品溶液 10μl、对照品溶液 5μl，分别点于同一硅胶 GF$_{245}$ 薄层板上，以石油醚（60～90℃）-乙酸乙酯（1∶1）为展开剂，展开，取出，晾干，置紫外灯（254nm）下检视。供试品色谱中，与对照品色谱相应的位置显相同颜色的斑点（中华人民共和国药典委员会，2005）。

二、含量测定

（1）色谱条件与系统适用性试验。以十八烷键合硅胶为填充剂；流动相为水-乙腈（99.5∶0.5），检测波长为 210nm。

（2）对照品溶液的制备。准确称取干燥至恒重的梓醇标准品适量，加水制成每毫升含 1mg 的溶液，即得。

（3）供试品溶液的制备。称取各种地黄样品 4g，切成 2mm 小块，加水 40ml，振摇浸泡 3h 后，超声提取 20min，过滤，药渣再分别用水（30ml、20ml）超声提取两次，滤液过滤后合并，定容至 100ml，即得。

（4）测定法。分别精密吸取对照品溶液与供试品溶液各 5μl，注入液相色谱仪，测定，即得（汪程远等，2003）。

【主要参考文献】

丁宝章，王遂义. 1997. 河南植物志. 第三册. 郑州：河南科学技术出版社：434

河南省卫生厅. 1983. 河南省中药材炮制规范（修订本）. 郑州：河南科学技术出版社

李更生，于震，王慧森. 2004. 地黄化学成分与药理研究进展. 中外医学，26（2）：74～79

宋德勋. 2000. 药用植物栽培学. 贵州：贵州科技出版社：185

汪程远，张浩，孟莉等. 2003. HPLC测定地黄及其制剂中梓醇的含量. 中医中药分册，18（2）：134，135

肖培根，杨世林. 2001. 药用动植物种养加工技术. 北京：中国中医药出版社

中华人民共和国药典委员会. 2005. 中华人民共和国药典（一部）. 北京：化学工业出版社

百　合
Baihe
BULBUS LILII

　　【概述】百合为伏牛山区大宗药材。味甘，性寒。归心、肺经。养阴润肺，清心安神。用于治疗阴虚久咳、痰中带血、虚烦惊悸、失眠多梦、精神恍惚。

　　百合约有80种，分布于北温带，我国有39种，河南伏牛山区有11种，4个变种。在河南伏牛山区：野百合分布在海拔300～2000m的高坡、灌丛林下、路旁、溪边或石缝中；渥丹、山丹生于海拔400～2000m的山坡、草丛、路旁、灌木林下，分布在栾川、卢氏、灵宝、嵩县、西峡、内乡、鲁山等地；南川百合生于海拔1000m以下的山沟、溪旁或林下，分布于伏牛山南部的淅川、西峡；湖北百合生于海拔1000m以下的山坡林下、山谷阴湿的地方，分布在伏牛山南部的淅川；乳头百合生于海拔1000m以上的山坡灌丛中，分布于伏牛山西峡黑烟镇、淅川；山丹细叶百合生于海拔400～2000m的山坡草地或林缘分布于伏牛山区的栾川、卢氏、灵宝、嵩县、鲁山、西峡、内乡；川百合生于海拔800～2000m的山坡草地、林下潮湿处或林缘分布于伏牛山区的栾川、卢氏、灵宝、嵩县、鲁山、西峡、内乡。

　　百合花供观赏，肉质鳞茎供食用或药用，集观赏、食用、药用于一身。河南伏牛山区是百合原产地之一。伏牛山百合鳞片细腻软糯，富含淀粉、蛋白质、氨基酸、百合苷，是味道鲜美营养丰富的特种蔬菜，作为中药又具有滋补强身、润肺止咳、利脾健胃、宁心安神，清热利尿、镇静助眠等功效。近年来随着人民生活水平提高，百合价格上涨，市场需求量很大。

　　【商品名】百合

　　【别名】野百合、喇叭筒、山百合、药百合、家百合、菜百合、蒜脑薯、强瞿

　　【基原】百合为百合科植物卷丹 *Lilium lancifolium* Thunb.、百合 *Lilium brownii* var. *viriulum* Baker 或细叶百合 *Lilium pumilulm* DC. 的干燥肉质鳞叶。

　　【原植物】卷丹：百合科卷丹，多年生草本，高1～1.5cm。茎带紫色，有疏或密的白色绵毛。叶互生，披针形或线状披针形，长5～20cm，宽0.5～22cm，向上渐小成

苞片状；叶腋内常有珠芽。花序总状；花橘红色，内面密生紫黑色斑点；花被片长 7～10cm，开放后向外反卷；花药紫色。蒴果长圆形至倒卵形，长 3～4 cm。花期 6～7 月，果期 8～10 月。

百合：百合科百合，多年生草本，高达 1.5cm。鳞茎球形。茎常有紫色条纹。叶有短柄，叶片披针形或窄披针形，长 2～10cm，宽 0.5～1.5cm；叶柄短。花 1 朵至数朵生于茎端；花被 6 片，乳白色，微黄，长约 15cm，背面中肋带淡紫色。裂片向外张开或稍反卷，长 13～20cm。蒴果长圆形，长约 5cm。花期 5～7 月，果期 8～10 月。

细叶百合：百合科细叶百合，多年生草本，高 20～60cm。鳞茎广椭圆形，长2.5～4cm，直径 1.5～3cm。茎细，圆柱形，绿色。叶 3～5 列互生，至茎顶渐少而小，无柄，叶片窄线形，长 3～14cm，宽 1～3mm。花单生于茎顶，或在茎顶叶腋间各生一花，成总状花序状，俯垂，花梗粗壮，长约 6cm，花被 6 片，红色，向外反卷；雄蕊 6 个；雌蕊 1 个，子房细长。蒴果椭圆形。花期 6～8 月，果期 8～9 月。主产于东北、河北、河南、山东等地，生于山地灌草中。药用部位为鳞茎的鳞叶。秋、冬季采挖。

【药材性状】本品呈长椭圆形，长 2～5cm，宽 1～2cm，中部厚 1.3～4mm。表面类白色、淡棕黄色或微带紫色，有数条纵直平行的白色维管束。顶端稍尖，基部较宽，边缘薄，微波状，略向内弯曲。质硬而脆，断面较平坦，角质样。无臭，味微苦。

【种质来源】栽培居群

【生长习性及基地自然条件】

一、生长条件

百合耐寒，最适生长温度为 15～25℃，低于 10℃或高于 30℃均生长不良。百合忌水淹，喜半阴环境，但过度荫蔽会引起花茎徒长和花蕾脱落。百合一般喜在 pH 为 5.5～6.5、容重在 1g/cm³ 以下富含腐殖质的土壤中生长，且土层深厚疏松，能保持适当湿润又排水良好的沙壤土为最好，黏土绝不可以种植百合。百合不需要太多肥料，种植第三周后才可以开始施三要素平均的肥料，花蕾出现后换磷、钾含量较高的开花肥促进花苞生长，花谢后再改用三要素平均的肥料。

二、肥料施用

要多施有机肥料（如堆肥），如果施用化学肥料，则每 1000m² 施用硫酸铵 136kg，过磷酸钙 83kg，氯化钾 50kg，另外在栽培过程中补充氮素 12.5kg，泡成溶液浇灌。百合需肥量并不大，尤其化学肥料不可施太多，否则易使植株变矮。

三、土壤种类

伏牛山丘陵、山地占总面积的 80％以上，平原川区不足总面积的 10％，可利用耕地较少，土壤褐土占总土壤面积的 39.6％，棕壤占总土壤面积的 22.8％，红黏土占总土壤面积的 12.2%，潮土占总土壤面积的 3.8%。

四、土壤肥力

土壤有机质含量 3% 以上的占总土壤面积的 32.48%；有机质含量 2%～3% 的占总土壤面积的 11.9%；有机质含量 1%～2% 的占总土壤面积的 42.28%；小于 1% 的占土壤总面积的 13.3%。

（1）全氮。土壤总氮量大于 0.1% 的占总土壤面积的 50.9%；总氮量低于 0.1%～0.06% 的占总土壤面积的 40.05%；总氮量在 0.06% 以下的占总土壤面积的 9.05%。

（2）速效磷。含量在 15ppm 以上的占总土壤面积 7.1%；在 10～15ppm 的占总土壤面积 8.42%；在 7～10ppm 的占总土壤面积的 16.19%；在 7ppm 以下的占总土壤面积 68.3%。

（3）速效钾。含量大于 200ppm 的占总土壤面积的 19.77%；含量为 150～200ppm 的占总土壤面积的 28.5%；含量为 100～150ppm 的占总土壤面积的 29.93%；含量在 100 ppm 以下的占总土壤面积的 21.8%。微量元素的种类主要有锰、硼、锌、钼、铜、铁等。

【种植方法】人工栽培百合采用无性繁殖或有性繁殖的方法均可。

一、采收

栽植后的第 2 年约在 9 月上旬，百合地上部分全部枯死，地下鳞茎完全成熟时采挖。采挖防止鳞茎损伤。收获后随即剪去茎秆，除净泥土，剪去须根。将大球与小球、留种与不留种、健球与病球分别放置。收获的百合应及时运入室内，切不可在阳光下暴晒，以免外层鳞片干燥和变色，影响美观。

二、繁殖

繁殖途径有多种。一是种子繁殖，一般在杂交育种中应用；二是仔球繁殖，小心摘下百合地下部或近地面茎节上的小仔球，单独种植可成为新植株；三是珠芽繁殖，一些品种叶腋能自生珠芽，待生长成熟，可收集作繁殖用；四是茎段和叶片扦插繁殖；五是鳞片扦插繁殖，春、秋季用健壮肥大无病的鳞片，经 1：500～800 倍多菌灵浸泡 20～30min，阴干后用生根粉处理，插于粗砂、珍珠岩或颗粒泥炭中，在 15～201℃ 条件下，用作在伤口处产生带根子球，掰下栽培可作独立植株；六是鳞茎自然分割繁殖；七是鳞茎中心繁殖；八是组培繁殖。种用鳞茎的质量非常的重要，一般由专门的企业生产。

三、种植

1. 选地整地

应选地势高、排水良好、土质疏松、富含腐殖质、土层深厚疏松的栽植地。多数种类喜微酸性土壤。忌连作。

2. 土壤处理

由于培育百合花卉不像大田作物占地广阔，可以用局部换土的办法改良土壤环境。先在准备种植百合的行上挖去原有土壤，用腐叶土、泥炭、发酵过的木屑、蛭石、珍珠岩等介质与土壤按一定比例混合并填入种植百合的行沟中。或以上述物质 1/3～1/2 的比例与一般土壤混合后，栽种百合，这也是非常理想的土壤介质。有条件的可建高栽植床，即用水泥板、砖等建筑材料建高于地面 50～80cm 的槽式栽植床，内置人工配制营养基质，这样利于排水、透气和通风，便于土壤消毒，也切断了与地面土壤的连接而减少了地下病菌感染的机会。但此种设施造价较高，种植者应量力而行。基质放入种植床后，用硫黄粉或石灰等调配 pH 至 5.5～6.5，或根据不同百合对土壤的要求调配 pH，土壤深度以 40cm 为宜。百合对盐类敏感，高盐分会阻碍生长，总盐量不可太高，若施太多盐性有机肥或化学肥料，很容易超过限度。因此，至少搭种植前 6 周，就应进行土壤分析，盐分太高的土壤应进行冲洗。土壤应无病虫害，可用蒸汽或敌克松、辛硫磷等杀菌及杀虫剂进行土壤消毒。种植前 3d，土壤应充分浇水，有利于百合踏根。若土温较高，以浇冷水为佳。栽植时间一般为春、秋季。怕热的百合应考虑避开炎夏，怕冷的百合不能在严寒的露地上越冬，应建盖塑料大棚或温室作保护地栽培。

3. 种植

种植时在栽植床上开 15cm 深的小沟，与栽植床的长方向垂直。或张网后按株行距挖洞栽植。种球以多菌灵等杀菌剂用 500～800 倍溶液浸泡 30min 后晾干种植。株行距依品种和种球大小而异，一般为 15cm×15cm 或 15cm×20cm，深度以沟底为准，种后覆土 8～10cm，最后灌水。待水落下后，用松针、稻草、杉叶或泥炭等物覆盖土面，以保温保湿，等芽出齐后将覆盖物揭掉。在国外，为节省劳力，常用播种机播种。

四、田间管理

1. 施肥

百合种植后的 3～4 周不施肥，鳞茎发芽出土后要及时追肥，每 10m² 的土壤加入 1000g 硝酸钙。若栽植后期有轻微黄化，是缺氮引起，可每 100m² 施用 1000g 尿素或硝酸铵。百合需要多种养分，而化肥大多只含一种肥料元素。为了满足百合生长需要，往往需要几种化肥混合施用，可用氮：磷：钾为 5：10：5 的复合肥，每平方米施 30g。生长期间每平方米追施硫酸铵 15g，过磷酸钙 45g，硫酸钾 15g，可兑水追施。或用硝酸钾 3000g＋硫酸钾 1000g＋过磷酸钙 5000g 溶解稀释 1000 倍，另加柠檬酸铁 30g＋硼酸 10g＋硫酸盐 5g＋硫酸铜 0.5g＋硫酸锌 0.5g＋钼酸铵 0.5g 溶解稀释 1000 倍作百合的追肥效果好。必要时还可进行叶面喷肥。

2. 浇水

浇水对百合栽培很重要。种植前应先浇水，种植后应分阶段而定。百合属浅根性植物，对水分依赖性大，最好要有喷滴灌控制系统。漫灌方式使表土板结，使植株缺氧而黄化。

3. 通风

通风对调节棚内温度和湿度很重要。温度达 45℃，对百合生长不利，必须通风。

可用风机使空气对流和揭开塑料棚膜的方式通风,一般棚顶开窗的大棚降温效果好。但降温时,空气湿度不可下降太快,否则易发生烧叶。如用计算机自控温室栽培百合最为理想。

4. 遮阴

在光照强的 3～10 月,光能转换成热能使温度升高,或直接的强光对百合生长不利,造成切花品质下降,可用 50％的遮阳网降低光照。但在秋、冬季应除去遮阳网,以防光照不足使花苞掉落。

5. 加温

在冬寒地区栽培百合还应有加温设备,以使不耐寒百合在寒冷季节不至于受到低温伤害。采用电热加温既有效又卫生,但成本较高。北方用日光温室大棚栽培也能产生好的效果。

6. 设立支柱

一些百合品种直立性差,可设立支柱以防茎秆弯曲而降低品质。支柱可用竹木,也可用钢筋加尼龙网。用网时应拉紧。

7. 主要病虫害

主要病虫害有病毒病、叶枯病、灰霉病、根腐病、炭疽病、茎腐病、疫病、棉蚜、根螨等,要加强防治。

五、病虫害防治

(一) 百合虫害

1. 蚜虫

(1) 症状。受传染的植株,其底部的叶片发育正常,而上部的叶片在发育初期卷曲并呈畸形。蚜虫只危害幼叶,尤其是向下的叶片,也危害幼芽,产生绿色的斑点,花变得畸形并部分仍为绿色。

(2) 防治方法。①清除杂草,因为杂草常常是蚜虫的寄主;②若有蚜虫出现,每周用杀虫剂喷施作物;交替用药以防蚜虫产生抗药性;③若有必要,可在收获前短时烟熏作物,这可去除花芽中少量的残留。处理时,最初 5h 应使温室的温度保持在 14℃ 以上,植株应保持干燥;④在温室内均匀悬挂黄色蚜虫捕获板。

2. 根螨

(1) 症状。根螨主要寄生在根系表面吸收汁液,影响地上部分茎叶的生长和发育,导致植株黄化,严重时枯萎死亡。4 月中上旬为根螨大量发生时期。

(2) 防治技术。①储藏球茎的储藏室要注意通风,降低温度,抑制螨的生长和繁殖;②收藏球茎前,用 40％三氯杀螨醇 1000 倍液浸泡 2min;③生长期发现根螨,可用 40％ 三氯杀螨醇乳油 1000 倍液,或 50％ 杀螟松乳油 1000 倍液喷洒球茎部;④改良土壤酸碱度,避免氮肥施用过度。

3. 鳞翅目害虫

主要有蝙蝠蛾、白翅夜蛾。

（1）症状。蝙蝠蛾的幼虫咀嚼百合近地面的茎节，甚至钻入茎中为害植株。白翅夜蛾主要为害叶片和花蕾。

（2）防治技术。①在幼虫时期喷洒杀虫剂；②除去田间及其周围的杂草；③除去被害植株。

（二）百合生理性病害

1. 叶烧病

（1）症状。幼叶稍向内卷曲，数天之后，焦枯的叶片上出现黄色到白色的斑点。若叶片焦枯较轻，植株还可以继续正常生长。但若叶片焦枯很严重，白色斑点可转变成褐色，伤害发生处叶片弯曲。在很严重的情况下，所有的叶片和幼芽都会脱落，植株不会进一步发育，这称为"最严重的焦枯"。

（2）原因。当植株吸水和蒸发之间的平衡被破坏时即会出现叶片焦枯。这是吸水或蒸腾不足时引起幼叶细胞缺钙的结果，细胞被损害并死亡。同较差的根系、土壤中高的盐含量以及相对干根系来讲生长过快一样，温室中相对湿度的急剧变化会影响到这一过程。敏感度因品种和鳞茎大小而差异很大。大鳞茎较小鳞茎更敏感。

（3）防治方法。①种植前应让土壤湿润；②最好不要用易受感染的品种；③种植深度要适宜，在鳞茎上方应有 6～10cm 的土层，在敏感性增强的时间里，避免温室中的温度和相对湿度有大的差异，尽量保持相对湿度水平在 75% 左右；④防止过速的生长。对较敏感的亚洲百合，在最初 4 周保持温室的温度在 10～12℃，而对东方百合在最初 6 周的温度应为 15℃；⑤确保植株能保持稳定的蒸腾。通过遮阴避免过度的蒸腾，在晴天，可 1d 内喷几次水。

2. 落蕾和蕾干缩

（1）症状。在花蕾长到 1～2cm 时会出现落蕾。蕾的颜色转为淡绿色。同时，与茎相连的花梗缩短，随后蕾脱落。在春季，低位蕾首先受影响，而在秋季，高位蕾将首先脱落。蕾干缩在整个生长期中都会发生。蕾完全变为白色并变干。这些干蕾有时会脱落，假若在发育早期阶段出现蕾干缩，那么在以后会在叶腋上出现微小的白色斑点。

（2）病因。当植株不能得到充足的光照时会发生落蕾。在光照缺乏的条件下，蕾内的雄蕊产生己烯，引起蕾败育。如果根系生存条件差，如土壤干燥，则会增加蕾干缩的危险。

（3）防治方法。①不要将易落蕾的品种栽培在光照差的环境下；②为防止蕾干缩，在栽培期间鳞茎不能干燥，确保鳞茎的根系良好并让他们生长在尽可能适宜的条件下，尤其要注意光照的蒸腾。

3. 缺铁症

（1）症状。幼叶叶脉间的叶肉组织呈黄绿色，尤其是生长迅速的植株。植株越缺铁，叶片变得越黄。

（2）病因。在含钙丰富的土壤（pH 高）和淤泥土壤以及水过多的土中最易出现这种缺素症。如果土壤温度太低，也会出现缺铁症。这种缺素症主要是由缺乏植物可吸收的铁而引起的。如果只是稍微一点变黄，那么在采收期可恢复正常。

（3）防治方法。①确保土壤排水良好，pH 要低。良好的根系会大大地减少发生缺铁症的可能性。②根据作物对缺铁的敏感性，种植前在 pH 高于 6.5 的土壤中增施螯合态 Fe，并根据作物的叶色，在种植后第 2 次施用。如果植株的颜色仍然不满意，应在大约 2 周后再施 1 次。

【采收加工】

1. 百合传统初加工方法

百合传统初加工方法分为剥片、烫片、干燥三个过程。

（1）剥片。一般用手剥，或在鳞茎基部横切一刀，使鳞片分离，先剥去外围枯、老废片和茎底盘等废料，再将百合球的鳞片按"外、中、内"分别盛装，洗净，沥干，以备烫片。在剥片、分级洗片过程中不要阳光直晒，以防变色，最好现收、现剥、洗净后现制。

（2）烫片。将锅内水烧开，把洗净的鳞片分类下锅，投入鳞片的数量以不出水面为宜，用木棒搅动，使上下受热均匀。刚投入鳞片时应用大火，锅内水沸后转小火。烫片时间一般外片、老片烫 6～7min；内片、嫩片烫 4～5min。当鳞片边缘变软，背面有微裂时迅速捞起，放入清水中漂洗去除黏液，再捞出。每锅水只可用 2 或 3 次，以免影响质量。

（3）干燥。百合干燥有自然干燥与人工干燥两种方法。

1）自然干燥。烫洗后放在竹帘或苇席上摊开，利用太阳暴晒，厚度以 2～3cm 为宜，初时不能翻动，否则易翻烂鳞片，五六成干时经常翻动，使上下干燥均匀，也可用水泥晒场晾晒。

2）人工干燥。干燥温度最适宜为 32～42℃。温度过高容易发生焦化变色；温度过低干燥时间过长，也容易发生氧化，甚至发霉变味。干燥后，鳞片要进行回软，使干品内外含水量均匀。回软方法是将干品放入室内，堆放 2～3d 即可自然达到干湿平衡。回软后可进行包装，宜储放于阴凉通风处。如遇回潮，应及时进行风干。

2. 优质百合干加工要点技术

优选原料。选择洁白、片大、紧包的百合鳞茎，剔除"千字头"（鳞茎小而多、鳞片小且包而不紧）、虫蛀、黄斑、霉烂及表皮变红的百合；用利刀切除毛根，去除泥土杂质和皮部老化瓣；将剥下的瓣分为大、中、小三个等级，然后将挑选整理后的百合鲜料按照大、中、小的顺序分别用清水漂选 2 或 3 遍。

加工要点。沸水烫煮：将洗净的百合瓣分级下入沸水锅中，用木板在锅中缓缓搅动，以便烫煮均匀。烫煮时锅内的蒸汽压力以 2kg/cm² 为宜。百合鳞片烫煮的适宜时间（以鲜料下锅后计时）分别约为大片 40s、中片 20s、小片 5s。然后将烫好的百合瓣从锅中捞取后迅速平摊竹底木框做边的盘内，平摊时以不重叠为宜，以保证百合干燥均匀迅速。烘干：按 150g/m³ 用磺量将百合瓣熏硫约 2h 后，可采用热风干燥法予以烘干。即先开蒸汽，再开风机，当烘房室温升到约 70℃ 时，需打开排风扇排潮，每隔 20～30min 需排潮一次，2h 后，可根据百合干湿程度适当延长排潮间隔时间（间隔时间以 40～50min 为宜），烘房温度必须控制在 70℃左右（±5％）。烘干时间为大片 7～8h，中片 5～6h，小片 2～3h。烘干的百合经自然通风降温后刮除斑点片、湿片、焦片及混入的其他等级的片，经过筛选和分级包装即可卜市销售。

3. 分级标准

百合商品按照横径、分瓣头数、整齐度分为特级、一级、二级、三级等。

特级：横径≥9.0cm，分瓣头数 3 或 4、整齐度≥98。

一级：横径 8.0～8.9cm，分瓣头数 1 或 2、整齐度≥95。

二级：横径 7.0～7.9cm，分瓣头数 1 或 2、整齐度≥95。

三级：横径 6.0～6.9cm，分瓣头数 1 或 2、整齐度≥95。

【化学成分】 中药百合中含有生物碱、皂苷、磷脂、多糖等活性成分，还含有淀粉、蛋白质、氨基酸、维生素和大量微量元素等营养物质。

1. 皂苷类

目前从百合中得到的皂苷类化合物有 β-谷甾醇、胡萝卜素苷、正丁基-β-D-吡喃果糖苷、26-O-β-D-葡萄糖吡喃、3β，26-二羟基-5-胆甾烯-16，22-二氯-3-O-α-L-吡喃鼠李糖基(1→2)-β-D-葡萄糖吡喃苷、薯蓣皂苷元-3-O-{O-α-L-鼠李糖基（1→2）-O-[β-D-木糖基（1→3）]-β-D-葡萄糖苷}、薯蓣皂苷元-3-O-{O-α-L-鼠李糖基（1→2）-O-[β-D-阿拉伯糖基（1→3）]-β-D-葡萄糖苷}（侯秀云等，1998；吉宏武等，2001；杨秀伟等，2002.）。

2. 磷脂类

郭戎和吴汉斌（1991）发现卷丹、百合的磷脂酰胆碱（phosphatidyl choline）含量高达 70％和 83％，双磷脂酰甘油（diphosphatidyl glycerol）和磷脂酸（phosphatidic acid）总含量也可达 10％～15％，同时还含有少量的溶血磷脂酰胆碱（lysophosphatidyl choline）、磷脂酰肌醇（phosphatidyl inositol）、磷脂酰乙醇胺（phosphatidyl ethanolamine）、神经鞘磷脂（sphingomyelin）等脂类化合物；吴杲和吴汉斌（1997）采用紫外光度法测定百合总磷脂的含量后报道，卷丹、百合的总磷脂较高，分别为 272.04mg/100g 和 369.73mg/100g。

3. 多糖类

姜茹等（1997）采用热水提乙醇沉淀法从百合饮片中首次分离出一种水溶性多糖 BHP，分子质量为 75 000Da 组分为 D-半乳糖、L-阿拉伯糖、D-甘露糖、D-葡萄糖、L-鼠李糖。刘成梅等（2002）报道百合中有半乳糖醛酸。

【鉴别与含量测定】

一、鉴别

取本品粉末 1g，加甲醇 10ml，超声处理 20min，过滤，滤液浓缩至 1ml，作为供试品溶液。另取百合对照药材，同法制成对照药材溶液。照薄层色谱法试验，吸取上述两种溶液各 10μl，分别点于同一硅胶 G 薄层板上，以石油醚（60～90℃）-乙酸乙酯-甲酸（15：5：1）的上层溶液为展开剂，展开，取出，晾干，喷以 10％磷钼酸乙醇溶液，加热至斑点显色清晰。供试品色谱中，与对照药材色谱相应的位置显相同颜色的斑点。

二、含量测定

1. 总糖量

总糖量测定步骤有水提醇沉法提取多糖，Sevag 法（用氯仿和正丁醇按 5∶1 的比例进行萃取，以除去蛋白质）除蛋白质，硫酸-苯酚比色法测总糖含量。

水提醇沉法提取多糖：新鲜百合洗净后低温烘干，切碎备用。准确称取一定量的碎百合，加入 2 倍量石油醚，于 80℃ 水浴中回流 1.5h，留沉渣。加 8 倍量的 60℃ 水于沉渣中，60℃ 水浴浸提 7h。3000r/min 离心混合 10 min，留其上清液。在上清液中加 4 倍量的 95 ％乙醇，置于 4℃ 冰箱静置过夜。3000 r/min 离心混合液，取其沉淀，加适量 45℃ 水使其溶解。重复水提醇沉法 3 次。

Sevag 法除蛋白质：所得沉淀溶解后加入 1/2 倍量 Sevag 试剂（氯仿-正丁醇，体积之比为 5∶1），混匀分液，弃氯仿混合液层，水相继续加入稍多于 1/2 倍量的 Sevag 试剂，重复操作 7 次，每次适量增加 Sevag 比量。收集水相，加入 4 倍量体积的 95％乙醇，置于 4℃ 冰箱保存过夜，3000r/min 离心混合液 20min，收集沉淀，重复醇提 3 次。所得沉淀分别用无水乙醚、丙酮各洗涤 3 次。收集洗净后的沉淀，于 44℃ 恒温鼓风干燥箱中干燥，即可得灰白色粗百合多糖。

样品液制备：精确称取干燥（44℃）至恒重的百合粗多糖 0.1g 定容于 100ml 容量瓶中，精确量取 2.0ml 此溶液于 50ml 容量瓶中定容，摇匀，使浓度相当于 0.04mg/ml 的样品液，备用。

定量方法与标准曲线制作：采用标准曲线定量。配置不同浓度的标准葡萄糖溶液，加苯酚和浓硫酸，静置 20min，于 490nm 波长处测定吸光度，绘制标准曲线。在一定浓度范围内建立回归方程。将样品加苯酚和浓硫酸，静置 20min。测其在 490nm 波长处的吸光度，并将所得吸光度值带入回归方程即得百合多糖的总糖含量。

2. 总皂苷

标准样制备：准确配制质量浓度为 7.2×10^{-2} mg/ml 的百合皂苷 2(含薯蓣皂苷元和 3 个糖基的甾体皂苷) 的标准样。

样品制备：新鲜百合鳞茎剥瓣清洗干净，晾干表面水后，微波处理 10min，于 40℃ 烘箱中烘至含水量 6 ％左右，小型粉碎机粉碎，过 80 目筛用作测定材料。准确称取百合样品粉末 2.0 g（以干重计），置于 50ml 容量瓶中，加 20 倍的石油醚（60～90℃沸程）超声波提取 1h，以除去脂类成分与部分色素，过滤残渣加 20 倍的甲醇超声波提取 1h，甲醇定容。取 20ml 甲醇溶液，水浴挥干，加蒸馏水 10ml 溶解，然后用等体积的水饱和正丁醇萃取 4 次，正丁醇萃取液合并，减压浓缩至干，甲醇洗涤并定容至 25ml 作为待测液。

显色条件与测定波长：采用高氯酸 5ml、显色时间 20min、显色温度 55℃ 的显色条件进行显色，测定波长为 406nm。

定量方法与标准曲线制作：采用标准曲线定量。精确吸取 0.2ml、0.3ml、0.5ml、0.7ml、0.9ml、1.1ml 和 1.3ml 标准样溶液，置于 25ml 试管中，水浴挥干，加入高氯酸（70％～72％）5ml，密塞，55℃水浴 20min，冰水终止反应，高氯酸作对照，以皂苷的浓度为横坐标，406nm 处的吸光度为纵坐标制作标准曲线（吉宏武等，2003；姜茹等，1997）。

【附注】

1. 野百合：*Lilium brownii* F. E. Brown ex Miellez

　　多年生草本，高 70～200cm。鳞茎球形，直径 2～4.5cm，鳞片披针形，长 1.8～4cm，宽 8～14mm，无节，白色。叶散生，通常自下向上渐小，披针形、窄披针形至线形，长 7～15cm，宽 0.6～2cm，先端渐尖，基部渐狭，具 5～7 条脉，全缘，两面无毛；花单生或几朵排成近伞形；花梗长 3～10cm，稍弯；苞片披针形，长 3～9cm，宽 0.6～18cm；花喇叭形，有香气，乳白色，外面稍带紫色，无斑点，向外张开或先端外弯而不卷，长 13～18cm，外轮花被片宽 2～4.3cm，先端尖，内轮花被片宽 3.4～5cm，蜜腺两边具小乳头状突起；雄蕊向上弯，花丝长 3～10cm，中部以下密被柔毛，少数具稀疏的毛或无毛，花药长椭圆形，长 1.1～1.6cm；子房圆柱形，长 3.2～3.6cm，花柱长 8.5～11cm，柱头 3 裂；蒴果矩圆形，长 4.5～6cm，宽约 3.5cm，有棱，具多数种子。花期 5～6 月；果期 7～10 月。

2. 渥丹（山丹 *Lilium concolor* Salisb.）

　　多年生草本，高 50～70cm。鳞茎卵状球形，直径 2～5cm，鳞片宽披针形，长 2～2.5cm，宽 1～1.5cm，白色，茎近基部带紫色，有小乳头状突起，叶散生，线形，长 5～7cm，宽 2～7mm，叶脉 3～7 条，边缘有小乳头状突起，两面无毛。花 1～5 朵，排成近伞形或总状花序；花梗长 1.2～4.5cm；花直立，星状开展，深红色，无斑点，有光泽；花被片矩圆状披针形，长 2.2～4cm，宽 4～7mm，蜜腺两边具乳头状突起；雄蕊向四面靠拢，花丝长 1.8～2cm，无毛，花药长矩圆形，长约 7mm；子房圆柱形，长 1～1.2cm，直径 2.5～3mm，花柱稍短于子房，柱头稍膨大。蒴果矩圆形，长 3～3.5cm，直径 2～2.2cm。花期 6～7 月，果期 8～9 月。

3. 湖北百合 *Lilium henryi* Baker

　　多年生草本，高 100～200cm。鳞茎近球形，直径 2cm，鳞片矩圆，先端尖，长 3.5～4.5cm，宽 1.4～1.6cm，白色。茎具紫色条纹，无毛。叶两型，中下部叶矩圆状披针形，长 7.5～15cm，宽 2～2.7cm，先端渐尖，基部近圆形，有 3～5 条脉，两面无毛，全缘，叶柄长约 5mm；上部叶卵圆形，长 2～4cm，宽 1.5～2.5cm，先端急尖，基部近圆形，无柄。总状花序具 1～12 朵花；苞片卵圆形，叶状，长 2.5～3.5cm，先端急尖，花梗长 5～9cm，水平开展，每花梗通常 2 朵花；花被片披针形，反卷，橙色，具稀疏的黑色斑点，长 5～7cm，宽达 2cm，全缘，蜜腺两边具多数流苏状突起；雄蕊四面开展，花丝砖状，长 4～4.5cm，无毛，花药深橘红色；子房近圆柱形，长 1.5cm，花柱长 5cm，柱头略膨大，3 裂。蒴果矩圆形，长 4～4.5cm，直径 3.5cm，褐色。花期 6～7 月，果期 8 月。

4. 南川百合州 *Lilium rosthronii* Diels

　　与湖北百合很相似，主要区别为中下部叶为线状披针形，宽 8～10mm。蒴果长圆形，长为 5.5～6.5cm，直径为 1.4～1.8cm，棕绿色。

5. 山丹（细叶百合）

多年生草本，高 15～60cm。鳞茎卵形或圆锥形，直径 2～3cm，鳞片矩圆形或长卵形，长 2～3.5cm，宽 1～1.5cm，白色。茎有乳头状突起，有时具紫色条纹。叶散生于茎中部，线形，长 3.5～9cm，宽 1.5～3mm，中脉下面突出，边缘有乳头状突起。花单生或数朵排成总状花序，鲜红色，通常无斑点，下垂；花被片反卷，长 4～4.5cm，宽 8～11mm，蜜腺两边有乳头状突起；花丝长 1.2～1.5cm，无毛，花药长椭圆形，黄色，花粉近红色；子房圆柱形，长 8～10mm，花柱稍长于子房或长 1 倍多，长 1.2～1.6cm，柱头膨大，3 裂。蒴果矩圆形，长 2cm，直径 1.2～1.8cm。花期 7～8 月，果期 8～10 月。

6. 乳头百合 Lilium papilliferum Franch.

多年生草本，高约 60cm。鳞茎卵圆形，直径 2.5cm，鳞片卵形或披针状卵形，白色。茎带紫色，密生乳头状突起。叶多数，散生，着生于中上部，线形，长 5.5～7cm，宽 5～10mm，先端急尖，中脉明显。总状花序有花 5 朵；苞片叶状，长 4～5.5cm，宽 3～5mm；花梗长 4.5～5cm；花芳香，下垂，紫红色，花被片矩圆形，长 3.5～3.8cm，宽 1～1.3cm，先端急尖，基部稍狭，蜜腺两边有乳头状突起和鸡冠状突起；花丝长 2cm，无毛，花药淡褐色，花粉橙色；子房圆柱形，长 1cm，直径 4cm，花柱长 1.3cm，蒴果矩圆形，长 2～2.5cm，直径 1.5～2cm。花期 7～8 月，果期 8～9 月。

7. 川百合 Lilium davidii Duchartre

多年生草本，高 50～100cm。鳞茎扁球形或宽卵形，直径 2～4.5cm，鳞片宽卵形至卵状披针形，长 2～3.5cm，宽 1～1.5cm，白色。茎有时带紫色，密生小乳头状突起。叶多数散生，在中部较密，线形，长 7～12cm，宽 2～6mm，先端急尖，边缘反卷并有明显的小乳头状突起，中脉明显，在背面凸起，叶腋有白色绵毛。花单生或 2 或 3 朵排成总状花序；苞片叶状，长 4～7.5cm，宽 3～7mm；花梗长 4～8cm；花下垂，橙黄色，向基部约 2/3 有紫黑色斑点；外轮花被片长 5～6cm，宽 1.2～1.4cm，内轮花被片比外轮稍宽，蜜腺两边有乳头状突起，在其外面的两边有少数流苏状乳突；花丝长 4～4.5cm，无毛，花药长 1.4～1.6cm，花粉深橘红色；子房圆柱形，长 1～1.2cm，直径 2～3mm，花柱长为子房的 2 倍以上，柱头膨大，3 浅裂。蒴果长矩圆形，长 3.5cm，直径 1.6～2cm。花期 7～8 月，果期 9～10 月。

8. 条叶百合 Lilium callosum Sieb. et Zucc.

多年生草本，高 50～90cm。鳞茎小，扁球形，直径 1.5～2.5cm，鳞片卵形或卵状披针形，长 1.5～2cm，宽 6～12mm，白色。茎无毛。叶散生，线形，长 6～10cm，宽 3～5mm，有 3 条脉，无毛，边缘有小乳头状突起。花单生或少有数朵排成总状花序；苞片 1 或 2 枚，长 1～1.2cm，顶端加厚；花梗长 2～3cm，弯曲；花下垂，花被片倒披针状匙形，长 3～4cm，宽 4～6mm，中部以上反卷，红色或淡红色，几无斑点，蜜腺两边有稀疏的小乳头状突起；花丝长 2～2.5cm，无毛，花药长 7mm，子房圆柱形，长 1～2cm，直径 6～7mm，花柱短于子房，柱头膨大，3 裂。蒴果狭矩圆形，长约 2.5cm，直径 6～7mm。花期 7～8 月；果期 8～9 月。

【主要参考文献】

郭戎，吴汉斌. 1991. 百合磷脂组成的研究及品种鉴定的数学判别. 中药材，14（9）：32～35
侯秀云，陈发奎. 1998. 百合化学成分的分离和结构鉴定. 药学学报，33（12）：923～926
吉宏武，丁霄霖. 2001. 百合皂苷的提取分离与结构初步鉴定. 林产化学与工业，21（3）：48～50
吉宏武，丁霄霖. 2003. 百合总皂苷定量测定方法的研究. 林产化学与工业，23（4）：54～58
姜茹，吴少华. 1997. 百合免役活性多糖的分离及其组成. 第四军医大学学报，12（8）：188
刘成梅，付桂明，涂宗则. 2002. 百合多糖降血糖功能研究. 食品科学，23（6）：113，114
吴杲，吴汉斌. 1997. 五种百合药材磷脂成分的分析. 现代应用药学，14（2）：16，17
杨秀伟，崔育新，刘雪辉等. 2002. 卷丹皂苷与甾体皂苷特征. 波谱学杂志，19（3）：301～308
周静华，李芬，汪祖芳. 2006. 大理百合中多糖的提取与总糖含量的测定短篇论著. 临床和实验医学杂志，5
　（6）：735

红 药 子

Hongyaozi

RADIX POLYGONI CILIINERVE

【概述】 红药子为伏牛山大宗药材。具清热解毒、凉血、活血的功效。用于治疗呼吸道感染、扁桃体炎、急性菌痢、急性肠炎、泌尿系统感染、多种出血、跌打损伤、月经不调、风湿痹痛、热毒疮疡、烧伤（《全国中草药汇编》编写组，1996）。《中国药典》（2005年版）未对红药子作记载。产于伏牛山的卢氏、西峡、栾川、南召等县；生于山坡、沟边、滩地或乱石滩。

【商品名】 红药子、朱砂七

【别名】 红药、赤药、朱砂七、黄药子、朱砂莲、猴血七、血三七、毛葫芦、雄黄连、医馒头、散血蛋、鸡血莲、点血

【基原】 红药子为蓼科植物毛脉蓼 *Polygonum ciliinerve*（Nakai）Ohwi 的干燥块根。

【原植物】 多年生草本。根状茎膨大成块状，近木质，常卵圆体状，皮褐色，断面黄红色，具须根。茎缠绕，中空，多分枝。叶椭圆形，长 4～10cm，宽 3～5cm，先端渐尖，基部耳状箭形，表面无毛，背面具乳头状突起；叶柄较叶片短；托叶鞘膜质，褐色。圆锥状花序顶生，大型；苞小，膜质，通常内含 1～3 朵花，花梗细，长 2～2.5mm，基部有关节；花被白色或黄白色，5 深裂，外面 3 片背部具翅，翅微下延至花梗，雄蕊 7 或 8 个，较花被短；花柱极短，柱头 3 个，扩展呈盾状。果实卵状三棱形，两端尖，长约 2.5mm，黑褐色，有光泽，包于宿存花被内，花被片具宽翅，心脏形。花期 6～7 月，果期 8～9 月（丁宝章等，1997）。

【药材性状】 块根呈不规则块状，或略呈圆柱形，长 8～15cm，或更长，直径 3～7cm，表面棕黄色，或略呈圆柱形，长 8～15cm，或更长，直径 3～7cm，表面棕黄色。根头部有多数，茎基呈疙瘩状。质极坚硬，难折断，剖面深黄色。木质深浅黄色，呈环状，近髓部另有分散的浅黄色木质部束。气微，味苦。

【种质来源】野生居群

【采收加工】全年均可采收，除去茎叶、须根，洗净，切片晒干。

【化学成分】大黄素（emodin）、大黄素甲醚（physcion）、大黄素-8-β-D-葡萄糖苷（蒽苷 B）（emodin-8-β-D-glucopyranoside，anthraglycoside B）、大黄素甲醚-8-β-D 吡喃葡萄糖苷（蒽苷 A）（physcion-8-β-D-glucopyranoside，anthraglycoside A）、大黄酚、大黄酸（rhein），还含有鞣质（韩公羽，1985；泰国伟等，1987）。

【鉴别与含量测定】

一、鉴别

1）取本品粉末 0.5g，加乙醇适量回流提取 2h，分别取乙醇提取液 3ml，置于不同试管中：①加 2％氢氧化钠液 1ml，显樱红色。②滴加 1％三氯化铁，显暗棕色。

2）取上述乙醇提取液滴于滤纸上，置紫外灯（254nm）下观察，显淡红色荧光。

3）薄层色谱　取本品粉末（过 40 目筛）0.2g，加甲醇 5ml 冷浸片刻，过滤。于水浴上将甲醇蒸干，加水 2ml，用 5ml 乙酸振摇，分取醚层，浓缩至少量，作供试液；另取大黄素、大黄素甲酸作对照品。分别点样于同一硅胶 G 薄层板上，以石油醚-己烷-甲酸-乙酯甲酸（1：3：1.5：0.1）为展开剂展开，日光下供试液色谱在与对照品色谱的相应位置上，显相同的黄色斑点；用氨气熏后显红色。

二、含量测定

（1）色谱条件与系统适用性试验。以十八烷基硅烷键合硅胶为填充剂；流动相：甲醇-0.1 ％磷酸溶液（85：15）；流速：1.0ml/min；检测波长：254nm；理论塔板数按大黄素峰计不小于 2000。

（2）对照品溶液的制备。准确称取大黄素标准品适量，加甲醇制成每毫升各含 0.22mg 的混合溶液，即得。

（3）供试品溶液的制备。取适量红药子，加入 2％的硫酸，超声 30min，过滤，滤液用氯仿萃取，后收集氯仿提取液，挥干后定容于 10ml 量瓶，过滤，取续滤液，即得。

（4）测定法。分别精密吸取对照品溶液与供试品溶液各 20μl，注入液相色谱仪，测定，即得（赵琦等，2008）。

【主要参考文献】

丁宝章，王遂义. 1997. 河南植物志. 第一册. 郑州：河南科学技术出版社：336～337

韩公羽. 1985. 朱砂七抗菌有效成分的研究. 第二军医大学学报，6（1）：27～29

《全国中草药汇编》编写组. 1996. 全国中草药汇编. 上册. 北京：人民卫生出版社：383

泰国伟，韦勇，张鸿龙等. 1987. 朱砂七中蒽醌成分和大黄素 7-磺酸钠的研究. 中草药，18（2）：44

张秀琴，张礼集. 1984. 朱砂七中蒽醌类成分的脉冲极谱测定. 药学学报，19（7）：519，520

赵琦，张军武. 2008. 正交试验优选朱砂七大黄素的提取工艺. 吉林中医药，28（2）：149，150

中药辞海编辑委员会. 1994. 中药辞海. 第一卷. 北京：中国医药科技出版社：2407

防　风

Fangfcng

RADIX SAPOSHNIKOVIAE

【概述】本品为豫西道地药材，出自《神农本草经》，列为上品。味辛、甘，性温，归膀胱、肝、脾经。全草及根入药，解表祛风，胜湿，止痉。用于治疗感冒头痛，风湿痹痛，风疹瘙痒，破伤风。生于海拔 400～800m 的沟坡、草原。

黑龙江、吉林、辽宁、内蒙古自治区（东部）所产的称关防风或东防风，品质最佳；内蒙古自治区（西部）、河北（承德、张家口）所产的口防风和山西所产的西防风品质次于关防风；河北（保定、唐山）及山东所产的称山防风，又称黄防风、青防风，品质也较次；河南宜阳所产的称宜风；山东、安徽、江苏等地所产的称水防风。

除上述正品防风外，尚有以下几种，均为地区习惯用药：①川防风为同科植物短裂藁本 *Ligusticum brachylobum* Franch. 的根，野生在多石砾的草原、山坡上。分布于四川、贵州、云南等地，药材主产于四川，在四川作防风使用。②竹叶防风为同科植物竹叶防风 *Seseli mairei* Wolff 的根，生于荒山路旁及山坡草丛中。分布于云南、四川、贵州等地，在云南、四川地区习惯作防风使用。③云防风为同科植物松叶防风 *Seseli yunnanensisw* Franch. 的根，产于云南、四川。④新疆防风也叫细叶防风，为伞形科植物伊犁岩风 *Libanotis iliensis*（Lipsky）Korov 的根，生于海拔 1000m 左右砾石山坡、山沟或路旁，分布于新疆伊犁、乌鲁木齐一带。

伏牛山区防风为伞形科防风属植物防风 *Saposhnikovia divaricata*（Turcz.）Schischk，《中国药典》(2005 年版) 收载品种。

【商品名】防风

【别名】山芹菜、白毛草、铜芸、回云、回草、百枝、百韭、百种、屏风、关防风、川防风、云防风、风肉

【基原】伞形科防风属植物防风的干燥根。

【原植物】多年生草本，高 30～80cm，全体无毛。根粗壮，茎基密生褐色纤维状的叶柄残基。茎单生，2 歧分枝。基生叶柄长 2～8cm，叶片三角状卵形，长 7～20cm，一回或二回羽状全裂，末回裂片线形至披针形，顶端有尖头；茎生叶逐渐简化，具扩展叶鞘。复伞形花序，无总苞片，少有 1 片，线状披针形，长 2～3mm，顶端尖；伞辐 4～9 个，不等长；小总苞片 4 或 5 个，线形至披针形，顶端尖，长 1～2mm；小伞形花序有花 4～9 朵，花梗长 2～10cm；花黄色。果实长圆状宽卵形，长 3～5mm，宽 2～2.5mm，扁平，有海绵质小疣，侧棱具翅。花期 8～9 月；果期 9～10 月（丁宝章等，1997）。

【药材性状】本品呈长圆锥形或长圆柱形，下部渐细，有的略弯曲，长 15～30cm，直径 0.5～2cm。表面灰棕色，粗糙，有纵皱纹、多数横长皮孔样突起及点状突起的细根痕。根头部有明显密集的环纹，有的环纹上残存棕褐色毛状叶基。体轻，质

松，易折断，断面不平坦，皮部浅棕色，有裂隙，木部浅黄色。气特异，味微甘。

【种质来源】 本地野生

【生长习性及基地自然条件】

一、生长发育特征

防风属多年生草本植物，播种后种子发芽较慢，且不整齐，大约 1 个月才能出苗。第 1 年地上部位只长基生叶，生长缓慢；第 2 年基生叶长大，个别植株抽薹开花，结果；第 3 年全部抽薹开花，结果。返青期 5 月上旬，茎叶生长期 5～6 月中旬，开花期 6～7 月中旬，结果期 7 月中旬至 8 月下旬，果熟期 8 月上旬至 9 月上旬，枯萎期 9 月下旬至 10 月上旬。野生种开花结果较晚，生长年限长。

防风为深根性植物，地下部根的生长习性较为特殊，一年生根长 13～17cm，二年生根长 50～66cm。根具有萌生新芽，产生不定根和繁殖新个体的能力。植株生长早期，怕干燥，以地上部茎叶生长为主，根部生长缓慢；当植株进入生长旺期，根部生长较快，根的长度显著增加，8 月以后根部生长才以增粗为主。植株开花结果后根部木质化、中空，甚至全株枯死。

种子发芽率较低，寿命较短，隔年种子不发芽。新鲜种子发芽率为 50%～75%，储存一年以上的种子，发芽率极低，不能做种，种子在 20℃、水分充足时 1 周出苗。水分不充足时需 1 个月才能出苗，并且出苗不整齐。种子以当年采收当年播种为好。

二、生长条件

防风野生于草原、山坡或林缘，耐寒性强，可耐受 -30℃ 以下低温。适宜生长温度为 20～25℃，高于 30℃ 时生长缓慢。苗期耐旱性差，成株期耐旱性强，怕水涝，水大易烂根。喜阳光充足、凉爽的气候条件，适宜在土层深厚、排水良好、pH6.5～7.5 的沙质壤土中生长。耐盐碱，固沙能力强。高温闷热、阳光不足及水大会使叶片枯黄，生长停滞。

三、土壤种类

地势高、向阳、排水良好、土层深厚的沙质壤土适宜种植。黏土及白浆土种植，根短，支根多，质量差，不宜选作种植地。

【种植方法】

一、留种

选生长旺盛、没有病虫害的二年生植株。增施磷肥，促进开花、结实饱满。待种子成熟后割下茎枝，搓下种子，晾干后放阴凉处保存。另外，也可以在收获时选取直径为 0.7cm 以上的根条作种根，边收边栽，或者在原地假植，等翌年春天移栽定植用。

二、栽培管理

1. 选地

防风对土壤要求不十分严格，但应选择地势高的向阳土地，土壤以疏松、肥沃、土层深厚、排水良好的沙质壤土最适宜。黏土、涝洼、酸性大或重盐碱地不宜栽种。

2. 整地

防风为深根植物，二年生根长可达 50～70cm。因此在秋天要求对土地进行深翻达 40cm 以上，早春整平耙细，拾净根茬和杂物，为防风生长创造良好的基础条件。

3. 施肥

为满足多年生防风生长发育对营养成分的需要，必须施足基肥。每亩施优质农家肥 3000～4000kg，施过磷酸钙 20～30kg 或磷酸二铵 8～10kg。最适在秋天深翻前施入地表面，然后翻入耕层。最迟要在整地作畦前施入。施肥要均匀。

三、作畦、育苗与播种

防风既可用种子直播，也可采用育苗移栽方法繁殖。生产实践中发现，第 1 年育苗，第 2 年春季移栽的方法，可收到既节省种子，又便于集中管理，还可节约用地的良好效果。

有条件的地方可以根段繁殖，利用根段和根茎萌生。截取 5cm 长根段，早春开沟，栽植根段。每亩用种栽根段 35～40kg，栽后覆土，浇水保墒。

1. 畦床制作

作畦育苗有露地直播育苗和保护地塑料拱棚育苗两种，可因地选用。

（1）露地直播畦。畦面长、宽一般因地势条件而定，要因地制宜，以便于管理为原则。畦床要求畦平、埂直、坚实。

（2）中棚。畦宽 2.4m，畦长 15～20m。

（3）小棚。畦宽 1.2m，畦长 15～20m。畦间距 40cm，均制作成低于地平面 10～15cm 的步道沟。

2. 播种适期

（1）育苗田。因扣棚后具有保湿增温作用，所以利用塑料拱棚早春进行育苗的时间要早于露地直播育苗 7～10d。播种方法以撒播为主。

（2）露地直播。要在早春气温达到 15℃ 以上时进行，一般在 4 月中上旬，以垄（条）播为宜。

3. 种子处理与播种

将精选好的种子，于播种前 3～5d 进行温水浸泡处理。用 35℃ 的温水浸泡 24h，用 40～50℃ 的温水浸泡 8～12h，使种子充分吸水，以利发芽。浸泡时做到边搅拌，边撒种子，捞出浮在水面上的瘪籽和杂质，将沉底的饱满种子泡好后取出，稍晾后播种。

扣拱棚育苗田撒播时，将畦面整好，喷透水分，然后人工撒播种子，每亩用种 2.5～3.0kg。撒播均匀后，用竹筛或铁筛筛上 2.0cm 厚的湿润新土保墒，盖严种子，然后插弓扣膜。

　　露地平畦育苗采用条播，用药镐人工开沟，行距 15～20cm，开沟深 2～3cm（壤土稍浅，沙土略深），将种子用点播器均匀地播撒在沟内，覆土 1～1.5cm 厚，待稍干后进行踩压保墒。

　　生产田直播，播种方法基本与露地育苗方法一致，但行距要加大到 25～30cm，每亩用种量降至 1.0～1.5kg。

四、田间管理

1. 苗期管理

　　扣塑料薄膜拱棚内育苗，播种至出苗阶段为密闭期，要经常检查，控制好棚内温度，一般以 20～25℃ 为适宜温度，如天气过热，棚内温度过高，要加盖草苫遮阴进行降温。当畦面药苗见绿时，可通过揭膜放风的方法来调整棚内温度。随着幼苗的生长，逐渐加大放风孔，进行炼苗，直至揭掉塑料膜为止。畦内出现杂草，要及时除草。

　　（1）抗旱保墒，力争全苗。露地育苗田和生产直播田，播种至出苗期间的管理十分重要。此期要采取一切抗旱保墒措施，如压、踩、耧、轧、石碾，因地、因时并用，确保播种层内有充足的土壤水分，满足其萌发需要。严防土壤"落干"和种子"芽干"的现象发生，力争达到苗全、苗壮。

　　（2）除草松土，防荒促壮。田间和畦面生长出杂草，将影响幼苗生长，要求见草就除，防止草荒欺苗。同时，要进行中耕松土 2 或 3 遍，为幼苗根系生长改善环境，促使根系深扎，达到壮苗的效果。

　　（3）疏苗定苗，防虫保苗。出苗后 15～20d，苗高达 3～5cm 时，进行疏苗，打开"死撮"，防止小苗过度拥挤，生长细弱。生长到 1 个月左右时，苗高达 10cm 上，进行最后定苗，育苗田苗距 2～3cm，生产田苗距 8～10cm，防止苗荒徒长。同时，苗期时值地下害虫（蝼蛄、蛴螬、地老虎、金针虫）、苗期害虫（象甲、金龟子）相继发生为害，要做好田间调查和防治工作，保证防风幼苗不受损害。

2. 生长期管理

　　由于防风适应性强，耐寒、抗旱性强，只要保证全苗，生长期间管理比较简单。为促进生长和发育也可采取一些促控措施。

　　（1）追肥浇水。一般情况下第 1 年人工栽培防风，很少表现缺肥和缺水症状。只有播种在沙质土壤或遇严重干旱天气时，在定苗后适当追肥浇水。每亩追尿素 8～10kg，硫酸钾 3～5kg，追肥后及时浇水，以满足不良土壤和不良天气影响下的防风幼苗生长需求。

　　（2）中耕除草。生长期间仍然有一部分杂草在不同时间生长出来，要结合中耕松土及时拔除。

　　（3）排洪防涝。防风生长的旺盛时期在 6～8 月，正逢雨季，田（畦）间发生洪涝和积水要及时排除，并随后进行中耕，保持田间地表土壤有良好的通透性，以有利于根系生长。

3. 越冬期管理

防风栽培第 1 年为营养生长，地上植株呈莲座状，很少有抽薹开花现象，一旦发现要及时摘除。生长到 10 月中上旬，地上叶茎开始枯黄，进入越冬休眠期。此期管理，一是浇好越冬前的封冻水，严防因北方气候干旱而引起水分不足。要在 10 月底或 11 月上旬浇封冻水，要浇灌均匀。二是防止放牧和畜禽的践踏为害，做好田间管护工作。三是管护好育苗田秧苗，并做好移栽田各项移栽前的准备工作，如整地、施肥、保证水源等。

4. 返青期管理

防风根茎在地下经过一个冬季漫长的"休眠"以后，到翌年春季随着天气变暖，气温升高，耕层逐渐解冻，根茎开始萌发新芽，进入返青期，开始新的生命活动。

（1）清园。返青前人工进行彻底清园，将地表枯干叶茎清除到田外烧毁，以减轻病虫的发生和为害。

（2）追肥浇水。每亩追施优质农家肥 1500～2000kg，全田铺施，随即浇水，促使返青，达到壮株、壮根的目的。

（3）起苗移栽。于 3～4 月幼苗"返青"前，在整好的移栽田内，按行距15～18cm 横向开沟栽植，开沟深 10～15cm，株距 8～10cm，土壤板结干旱时进行座水移栽，也可穴栽。穴距 10～20cm，每穴栽两株，栽植时要栽正、栽稳，使根系舒展。栽后覆土压实，也可栽后普浇一次定根缓苗水，提高栽植成活率。

5. 旺盛生长期管理

生产田以提高根系产量为目的，加强管理十分重要，因此要满足防风旺盛生长期对生长条件的需要。

（1）中耕松土。防风返青至旺盛生长期持续时间达两个多月，此期生产田仍以促根生长发育为主，田间需经常进行中耕松土，改善根系生长环境，促进根系健壮生长。

（2）除草防荒。及时拔除田间杂草，防治草荒。

（3）根外追肥。根据植株生长情况，如发现营养不足，可进行根外追肥，可喷磷酸二氢钾、"保多收"、增根剂等，按说明使用。

（4）打薹促根。因防风第 2 年将有 80% 以上植株抽薹开花结实，地上植株开花以后，地下根开始木质化，严重影响药用根质量甚至失去药用价值，为此，两年以上除留种田外，必须将花薹及早摘除。一般需进行 2 或 3 次，见薹就打掉，避免开花消耗养分，影响根的发育。

（5）排湿除涝。田间遇涝或积水时，要及时排除，以免影响植株生长。

6. 留种田管理

选留植株生长整齐一致，健壮的田块作留种田，不进行打薹，可放养蜜蜂辅助授粉。8～9 月，防风种子由绿色变成黄褐色，轻碰即成两半时采收。不能过早采收未成熟种子，否则影响发芽率或不发芽。也可割回种株后放置阴凉处后熟 1 周左右，再进行脱粒。晾干种子放置布袋储藏备用。

繁种也可选留二年生根茎，翌年春季进行根段扦插繁种，将防风无芦头根段截成

3～5cm 的小段，开沟深 5cm 左右进行斜栽，当年不抽薹开花，根不木质化，只是根的形态变化较大，主根圆柱形，生有多数较长的支根。隔年开花产籽。如用带芦头的根茎扦插，当年可开花产籽，一般不采用。

五、病虫害防治

防风生长发育期间很少发生病虫害，只有个别年份发生。要做好调查，认真防治。

1. 白粉病

夏、秋季发生。被害叶片两面呈白粉状斑，后期逐渐长出小黑点（病菌的菌囊壳），严重时使叶片早期脱落。其病原菌为独活白粉病属囊菌亚门白粉菌目真菌。

发病规律：病菌以菌囊壳在病残体上越冬。翌春子囊孢子引起初侵染，病株上产生的分生孢子借风雨传播，引起重复侵染，天气干旱时病害较重。

防治措施：一是冬前清除病残体，集中销毁，减少田间侵染源；二是发病初期喷洒波美度石硫合剂，或 15％粉锈宁 800 倍液，或 50％多菌灵 1000 倍液。每隔 7～10d 用其中一种药剂防治，共喷 2 或 3 次。

2. 根腐病

在高温多雨季节发生，被害后根际腐烂，叶片萎蔫，变黄枯死。

防治方法：初时拔除病株，穴内撒石灰粉消毒；也可用 70％五氯硝基苯粉剂拌草木灰（1∶10）施根的四周并覆土。

3. 虫害

1) 黄凤蝶幼虫：5 月开始为害，幼虫咬食叶、花蕾，严重时叶片被吃光。防治方法：3 龄前用有机磷农药 50％辛硫磷 1000 倍液喷雾即可。

2) 黄翅茴香螟：现蕾开花期发生，幼虫在花蕾上结网，咬食花与幼果。防治方法：可于清晨或傍晚喷 90％敌百虫 800 倍液或 80％敌敌畏乳油 1000 倍液。

【采收加工】

1. 采收

防风一般在栽种第 2 年开花前或冬季收获。早春用根苗栽的可于当年冬采收，均以根长达 30cm 以上，根粗 0.5cm 以上时挖采。采收早，产量低，采收过迟则根易木质化。收获时宜从畦的一边挖一条深沟，然后一行行掘起，露出根后用手扒出，防止挖断。

2. 初加工

挖出后除净残茎、细梢、毛须及泥土，晒至九成干时，按粗细长短，分别捆成重 250g 或 50g 的小捆，再晒或烤至全干即成。

3. 分级标准

防风商品常分为两个等级。

一等：干货。根呈圆柱形，表面有皱纹，顶端带有毛须，外皮黄褐色或灰黄色，质松较柔软。断面棕黄色或黄白色，中间淡黄色。味微甜。根长 15cm 以上，芦下直径 0.6cm 以上，无杂质、虫蛀、霉变。

二等：干货。根呈圆柱形，偶有分枝，表面有皱纹，顶端常有毛须，外皮黄褐色或灰黄色，质松柔软，断面棕黄色或黄白色，中间淡黄色。味微甜。芦下直径 0.4cm 以上，无杂质、虫蛀、霉变。

【化学成分】 防风化学成分主要有挥发油、色原酮、香豆素、有机酸、杂多糖、丁醇等。

1. 挥发油

挥发油含数十种成分，含量较高的有辛醛（octanal）、β-甜没药烯（β-bisabolene）、壬醛（nonanal）、7-辛烯-4-醇（7-octen-4-ol）、己醛（hexanal）、侧析烯（cuparene）和 β-桉叶醇（β-eudesmol）等，还含 β-谷甾醇。

2. 色原酮

防风中色原酮化合物有吡喃色原酮和呋喃色原酮。吡喃色原酮有亥茅酚（hamaudol）、乙酰亥茅酚（acetylhamaudol）、当归酰亥茅酚（sitosterol angeloglhamaudol）及亥茅酚苷（sec-o-glucosylhamaudol）等；呋喃色原酮有升麻素（cimifugin）、升麻苷（prim-o-glucosylcimifugin）、4′-O-葡萄糖基-5-O-甲基维斯阿米醇（4′-O-glucopyranosyl-5-O-methylvisamminol）和 5-O-甲基维斯阿米醇苷等。其中升麻素、升麻苷、5-O-甲基维斯阿米醇和 5-O-甲基维斯阿米醇苷是防风的主要有效成分（张宝娣等，2003）。

3. 香豆素

防风中的香豆素，有香柑内酯（bergapten）、欧前胡素（imperatorin）、补骨脂内酯（psoralen）、珊瑚菜素（phellopterin）、花椒毒素（xnthotoxin）、东莨菪素（scopoletin）、川白芷内酯、异紫花前胡内酯（marmesin）、德尔妥因（deltoin）等有效成分。

4. 聚乙炔类

人参炔醇又称镰叶芹醇（falcarino）、镰叶芹二醇（falcarindiol）、(8E)-十七碳-1，8-二烯-4，6-二炔-3，10-二醇[(8E)-heptadeca-1，8-dien-4，6-diyn-3，10 diol)]。

5. 有机酸类

防风中的有机酸有香草酸（pcoumaricacid）、脂肪酸（fatty acid）等。

6. 多糖类

从防风水提液中得到了两种酸性杂多糖：XC-1、XC-2，其平均分子质量为 13 100Da 和 73 500Da。

此外，防风中还含有 D-甘露糖（D-mannose）、β-谷醇-β-D-葡萄糖苷（β-sitostenol-β-D-glucoside）、甘露醇（mannitol）等。

【鉴别与含量测定】

一、鉴别

1. 显微鉴别

本品横切面：木栓层为 5～30 列细胞。栓内层窄，有较大的椭圆形油管。韧皮部较宽，有多数类圆形油管，周围分泌细胞 4～8 个，管内可见金黄色分泌物；射线多弯曲，外侧常成裂隙。形成层明显。木质部导管甚多，呈放射状排列。根头处有髓，薄壁组织中偶见石细胞。

　　粉末淡棕色。油管直径 17～60μm，充满金黄色分泌物。叶基维管束常伴有纤维束。网纹导管直径 14～85μm。石细胞少见，黄绿色，长圆形或类长方形，壁较厚。

2. 理化鉴别

　　取本品粉末 1g，加丙酮 20ml，超声处理 20min，过滤，滤液蒸干，残渣加乙醇 1ml 使溶解，作为供试品溶液。另取防风对照药材 1g，同法制成对照药材溶液。再取升麻苷对照品、5-O-甲基维斯阿米醇苷对照品，加乙醇制成每毫升各含 1mg 的混合溶液，作为对照品溶液。依照薄层色谱法[《中国药典》(2005 年版) 附录Ⅵ B] 进行实验，吸取上述三种溶液各 10μl，分别点于同一硅胶 GF_{254} 薄层板上，以三氯甲烷-甲醇 (4：1) 为展开剂，展开，取出，晾干，置紫外光灯 (254nm) 下检视。供试品色谱中，在与对照药材和对照品色谱相应的位置上，显相同颜色的斑点。

二、含量测定

1. 色谱条件与系统适用性试验

　　以十八烷基硅烷键合硅胶为填充剂，以甲醇-水 (40：60) 为流动相，检测波长为 254nm，理论板数按升麻素苷峰计算应不低于 2000。

2. 对照品溶液的制备

　　精密称取升麻素苷对照品及 5-O-甲基维斯阿米醇苷对照品适量，分别加甲醇制成每毫升含 60μg 的溶液，即得。

3. 供试品溶液的制备

　　取本品细粉 0.25g，精密称定，置具塞锥形瓶中，精密加入甲醇 10ml，称定重量，水浴回流 2h，冷却，再称定重量，用甲醇补足减失的重量，摇匀，过滤，取续滤液，即得。

4. 测定法

　　分别精密吸取上述两种对照品溶液各 3μl 与供试品溶液 2μl，注入液相色谱仪，测定，即得。

　　本品按干燥品计算，含升麻素苷 ($C_{22}H_{27}O_{11}$) 和 5-O-甲基维斯阿米醇苷 ($C_{22}H_{28}O_{10}$) 的总量不得少于 0.24%。

【主要参考文献】

丁宝章，王遂义，高增义. 1997. 河南植物志. 郑州：河南科学技术出版社

么厉，程惠珍，杨智. 2006. 中药材规范化种植（养殖）技术指南. 北京：中国农业出版社

张宝姊，万山红. 2003. 防风的化学成分与药理研究近况. 中医药信息，20（4）：23，24

中华人民共和国药典委员会. 2005. 中华人民共和国药典（2005 年版 一部）. 北京：化学工业出版社

牡 荆 叶

Mujingye

FOLIUM VITICIS NEGUNDO

【概述】为豫西盛产药材，始载于《名医别录》。本品微苦、辛，性平。归肺经。祛痰，止咳，平喘。用于治疗咳喘、慢性支气管炎。

马鞭草科植物黄荆 *Vitex negundo* L. 的两个变种：牡荆 *Vitex negundo* L. var. *canna bifolia*（Sieb. et Zucc.）Hand. -Mazz. 和荆条 *Vitex negundo* var. *heterophylla*（Franch.）Rehd. 与同属植物蔓荆 *Vitex trifolia* var. *simplicifolia* Cham. 的叶都作为牡荆叶使用，在伏牛山区分布广泛。《中国药典》(2005 年版) 收载的为马鞭草科植物牡荆的新鲜叶。牡荆油为牡荆新鲜叶经水蒸气蒸馏得到的挥发油，在《中国药典》(2005 年版) 中也收载。

牡荆作为传统的药用植物，它的不同部位的药效也不尽相同，如牡荆茎可治感冒、疮肿、牙痛；牡荆子可祛风，治咳嗽、哮喘；牡荆根可治疟疾、关节风湿痛等。

【商品名】牡荆叶

【别名】铺香、午时草、土柴胡、蚊子柴、山京木、土常山、野牛膝、布惊草

【基原】马鞭草科植物牡荆的新鲜叶子。

【原植物】落叶灌木或小乔木，植株高 1～5m。小枝四棱形，密生灰白色绒毛。掌状复叶，常 5 小叶，叶缘具粗锯齿，背面淡绿色，通常被柔毛。圆锥花序顶生，长 10～20cm；花萼钟状，先端 5 齿裂；花冠淡紫色，先端 5 裂，二唇形。果实球形，黑色。花期 4～6 月，果期 7～10 月。

【药材性状】牡荆叶为掌状复叶，小叶 5 片或 3 片，披针形或椭圆状披针形，中间小叶长 5～10cm，宽 2～4cm，两侧小叶依次渐小，先端渐尖，基部楔形，边缘具粗锯齿；上表面绿色，下表面淡绿色，两面沿叶脉有短茸毛，嫩叶下表面毛较密；总叶柄长 2～6cm，有一浅沟槽，密被灰白色茸毛。气芳香，味辛、微苦。

【种质来源】本地野生

【生长习性及基地自然条件】生于低山向阳的山坡路边或灌丛中。喜光，耐阴，耐寒，对土壤适应性强。

【种植方法】播种，分株繁殖，不耐移植。

【采收加工】夏、秋季叶茂盛时采收，除去茎枝。

【化学成分】牡荆叶含挥发油约 0.1%，其中主成分为石竹烯（caryophynen），其次为 β-桉叶醇（β-eudesmol），还含（E）-己烯醛[（E）-2-hexenal]、正葵烷（decane）、桧烯（sabinen）、1-壬烯-3-醇（1-nonen-3-ol）、1-辛烯-3-酮（1-octen-3-one）、桉叶油素（eucalyptol）、苯酚（phenol）、Z-β-松油醇（Z-β-terpineol）、3，7-二甲基-1，6-辛烯-3-醇（1，6-octadien-3，7-dimethyl-3-ol）、十二烷（dodeeane）、Z-β-金合欢烯［Z-β-farnesene］、β-愈创木烯（β-guaiene）、α-石竹烯（α-caryophyllene）、香木兰烯（aromadendrene)、异-喇叭烯（isoledene）、大根香叶烯 D(germacrene D)、（*S*）-1-甲基-4-（5-甲基-1-亚甲基-4-乙烯基）-环己烯［（*S*)-1-methyl-4-（5-methyl-1-methylene-4-hexenyl)-cyclohexene］、大根香叶烯 B(germacrene B)、*β*-律草烯（beta-Humolene）、乙酸橙花叔酯（nerolidyl acetate）、杜松醇（cadino1）、＋/－反式-橙花叔醇（＋/－*trans*-nerolidol）、石竹烯氧化物（caryophynene oxide）、榧叶醇（torreyol）、苦橙油醇（nerolidol）、黑松醇（thunbergol）、2，4a，8，8-四甲基－十氢－环丙基（d）萘［2，4a，8，8-tetramethyldeeahydrocyclopropa(d)naphthalene］、十四醛（tetradecanal）、邻苯二甲酸二异辛酯（1，2-benzenediearboxylic acid，diisooctyl este）。

【鉴别与含量测定】

一、鉴别

　　本品横切面：上表皮细胞排列较整齐，上、下表面均有毛茸，下表面毛茸较多。叶肉栅栏组织为 3～4 列细胞，海绵组织较疏松。主脉维管束外韧型，呈月牙形或"U"形，"U"形的凹部另有 1～5 个较小的维管束，周围薄壁细胞可见纹孔；上、下表皮内方有数列厚角细胞。本品表面观：上表皮细胞呈类多角形或不规则形，垂周壁波状弯曲；非腺毛 1～4 细胞，先端细胞较长，表面有疣状突起；腺鳞头部 4 细胞，直径约 55μm，柄单细胞；小腺毛少见，头部 1～4 细胞，直径约 25μm，柄 1～3 细胞，非常短。下表皮细胞较小，长 17～30（45）μm，直径 12～25μm，垂周壁微弯曲或较平直；气孔不定式，直径 15～20μm，副卫细胞 3～6 个；非腺毛、腺鳞和小腺毛较多。

　　取本品粉末 1g，用石油醚脱脂，过滤，残渣加乙醇 10ml，浸泡过夜，过滤。滤液浓缩至 1ml。于 2 支试管中各加浓缩液 2 滴，再分别加入盐酸-镁粉、盐酸-锌粉试剂，依次显现橙黄色和樱红色（检查黄酮）。

二、含量测定

　　《中国药典》(2005 年版) 没有牡荆叶生药材中挥发油的最低限量。因牡荆油相对密度在 25℃时应为 0.890～0.910，依据《中国药典》(2005 年版，附录 X 甲法) 测定挥发油的含量。

　　取供试品适量（相当于含挥发油 0.5～1.0ml），称定重量（准确至 0.01g），置烧瓶中，加水 300～500ml（或适量）与玻璃珠数粒，振摇混合后，连接挥发油测定器与回流冷凝管。自冷凝管上端加水使充满挥发油测定器的刻度部分，并溢流入烧瓶时为止。置电热套中或用其他适宜方法缓缓加热至沸，并保持微沸约 5h，至测定器中油量不再增加，停止加热，放置片刻。开启测定器下端的活塞，将水缓缓放出，至油层上端到达刻度 0 线上面 5mm 处为止。放置 1h 以上，再开启活塞使油层下降至其上端恰与刻度 0 线平齐，读取挥发油量，并计算供试品中挥发油的含量（%）（黄琼等，2007）。

【附注】

一、黄荆 *Vitex negundo* L.

　　灌木或小乔木。小枝四棱形，密生灰白色绒毛。掌状复叶，小叶 5 个，少有 3 个；

小叶长圆状披针形至披针形，顶端渐尖，基部楔形，全缘或每边有少数锯齿，背面密生灰白色绒毛，中间小叶长 4～13cm，宽 1～4cm，有柄，最外侧两小叶常无柄。聚伞花序排成圆锥状，长 10～27cm；花萼 5 裂；花冠紫色，二唇形；雄蕊伸出花冠管外；子房近无毛。核果近球形；萼宿存，接近果的长度。花期 4～6 月，果期 7～10 月。

枝条可编制筐、篓；茎皮可造纸及人造棉。茎、叶治久痢；种子能镇静、镇痛；根可驱蛲虫；花和枝叶可提取芳香油。耐旱、耐瘠薄，可作水土保持造林树种，也是树桩盆景优良资源。

二、荆条

小叶边缘有缺刻状锯齿，浅裂至深裂，背面密生灰白色绒毛。

三、牡荆子

【汉语拼音】　Mujingzi

【英文名称】Fruit of Hempleaf Negundo Chastertree

【概述】出自陶弘景。《本草纲目》载："牡荆，处处山野多有，樵采为薪，年久不樵者，其树大如碗也。其木心方；其枝对生；一枝五叶或七叶，叶如榆叶，长而尖，有锯齿；五月杪间开花成穗，红紫色，其子大如胡荽子，而有白膜皮裹之。苏颂云叶似蓖麻者误矣。青、赤二种，青者为荆，嫩条皆可为莒囷。古昔贫妇以荆为钗，即此二木也。"归肺、大肠经。具有化湿祛痰，止咳平喘，理气止痛作用。主治咳嗽气喘，胃痛，泄泻，痢疾，疝气痛，脚气肿胀，白带，白浊。

【别名】小荆实、牡荆实、荆条果、黄荆子

【基原】为马鞭草科植物牡荆的果实。

【药材性状】果实圆锥形或卵形，上端略大而平圆，有花柱脱落的凹痕，下端稍尖。长约 3mm，直径 2～3mm。宿萼灰褐色，密被灰白色细绒毛，包被整个果实的 2/3 或更多，萼筒先端 5 齿裂，外面有 5～10 条脉纹。果实表面棕褐色，坚硬，不易破碎。断面果实较厚，棕黄色，4 室，每室有黄白色种子 1 枚或不育。气香，味苦、涩。以颗粒饱满、气香者为佳。

【采收加工】秋季果实成熟时采收，用手搓下，扬净，晒干。

【化学成分】含丁香酸（syryngic acid）、香草酸、牡荆木脂素（vitexlignan）、棕榈酸、硬脂酸（stearic acid）、油酸和亚油酸。还含挥发油，主要存在于宿萼中，含量约为 0.05％。

【鉴别】

1）取粉末（过 40 目筛）1g，用石油醚脱脂后，再以 95％乙醇 10ml 浸泡 4～6h，过滤。滤液浓缩至 1ml 分置于 2 支试管中，分别加入盐酸-镁粉、盐酸-锌粉试剂，依次显现橙黄色和樱红色（检查黄酮）。

2）薄层色谱。将上述石油醚提取液浓缩至 0.5ml，供点样用，另以牡荆内酯为对照。分别点样在同一硅胶（青岛海洋化工有限公司）0.3％CMC 板上，以石油醚-乙酸乙酯（3∶2）为展开剂，展距 10cm。喷 2％香草醛硫酸液显色。供试品色谱在与对照品色谱的相应位置，显相同颜色的斑点。

四、牡荆根

【汉语拼音】 Mujinggen

【英文名称】 Root of Hempleaf Negundo Chastertree

【概述】 出自《名医别录》："水煮服，主心风，头风，肢体诸风，解肌发汗。"《本草纲目》："牡荆，苦能降，辛温能散，降则化痰，散则祛风，故风痰之病宜之。其解肌发汗之功，世无知者。"按《王氏奇方》云，一人病风数年，予以七叶黄荆根皮、五加根皮、接骨草等分，煎汤日服，遂愈。盖得此意也。归肺、肝、脾经。祛风解表，除湿止痛。微苦，性温。主治感冒头痛，牙痛，疟疾，风湿痹痛。

【基原】 为马鞭草科植物牡荆的根。

【采收与加工】 秋后采收，洗净，切片，晒干。

五、牡荆茎

【汉语拼音】 Mujingjing

【英文名称】 Stem of Hempleaf Negundo Chastertree

【概述】 出自《名医别录》："疗灼烂。"《本草拾遗》："治灼疮及热焱疮（'及'一作'发'）有效。"味辛、微苦；性平。归肺、肝、脾、胃经。具祛风解表，消肿止痛功效。主治感冒，喉痹，牙痛，脚气，疮肿，烧伤。

【别名】 牡荆条

【基原】 为马鞭草科植物牡荆的茎。

【采收与加工】 夏、秋季采收，切段晒干。

【化学成分】 桉叶油素（eucalypt）、石竹烯、β-桉醇（β-eudesmo）含量较高，从成分上看叶和茎可以共同提取牡荆油。

【主要参考文献】

黄琼，林翠梧，黄克建. 2007. 牡荆叶茎和花挥发油成分分析. 时珍国医国药，18（4）：807～809

花 椒

Huajiao

PERICARPIUM ZANTHOXYLI

【概述】 花椒为伏牛山大宗药材，具温中止痛，杀虫止痒的功效。用于治疗脘腹冷痛，呕吐泄泻，虫积腹痛，蛔虫症；外治湿疹瘙痒。花椒产于伏牛山区的山坡或山沟灌丛林中，河南是花椒集中分布区之一。《中国药典》（2005年版）收录花椒，此外伏牛山区还分布有川陕花椒、野花椒、刺异叶花椒、竹叶椒、波叶花椒，习作花椒使用。

【商品名】 花椒

【别名】 檓、大椒、秦椒、南椒、巴椒、蓎藙、陆拨、汉椒、点椒

【基原】花椒为芸香科植物花椒 *Zanthoxylum bungeanum* Maxim. 的干燥成熟果皮。

【原植物】灌木或小乔木，高 3～7m。茎干通常有增大皮刺；枝灰色或褐灰色，有细小的皮孔及略斜向上的皮刺；当年生小枝被短柔毛。奇数羽状复叶，叶轴腹面两侧有狭翅，有时被短柔毛，背面常着生向上生的小皮刺，在腹面位于对生的两小叶基部常有小皮刺；小叶 5～9 个，稀 3 或 11 个，对生，无柄或几无柄，卵形、卵状长圆形、椭圆形或广卵圆形，长 1.5～7cm，宽 8～30mm，先端急尖或短渐尖，常微凹，基部圆形或钝，有时两侧略不对称，边缘有细钝锯齿，齿缝处有粗大透明的油腺点，中脉略下陷，侧脉不显露，背面中脉常有斜向上的皮刺，中脉基部两侧通常密生长柔毛。聚伞圆锥花序，顶生于侧枝上，长 2～6cm，花序轴被短柔毛；花被片 4～8 个，排成一轮，长 1～2mm；雄花的雄蕊 4～8 个，通常为 5～7 个，花丝线形，较花药稍短或等长，药隔中间近顶处有色泽较深的腺点，退化子房先端 2 叉裂，花盘环形而增大；雌花心皮 4～6 个，稀 7 个，通常 3 或 4 个，子房无柄，花柱略侧生而外弯，柱头头状。蓇葖果通常 2 或 3 个，红色或紫红色，密生疣状突起的腺点。花期 3～5 月，果熟期 7～9 月（丁宝章等，1997）。

【药材性状】蓇葖果多单生，直径 4～5mm。外表面紫红色或棕红色，散有多数疣状突起的油点，直径 0.5～1mm，对光观察半透明；内表面淡黄色。香气浓，味麻辣而持久（中华人民共和国药典委员会，2005）。

【种质来源】抚育居群

【生长习性及基地自然条件】花椒为喜光、喜温树种，耐寒力较差，幼苗在 −18℃低温下，枝条则受冻害。花椒耐干旱，对土壤要求不严，在沙壤土或石灰性土壤上生长最好。花椒耐修剪，抗病虫害能力强。在山区多与麻栎、山胡椒、荆条、酸枣、侧柏等落叶树种混生。

【种植方法】

一、良种选择

因地制宜的选择符合要求的优良品种作为主要栽培品种，以提高花椒的丰产性和商品性。一般选优良品种的母株采种，果皮呈紫红色，种皮呈蓝黑色时，分批采摘，放室内阴干，待自行开裂，取种子，扬净，放阴凉处储藏备用。

二、育苗

种子繁殖：春季 3～4 月播种。种子处理：因种皮坚硬，含油质，透水性较差，需脱脂处理，一般用碱水溶液（2kg 水加 25g 碳酸钠）浸泡 2d，以盖没种子为宜，搓洗，除去种皮油脂，捞出，备用。也可先将种子催芽后再播种。可将种子用温沙层积堆放，每隔 15d 翻动 1 次，保持一定的湿度，待播前 15d 将其放在温暖处，覆草盖塑料薄膜，保湿，待种子萌动后播种。或者将种子浸泡 2～3min，置 40～50℃温水中 4～5d，当种皮部分开裂时，放在温暖处，用湿布盖没，当种子露白后播种。

育苗地：按行距 25～30cm 开条沟播种。出苗后苗高 3～5cm 时，按株距 10～15cm 定苗。幼苗生长期追肥 1 或 2 次，并结合松土除草。苗高 1m 时移栽。冬季、早春、雨季均可定植，按行、株距 2m×1.5m 或 3m×4m 开穴栽种（王辉等，2006）。

三、田间管理

造林 1～4 年可间种花生、豆类、药材、绿肥等。中耕除草 2 或 3 次。施肥 1 或 2 次，在 6 月施尿素或硫酸铵，采果后环施土杂肥、猪羊厩肥等。旱要灌水，雨季要开沟排水。

四、整形修剪

幼树整形以自然开心形为好，先剪去主干离地面 30～50cm 以上的枝条，保留 3～5 个骨干枝条，短截，选留第一轮侧枝，第 2～3 年则留第二轮、第三轮侧枝，使其形成一定的树冠。也可整形成丛状形、三角形、圆头形、双层开心形等。成年树修剪，以短截疏剪为主，剪去病虫枝、重叠枝、横生枝、徒长枝等，调节更新结果枝组。老年树要养小、去弱、留强，更新复壮。花椒易萌芽，应及时抹除。冬季要浇封冻水和熏烟防霜。

五、病虫害防治

虫害有蚜虫、黄凤蝶、花椒凤蝶、金花虫、黑绒金龟子、花椒天牛等。

【采收加工】当花椒叶面变油亮而富有光泽，果实颜色变红色或紫红色，果皮着生疣状突起，油点明显，种子变黑，果皮易开裂，香味浓、麻辣足时，选择晴天在露水干后采摘。采摘后的鲜椒不要放在水泥地面上晒，更不要放在塑料布上晒，以免花椒被高温烫伤后，失去鲜红色光泽。应在苇席、竹席上晾晒。晒花椒时不要用手抓，尽量用长筷子把花椒夹住均匀地摊放在席片上，这样晒出的花椒鲜红透亮。切忌雨淋和暴晒。晒好后装入塑料袋内，扎好口，可以长期保存。

【化学成分】挥发油成分：柠檬烯（limonene）、1，8-桉叶素、月桂烯（myrcene）、α-蒎烯（α-pinene）、β-蒎烯（β-pinene）、香桧烯、β-水芹烯（β-phellandrene）、β-罗勒烯-X（β-oximene-X）、对-聚伞花素、α-松油烯（α-terpinene）、紫苏烯（perillene）、芳樟醇（18-inalool）、4-松油烯酸（ter-pinen-4-ol）、爱草脑（estragole）、α-松油醇（α-terpineol）、反式丁香烯（$trans$-caryophllene）、乙酸松油醇酯（terpinyl acetate）、葎草烯、乙酸橙花醇酯（neryl acetate）、β-荜澄茄烯（β-cadinene）、乙酸牻牛儿醇酯（geranyl acetate）（孙小文等，1996）。

花椒中的生物碱：花椒属植物中普遍含有生物碱，按其母核可分为喹啉衍生物类、异喹啉生物类、苯并菲啶衍生物类。花椒果皮中生物碱主要为茵芋碱、香草木宁碱、合帕落平碱、6-甲氧基-5，6-二氢白屈菜红碱、去-N-甲基-白屈菜红碱等。

酰胺类物质：花椒属植物中的酰胺大多为链状不饱和脂肪。山椒素：羟基-α-山椒素、羟基-β-山椒素、羟基-γ-山椒素、γ-山椒素、2-羟基-N-异丁基-2，4，8，10，12-十四烷五烯酰胺、2-羟基-N-异丁基-2，4，8，11-十四烷四烯酰胺、2-羟基-N-异丁基-2，

6，8，10-二十二碳四烯酰胺、N-对羟基苯基甲基-2，7-二甲基-2，6-辛二烯酰胺。

微量元素：锰、铁、铜、锌、铅等（魏刚才等，2008）。

其他类物质：花椒果皮中含有香柑内脂、脱草肠素等，青椒果皮中含有香柑内脂、7-羟基-8-甲氧基香豆素、伞形花内脂等。花椒果皮中还有甾醇、不饱和脂肪酸、二十九烷等物质。

【鉴别与含量测定】

一、鉴别

取本品粉末 2g，加乙醚 10ml，充分振摇，浸渍过夜，过滤，滤液挥发至约 1ml，作为供试品溶液。另取花椒对照药材 2g，同法制成对照药材溶液。按照薄层色谱法 [《中国药典》（2005 年版）附录Ⅵ B] 试验，吸取上述两种溶液各 5μl，分别点于同一硅胶 G 薄层板上，以正己烷-乙酸乙酯（4：1）为展开剂，展开，取出，晾干，置紫外光灯（365nm）下检视。供试品色谱中，在与对照药材色谱相应的位置上，显相同的红色荧光斑点。

二、含量测定

取供试品适量（相当于含挥发油 0.5～1ml），称定重量，置烧瓶中，加水 300～500ml 与玻璃珠数粒，振摇混合后，连接挥发油测定器与回流冷凝管。自冷凝管上端加水至充满挥发油测定器的刻度部分，并溢流入烧瓶时为止。置电热套中或用其他适宜方法缓缓加热至沸，并保持微沸约 5h，至测定器中油量不再增加，停止加热，放置片刻，开启测定器下端的活塞，将水缓缓放出，至油层，上端到达 0 刻度线上 5mm 处停止。放置 1h 以上，再开启活塞使油层下降至其上端恰与 0 刻度线平齐，读取挥发油量，并计数供试品中挥发油的含量（%），不得少于 1.5%。

【附注】

1. 野花椒

又名狗椒 Zanthoxylum simulans Hance. 产于伏牛山区的山坡或山沟灌丛林中。果实、叶及根入药。灌木，高 1～2m。枝通常有皮刺及细小皮孔；多年生小枝被疏柔毛或无毛。奇数羽状复叶，叶轴腹面两侧的边缘具狭翅和长短不等的皮刺；小叶 5～9 个，稀 11 个，对生，厚纸质，近于无柄，卵圆形、卵状长圆形或菱状宽卵形，长 2.5～6cm，宽 1.5～3.5cm，先端急尖或略呈圆形，有时微凹，基部急尖或宽楔形，边缘有细钝锯齿，两侧均有透明油腺点，表面密生短刺刚毛。聚伞圆锥花序，顶生，长 1～5cm，花序轴被短毛；花被片 5～8 个，一轮，绿色，长三角形，先端狭渐尖；雄花的雄蕊 5～7 个，稀 4 或 8 个，花丝较花被短，花药广椭圆形，略长于花丝，药隔中间近顶部处有色泽较深的腺点，退化子房先端 2 叉裂，花盘环形增大。蓇葖果 1 或 2 个，红色至紫红色，基部有伸长的子房柄，外面有粗大半透明的腺点；种子近球形，黑色。花期 4～5 月，果期 6～8 月。

2. 川陕花椒

又名皮氏花椒、野花椒 Zanthoxylum piasezkii Maxim.，产于伏牛山区的灵宝、卢氏、西峡、南召等县；生于山谷或林缘；灌木。树皮灰褐色，通常具基部增大的皮刺。奇数羽状复叶，叶轴腹面两侧具狭翅，背面常着生小皮刺；小叶 7～17 个，稀 9 个，对生，无柄，纸质或硬纸质，卵形、倒卵形或斜卵形，长 5～10mm，稀 15mm，宽 3～6mm，先端圆，基部楔形，两侧不对称，上部边缘有细钝锯齿，两面无毛，背面沿中脉常有细刺。聚伞圆锥花序，顶生或腋生，长约 1cm，花序轴被短毛，花梗在花后伸长；花被片 5～8 个，排成一轮，狭卵形或砖形，长 2.5～3.2mm，先端尖或渐尖，无毛；雄花的雄蕊 4～6 个，花丝较花药短，药隔先端有色泽较深的腺点，退化子房先端 2 叉裂；雌花的心皮通常 2～4 个，花柱短，外弯，分离，柱头细小。蓇葖果 1 或 2 个，稀 3 个，紫红色，有凸起的腺点。花期 4～5 月，果期 6～7 月。

3. 波叶花椒 *Zanthoxylum undulatifolium* Hemsl

产于伏牛山区的灵宝、卢氏、西峡、南召、内乡、淅川等县，生于山沟、溪旁、林中。灌木，高达 3m，皮刺甚多。奇数羽状复叶，长 13～20cm；叶轴纤细，起棱，被短的微柔毛，无刺或有时有短刺；小叶 5～9 个，对生，革质，无柄或几无柄，顶生小叶有短柄，披针形，长 3.5～11cm，先端长渐尖，稀急尖，基部常为圆形，边缘为波状圆锯齿，齿缝有腺点，背面灰色，表面被短粗硬毛。聚伞花序，腋生，几无总梗，直径 2.5～5cm，花少数；花梗长 5～9mm，被短微硬毛。蓇葖果 2～4 个，细小，斜卵球形，直径不超过 3mm，无毛，有粗大腺点；种子黑色，光亮。花期 4～5 月，果期 7～8 月。

4. 竹叶椒

又名狗椒、刺椒 *Zanthoxyim planispinum* Sieb.，et Zucc.，产于伏牛山区海拔 1000m 以下的低山疏林下或灌丛中，灌木或小乔木。枝直出而扩展，有弯曲而基部扁平的皮刺，老枝上的皮刺基部木质化，暗褐色。奇数羽状复叶，叶轴两侧有翅，背面有皮刺或在腹面小叶片的基部有托叶状皮刺一对；小叶 3～9 个，对生，纸质，披针形或椭圆状披针形，长 5～9cm，先端渐尖或急尖，基部楔形，边缘有细圆锯齿，侧脉不明显，有时有稀少的透明腺点。聚伞花序，腋生，长 2～6cm，分枝扩展，无毛或有短毛；花细小，花被片 6～8 个，三角形或砖形，先端尖，长约 1mm；雄花的雄蕊 6～7 或 8 个，花丝细长，与花药等长或较长，药隔顶部有色泽较深的腺点，退化心皮先端 2 裂，花盘增大呈圆环形；雌花的心皮 2～3 或 4 个，花柱略侧生，外弯，分离，柱头略呈头状。蓇葖果 1 或 2 个，稀 3 个，红色，有粗大的腺点；种子卵圆形，黑色。花期 3～5 月，果期 6～8 月。

5. 刺异叶花椒

又名刺叶花椒、野花椒 *Zanthoxylum dimorphophyllum* var. *spiniflium* Rehd. et Wils.，产于伏牛山区南部的西峡、南召、内乡、淅川的山沟或山坡林中，灌木或小乔木。枝粗糙，具稀疏皮刺。奇数羽状复叶，叶轴无翅；小叶 1～3 个，稀 3～5 个，革质，宽卵形或长圆形，长 4～12cm，宽 2～5cm，先端渐尖或急尖，基部楔形，边缘具钝锯齿和针刺，两面无毛，密生细小腺点，表面有光泽。聚伞状圆锥花序，顶生或腋生，长 2～6cm；花小，花被片 7 或 8 个，排成一轮，有时其中 2 个合生，先端叉状裂；雄花的雄蕊 4～6 个，退化心皮呈圆球形；雌花具退化雄蕊 4 或 5 个，插生于花盘基部四周，心皮2个，分离。蓇葖果1或2个，紫红色，有细小腺点。花期4～5月，果熟期7～8月。

【主要参考文献】

丁宝章，王遂义．1997．河南植物志．第二册．郑州：河南科学技术出版社：424～427

马秀梅．2008．花椒的育苗及栽培管理技术．陕西农业科技，4：218，219

孙小文，段志兴．1996．花椒属药用植物研究进展．药学学报，31（3）：231～240

王辉，崔光教．2006．花椒高产栽培技术．湖北农业科技，3：69～71

魏刚才，郑爱武，荆瑞俊等．2008．花椒中五种微量元素含量的测定．广东微量元素科学，15（5）：38～41

中华人民共和国药典委员会．2005．中华人民共和国药典（2005年版　一部）．北京：化学工业出版社：110

苍耳子
Cangerzi
FRUCTUS XANTHII

【概述】本品为豫西道地药材，始载于《千金·食治》："味辛、苦，温，有毒。归肺经。散风除湿，通鼻窍。"用于治疗风寒头痛，鼻渊流涕，风疹瘙痒，湿痹拘挛（苏新国，2007），是耳鼻喉科最常用药物之一。种子可榨油，作香料、油漆、油墨、肥皂、硬化油等原料。幼苗有剧毒，切勿采食。伏牛山区均有分布。

苍耳子种类繁多，我国的苍耳子主要有6种（苏新国等，2006）。①苍耳 *Xanthium sibiricum* Patrin.，广布于全国各地，本品为《中国药典》（2005年版）收载品种，伏牛山区分布该品种。②稀刺苍耳 *Xanthium sibiricum* var. subinerme（Winkl.）Widder 分布于东北、华北、西南、西北等地。③一室苍耳 *Xanthium sibiricum* var. jingyuanense H. G. Hou et Y. T. Lu. 为甘肃靖远发现的新变种，该变种在发现地大面积分布。在全国的分布尚未调查清楚，生长于河边、田埂路边。④蒙古苍耳 *Xanthium mongolicum* Kitag 分布于东北、内蒙古及河北易县周边地区，常生长于干旱山坡或沙质荒地。⑤偏基苍耳 *Xanthium inaequilatum* DC. 仅分布于广东、福建和台湾，生长于沿海地区的沙质土地，全国其他地区少见。⑥刺苍耳 *Xanthium spinosum* L. 在我国河南郸城县栽培过程中驯化，扩展到周边地区，其中以河南东部、陕西为主。伏牛山区分布的苍耳为《中国药典》（2005年版）收载品种。国内药材市场上最常见到有蒙古苍耳及近无刺苍耳的果实作为苍耳子药材出售。

【商品名】苍耳子

【别名】苍子、苍耳子、野落苏、菜耳实、牛虱子、胡寝子、苍郎种、棉螳螂、胡苍子、饿虱子、苍棵子、苍耳蒺藜、苍浪子、老苍子、野茄子、刺儿棵、疔疮草、粘粘葵

【基原】菊科植物苍耳的干燥成熟带总苞的果实。

【原植物】一年生草本，高20～80cm，全株被白色糙伏毛。叶片三角状卵形或心形，长4～9cm，宽5～10cm，先端尖或钝，基部稍心形或截形，边缘具不规则的缺刻

或粗锯齿，或 3 浅裂而裂片边缘有小齿牙，两面被糙伏毛，背面较密，基部三出脉；叶柄 5～10cm。雌、雄头状花序组成短总状花序式，顶生或腋生；花序梗极短或无；雄性头状花序位于上部，由多数筒状花组成呈球形，直径约 6mm，总苞片长圆状披针形，花序托柱状，托片披针形，花冠 5 裂，花药伸出，具退化雌蕊；雌性头状花序位于下部，外层总苞片长圆状披针形，密被短毛，内层总苞片呈囊状，表面密被钩刺，内藏 2 个雌花。果实成熟后囊状苞片变坚硬，连同喙部长 10～18mm，钩刺长 1.5～2mm，瘦果 2 个，倒卵形。花期 7～8 月，果熟期 9～10 月。

【药材性状】 本品呈纺锤形或卵圆形，长 1～1.5cm，直径 0.4～0.7cm。表面黄棕色或黄绿色，全体有钩刺，顶端有 2 枚较粗的刺，分离或相连，基部有果梗痕。质硬而韧，横切面中央有纵隔膜，2 室，各有 1 枚瘦果。瘦果略呈纺锤形，一面较平坦，顶端具一突起的花柱基，果皮薄，灰黑色，具纵纹。种皮膜质，浅灰色，子叶 2 个，有油性。气微，味微苦（丁宝章等，1997）。

【种质来源】 本地野生

【生长习性及基地自然条件】

耐干旱瘠薄。在河南省于 4 月下旬发芽，5～6 月出苗，7～9 月开花，9～10 月成熟。种子易混入农作物种子中。根系发达，入土较深，不易清除和拔出。生长于路边、田边、荒草甸子、沟边、杂草地及村庄附近。

【种植方法】 苍耳子多为野生。

【采收加工】 9～10 月果实成熟，由青转黄，叶已大部分枯萎脱落时，选晴天，割下全株，脱粒，扬净，晒干，除去梗、叶等杂质。以粒大、饱满、色黄绿者为佳。

【化学成分】 苍耳子所含化学成分复杂。主要包括挥发油、甾醇、倍半萜内酯、糖苷类以及脂肪油成分等。

1. 挥发油

经水蒸气蒸馏法提取，GC-MS 联用技术进行分析，共分离鉴定出 17 种成分，分别为壬醛（nonanal）、反式石竹烯（transcaryo phyllene）、α-古芸烯（α-gurjunene）、2-壬烯醛（2-nonenal）、2Δ-癸二烯醛（2Δ-decadienal）、β-芹子烯（β-seliene）、十八烷醇（octadecanol）、十九烷醇（nonadecanol）、二十烷醇（eicosanol）、十五烷（pentadecane）、十六烷（hexadecane）、十七烷（heptadecane）、十九烷（nonadecane）、二十烷（eicosane）、二十一烷（heneicosane）、2,6,10,14-四甲基十五烷（2,6,10,14-tertamethl-pentadecane）、2,6,10,14-四甲基十六烷（2,6,10,14-tertamethl-hexadecane）。

2. 甾醇

含有苍耳子苷（strumaroside），即 β-谷甾醇-β-D-葡萄糖苷（β-sitosterol-β-D-glucoside）、豆甾醇（stigmasterol）、菜油甾醇（campesterol），油脂未皂化物中含 β-谷甾醇（β-sitosterol）、γ-谷甾醇（γ-sitosterol）及 ε-谷甾醇（ε-sitosterol）。

3. 脂肪油

苍耳子含丰富脂肪油，干燥果实含量达 9.2%，有亚油酸（linoleic acid）、油酸（oleic acid）、棕榈酸（palmitic acid）、硬脂酸（stearic acid）(阮贵华等，2008)。丙酮不

溶性脂有卵磷脂（lecithin）和脑磷脂（cephalin）。

4. 倍半萜内酯化合物

主要为愈创木烷型和裂愈创木烷型。包括苍耳明（xanthumin）、黄质宁（xanthinin）、苍耳醇（xanthanol）、异苍耳醇（isoxanthanol）等。

5. 有机酸

1，3，5-三氧-咖啡酰基奎宁酸（1，3，5-tri-O-caffeoylquinic acid）、3，5-二氧-咖啡酰基奎宁酸（3，5-di-O-caffeoylquinic acid）。另含有酒石酸（tartaric acid）、琥珀酸（butane acid）、延胡索酸（fumaric acid）、苹果酸（malic acid）、阿魏酸（ferulic acid）、咖啡酸（caffeic acid）、3，4-二羟基苯甲酸（3，4-didydrobenzoic acid）及多种氨基酸。

6. 其他

苍耳子中除含上述化合物外，还含有其他化合物。有噻嗪二酮（thiazin dione）、大黄素（emodin）、大黄酚（chrysophanol）、芦荟大黄素（aloe emodin）、5,7,3′,4′-四羟基异黄酮（5，7，3′，4′-tetrahydroxyisoflavone）、3′-甲基杨梅黄酮（3′-methycrystalline）、法卡林二醇（falcarindiol）、十七碳-1,8-二烯-4，6-二炔-3，10-二醇等。毒性成分有苍术苷（atractyloside）、羧基苍术苷（carboxyatracyloside）、羧基苍术酸钾（carboxytracyloside dipotassium）。

【鉴别】

1. 显微鉴别

本品粉末呈淡黄棕色至淡黄绿色。纤维成束或单个散在，细长梭形，纹孔及孔沟明显或不明显。木薄壁细胞类长方形，具纹孔。子叶细胞含糊粉粒及油滴。

2. 理化鉴别

取本品粉末 2g，加甲醇 25ml，加热回流 20min，过滤，滤液浓缩至约 2ml，作为供试品溶液。另取苍耳子对照药材 2g，同法制成对照药材溶液。按照薄层色谱法［《中国药典》(2005 年版) 附录Ⅵ B］试验，吸取上述两种溶液各 4μl，分别点于同一以羧甲基纤维素钠为黏合剂的硅胶 H 薄层板上，以正丁醇-冰乙酸-水（4：1：5）上层溶液为展开剂，展开，取出，晾干，置氨蒸气中熏至斑点显色清晰。供试品色谱中，在与对照药材色谱相应的位置上，显相同颜色的斑点。

【主要参考文献】

丁宝章，王遂义，高增义. 1997. 河南植物志. 郑州：河南科学技术出版社

阮贵华，李攻科. 2008. 苍耳子的化学成分及其分离分析研究进展. 中成药，30（3）：421～424

苏新国，黄天来. 王宁生. 2007. 苍耳子的抗氧化成分研究. 中药新药与临床药理，18（1）：47，48

苏新国，宓穗卿，王宁生等. 2006. 苍耳子药用研究进展. 中药新药与临床药理，17（1）：68，69

中华人民共和国药典委员会. 2005. 中华人民共和国药典. 北京：化学工业出版社

板 蓝 根
Banlangen
RADIX ISATIDIS

【概述】本品为豫西道地药材,始载于《本草经集注》。唐代苏敬等编《唐本草》载:"蓝有三种:一种叶围径二寸许,厚三四分者,堪染青,出岭南,太常名为木蓝子;陶氏所说乃是菘蓝,其汁抨为淀甚青者;本经所用乃是蓼蓝实也,其苗似蓼而味不辛,不堪为淀,唯作碧色儿。"菘蓝主要分布于伏牛山的北部,生于山沟、山坡或山埂,其根(即板蓝根)味苦,性寒,归心、胃经,具有清热解毒、凉血利咽的作用,用于治疗温毒发斑、风热感冒、咽喉肿痛、流行性脑膜炎、流行性乙型脑炎、肺炎、腮腺炎等症。

【商品名】板蓝根

【别名】靛青根、蓝靛根、靛根

【基原】板蓝根是十字花科植物菘蓝 *Isatis indigotica* Fort. 的干燥根。

【原植物】一年或二年生草本。主根长 30~120cm。茎直立,光滑无毛,略具 4 棱,上部多分枝。叶互生,基生叶具柄,较大,倒卵形至长圆状披针形,长 5~12cm,蓝绿色,肥厚,先生叶无柄,叶片披针形,长 3~6cm,宽 1~2cm,具白粉,先端钝,基部箭形,抱茎,全缘。复总状花序,花小,黄色,直径约 6mm,无苞;花梗无毛,细弱,花后下弯成弧形,长 5~8mm;花萼 4 片,长圆形,开展,淡黄色,长约 2mm;花瓣 4 片,黄色,长圆状披针形,先端圆形,基部楔形,长约 4mm;雄蕊 6 枚,4 强;雌蕊 1 枚。短角果下垂,扁线状倒楔形,先端钝圆或截形,基部较狭,长 15~18mm,宽约 3mm,不开裂。种子 1 枚,位于果实中部,长圆形,长约 3mm,具丝状种柄,向下悬垂。花期 4~5 月,果期 6 月。

【药材性状】板蓝根呈圆柱形,稍扭曲,长 10~20cm,直径 0.5~1cm。表面淡黄色或淡棕黄色,有纵皱纹及支根痕,皮孔横长。根头略膨大,可见暗绿色或暗棕色轮状排列的叶柄残基和密集的疣状突起。体实,质略软,断面皮部黄白色,木部黄色。

【种质来源】本地种源

【生长习性及基地自然条件】对气候适应性较强,分布较广,生于湿润肥沃的沟边或林缘。对土壤的酸碱度要求不严,喜疏松、肥沃、湿润的沙质壤土,低洼积水的土地容易烂根,pH 6.5~8.0 的土壤最适宜。具有喜光、怕积水、喜肥、耐旱、耐寒的特性。多栽培于气候温暖、地势平坦、土质疏松、肥沃的沙质壤土。

【种植方法】

一、选地整地

菘蓝对土壤质地的适应范围较广,耐肥性较强,疏松肥沃和深厚的土层是生长发育的必要条件。低洼积水的土壤、黏土地容易烂根，不宜种植。所以选地时应选择地势平坦、灌溉方便、含腐殖质较多的疏松沙质壤土。地势过高或过低、沙性过大和新平整的土地均不适宜种植。

选地后及时翻耕、碎土，秋耕越深越好，以消灭越冬虫卵、病菌。因板蓝根的主根能伸入土中 50cm 左右，深耕细耙可以改善土壤理化性状，促使主根生长。如土壤墒情不足，应灌水后耕。结合深耕，每亩施腐熟的有机肥 3000～4000kg，把基肥撒匀，翻入地内，再深耕细耙整地做畦。雨水少的地区做平畦，雨水多的地区做高畦以利排水。畦宽、畦长以地形而定，畦面呈龟背形。畦宽约 240cm，畦高约 20cm。开好畦沟、围沟，使沟沟相同，并有出水口，准备播种（杨丽民等，2007）。

二、繁殖方法

菘蓝多用种子繁殖。

采种方法：当年收根不结籽，应单独培育种子。在刨收板蓝根时，选择根直、粗大不分叉、健壮无病虫害的根条，按株、行距 30cm×40cm 移栽到肥沃的留种田内。及时浇水，11 月下旬再铺上一层薄薄的土杂肥防寒。翌春返青时浇水松土，苗高 6～7cm 时，追肥、浇水，促使植株生长旺盛。抽薹开花时，再追肥 1 次，使籽粒饱满。5～6 月菘蓝果实（种子）颜色由黄褐色变为紫褐色时，采下果穗晒干，脱粒，去除杂质，及时晒干，妥善保管。

播种：播种前种子需进行处理。用 30℃温水浸种 3～4h，捞出种子，稍晾即用适量干细土拌匀，以便播种。播种期分春播和夏播两种；春播在 4 月上旬进行；夏播在 5 月下旬进行，不迟于 6 月。春播商品质量较优。播种方法可采用条播或撒播，多用条播。在整好的畦面上，开沟进行播种，行距 18～20cm，沟深 2～3cm，将种子均匀撒入沟内，播后覆土 2cm，稍压。撒播，在整好的畦面上，均匀撒种，覆土。每亩播种量 1.5～2kg，一般 5～10d 即可出苗。

三、田间管理

间苗除草：出苗后 10d 左右或幼苗株高 4～7cm 时间苗，可结合松土进行。苗高 5～10cm 时，可按株距 8～10cm 定苗。撒播的，可按株距 8～10cm 三角形定苗。如果水肥充足，可适当密些。播种后，杂草与菘蓝幼苗同时生长，应抓紧时机，有草就除，及时进行中耕除草、松土。

追肥：在 6 月上旬每亩每次追施硫酸铵 10～15kg，过磷酸钙 15～20kg，混合撒入行间。菘蓝在生长过程中，先后割叶子（大青叶）两次。植株生长需肥量大，除在播种时施足基肥外，要在每次割叶后，及时追肥 1 次。为保证根部生长，8 月下旬再进行一次追肥、浇水。

灌水排水：定苗后，视植株生长情况，进行浇水。若天气干旱，可结合追肥进行灌水，特别是采叶后更要灌水。如遇伏天干旱，可在早晚灌水，切勿在阳光暴晒下进行，以免高温灼伤叶片，影响植株生长。多雨地区和雨季，要及时清沟理墒，畦间沟加深，大田四周加开深沟，以利及时排水，避免田间积水，引起烂根。

四、病虫害防治

1. 病害

霜霉病：由真菌中的一种鞭毛菌引起。主要危害叶部。一般于 6 月上旬开始发病，随着气温的升高而迅速蔓延，特别在梅雨季节，发病最为严重。土壤中的病残组织是霜霉病的初次侵染区。生长期间，病叶背面的分生孢子借风雨传播，反复侵染。发病初期在叶背面产生白色和灰白色霉状物，叶片产生黄白色病斑。随着危害的发展，叶色后呈褐色干枯，使植株死亡。防治方法：①选留种子，即选择无病地块作留种田，留种植株分别采获，种根分别存放。②清洁田园，即采挖时，清除地上枯枝、残叶，减少病源。③注意排水和通风透光，降低田间湿度。因为土壤湿度大是霜霉病发生的有利条件，所以雨后要及时排水，降低田间湿度。④合理轮作，可与禾本科作物玉米等进行轮作。⑤喷药防治，即以 40% 霜疫灵 200～300 倍液效果较好。发病前或发病初期用 50% 退菌特 1000 倍液喷洒；或喷洒 75% 百菌清可湿性粉剂 500～800 倍液；或 25% 甲霜灵可湿性粉剂 800 倍液喷洒；或铜铵合剂 400 倍液（硫酸铜及碳酸铵 1：5.5，研碎混合后 5kg 加水 2000kg）喷洒；或用 50% 甲基托布津 800～1000 倍液喷洒；或 5% 多菌灵 1000 倍液喷洒。病害流行期用 1：1：200 倍波尔多液或用 65% 代森锌 600 倍液喷雾。

白锈病：由真菌中的一种鞭毛菌引起。叶、茎、花均可发病，叶背面较严重。于 4 月中旬发生，直至 5 月。发病叶面出现黄绿色小斑点，叶背长出一些隆起的、外表有光泽的白色脓包状斑点，破裂后散出白色粉末状物。叶呈畸形，后期枯死。通常氮肥过多，植株柔嫩，雨水多、湿度大，时冷时暖，较易发病。连作病源多，发病更为严重。防治方法：①收获时清除田间植株残体病枝，集中烧毁，减少越冬菌源。有条件的应实行轮作，但不宜与十字花科作物轮作。②及时间苗、中耕除草，增施磷、钾肥，促使幼苗生长健壮，增强抗病能力。结合间苗，剔除病苗，后期要注意摘除病叶，以免病菌传播。③发病初期喷洒波尔多液（1：120）。

白粉病：由真菌中的一种子囊菌引起。主要为害叶片。一般低温多湿，施氮肥过多，植株过密，通风透光不良，均易发病。高温干燥时，病害停止蔓延。防治方法：①排除田间积水，抑制病害发生。②合理密植，氮、磷、钾肥合理配合，使植株生长健壮，增强抗病力。③发病初期摘除病叶，收获后清除病残株、落叶，集中烧毁。④药剂防治，可喷洒 65% 福美锌可湿性粉剂 300～500 倍液；或喷洒 15% 粉锈宁可湿性粉剂 1000 倍液；或喷洒 "农抗 120" 200 倍液；或喷洒 50% 多菌灵可湿性粉剂 500～800 倍液防治。

根腐病：高温、高湿条件下极易发生，发病突然、迅速。防治方法：①选择土层深厚的沙质壤土、地势略高、排水畅通的地块种植。并实行合理轮作。②合理施肥，适施氮肥，增施磷、钾肥，提高植株抗病力。③发病期用 50% 甲基托布津 800～1000 倍液，浇灌病株根部。发病初期喷洒 75% 百菌清可湿性粉剂 600 倍液；或采用 70% 敌克松 1000 倍液喷雾防治。

菌核病：为菘蓝的主要病害之一，危害全株。从土壤中传染，基部叶片首先发病，然后向上危害茎、叶、果实。发病初期呈水渍状，后为青褐色，最后腐烂。在多雨高温的 5～6 月发病最严重。茎秆受害后，布满白色菌丝，皮层软腐，茎中空，内有黑色不规则形的鼠粪状菌核，使整枝变白，倒伏而枯死。发病严重时，植株大批死亡。防治方法：①水旱轮作，与禾本科作物进行隔年轮作，避免与十字花科作物轮作。②加强田间管理，雨后及时疏沟排水，降低田间湿度，少施氮肥，增施磷肥、钾肥，提高植株抗病力。③发病初期喷洒 65％代森锌 400～600 倍液，或喷洒 50％百菌清可湿性粉剂 600～800 倍液。

2. 虫害

菜粉蝶：俗称菜青虫、白蝴蝶、青条子。5 月起幼虫危害叶片，尤以 6 月上旬到 6 月下旬危害最严重。将叶片吃成孔洞或缺刻，严重者仅留下叶脉。防治方法：①清洁田园。结合积肥，处理田间残枝落叶及杂草，集中沤肥或烧毁，以杀死幼虫和蛹。冬季清除越冬蛹。②药剂防治。应在早期进行，把幼虫消灭在 3 龄以前。常用农药有杀螟杆菌或青虫菌（每克含活孢子数 100 亿以上的菌粉），稀释 2000～3000 倍，并按药液量加适量的肥皂粉或茶枯粉等黏着剂；也可喷洒 0.6％苦参碱植物杀虫剂 1000 倍液；或喷洒生物农药 Bt 乳剂 1000 倍液；或 90％结晶敌百虫 1000～1500 倍液，在 50kg 药液中加 50gNa$_2$CO$_3$。

银纹夜蛾：又叫造桥虫，8 月或 9 月发生为害。成虫多昼伏夜出，以夜晚 9～10 时活动最盛，趋光性（特别是黑光灯）较强。初龄幼虫多在荫蔽的叶背面剥食叶肉，残留表皮，形成透明小点，被害叶片呈箩底状；3 龄后主要为害上部嫩叶造成孔洞。5 龄进入暴食阶段，占总食量的 70％左右，咬食全叶。幼虫多在夜间危害，并能吐丝下垂随风传播。白天不大活动。4～5 龄的幼虫抗药力显著增强。因此，防治关键时期应掌握在 2～3 龄阶段。老熟幼虫在叶边缘或茎叶间吐丝做薄茧，化蛹。冬季以蛹在田间杂草中越冬，来年孵化后再度危害。防治方法：①清除田间残株、枯叶，铲除杂草以消灭越冬场所及部分越冬虫卵。②释放天敌。造桥虫的天敌有小茧蜂、多胚寄生蜂、白僵菌、绿僵菌，以及捕食性的瓢虫、蜘蛛、蜻蜓等，对造桥虫的虫口密度起着一定的抑制作用。③药剂防治。以 2.5％敌百虫粉剂喷施，每亩用 2～2.5kg 敌百虫粉剂，对 3 龄以下幼虫的杀伤效果可达 95％以上，但对 3 龄以上幼虫效果较差。用 50％杀螟松或 50％马拉硫磷作超低量喷雾，每亩用原液 150～200ml，对各龄幼虫杀伤率均达 90％以上；或用 50％辛硫磷乳油 1000 倍液喷杀。

黑点银纹夜蛾：幼虫普遍具有假死性，稍有惊动即从植株上坠地，蜷缩不动，片刻后再度爬行；初龄幼虫则吐丝悬坠。在食料缺乏情况下，有较强的迁移能力。食性极为杂乱。取食时间多在傍晚及夜间，阴雨天、白天也常取食。5 月中下旬是黑点银纹夜蛾的危害盛期，以植株茂密和避光的田块内虫数最多。故凡属窝风及阴面的沟地或坡地，受害均较早而且严重。防治方法同银纹夜蛾的防治方法相同。

蚜虫：成虫或若虫吸食叶片、花蕾汁液。发生时多密集在嫩叶、新梢上吸取汁液，使叶片、嫩梢卷缩、枯萎，生长不良。一般于早春危害刚抽生的花蕾，使花蕾萎缩，不能开花，茎叶发黄，影响种子产量。防治方法：①收获后，清除残枝落叶及地边杂草，集中烧毁，消灭越冬虫口。②药剂防治，发生初期可选用 0.3％苦参碱植物杀虫剂 500 倍液连续喷药两次（隔 5～7d）可控制其危害；发生期喷洒 5％杀螟松 1000～2000 倍液；或用 40％乐果乳油 1500 倍液喷洒（王静华等，2007）。

【采收加工】

一般春播的应在立秋至霜降时采挖；夏播的宜在霜降后采挖。挖板蓝根应在晴天进行，连同叶子一同挖出，从畦的一侧顺垄开沟，将根全部挖出。一般秋末采挖的质量优于春季采挖的质量，因此应在秋季采挖。采收后抖净泥土，在芦头和叶子之间用刀切开，分别晾晒干燥，拣去杂质，即为商品板蓝根。

药材分级

一等：干货。根呈圆柱形。头部略大，中间凹陷，边有柄痕，偶有分支，质实而脆，表面灰黄色或淡棕色，有纵皱纹，断面外部黄白色，中心黄色，气微，味微甜后苦涩，长 17cm 以上，芦下 2cm 处直径 1cm 以上，无苗茎、须根、杂质、虫蛀、霉变。

二等：干货。根呈圆柱形，头部略大，中间凹陷，边有柄痕，偶有分支，质实而脆，表面灰黄色或淡棕色，有纵皱纹，断面外部黄白色，中心黄色，气微，味微甜后苦涩，芦下 0.5cm 处以上无苗茎、须根、杂质、虫蛀、霉变。

【化学成分】 含有靛蓝（indigotin）、靛玉红（indirubin）、β-谷甾醇（β-stiosterol）、γ-谷氨酸（γ-glutamic acid）、精氨酸（arginine）、酪氨酸（tyrosine）、γ-氨基丁酸（γ-aminobutyric acid）、黑芥子苷（sinigrin）、水苏糖（stachyose）、黑芥子尿嘧啶、水杨酸（keralyt）、青靛酮及胡萝卜苷（daucosterol）。新鲜植物中含 3-吲哚甲基葡糖异硫氰酸盐［或称芸苔苷（glucobrassicin）］、1-甲氧基-3-吲哚甲基葡糖异硫氰酸盐［或称新芸苔苷（neoglucobrassicin）］、1-磺酰-3-吲哚甲基葡糖异硫氰酸盐（或称 1-磺基–芸苔苷（倪华等，2008））、（＋）-异落叶松树脂醇［（＋）-isolariciresinol］、（＋）-落叶松树脂醇［（＋）-lariciresinol］、落叶松树脂醇-9-O-β-D-吡喃型葡萄糖苷（lariciresinol-9-O-β-D-glucopyranoside）、落叶松树脂醇-4′-O-β-D-吡喃型葡萄糖苷（lariciresinol-4′-O-β-D-glucopyranoside）、落叶松树脂醇-4，4′-二-O-β-D-吡喃型葡萄糖苷（lariciresinol-4,4′-bis-O-β-D-glucopyranoside）、3-甲酰吲哚（3-formylindole）、1-methoxy-3-indolecarbaldehyde、1-methoxy-3-indoleaceton itrile、脱氧鸭嘴花碱酮（deoxyvasic inone）、表告依春（epigoitrin）、腺苷（adenosine）。部分成分结构式见图 15（左丽等，2007）。

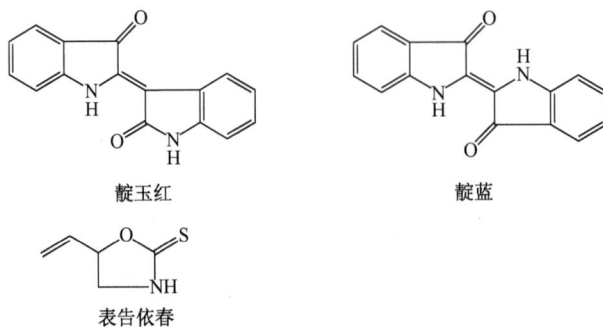

靛玉红　　　　　　　靛蓝

表告依春

图 15　板蓝根中部分成分结构式

【鉴别与含量测定】

一、鉴别

1. 显微鉴别

菘蓝根（直径 1cm）横切面：木栓层为 2～8 列木栓细胞，皮层狭窄，韧皮部宽，形成层呈环形。木质部导管 1～3 列，部分导管周围有纤维素。薄壁细胞中含大量淀粉。根头的韧皮射线常有裂隙，导管周围有木纤维素，髓宽广。根中含有石细胞，其数量与生长年限有明显关系，观察表明，老根中石细胞较嫩根为多，二年生根中石细胞较一年生根为多。

2. 理化鉴别

取本品粉末 0.5g，加稀乙醇 20ml，超声处理 20min，过滤，滤液蒸干，残渣加稀乙醇 1ml 使溶解，作为供试品溶液。另取精氨酸对照品，加稀乙醇制成每毫升含 0.5ml 的溶液，作为对照品溶液。按照薄层色谱法试验，吸取上述两种溶液各 1～2μl，分别点于同一羧甲基纤维素钠为黏合剂的硅胶 G 薄层板上（自然干燥），以正丁醇-冰乙酸-水（19∶5∶5）为展开剂，展开，取出，热风吹干，喷茚三酮试液，在 105℃加热至斑点显色清晰。在供试品色谱中，在与对照品相应的位置上，显相同颜色斑点。

二、含量测定

避光操作。

（1）色谱条件与系统适用性试验。用十八烷基硅烷键合硅胶为填充剂；甲醇-0.5%乙酸溶液（78∶22）为流动相；检测波长为 280nm。理论板数按靛蓝峰计算应不低于 2000。

（2）对照品溶液的制备。精密称取靛蓝、靛玉红对照品各适量，加甲醇制成每毫升各含 0.05mg 靛蓝、靛玉红溶液，即得。

（3）供试品溶液的制备。取本品粉末（过 4 号筛）4g，精密称定，置索氏提取器中，加入氯仿适量，提取至无色，将提取液蒸干，残渣用甲醇溶解并转移至 2ml 棕色量瓶中，定容，摇匀，上清液用微孔滤膜（0.45μm）过滤，即得。

（4）测定法。分别精密吸取对照品溶液与供试品溶液各 10μl，注入液相色谱仪，测定，即得（熊丽等，2007）。

【附注】

大 青 叶

Daqingye

FOLIUM ISATIDIS

【别名】大青、蓝靛叶

【基原】大青叶是十字花科植物菘蓝的干燥叶。

【药材性状】本品多皱缩卷曲，有的破碎。完整叶片展平后呈长椭圆形至长圆状倒披针形，长 5～20cm，宽 2～6cm，上表面暗灰绿色，有的可见色较深稍突起的小点，先端钝，全缘或微波状，基部狭窄下延至叶柄呈翼状，叶柄长 4～10cm，淡棕黄色，质脆。

【采收加工】

可在 6 月中上旬和 8 月下旬到 9 月上旬采收 2 次叶片。6 月中上旬，当植株高达 35cm，叶片由浅绿色变为暗绿色，但尚未抽出幼茎，此时是采收第 1 批大青叶的最佳时机，用镰刀离地面 3cm 处收割。8 月下旬前后，可采收第 2 批叶，用镰刀离地面 2～3cm 处收割，使茎顶部留有心叶，不可割的太多，以免影响抽生新叶。伏天高温、高湿季节不能收割大青叶以免引起成片死亡。生长期施过化学农药的大青叶，采收前 1 或 2d 必须进行农药残留生物检测，合格后及时采收。药材以无杂质、完整、暗灰绿色为质优。

药材分级：各种大青叶商品不分等级，均为统货。

【化学成分】 含靛苷（indican）、靛玉红（indirubin）、二十八烷、多种氨基酸及色胺酮（tryptanthrin）。新鲜叶中含有大青素 B（isatan B）。

【鉴别与含量测定】

一、鉴别

理化鉴别 取本品粉末 0.5g，加三氯甲烷 20ml，加热回流 1h，过滤，滤液浓缩至 1ml，作为供试品溶液。另取靛蓝和靛玉红对照品，加三氯甲烷制成每毫升各含 1mg 的混合溶液，作为对照品溶液。按照薄层色谱法试验，吸取上述两种溶液各 5μl，分别点于同一硅胶 G 薄层板上（自然干燥），以苯-三氯甲烷-丙酮（5：4：1）为展开剂，展开，取出，热风吹干，喷以茚三酮试液，在 105℃加热至斑点显色清晰。在供试品色谱中，在与对照品相应的位置上，分别显相同蓝色斑点和紫红色斑点。

二、含量测定

（1）色谱条件与系统适应性试验。以十八烷基硅烷键合硅胶为填充剂；以甲醇-水（75：25）为流动相；检测波长为 289nm。理论塔板数按靛玉红计算不应低于 4000。

（2）对照品溶液的制备。精密称取靛玉红对照品适量，加甲醇制成 1ml 含 2μg 的溶液，即得。

（3）供试品溶液的制备。取本品细粉 0.25g，精密称定，置索氏提取器中，加三氯甲烷，浸泡 15h，加热回流至提取液无色。回收溶剂至干，残渣加甲醇使溶解并转移至 100ml 量瓶中，加甲醇至刻度，摇匀，过滤，取续滤液，即得。

（4）测定法。分别精密吸取对照品溶液和供试品溶液各 20μl，注入液相色谱仪，测定，即得（孙立新等，2000）。

【主要参考文献】

倪华，施霞，刘云海. 2008. 板蓝根化学成分及其药理活性研究进展. 齐齐哈尔医学院学报，29（13）：1609～1611

彭缨，张立平，宋华等. 2005. 板蓝根提取物化学成分研究（Ⅰ）. 中国药物化学杂志，15（6）：541～555

孙立新，唐虹. 2000. RP-HPLC法测定板蓝根、大青叶中靛蓝、靛玉红的含量. 沈阳药科大学学报，17（3）：191～193

王静华，赵玉新，杨莹光等. 2007. 板蓝根病害与虫害及其防治措施. 农业与技术，27（3）：103，104

熊丽，干国平. 2007. 复方板蓝根颗粒中靛蓝和靛玉红的含量测定. 中国药师，10（10）：1047，1048

徐晗，方建国，王少兵等. 2003. 板蓝根化学成分研究. 中国药学杂志，38（6）：1065～1069

徐丽华，黄芳，陈婷等. 2005. 板蓝根中的抗病毒活性成分. 中国天然药物，3（6）：670～674

杨丽民，陈建宏，张守宗. 2007. 板蓝根人工栽培技术. 宁夏农林科技，（1）：73，74

左丽，李建北，徐景等. 2007. 板蓝根的化学成分研究. 中国中药杂志，32（8）：2034～2038

苦 参

Kushen

RADIX SOPHORAE FLAVESCENTIS

【概述】本品为豫西道地药材，始载于《神农本草经》，列为中品。"味苦、性寒。归心、肝、胃、大肠、膀胱经"。功能为清热燥湿，杀虫，利尿。用于热痢、便血、黄疸尿闭、赤白带下、阴肿阴痒、湿疹、湿疮、皮肤瘙痒，外治滴虫性阴道炎（蒋连芳等，2000）。全国大部分地区均有分布，主产灵宝、栾川、洛宁、嵩县、卢氏、鲁山、登封、禹州。

该物种为中国植物图谱数据库收录的有毒植物，其根和种子有毒。人中毒后出现以神经系统为主的症状，有流涎、呼吸和脉搏加速、步态不稳，严重者惊厥，因呼吸抑制而死亡。牛、马食干根45g以上，猪、羊食干根15g以上均可出现中毒现象，主要有呕吐、流涎、疝痛、下痢、精神沉郁和痉挛。马中毒死亡前还有出汗、体温下降、呼吸浅慢、心律不齐等症状。

【商品名】苦参

【别名】苦骨、川参、凤凰爪、牛参、苦识、水槐、地槐、菀槐、骄槐、白茎、虎麻、岑茎、禄白、陵郎、野槐、山槐子、白萼、野槐根、山槐根、干人参、地骨、地参

【基原】豆科槐属植物苦参的根。

【原植物】亚灌木，高1.5～3m。幼枝有疏生柔毛，后无毛。羽状复叶，长20～25cm；小叶11～29个，披针形或线状披针形，稀椭圆形，长3～5cm，宽1.2～2cm，先端渐尖，基部圆形或宽楔形，背面幼时具平贴短柔毛，近无柄或有短柄。总状花序顶生，长15～20cm，萼钟状，长6～7mm，疏生短柔毛或近无毛；花冠淡黄色，旗瓣匙形，翼瓣无耳，长约13mm，龙骨瓣先端联合，雄蕊分离。荚果长5～13cm，于种子间微缢缩，呈不明显串珠状，疏生短柔毛。花期6～7月，果期8～9月（丁宝章等，1997）。

【药材性状】本品呈长圆柱形，下部常有分枝，长10～30cm，直径1～2cm。表面灰棕色或棕黄色，具纵皱纹及横长皮孔。外皮薄，多破裂反卷，易剥落，剥落处显黄色，光滑。质硬，不易折断，断面纤维性。切片厚3～6mm；切面黄白色，具放射状纹理及裂隙，有的具异型维管束，呈同心性环列或不规则散在。气微，味极苦。

【种质来源】本地野生

【生长习性】当年播种的幼苗多不开花，冬季叶子变黄脱落进入休眠，至翌年春重新返青生长，6 月孕蕾开花，7～8 月中旬果实成熟，全年生长期约 210d。一年生苦参根可生长 40cm，直径 1.4cm，单株根系鲜重 40g，茎直径 0.4cm，高 45.5cm，可生长 17 片左右的复叶，秋末芦头生出 3～5 个茎芽，翌年春，茎芽横生形成水平地下茎，并形成地上植株。第 2 年秋末地下茎萌生若干茎芽。第 3 年春横生形成地下茎网络，向上形成地上株群。一年生植株不开花，第 2 年的可开花结实。花为风虫媒花，可自花或异花授粉。

苦参系深根植物，喜温暖气候，多野生在海拔 200～2500m 的向阳山坡或河滩荒地。土壤以土层深厚、肥沃、排水良好的沙壤土和壤土为好。低洼易积水之地不宜种植。

【种植方法】

一、选地与整地

苦参是深根系作物，喜欢湿润、通风、透光的生态环境。因此要选择土层深厚、肥沃、质地疏松，排水良好的沙壤土。每亩耕地施腐熟农家肥 1500～2500kg，深翻 20～30cm，耕后整平，或挑成垅距 50～60cm 幅宽的水平渠田。

二、繁殖方法

（一）有性繁殖

苦参是中粒种子，千粒重 35～40g。种皮因成熟度不同，分别呈茶绿色、浅棕色和棕褐色。种子椭圆形或倒卵状球形，长 0.4～0.6cm，宽 0.3～0.45cm。种脐凹陷、平滑、有光泽；中央可见一纵棱线。顶端稍尖，肶部钝圆，切向腹面突出并呈短鹰咀状，背面种瘠隆起，种瘠尖端为一合点，与下端连接于凹窝的种脐。

苦参种子有硬实性。其表面有疏水性的角质层，能阻止水分进入种子。在种脐区域有两层栅栏细胞，成为种子的不透水层。因此苦参子必须经处理后才可播种，否则出苗极不整齐。

种子处理方法种子处理的方法主要有三种：一是砂纸搓磨，用细砂纸摩擦苦参种子，发芽率可达 70％～80％；二是用 65～75℃的热水浸种 2～2.5h，发芽率可达80％～85％；三是用 95％～98％的浓硫酸处理种子 60min，可使具有发芽力的种子全部发芽。秕粒种子不可用浓硫酸处理，否则会造成种皮脱落，失去处理效果。

种子发芽对温度的要求：15℃的条件下，15d 左右发芽出苗；25℃的条件下，10d左右可出苗。苦参为子叶留土植物，种子小，幼苗顶土力弱，播种后要保持土壤湿润，覆土 1.5～2cm 为宜。

（二）无性繁殖

1. 水平地下茎繁殖

苦参为直根系植物，由垂直主根、侧根、根茎部萌生的水平地下茎及水平地下茎上的不定根所组成。水平地下茎既可形成若干延伸茎芽，又可于第 2 年萌生出细弱的不定根，是无性繁殖的理想材料。结合采挖苦参，可剪截水平地下茎，一芽一截成"T"字形，一株苦参可剪取多个横生茎芽，无茎芽的地下茎可截成 10～12cm 长茎段，均可长成新株。新牛根芽牛长，形成小植株后母体腐烂。为保证成活，不使细弱的不定根、芽脱水风干，可边剪截边储存在塑料袋中，运送大田按 50cm×40cm 定植。"T"字形茎芽按倒"T"字栽植，挖 10cm 深的穴，老茎水平置于穴底新芽向上，复湿细土 2～3cm。无芽茎段斜插地中，催根萌芽。

2. 芦头切块分株繁殖

采挖苦参时，将芦头切下，用芦上的越冬芽及须根切块繁殖。秋末或早春苦参休眠期，结合采挖苦参进行，每个切块要有 2 或 3 个壮芽，1 或 2 条须根。在整好的大田中按 50cm×40cm 定植，穴深 10cm，每穴栽一株，覆土 2～3cm。

3. 地上茎秆扦插

苦参的地上茎近地面 5cm 以上髓部组织为黄白色泡沫状，剪截后水分很快流失，粘贴于木质部的内腔壁上。虽可抽出新梢，但很难萌发新根，养分耗尽后，新梢就随之枯萎，茎干上的韧皮部也软化腐烂。经试验，地上茎秆扦插仅有 20% 的茎节可抽出新稍，因无新根形成而萎蔫。地上茎秆扦插是今后的研发方向。

（三）育苗移栽

1. 育苗

苦参幼苗纤细，刚出土幼茎直径仅有 0.08～0.1cm，因此给管理工作带来不便，而采取育苗移栽（大棚、露地育苗均可）是一种简便宜行的办法。建凸型苗床，苗床按宽 100cm 作畦，畦长可视育苗数而定。畦与畦之间留凹沟走道。落水下种，按 4cm×4cm 点播，每穴点 1 或 2 粒经处理后的种子，覆细土 1.5～2.0cm，地膜和杂草双覆盖以保温保湿，60% 以上幼苗透土后揭去薄膜及覆盖物。大棚育苗于冬末进行，春末移栽；露地育苗、晚春育苗，秋末移栽。

2. 移栽

（1）起苗。苦参为肉质根，毛根不发达。起苗时要边起苗边放入纸箱或瓷盆中，放一层苗，压一层湿土，保持种根潮湿不风干，地上茎叶不受损，缩短移栽缓苗期。

（2）移栽。春、秋两季移栽成活率高。露地苗地上茎叶枯黄后起苗移栽，移栽时间以大地封冻前半个月为好，栽后用脚踏实，芦头覆细土 2～3cm。

三、中耕除草

6 月上旬进行第一次中耕除草，7 月下旬进行第二次中耕除草。秋季采取半耕半拔除的方法，即耕沟底，留垄背，以免耕翻损伤水平地中茎芽。定植后的第 2 年春季，当地下茎延伸头全部长出地面时，再进行中耕管理。

四、追肥

定植第一次中耕除草后，于 6 月中、下旬每亩追施人粪尿 1500kg。秋季地上茎叶枯萎后，结合沟内中耕亩施饼肥 50kg、过磷酸钙 50kg 和适量的人粪尿。施肥方法：将肥撒入垄沟中，进行秋耕，随后追施人粪尿。

五、摘蕾

为提高苦参根的产量（除留种田外），可于 6 月初花蕾显现时摘除。使养分集中供地下根生长，以利增加产量，提高品质。

六、病虫防治

苦参抗病能力较强，一般在生育期内无病为害，但在高温高湿季节，若栽植过密，田间可零星发现白粉病。发病初期用 25％粉锈宁可湿性粉剂 800 倍液、70％甲基托布津可湿性粉剂 800 倍液或 50％多菌灵乳油 600～800 倍液喷雾防治。

虫害为害较重。虫害主要有钻心虫，该虫从地上茎的近地面 3～17cm 处钻蛀，先向上蛀食约 1.8cm 后，顺苦参髓部向下危害，秋末冬初幼虫在茎秆中钻蛀地面下 4～6cm 深处。老熟幼虫在地下茎或芦头内越冬，幼虫黄白色，有 3 对胸足，4 对腹足。体长 14～16cm，头橘红色，宽约 0.14cm。其次有食心虫，主要蛀食苦参种子。幼虫体长 0.5～0.6cm，体色杏黄色，头部棕褐色，宽约 0.06cm，在表土中越冬。以上两种虫害均在 7 月上、中旬羽化、产卵、钻蛀。可依据虫情确定防治措施。

【采收加工】苦参生长 2～3 年，其生物碱含量便可达到 3.0％左右，符合《中国药典》（2005 年版）大于或等于 2.0％的质量标准。人工栽培苦参，第 3 年秋末冬初进行采挖，将垄背土耙在沟内，深刨挖出参根，切去芦头以上部分，运回。晾晒 2～3d。抖尽泥土，去掉毛根切片，晾晒至全干，分类包装入库。质量以无芦头、条匀、断面黄白色为佳。

【化学成分】苦参的化学成分主要为生物碱、黄酮类化合物。

1. 生物碱

主要为喹嗪啶（quinolizidin）类生物碱，极少数为双哌啶类（dipiperidine-type）。其中，苦参碱、氧化苦参碱、羟基苦参碱、槐果碱、氧化槐果碱等为含量较多的生物碱（郑永权等，2000）。

喹嗪啶类生物碱多数为苦参碱型生物碱（matrine-type），如苦参碱（matrine）、氧化苦参碱（N-oxymatrine）、羟基苦参碱（sophoranol）、槐果碱（sophocarpine）、异苦参碱（isomatrine）、异槐果碱（isosophocarpine）、别苦参碱（allomatrine）、N-氧化苦参醇碱（sophoranol-N-oxide）、槐胺碱（sophoramine）、Δ^7-脱氢槐胺碱（Δ^7-dehydro-sophoramine）、氧化槐果碱（sophocarpine-N-oxide）、槐定（sophoridine）以及 9α-羟基苦参碱（9α-hydroxymatrine）、7,11-脱氢苦参碱（7,11-dehydromatrine）、5α，9α-二羟基苦参碱（5α, 9α-dihydroxyma-trine）、13,14-脱氢苦参啶（13,14-dehydrosophori-dine）、9α-羟基槐果碱（9α-hydroxysophocarpine）、9α-氧化羟基槐果碱（9α-hydroxy-sophocarpine-N-oxide）、9α-羟基槐胺碱等微量生物碱。此外，喹嗪啶类生物碱中还有 2 种金雀花碱型（cytisine-type）生物碱：N-甲基野靛碱（N-methylcytisine）和 Rhombi-foline；3 种无叶豆碱型（sparteine-type）生物碱：臭豆碱（anagyrine）、赝靛叶碱

(baptifoline)、白金雀花碱（lupanine），以及 1 种羽扇豆型生物碱（mamanine）；双哌啶类生物碱仅有苦参胺碱（kuraramine）和异苦参胺碱（*iso*-kuraramine）。

2. 黄酮类化合物

多数为二氢黄酮和二氢黄酮醇，少数为黄酮、异黄酮、查耳酮及其醇，其中仅有 3 种为苷。

黄酮分别为异脱水淫羊藿素（isoanhydroicaritin）、降脱水淫羊藿素（nor-anhydroicaritin）、苦参醇 C（kushenol C）和苦参醇 G（kushenol G）；苦参中的二氢黄酮共有 20 种，包括苦参酮（kurarinone）、降苦参酮（nor-kurarinone）、苦参醇（kurarinol）、新苦参醇（neokurarinol）、降苦参醇（nor-kurarinol）、异苦参酮（isokurarinone）、苦参醇 A、B、E、F、H、I、J、K、L、M、N 等、异黄腐醇（Isoxanthohumol）、槐属二氢黄酮 B（sophoraflavanone B）、槐属二氢黄酮 G（sophoraflavane G）；异黄酮有芒柄花黄素（formononetin）、高丽槐素（maackiain）、三叶豆紫檀苷（trifolirhizin）、紫檀素（pterocarpin）以及苦参素（kushenin）、苦参醇 O（kushenol O）等；查耳酮化合物有黄腐醇（xanthohumol）、苦参啶（kuraridin）和苦参啶醇（kuraridinol）以及苦参醇 D（kushenol D）。

3. 其他类型的化合物

除生物碱和黄酮化合物外，苦参中还有一系列烷基色酮衍生物、醌类化合物，如苦参醌 A（kushequinone A）。

【鉴别与含量测定】

一、鉴别

1. 显微鉴别

根横切面：木栓层为 8～12 列细胞，有时栓皮剥落。韧皮部有多数纤维常数个至数十个成束。束间形成层有的不明显。木质部自中央向外分叉为 2～4 束，木质部束导管 1 或 2 列，直径至 $72\mu m$，木纤维常沿切向排列。射线宽 5～15 列细胞，中央有少数细小导管及纤维束散在。薄壁细胞中含众多淀粉粒及草酸钙方晶。

粉末特征：淡黄色。①纤维众多成束，非木化，平直或稍弯曲，直径 $11～27\mu m$，纤维周围的细胞中含草酸钙方晶，形成晶纤维。②导管主要为具缘纹孔导管，淡黄色或黄色，直径 $27～126\mu m$，具缘纹孔椭圆形，排列紧密，有的数个纹孔口连成线状。③木栓细胞表面观多角形，多层重叠，平周壁表面有不规则细裂纹。④薄壁细胞类圆形或类长方形，有的垂周壁呈不均匀连珠状，胸腔内含细小草酸钙针晶，长达 $11\mu m$。此外，有众多淀粉粒及少数石细胞。

2. 理化鉴别

1）取本品横切片，加氢氧化钠试液数滴，栓皮部即显橙红色，渐变为血红色，久置不消失。

2）取本品粉末 0.5g，加浓氨试液 0.3ml、氯仿 25ml，放置过夜，过滤，滤液蒸干，残渣加氯仿 0.5ml 使溶解，作为供试品液。另取苦参碱对照品、槐定碱对照品，加乙醇制成每毫升各含 0.2mg 的混合溶液，作为对照品溶液。按照薄层色谱法［《中国药典》（2005 年版）附录 Ⅵ B］试验，吸取上述两种溶液各 4μl，分别点于同一用 2％氢氧化钠溶液制备的硅胶 G 薄层板上，以甲苯-丙酮-甲醇（8：3：0.5）为展开剂，展开 8cm，取出，晾干，再以甲苯-乙酸乙酯-甲醇-水（2：4：2：1）10℃以下放置的上层溶液为展开剂，展开，取出，晾干，依次喷以碘化铋钾试液和亚硝酸钠乙醇试液。供试品色谱中，在与对照品色谱相应的位置上，显相同的橙色斑点。

3）取氧化苦参碱对照品，加乙醇制成每毫升含 0.2mg 的溶液，作为对照品溶液。按照薄层色谱法［《中国药典》（2005 年版）附录 Ⅵ B］试验，吸取［理化鉴别］2）项下的供试品溶液及上述对照品溶液各 4μl，分别同一用 2％氢氧化钠溶液制备的硅胶 G 薄层板上，以三氯甲烷-甲醇-浓氨试液（5：0.6：0.3）10℃以下放置的上层溶液为展开剂，展开，取出，晾干，依次喷以碘化铋钾试液和亚硝酸钠乙醇试液。供试品色谱中，在与对照品色谱相应的位置上，显相同的橙色斑点。

二、含量测定

（1）色谱条件与系统适用性试验。以氨基键合硅胶为填充剂；以乙腈-无水乙醇-3％磷酸溶液（80：10：10）为流动相；检测波长为 220nm。理论板数按氧化苦参碱峰计算应不低于 2000。

（2）对照品溶液的制备。精密称取苦参碱对照品、氧化苦参碱对照品适量，分别加入乙腈-无水乙醇（80：20）溶解，制成每毫升含苦参碱 0.05mg、氧化苦参碱 0.15mg 的溶液。

（3）供试品溶液的制备。取本品粉末（过 3 号筛）约 0.3g，精密称定，置具塞锥形瓶中，加浓氨试液 0.5ml，精密加入三氯甲烷 20ml，密塞，称定重量，超声处理（功率 250W，频率 33kHz）30min，冷却，再称定重量，用三氯甲烷补足减失的重量，摇匀，过滤。精密量取续滤液 5ml，通过中性氧化铝柱（100～200 目，5g，内径 1cm），依次以三氯甲烷、三氯甲烷-甲醇（7：3）各 20ml 洗脱，收集洗脱液，回收溶剂至干，残渣加无水乙醇适量使溶解，并转移至 10ml 量瓶中，加无水乙醇稀释至刻度，摇匀。

（4）测定法。分别精密吸取上述对照品溶液各 5μl 与供试品溶液 5～10μl，注入液相色谱仪，测定。

本品按干燥品计算，含苦参碱（$C_{15}H_{24}N_2O$）和氧化苦参碱（$C_{15}H_{24}N_2O_2$）的总量不得少于 1.2％。

【主要参考文献】

丁宝章，王遂义，高增义. 1997. 河南植物志. 郑州：河南科学技术出版社

蒋莲芳，蒋亚生. 2000. 苦参药理研究进展. 时珍国医国药，11（3）：277，278

么厉，程惠珍，杨智. 2006. 中药材规范化种植（养殖）技术指南. 北京：中国农业出版社

郑永权，姚建仁，邵向东. 2000. 苦参化学成分及农业应用研究概况. 农药科学与管理，21（1）：24，25

中华人民共和国药典委员会. 2005. 中华人民共和国药典（一部）. 北京：化学工业出版社

虎　杖

Huzhang

RHIZOMA POLYGONI CUSPIDATI

【概述】本品为豫西道地药材，始载于《名医别录》，列为上品。《本草图经》载："虎杖，一名苦杖。旧不载所出州郡，今处处有之。三月生菌，茎如竹笋壮，上有赤斑点，初生便分枝丫，叶似小杏叶，七月开花，九月结实。南中出看，无花。根皮黑色，破开即黄，似柳根。亦有高丈余者。"味微苦，性微寒。归肝、胆、肺经。祛风利湿，散瘀定痛，止咳化痰。用于治疗关节痹痛、湿热黄疸、经闭、症瘕、咳嗽痰多、水火烫伤、跌扑损伤、痈肿疮毒。虎杖生于山沟、河旁、溪边、林下阴湿处。《中国药典》（2005 年版）收载的为蓼科植物虎杖 *Polygonum cuspidatum* Sieb. et Zucc. 的干燥根茎及根。伏牛山分布广泛。

【商品名】虎杖

【别名】大虫杖、苦杖、酸杖、斑杖、苦杖根、杜牛膝、酸桶笋、斑庄根、酸杆、斑根、黄药子、土地榆、酸通、雌黄连、蛇总管、大活血、紫金龙、酸汤杆、黄地榆、号筒草、斑龙紫、红贯脚、阴阳莲、活血龙、猴竹根、金锁王、大叶蛇总管、九龙根、山茄子、斑草、搬倒甑、九股牛、大接骨、老君丹

【基原】为蓼科植物虎杖的干燥根茎及根。

【原植物】多年生草本或亚灌木，高达 1～1.5m。茎直立，丛生，基部木质化，分枝，中空，无毛，散生红色或紫红色斑点。叶有短柄，宽卵形或卵状椭圆形，长 6～12cm，宽 5～9cm，先端短骤尖，基部圆形或楔形；托叶鞘膜质，褐色，早落。花单性，雌雄异株，成腋生的圆锥花序；花梗细长，中部有关节，上部有翅；花被 5 深裂，裂片 2 轮，外轮 3 片，在果时增大，背部生翅；雄花雄蕊 8 个；雌花花柱 3 个，柱头头状。瘦果椭圆形，有 3 棱，黑褐色，有光泽。花期 5～7 月，果熟期 8～9 月。

【药材性状】本品多为圆柱形短段或不规则厚片，长 1～7cm，直径 0.5～2.5cm。外皮棕褐色，有纵皱纹及须根痕，切面皮部较薄，木部宽广，棕黄色，射线放射状，皮部与木部较易分离。根茎髓中有隔或呈空洞状。质坚硬。气微，味微苦、涩。

根茎圆柱形，多分枝，直径 0.6～1.5cm，节部较膨大，表面红棕色，有不规则纵皱纹，根茎下侧生数条粗根。根圆柱形，长约 17cm，直径 0.5～1.5cm，表面红棕色，有纵皱纹。质坚硬，断面红色至橙红色，射线明显。气微，味微苦。

【种质来源】本地野生。

【生长习性及基地自然条件】喜温和湿润气候，耐寒、耐涝。对土壤要求不严，但以疏松肥沃的土壤生长较好。

【种植方法】

一、用种子和分根繁殖

种子繁殖：可用直播或育苗移栽法。3～4 月直播，穴距 33cm，每穴播种 8 或 9

粒，覆土 3cm。条播，按行距 33～45cm 开浅沟播种，播后覆土浇水。育苗，在苗床撒播或条播，覆细土 1.5cm，经常保持土壤湿润。幼苗出土后，间苗、除草，苗高 7～10cm 时移栽。

二、分根繁殖

（1）种栽。选择用种子繁殖的二年生的植株根茎。从老根上分取一年或二年生带有根芽的根茎做种栽（如果选用根茎做种栽，移栽前用 0.5‰ 的 920 将其浸泡 5～10min，每段种栽的长度以 10cm 为宜）。

（2）整地。种植在肥沃土壤中 2 年就可采收。否则需要 3～4 年才能采收。先翻耕土壤，深 20～25cm，除净较大的石块，每亩施入充分腐熟的厩肥 1500～2000kg 作为基肥，并与 5～10cm 深的土层拌匀，做成高 15～20cm、宽 50～55cm 的畦，耙平、耙细，两畦间留 30cm 作业道。

（3）栽植。栽植时间分为秋栽和春栽，秋栽应在 10 月中下旬进行，春栽宜在 4 月中下旬进行。顺畦栽植 2 行。距畦边 10cm 处开沟，沟深 10～12cm，沟底要平坦一些，行距 25cm。有芽和无芽的种栽要分开栽植。因为它们的出苗期不一致。栽植时种栽与畦边成 30°～45°摆放，株距 15～20cm，带有根芽的种栽一反一正。这样做使植株生长有较大的空间。种栽摆放后，在其上面撒入以磷肥、钾肥为主的复合肥，每亩用量 20～25kg，然后覆土 3～4cm，浇透水，水渗透后，再覆土 4～5cm，使两次覆土的厚度达到 8～10cm。秋栽时最好加盖覆盖物，对种栽有一定的保护作用，春天返青前撒下，以提高地温，促进生长。

三、田间管理

（1）间苗。穴播、直播或分根繁殖的虎杖，应在虎杖苗出齐后，苗高 6～10cm 的时候间苗，每穴留壮苗 1 或 2 株。

（2）中耕除草。中耕除草是药用植物经常性的田间管理工作。中耕深度要看根部生长情况而定，中耕次数根据气候、土壤和植物生长情况而定。苗期中耕次数宜勤，成株期中耕次数宜少。此外，气候干旱或土质黏重板结，应多中耕；灌水后为避免土壤板结，地面稍干时中耕。虎杖发芽时间较长，苗期容易受到杂草为害，应及时防除，主要以人工防除为主，但应注意锄草要浅，不能伤到虎杖的根。生长期间应及时中耕除草，每年保证中耕锄草 2 或 3 次，以保持土地表层湿润和田间无杂草。

（3）追肥。虎杖应多施农家肥。对于早春植物萌发前，在两行中间开浅沟埋施人畜粪 2000kg/亩，也可以施饼肥，连浇 1 或 2 遍水。至 6 月中下旬每亩追施农家肥 1000kg 或钾肥 80～100kg 和磷肥 100～150kg。叶面喷施钾肥有抑制茎叶徒长、促进根部膨大的作用，可增产 20%。喷 0.5%磷酸二氢钾溶液 120kg/亩，隔 10～15d 再喷 1 次。虎杖栽培一般很少使用氮肥，以防枝叶徒长。

（4）浇水。虎杖喜湿润，在干旱的情况下，其根茎较细且分枝较多，影响其产量和品质，应及时浇水，保证对水分的需求，浇水后应及时松土保墒。

（5）防治虫害。主要害虫有蚜虫和蛾虫，用 70%灭蚜松 600 倍液和 10%杀灭虫菊 800 倍液防治，每 7～10d 喷一次，连续 2 或 3 次。主要病害为根腐病和叶斑病，用

50％多菌灵 600 倍液或 65％代森锰锌防治，连续喷 2 或 3 次。雨后及时排水，经常松土，防止土壤板结。冬季将枯株和落叶深埋或烧毁；必要时使用无公害生物农药、物理机械或者生物等防治方法。

【采收加工】春、秋两季采挖，除去须根，洗净，趁鲜切短段或厚片，晒干。

【化学成分】根和根茎含游离蒽醌及蒽醌苷，主要为大黄素（emodin），大黄酚，蒽苷（anthraglycside）A 即大黄素甲醚 8-O-β-D-葡萄糖苷（physcion-8-O-β-D-gluco-side），蒽苷（anthraglycoside）B 即大黄素 8-O-β-D-葡萄糖苷（emodin-8-O-β-D-gluco-side），迷人醇（fallacinol），6-羟基芦荟大黄素（citreorsein），大黄素-8-甲醚（ques-tin），6-羟基芦荟大黄素-8-甲醚（questinol），虎杖素 A（cuspidatumin A）（金雪梅等，2007）。还含芪类化合物：白藜芦醇（resveratrol）即是 3,4,5-三羟基芪（3,4,5-tri-hydroxystilbene）（华燕等，2001），虎杖苷（polydatin）即白藜芦醇 3-O-β-D-葡萄糖苷（rerveratrol-3-O-β-D-glucoside），又含原儿茶酸（protocate-chuic acid），右旋儿茶精（catechin），2,5-二甲基-7-羟基色酮（2,5-dimethyl-7-hydroxychromone），7-羟基-4-甲氧基-5-甲基香豆精（7-hydroxyl-4-methoxy-5-methyl coumarin）（刘晓秋等，2003），2-甲氧基-6-乙酰基-7-甲基胡桃配（2-methoxy-6-acetyl-7-methyljuglone），决明蒽酮-8 -葡萄糖苷（torachrysone-8-O-D-glucoside），β-谷甾醇葡萄糖苷（β-sitosterol glucoside）以及葡萄糖，鼠李糖（rhamnose），多糖，氨基酸 12.99％和铜、铁、锰、锌、钾及钾盐等。

【鉴别与含量测定】

一、鉴别

取本品粉末 0.1g，加甲醇 10ml，超声处理 15min，过滤，滤液蒸干，残渣加 2.5mol/L 硫酸溶液 5ml，水浴加热 30min，冷却，用三氯甲烷提取 2 次，每次 5ml，合并三氯甲烷液，蒸干，残渣加三氯甲烷 1ml 溶解，作为供试品溶液。另取虎杖对照药材 0.1g，同法制成对照药材溶液。再取大黄素对照品、大黄素甲醚对照品，加甲醇制成每毫升各含 1mg 的溶液，作为对照品溶液。照薄层色谱法［《中国药典》（2005 年版）附录Ⅵ B］试验，吸取上述供试品溶液和对照溶液各 1μl、对照品溶液各 1μl，分别点于同一硅胶 G 薄层板上，以石油醚（30～60℃）-甲酸乙酯-甲酸（15：5：1）的上层溶液为展开剂，展开，取出，晾干，置紫外光灯（365nm）下检视。供试品色谱中，在与对照品色谱相应的位置上，显示相同颜色的荧光斑点；置氨蒸气中熏后，斑点变为红色。

二、含量测定

（1）大黄素。①色谱条件与系统适用性试验。以十八烷基硅烷键合硅胶为填充剂；以甲醇-0.1％磷酸溶液（80：20）为流动相；检测波长为 254nm。理论板数按大黄素峰计算应不低于 3000。②对照品溶液的制备。精密称取以五氧化二磷为干燥剂减压干燥 24h 的大黄素对照品适量，加甲醇制成每毫升中含 48μg 的溶液，即得。③供试品溶液的制备。取本品粉末（过 3 号筛）约 0.1g，精密称定，精密加入三氯甲烷 25ml 和

2.5mol/L 硫酸溶液 20ml，称定重量，置 80℃ 水浴中加热回流 2h，冷却至室温，再称定重量，用三氯甲烷补足减失的重量，摇匀。分取三氯甲烷液，精密量取 10ml，蒸干，残渣加甲醇使溶解，转移至 10ml 量瓶中，加甲醇稀释至刻度，摇匀，即得。④测定法。分别精密吸取对照品溶液与供试品溶液各 5μl，注入液相色谱仪，测定，即得。本品按干燥品计，含大黄素（$C_{15}H_{10}O_5$）不得少于 0.60%。

（2）虎杖苷。避光操作。①色谱条件与系统适用性试验。以十八烷基硅烷键合硅胶为填充剂；以乙腈-水（23∶77）为流动相；检测波长为 306nm。理论板数按虎杖苷峰计算应不低于 3000。②对照品溶液的制备。精密称取以五氧化二磷为干燥剂减压干燥 24h 的虎杖苷对照品适量，加稀乙醇制成每毫升中含 15μg 的溶液，即得。③供试品溶液的制备。取本品粉末（过 3 号筛）约 0.1g，精密称定，精密加入稀乙醇 25ml，称定重量，加热回流 30min，冷却至室温，再称定重量，用稀乙醇补足减失的重量，摇匀，取上清液，即得。④测定法。分别精密吸取对照品溶液与供试品溶液各 10μl，注入液相色谱仪，测定，即得。

本品按干燥品计，含虎杖苷（$C_{20}H_{22}O_8$）不得少于 0.15%。

【主要参考文献】

华燕，周建于. 2001. 虎杖的化学成分研究. 天然产物研究与开发，13（6）：16～18

金雪梅，金光洙. 2007. 虎杖的化学成分研究. 中草药，38（10）：1446～1448

刘晓秋，于黎明. 2003. 虎杖化学成分研究（Ⅰ）. 中国中药杂志，28（1）：47～49

败 酱 草

Baijiangcao

DAHURIAN PATRIAN HERB

【概述】 本品为豫西道地药材，始载于《神农本草经》，列为中品。具有清热解毒，祛瘀排脓，活血化瘀，镇心安神的功效。《中药大辞典》规定败酱草的药源植物为黄花败酱 *Patrinia scabiosaefolia* Fisch. Ex Link 或白花败酱 *Patrinia villosa* Juss. 的带根全草。本品味辛、苦，微寒。归胃、大肠、肝经。清热解毒，祛瘀排脓。用于治疗阑尾炎、痢疾、肠炎、肝炎、眼结膜炎、产后瘀血腹痛、痈肿疔疮。在山区广泛分布，为伏牛山大宗药材。但是临床败酱用药来源植物繁多，种类复杂。伏牛山除主产上述两种败酱外还有菊科植物苣荬菜 *Sonchus arvensis* L. 的干燥全草，亦称北败酱，为河北、山西、陕西、山东及东北各省习用，具有清热解毒之功效，主治乳疮、眼病；十字花科植物菥蓂 *Thlaspi arvense* L. 的带果全草，称苏败酱；同属植物岩败酱 *Patrinia rupestris* Dufr. 的全草混作败酱草入药，在黑龙江、吉林等部分地区使用；以同属植物狭叶败酱 *Patrinia angustifolia* Hemsl. 的全草作败酱草入药，在安徽部分地区使用。

【商品名】 败酱草

【别名】 败酱、鹿肠、鹿首、马草、泽败、鹿酱、酸益、苦菜、苦蘵、野苦菜、苦猪菜、苦斋公、豆豉草、豆渣草、白苦爹、苦苣

【基原】为败酱科植物白花败酱、黄花败酱的带根全草。

【原植物】

1. 黄花败酱

黄花败酱为多年生草本，高达150cm。根状茎粗壮，地下茎细长，横卧或斜生。茎直立，被白色脱落性粗毛。基生叶大，有长柄，花期枯落，叶片卵状披针形，先端尖，基部边缘有锯齿；茎生叶为披针形或狭卵形，长5~15cm，宽3~5cm，先端尖，2或3对羽状深裂，顶端裂片最大，椭圆形或卵形，两侧裂片狭椭圆形或线形，依次变小，两面疏被白色粗毛或近无毛；叶柄长1~2cm；上部叶小，近无柄。聚伞圆锥状花序，在枝端常5~9个集成疏大伞房状；总花梗四棱形，常一侧被白色粗毛，花梗纤细；苞片小，钻形或线形；花小，多数，黄色，直径2~4mm；花萼极小，不明显；花冠筒短，檐部5裂长圆形，先端圆钝，内侧被白色长毛；雄蕊4枚，约与花冠等长。果实椭圆形，长3~4mm，宽1.5~2mm，具3棱，无膜质，翅状，增大苞片。花期7~9月，果熟期8~10月。

2. 白花败酱

白花败酱为多年生草本，高50~100cm。茎单一，被倒生粗白毛，毛渐脱落。基部叶丛生，宽卵形或近圆形，边缘有粗齿，叶柄较叶片稍长；茎生叶卵形、菱状卵形或狭椭圆形，长4~11cm，宽2~5cm，顶端渐尖至窄长渐尖，基部切楔形下延，1或2对羽状分裂；基部叶不分裂或有1或2个窄裂片，两面疏生长毛，脉上尤密，叶柄长1~3cm；上部叶渐近无柄。花序顶生者宽大，成伞房状圆锥花序；花白色，直径5~6mm；花萼小；花冠筒短，5裂；雄蕊4个，伸长。果实倒卵形，与宿存增大翅状苞片贴生，苞片近圆形，径约5mm，网脉明显。花期7~8月，果熟期8~9月。

【药材性状】黄花败酱全长50~100cm。根状茎呈圆柱形，多向一侧弯曲，直径0.3~1cm，暗棕色至紫棕色，节间长多不超过2cm，节上有不定根。茎圆柱形，直径0.2~0.8cm，黄绿色至黄棕色，被倒生硬毛；质脆，易折断，断面中部有髓或髓消失而留有一细小空洞。叶多卷缩或破碎，完整的茎生叶展平后呈羽状深裂至全裂，有5~7裂片，顶生裂片显然较大，两侧裂片较狭小，边缘有粗锯齿，上面深绿色或黄棕色，下面色较浅，两面疏生白毛，叶柄基部略抱茎。茎枝顶端常有伞房状聚伞圆锥花序；花黄色。气特异，味微苦。以根长、叶多而色绿、气浓者为佳。

白花败酱茎被白色长硬毛；茎生叶不分裂；花白色，其余同黄花败酱。

【种质来源】本地野生

【生长习性及基地自然条件】生于山坡沟谷灌丛边、林缘草地或间湿草地。喜稍湿润环境，耐严寒，-6℃仍能正常生长，但以20~30℃生长最适宜；耐阴，以林间坡地或背阴山垅田种植为佳，忌曝晒，夏季平原种植要搭建遮阳棚；以pH为6~6.5，腐殖质丰富的壤土或沙壤土为宜。

【种植方法】

一、种苗繁育

败酱草可用种子、根状茎扦插、老蔸分苗繁殖。种子繁殖又可分为种子直播或育苗移栽两种方式，其中以幼苗移栽较易获得高产，取得较好的效益。播种育苗在南方以冬播为主，也可春播；在北方以春播为主，采用设施栽培的也可适当提前播种。播前将种子翻晒1～2d，选择排灌、管理方法，用肥力中上的壤土或沙壤土作苗床，翻耕时施腐熟栏肥22 500～30 000kg/hm² 作基肥，开沟敲细土垡，整成连沟 1.4～1.5m 的微弓背形苗床，用1000kg/hm² 腐熟人粪尿浇施湿润畦面，将种子拌细沙或草木灰均匀地撒播于畦面后，用细泥：草木灰为 1：0.5 的肥土覆盖 1～1.5cm。一般的大田用种量 4～6kg/hm²，苗床与大田比为 1：7～8。育苗期间如遇干旱无雨应灌（浇）水湿润畦面；阴雨天气应注意清沟排水。当苗长至 4～5cm 时间苗 1 次，苗株距保持为 4～5cm。育苗期间一般除结合抗旱护苗浇施 1 或 2 次 10%左右的稀薄人粪尿外，无需特意施肥，到了移栽前的 4 或 5d 应用 9000kg/hm² 腐熟人粪尿兑水 50%左右浇施起身肥。当苗长至 4 叶左右时即可起苗移栽。在越冬前最后一次收割后，将留于自然野外的老蔸，清除杂草后，用人粪尿拌草木灰（以不飞扬，手捏放开后即散为度） 37 500kg/hm²，或栏粪肥 30 000kg/hm² 覆盖老蔸，待春暖抽生时再浇施 30%～40%的稀薄人粪尿进行培育，取其根状茎扦插、老蔸分苗栽种。

二、直接播种

翻耕施肥，敲细土块后，整成畦宽为 1～1.4m 的垄畦，按行、株距 40cm×(20～25)cm，每畦开 3 或 4 个 3～4cm 的浅穴。用 9000kg/hm² 的人粪尿对水浇施底水后，每穴播种子 4～6 粒，然后用细肥土覆盖 1～1.5cm。在出苗期间注意做好抗旱护苗和排水防渍工作。

三、地块选择

败酱草虽然可自然野生，适生性强，对土壤条件要求不严格，但要实现高产栽培，还应选择近邻水源，水源清洁，排灌、管理方便，无积水，不受严重干旱影响，土层较为深厚，肥力较好的稻田、缓坡地或新开发果园的壤质土地块为好。

四、翻耕整地

于播种或移栽前 5～6d 深翻 20～25cm，结合翻耕施腐熟人粪尿 26 250～30 000kg/hm²、草木灰 2250kg/hm² 作基肥；敲碎土块，开沟作畦，整成 1～1.4m 宽的垄畦，按行、株距 40cm×(20～25)cm 距离，每畦开 3 或 4 个 3～4cm 的浅穴待播种、移栽。

五、适时移栽

2～8 月均可移栽。移栽时应尽量少伤根系，实行大小苗分畦定植，一般的壮苗每穴栽 2 株，弱苗每穴栽 3 株，栽时趟平畦面，随后用 5%的稀薄人粪尿点穴浇施定根水。移栽应避免中午烈日当头时进行，以便于成活。

六、田间管理

当直播出苗，苗高长至 5～6cm 时，去弱留壮、删密留稀进行 1 次间苗，每穴留苗

2 或 3 株，间苗后用 10％的稀薄人粪尿追施苗肥；于移栽后 5～6d 进行查苗补缺，选用健壮预备苗补植，补植应在傍晚或阴天进行，补植后随即用 5％的稀薄人粪尿浇施定根水，并适当遮阴 1 或 2d，以便成活，达到全苗匀苗。播种、移栽后的前期，由于植株矮小，地面覆盖度低，容易发生草害，应及时做好中耕除草工作，一般在封垄前中耕施肥 3 次，第 1 次在间苗后 2 或 3d 或移栽成活后 7～10d 进行。用人粪尿（12 000kg/hm²）兑水（4800～6000kg/hm²）点穴浇施；第 2 次在第 1 次之后的 10～12d 进行，用人粪尿（15 000 kg/hm²）兑水（4800～6000kg/hm²）穴施或三元复合肥1000～1200kg/hm² 或市售精制有机肥 1200～1500kg/hm² 株旁穴施；过 10～15d 后用与第 2 次相同的方法再中耕施肥 1 次；以后视植株生长和土壤肥状况，每收割 1 次浅锄施肥 1 次（用与第 2 次同等用量）。每次中耕施肥，结合清沟培土，遇干旱无雨，应及时浇（灌）水抗旱护苗，保持畦面微潮；多雨天气应做好清沟排水工作，以防积水，引起烂根。

七、病虫害防治

败酱草虫害主要以蚜虫、白粉虱、跳甲、蜗牛、蛞蝓为主；病害主要有炭疽病、灰霉病、白锈病、细菌性穿孔病等。

（1）农业防治。首先要注意防旱排涝。特别要防止畦沟积水、排水不畅。同时，要经常疏松畦面，协调好根部与茎叶的关系。其次要及时疏剪老蔓旧枝，促进菜园通风透气，增强植株抗病力。

（2）化学防治。蚜虫、白粉虱用 10％吡虫啉可湿性粉剂 2000 倍液或 3％啶虫脒可湿性粉剂 3000 倍液或用 25％阿克泰水分散粒剂 2～4g 兑水 60kg 防治；跳甲用 20％灭扫利乳油 2000～3000 倍液或 52.25％农地乐乳油 1000～1500 倍液或 24.5％及克乳油2000 倍液防治（应从田块四周向中间喷药，防止逃跑）；蜗牛、蛞蝓每亩用 6％密达杀螺剂 1kg 撒施；炭疽病宜在发病初期用 25％施保克乳油 600 倍液或 70％甲基托布津可湿性粉剂 500 倍液或 25％炭特灵 600～800 倍液喷雾，隔 7～10d 喷洒 1 次，连续 2 或 3次；灰霉病用 50％扑海因可湿性粉剂 1500 倍液或 40％施佳乐悬浮剂 1000 倍液兑水60kg 防治；白锈病用 53％金雷多米尔可湿性粉剂 600 倍液或 10％世高水分散粒剂1500～2000 倍液防治；细菌性穿孔病用 1000 万单位农用链霉素 400 倍液喷雾。

【采收加工】夏季开花前采挖，晒至半干，扎成束，再阴干。不分级，统货。以干燥、根长、叶多、完整、色绿、无杂质者为佳。

【化学成分】黄花败酱根、根茎含皂苷类成分；败酱皂苷（patrino-side）A₁、B₁、C₁、D₁、E、F、G、H、J、K、L，根含黄花败酱皂苷（scabioside）A、B、C、D、E、F、G，齐墩果酸-3-O-α-L-吡喃阿拉伯糖苷（3-O-α-L-arabinopyranosyloleanolic acid），常春藤皂苷元-3-O-α-L-吡喃阿拉伯糖苷（3-O-α-L-arabinopyranosyl hederagenin），常春藤皂苷元-2-O-乙酰基-3-O-α-L-吡喃阿拉伯糖苷（2-O-acetyl-3-O-α-L-arabinopyranosylhederagenin），常春藤皂苷元-3-O-α-L-吡喃阿拉伯糖基-28-O-β-D-吡喃葡萄糖基（1→6）-β-D-吡喃葡萄糖苷（3-O-α-L-glucopyranoside），常春藤皂苷元-（2-O-乙酰基-3-O-α-L-吡喃阿拉伯糖基）-28-O-β-D-吡喃葡萄糖基（1→6）-β-D-吡喃葡萄糖苷

[2-O-acetyl-3-O-α-L-ara-binopyranosyl hederagenin-28-O-β-D-glucopyranosyl（1→6）-β-D-glucopyranoside]，齐墩果酸-3-O-β-D-吡喃葡萄糖基（1→2）-α-L-rhamnopyranosyl（1→2）-α-L-吡喃阿拉伯糖苷 [3-O-β-D-glucopyra-nosyl（1→2）-α-L-rhamnopyranosyl（1→2）-α-L-arabinopyranosyl oleanolic acid]，齐墩果酸-3-O-β-D-吡喃葡萄糖基（1→3）-α-L-吡喃鼠李糖基（1→2）-α-L-吡喃阿拉伯糖基-28-O-β-D-吡喃葡萄糖基（1→6）-β-D-吡喃葡萄糖苷 [3-O-β-D-glucopyranosyl（1→3）-α-L-rhamnopyranosyl（1→2）-α-L-arabinopyranosyl oleanolic acid-28-O-β-D-glucopyranosyl（1→6）-β-D-glucopyrano-side]，齐墩果酸-3-O-α-L-吡喃鼠了糖基（1→2）-α-L-吡喃阿拉伯糖苷 [3-O-α-L-rham-nopyranosyl（1→2）]-α-L-arabinopyranosyl oleanolic acid]，常春藤皂苷元-3-O-α-D-吡喃鼠李糖基（1→2）-α-L-吡喃阿拉伯糖苷 [3-O-α-L-rhamnopyranosyl（1→2）-α-L-ar-abinopyranoyl hedera-genin]，齐墩果酸，常春藤皂苷元（hederagenin），β-谷甾醇-β-D-吡喃葡萄糖苷（β-sitosterol-β-D-glucopyra-noside），菜油甾醇-D-葡萄糖苷（campester-ol-D-glucoside），东莨菪素（scopoletin），马栗树皮素（esculotin），还含有挥发油（约8%）主要是败酱烯，异败酱烯和异戊酸。另含有生物碱，鞣质，淀粉。

白花败酱根、根茎含白花败酱苷（villoside），马钱子苷，莫罗忍冬苷（morroni-side）。全草含白花败酱醇（villosol），白花败酱醇苷（villosolside），齐墩果酸（olean-olic acid），棕榈酸（palmic acid），还含肌醇（inositol）、bolusanthol B、(2S)-5,7,2,6-四羟基 6,8-二异戊烯基-二氢黄酮、(2s)-5,7,2′,6′-四羟基-6-lavandulyl-二氧黄酮，3-异戊烯基-芹黄素，木樨草素（luteolin），槲皮素（quercetin）和洋芹素（彭金咏等，2006）。正三十二碳酸（n-dotriacontanic acid），正三十二烷醇（n-dotriacontanol），au-rentiamide acetate，胡萝卜苷（daucosterol），β-谷甾醇（β-sitosterd），7β-羟基-β-谷甾醇（7β-hydroxysitosterol），豆甾醇（彭金咏等，2005）。5-羟基-7,3,4-三甲氧基黄酮（5-hydroxyl-7,3′,4′-trimethoxy），5-羟基-7,4′-二甲氧基黄酮（5-hydroxyl-7,4′-dime-thoxy flavone），异荭草苷（isoorientin），异牡荆苷（isovitexin），8-C-葡萄糖基-7-甲氧基-4（8-C-glucosylprunetin），5-二羟基黄酮（彭金咏等，2006a，2006b）。

【鉴别与含量测定】

一、鉴别

取本品粉末 1g，加蒸馏水 10ml，水浴加热 10min，过滤。滤液置试管中，密塞，强烈振摇 1min。黄花败酱泡沫 15min 消失，白花败酱泡沫很快消失（检查皂苷）。

取本品甲醇提取液 1ml，蒸干，以 1ml 冰乙酸溶解残渣，加 1ml 醋酐-浓硫酸（19∶1），混匀。稍加热。黄花败酱由黄绿色变为紫红色（三萜皂苷）。

取本品甲醇提取液数滴，点于白瓷板上，滴加 10% 香荚兰醛浓硫酸溶液数滴，黄花败酱显蓝色，白花败酱显黄棕色（挥发油）。

二、含量测定

（1）标准溶液的制备。取适量肌醇标准溶液，放入 50ml 烧杯内，在烘箱内小心烘干。加入醋酐-浓硫酸溶液 1.0ml，轻轻转动使样品溶解，加盖表面皿，在沸水浴上加热 20min。冷却后加水 2.5ml，再在沸水浴上加热 20min；加 6mol/L 乙酸溶液 1.0ml，水浴上加热使沉淀溶解，转入 25ml 容量瓶，冷却后加盐酸羟胺溶液 1.5ml，沸水浴上加热 30min；冷却，加 12mol/L 盐酸溶液 0.8ml，摇匀；加 9.0g/L 三氯化铁溶液 0.9ml，溶液呈紫红色，加水至刻度。放置 15min 后，在 721 型分光光度计用三氯化铁溶液作空白，用 1cm 厚比色杯，于 500nm 波长处测定吸光度。

（2）标准曲线的绘制。分别精密吸取 0.5ml、1.0ml、2.0ml、3.0ml、4.0ml、5.0ml 标准溶液，按上述操作分别显色，测定各自吸光度，经线性回归确定回归方程。

（3）样品含量测定。将败酱草置于通风的烘箱中于 50℃ 干燥，研成 40 目粉末。准确称取粉末 100g，置于 500ml 具塞三角烧瓶中，加 900ml/L 乙醇 300ml，冷浸12h，过滤。残渣再加 900ml/L 乙醇 200ml，振摇数分钟，过滤，合并提取液。将提取液在水浴上回流 2h 后抽滤，提取液经回收乙醇后，得红色溶液。水浴上挥去残存的乙醇，将提取液定量转移至 100ml 容量瓶中，用水定容。准确吸取 15ml 提取液置 50ml 烧杯中，于烘箱内小心烘干，按（1）的操作测定吸光度（王秀丽等，2002）。

【附注】

1. 同属植物岩败酱

岩败酱的全草，在黑龙江、吉林等部分地区混作败酱草入药。

原植物：植株高 30～60cm。根茎稍斜升，先端不分枝。单一或数枝丛生，稍带紫色，密被短毛。基部叶丛生，具柄，狭长圆形，长 3～7cm，3～6 对羽状深裂至全裂，裂片披针形或狭椭圆状披针形，先端长渐尖，全缘或齿状浅裂，两面无毛或被短硬毛；上部叶小，渐无柄。聚伞花序 3～7 个在枝端排列成伞房状，花枝及花梗均被粗白毛和腺毛；花较小，直径 4～5mm；小苞片线形，对生；萼小；花冠黄色，漏斗状，一侧有偏突，檐部 5 裂片椭圆形；雄蕊 4 个。果实倒卵状圆柱形，背部贴生有膜质翅状苞片；苞片近椭圆形，直径达 7mm。花期 7～9 月，果熟期 8～10 月。

生于海拔 1000m 以上的山坡草地或林下及水边等地。

2. 同属植物窄叶败酱

窄叶败酱的全草，在安徽部分地区作败酱草入药。

原植物：植株高达 1m。茎被脱落白毛。基生叶具长柄，分裂，边缘具牙齿；茎生叶菱状披针形至菱状宽椭圆形，长 5～10cm，宽 1.5～3cm，顶端窄长渐尖，基部渐窄，稍下延，边缘每侧具 2～4 个齿，或近浅裂，有时基部有 1 或 2 对羽状小裂片，叶柄长 1～2cm；上部叶渐狭小，具柄。密花聚伞圆锥花序在枝端排列成伞房状；花小，黄色；花萼不明显；花冠短筒状，长达 3.5mm，筒内面被白色长毛，顶端 5 裂；雄蕊 4 个，少不等长。果实长倒卵形，翅状苞片倒梨形。花期 7～8 月，果熟期 8～10 月。

生于海拔 1000m 以下的山坡草地、林缘及灌丛。

3. 苏败酱

十字花科植物菥蓂的干燥带果的地上部分，别名南败酱或瓜子草、罗汉草等。

原植物：一年生草本，高 10～35cm，全株无毛。茎直立，圆柱形，分枝或不分枝，具棱。基生叶具短柄，先端钝圆，全缘；茎生叶无柄，长圆状披针形或倒披针形，长

2.5～5cm，宽 5～20mm，先端钝圆，基部抱茎，两侧箭形，具疏齿，无毛。总状花序腋生或顶生，花白色，直径约 2mm；花瓣长 2～4mm，宽 1～1.5mm，先端圆或微凹。短角果扁平，倒卵形或近圆形，长 13～16mm，宽 8～13mm，扁平，先端凹入，边缘有宽约 3mm 的翅，种子 5～10 个，卵形，长约 1.5mm，黄褐色。花期 4～5 月，果熟期 5～6 月。

药材：为干燥的带果全草。茎圆柱形，表面淡黄色，质脆，易断，中央有白色稀疏的髓。叶大多碎落，顶端有总状果序，果实扁椭圆形，边缘有翅。

成分：全草和种子含芥子苷（srnigrin），芥子酶（singein），吲哚（myyosin）。种子含挥发油、脂肪油、蔗糖、卵磷脂、氨基酸，叶含大量维生素 C 和胡萝卜素。

4. 北败酱

菊科植物苦荬菜的干燥全草。

原植物：多年生草本，高 30～70cm。根状茎匍匐。茎圆柱形，具纵沟纹，不分枝，无毛。叶互生，下部叶柄具狭翅，叶片长圆状倒卵形，长 10～20cm，宽 1.77～3cm，先端钝圆或渐尖，基部渐狭；中部叶无柄，基部呈圆形耳抱茎，边缘具不规则波状或皮刺状尖齿，叶脉网状，中脉明显，表面稍凹下，背面凸起；最上部叶小，线形，表面绿色，背面略呈灰白色。头状花序排列成伞房状；总花序梗密被蛛丝状毛或无毛；总苞钟状，长 10～15mm，宽 10～13mm；总苞片 3 或 4 层，外层短小，卵圆形，内层狭长，披针形，被腺毛或基部被白色绒毛，先端钝；舌状花长约 2.2cm，被长柔毛，舌片长约 7mm。果实纺锤形，长 2.5～3.5mm，稍扁，具 3 或 4 条纵肋，微粗糙，淡褐色；冠毛白色，长约 11mm，易脱落。花期 5～8 月，果熟期 8～9 月。

分布：生于 300～500m 山坡、路边及田野。

5. 黄花败酱种子

黄花败酱的种子含硫酸败酱皂苷（sulfapatrinoside）Ⅰ、Ⅱ，熊果酸-3-O-α-L-吡喃鼠李糖基（1→2）-α-L-吡喃阿拉伯糖苷即败酱糖苷 A～I [3-O-α-L-rhamnopyranosyl (1→2)-α-L-rarbinopyrano-syhursolic acid, patrinia-glycoside A～I]，齐墩果酸-3-O-α-L-吡喃鼠李糖基（1→2）α-L-吡喃阿拉伯糖苷，熊果酸-3-O-β-D-吡喃葡萄糖基（1→3）α-L-吡喃阿拉伯糖苷 [3-O-β-D-glucopy ranosyl（1→3）-α-L-ara-binopyranosylursolic acid]，齐墩果酸-3-O-β-D-吡喃葡萄糖基（1→3）α-L-吡喃阿拉伯糖基 [3-O-β-D-gluco-pyranosyl（1→3）-α-L-ara-binopyranosyloleanoic acid]，熊果酸 3-O-α-L-吡喃鼠李糖基（1→2）- [β-D-吡喃葡萄糖基（1→3）] -α-L-吡喃阿拉伯苷即败酱糖苷 B-I {3-O-α-L-rh-amnopyranosyl（1→2）- [β-D-glucopyranosyl（1→3）] -α-L-arabinopyranoyursolic acid, patrinia-glycoside B-Ⅰ} 及齐墩果酸-3-O-α-L-吡喃鼠李糖基（1→2）- [β-D-吡喃葡萄糖基（1→3）] -α-L-吡喃阿拉伯糖苷即败酱糖苷 B-Ⅱ {3-O-α-L-rhmanopyra-nosyl (1→2)- [β-D-glucopyranosyl（1→3）] -α-L-arabinopyranosyl olenolic acid, patrinia - glucoside B-Ⅱ}。

【主要参考文献】

彭金咏，范国荣，吴玉田. 2005. 白花败酱草化学成分研究. 中药材，28（10）：883，884

彭金咏，范国荣，吴玉田. 2006a. 白花败酱草化学成分的分离与结构鉴定. 药学学报，41（3）：236～240
彭金咏，范国荣，吴玉田. 2006b. 白花败酱草化学成分研究. 中国中药杂志，31（2）：128～130
王秀丽，李叶云，周会. 2002. 败酱草中肌醇含量测定. 安徽中医学院学报，21（1）：52～54

金　银　花

Jinyinhua

FLOS LONICERAE

【概述】本品为地理标志药材（封丘银花）。始载于《神农本草经》，列为上品。味甘，性寒，具有清热解毒、疏散风热的功能，临床上常用于治疗呼吸道感染、流行性感冒、扁桃体炎、急性乳腺炎、大叶性肺炎、细菌性疾病、痈疖脓肿、丹毒、外伤感染以及子宫糜烂等。应用历史悠久。除黑龙江、内蒙古、宁夏、青海、新疆、海南和西藏外，全国各省（自治区）均有分布。

作为药用的金银花除《中国药典》（2005 年版）收载的忍冬 *Lonicera japonica* Thunb 外，习用品种有淡红忍冬 *Lonicera acuminata* Wall，花入药称"山银花"，产于伏牛山西南侧；盘叶忍冬 *Lonicera tragophylla* Hemsl. 产于河南各山区，花蕾和带叶嫩枝供药用，称大叶银花，清热解毒。

传统上以河南的密银花或南银花和山东的东银花或洛银花为道地药材，产量最高，品质也最佳。密银花（南银花）主要产于河南的密县、新安、巩县、原阳、封丘、伊州、濮阳、尉氏、荥阳、登丰等地，品质最好（张重义，2003）。东银花（洛银花）主要产于山东费县、平邑、仓山、蒙阴、沂水等地，品质较好。

【商品名】金银花

【别名】忍冬花、双花、二宝花

【基原】金银花为忍冬科植物忍冬的干燥花蕾或带初开的花。

【原植物】半常绿藤本。幼枝暗红褐色，密被褐色、开展的硬直糙毛、腺毛和短柔毛。叶纸质，卵圆形，有时卵状披针形，稀圆卵形或倒卵形，极少有 1 至数个短缺刻，长 3～5cm，顶端尖或渐尖，少有钝、圆或微凹缺，基部圆或近心形，有糙缘毛，小枝上部叶通常两面均密被短糙毛；叶柄长 4～8mm，密被短柔毛。总花梗通常单生于小枝上部叶腋，与叶柄等长或稍短，下方者则长达 2～4cm，密被短柔及夹杂腺毛；苞片大，叶状，卵形，长达 2～3cm；小苞片顶端圆形或截形，长为萼筒的 1/2～4/5，有短糙毛和腺毛；萼筒状，无毛，萼齿顶端尖而有长毛，外面和边缘都有密毛；花冠白色，后变黄色，长 3～4.5cm，唇形，筒稍长于唇瓣，外被倒生的开展或半开展糙毛和长腺毛，上唇裂片顶端钝形，下唇带状而反曲，雄蕊和花柱均高出花冠。果实圆形，直径 6～7mm，熟时蓝黑色，有光泽。花期 4～6 月（秋季也常开花），果熟期 10～11 月（丁宝章等，1997）。

【药材性状】本品呈棒状，上粗下细，略弯曲，长 2～3cm，上部直径约 3mm，下部直径约 1.5mm。表面黄白色或绿白色（储久色渐深），密被短柔毛。偶见叶状苞片。花萼绿色，先端 5 裂，裂片有毛，长约 2mm。开放者花冠筒状，先端二唇形；雄蕊 5 个，附于筒壁，黄色；雌蕊 1 个，子房无毛。气清香，味淡、微苦。无开放花朵，花冠较厚而有骨气，用手握之有顶手的感觉。

【种质来源】 本地种源

【生长习性及基地自然条件】

一、生长发育特征

忍冬植株根系发达，细根很多，生根力强，插枝和下垂触地的枝，在适宜的温湿度下，不足 15d 便可生根，10 年生植株根平面分布直径可达 3～5m，根深 1.15～2m。主要根系分布在 10～15cm 深的表土层，须根则多在 5～30cm 的表土层中生长。根以 4 月上旬至 8 月下旬生长最快，光照不足会影响植株的光合作用，枝嫩细长，叶小，缠绕性更强，花蕾分化减少，并且花多着生在植株外围阳光充足的枝条上。土壤湿度过大时，植株叶片易发黄脱落。忍冬植株花芽的分化发育属于多级枝先后多次分化花芽的类型。3 月初开始进入叶芽萌动期。3 月底为展叶期，5 月初为现蕾期，5 月中旬进入花期，通常年产花四茬。5 月中下旬产头茬花，6 月下旬至 7 月中旬产二茬花，7 月下旬至 8 月下旬产三茬花，9 月中旬至 10 月初产四茬花。

金银花易生不定根，利用扦插繁殖，一年四季都可栽植，且生长快，三年就可达到盛花期。

（1）根的生长。根系在 4 月上旬至 8 月下旬生长最快。

（2）枝条及花的生长。春季由越冬芽形成的枝条为一级枝，生长到一定程度顶端生长点停止分化，由一级枝的腋芽生长形成二级枝，依次形成三、四级枝，枝条有花枝、生长枝、徒长枝之分。花枝上形成花芽，徒长枝多生于植株的下半部，枝条粗大，叶子肥硕，消耗大量养分。

二、生长条件

温度。金银花耐寒性强，在 −10℃背风向阳有一定湿度情况下，叶子不落；−20℃时能安全越冬，翌年正常开花；5℃时植株就开始发芽生长，随温度升高生长速度加快，20～30℃为最适宜生长温度，40℃以上只要有一定湿度就可生长。

三、土壤种类

金银花喜光耐阴，具有一定耐寒能力，根系发达，抗旱耐瘠薄，对土壤、气候要求不严，适宜各种条件栽植，在微酸、偏碱、盐渍地上都生长良好，以湿润沙壤土生长为好。

四、土壤肥力

土壤中速效氮含量 29.0ppm，速效磷含量 134.4ppm，速效钾含量 28.9ppm，有机质含量 1.43%。

【种植方法】

一、选地与整地

1. 育苗地

忍冬大多栽培在山区，育苗地宜选择背风向阳、光照良好的缓坡地或平地。以土层深厚、疏松、肥沃、湿润、排水良好的沙质壤土，酸碱度为中性或微酸性和有水源、灌溉方便的地块为好，为减少病虫害的发生，提高出苗率和苗木质量，育苗地不宜重茬。地选好后，在入冬前进行一次深耕。耕深30～40cm，耕后整细耙平。结合整地每亩可施充分腐熟无害的厩肥2500～3000kg作基肥。

2. 栽植地

忍冬对土壤要求不严，但要选择海拔在200～500m，背风向阳的山坡，光照不足、土壤黏重、排水不良等处不宜栽培。如果土壤肥沃、水肥条件好、阳光充足，则植株开花早，寿命长，单产高。山区种植时，在坡度小的地块按常规进行全面耕翻；如荒山、荒地坡度大，在改成梯地后再整地。在深翻土地的基础上，按株、行距1.2m×1.5m～1.4m×1.7m挖穴，穴径50cm左右，深30～50cm。挖松底土，每穴施土杂肥5～7kg，与底土混匀，待种。

二、繁殖技术

繁殖方式有播种、扦插、分株、压条等，在实际生产中多采用扦插。

（1）种子繁殖。在果实成熟呈黑色时及时采摘，置清水中揉搓，漂去果皮及杂质，捞出沉底的饱满种子，晾干储藏备用，也可随采随播。若行春播时，需在播前2个月将种子用温水浸泡24h，捞出与3倍量湿沙层积催芽，当种子大部分裂口时即可播种。在整好的畦面上按行距30cm开横沟，沟深3～5cm，播幅10cm。撒种后覆土稍压紧，盖草保温保湿，10d左右即可出苗。齐苗后及时除草，加强管理，在苗高20cm时打顶，以促进分枝。一般第2年即可移栽定植。每亩用种1～1.5kg。

（2）扦插繁殖。①扦插时间。春、夏、秋三季均可进行，由于夏季气温较高，蒸腾作用强烈，扦插后的小苗容易发霉腐烂，成活率较低，所以各地多在春、秋季进行扦插。具体扦插时宜选择雨后阴天进行，因为此时气温适宜，空气、土壤湿润，扦插后成活率较高。②扦插方式。扦插的方式包括直接扦插和扦插育苗两种。扦插育苗：7～8月，于整好的育苗地上，按行距20cm开沟，沟深保持在25cm左右，半月左右即可生根发芽成活。大半年至1年后即可移栽定植。直接扦插：在长势旺盛、无病虫害的植株上，选取一年或二年生的健壮枝条，剪成30cm长的插枝。使其下部断面呈斜形，并摘去下部叶片，随即斜插于事先准备好的穴中。每穴斜放5或6根插条，露出地10～15cm，填土压紧。插后要及时浇水，平常还要保持湿润。

（3）定植。一般于秋、冬季休眠期或早春萌芽前进行。将种苗6～8棵栽于栽植地上挖好的穴内。覆土压实，浇水，待水渗下后，培土保墒。

三、田间管理

1. 中耕除草

在定植成活后的前 2 年，每年中耕除草 3 或 4 次，第 1 次在植株春季萌芽展叶时。第 2 次在 6 月，第 3 次在 7～8 月，第 4 次于秋末冬初。中耕时，在植株根际周围宜浅，其他地方宜深。避免伤根。每 3～4 年深翻改土 1 次，结合深翻，增施有机肥，促使土壤熟化 。

2. 追肥

（1）追肥的基本方法。忍冬植株为多年生植物，除在栽植时充分施用基肥外，在生长期还要多次追肥。追肥以有机肥料为主，配合使用无机肥料。有机肥料主要是圈肥、堆肥、绿肥、草木灰等土杂肥；无机肥料主要是磷酸氢二铵等。可土壤追施，也可叶面追施。土壤追施宜用有机肥料，配合施用无机肥料；叶面追施宜用无机肥料。土壤追施宜在冬季进行，叶面追施宜在每茬花蕾孕育之前进行。土壤追施时，在植株株基周围 40cm 处，开宽 30cm、深 40cm 的环状沟（注意勿将主要根系切断），将肥料施入沟内与土混匀，然后覆土；叶面追施，将肥料溶解于水，稀释至适宜浓度，喷洒于植株叶面，如施磷酸氢二铵，浓度宜控制在 2～3g/L。

（2）追肥对植株生长的影响。追肥可以促进植株的枝叶生长，但不同肥料的影响是不同的，氮肥可有效增加新生枝条长度，复合肥可全面促进枝叶生长。追施不同肥料均能促进植株的花蕾发育，增加花蕾数量，提高药材的产量。

3. 水分管理

保持土壤水分适宜，忍冬植株才能生长旺盛。忍冬植株较耐旱，一般情况下不需浇水，但天气过于干旱时要适当浇水。特别是在早春萌芽期间和初冬季节，适当浇水可有效促进植株生长发育，提高药材产量。忍冬植株不耐涝，雨季要注意排水，田间不能出现积水情况。

4. 整形修剪

（1）整形修剪的时期。生长期修剪在 5～8 月上旬进行。

（2）整形修剪的方法。①幼龄植株的修剪。一年至五年生的植株为幼龄植株，要以整形为主，重点培养好一级、二级、三级骨干枝，为以后的丰产奠定基础。幼龄植株的修剪要在休眠期进行。一年生植株的修剪，选择健壮枝条 1～3 个，保留其下部 3～5 节，上部剪去，其他枝条全部去除。二年生植株的修剪，重点培养一级骨干枝，第 1 年修剪后，一般会长出 6～10 个健壮枝，从中选取 3～6 个枝条，继续保留下部 3～6 节，剪去上部。三年生植株的修剪，重点培养二级骨干枝，四年生植株的修剪，重点是培养一级骨干枝，调整二级骨干枝，选留二级骨干枝上长出的健壮枝条 20～30 个，保留其下部 3～5 节，剪去上部。五年生植株的修剪，植株骨架基本形成，重点在于促进植株多结花，要注意选留足够的结花母枝；并利用新生枝条调整骨干枝的角度，选留的结花母枝基部直径必须在 0.5cm 以上。结花母枝间的距离保持在 8～10cm，每个结花母枝仍保留 3～5 节，下部剪去，其他枝条疏除。②盛花期植株的修剪。主要任务是选留健壮结花母枝及调整更新二级、三级骨干枝，达到去弱留强、复壮株势、丰产稳产的目的。盛花期植株的修剪分为休眠期修剪和生长期修剪。休眠期修剪主要是疏除交叉枝、下垂枝、枯弱枝、病虫枝及不能结花的无效枝。健壮植株的结花母枝应保留100~120个。生长期修剪目的在于促进植株多茬花的形成，提高药材产量。在每茬花的盛花期后进行，第一次在5月下旬修剪春梢，第二次在7月中旬修剪夏梢，第三次在8月中旬修剪秋梢。③老龄植株的修剪。树龄20年以上的忍冬植株逐渐衰老，修剪时除留下足够的结花母枝外，重点进行骨干枝的更新复壮，以多生新枝，使其株龄老而枝龄小，达到稳定药材产量的目的。具体方法是疏截并重、抑前促后。适当的整形修剪可有效地增加植株结花枝及每枝上花蕾的数量，从而提高药材产量。

四、病虫害防治

(一) 病害

主要病害有忍冬褐斑病与叶斑病等。

1. 褐斑病

(1) 病原。为半知菌亚门、丝孢纲、丝孢目的尾孢属真菌。

(2) 症状。主要危害植株叶片。发病初期叶片上出现黄褐色小斑，后期数个小斑融合在一起，呈圆形或受叶脉所限呈多角形的病斑。潮湿时，叶背面生有灰色的霉状物。在干燥时，病斑的中间部分容易破裂。病害发生严重时，叶片寿命缩短，提早枯黄脱落。

(3) 发病规律。多雨年份容易发生，发病时间一般在7~8月。

(4) 防治方法。发病初期及时摘除病叶，或冬季结合修剪整枝，将病枝落叶集中烧毁或深埋土中；加强田间栽培管理，雨后及时排出田间积水，清除植株基部周围杂草，保证通风透光；增施有机肥料，提高植株自身的抗病能力；从6月下旬开始，每10~15d喷洒1次1∶1.5∶300倍波尔多液或50%多菌灵800~1000倍液，连续进行2或3次。

2. 叶斑病

(1) 症状。主要危害植株叶片。发病后，叶片上病斑呈圆形或椭圆形，初期水浸状，边缘紫褐色，中间黄褐色，潮湿时叶背面病斑中生有灰色霉状物。严重时叶片脱落，影响植株生长发育，降低药材的产量。

(2) 发病规律。多在5~7月发生，高温高湿条件及植株生长发育不良时容易发病。

(3) 防治方法。清除病枝落叶时，减少病源；加强田间管理，及时排出积水；增施有机肥料，增强植株自身抗病能力；选用无病种苗；发病初期喷洒药剂，可选用50%多菌灵可湿性粉剂800倍液，或50%甲基托布津可湿性粉剂600倍液，或70%代森锰锌可湿性粉剂500倍液，或1∶1∶150倍的波尔多液，10d左右喷1次，连喷2或3次。

(二) 虫害

金银花的主要虫害有蚜虫、天牛、尺蠖、棉铃虫、忍冬细蛾、金银花尺蛾等。

1. 蚜虫

为害金银花的蚜虫主要有 2 种：中华忍冬圆尾蚜和胡萝卜微管蚜，多集中于金银花幼叶背面吸食，造成畸形卷缩，严重为害金银花的产量及品质。蚜虫以卵在金银花枝条上越冬。早春越冬卵孵化，4～5 月严重为害金银花，5～7 月严重为害伞形花科蔬菜和金银花，10 月发生有翅雌蚜和雄蚜由伞形花科植物向金银花上迁飞，10～11 月雌雄蚜交配，并产卵越冬。防治方法：用 40％乐果 1000～1500 倍液或天蚜松（灭蚜灵）1000～1500 倍液喷杀，连续多次，直到杀灭。

2. 天牛

5 月成虫出土，在枝条上端的表皮内产卵，幼虫先在表皮内活动，以后钻入木质部，向基部蛀食，秋后钻到基部或根部越冬。植株受害后，逐渐衰老枯萎，乃至死亡。防治方法：成虫出土时，用 80％敌百虫 1000 倍液灌注花墩。在产卵盛期，7～10d 喷 1次 50％辛硫磷乳油 600 倍液。发现虫枝，剪下烧毁。如有虫孔，塞入 80％敌敌畏原液浸过的药棉，用泥土封住，毒杀幼虫。

3. 尺蠖

此虫一年发生 3 代。8 月下旬开始零星以蛹越冬。翌年 4 月上旬，日平均气温达10℃以上时，越冬代蛹开始羽化。羽化后的成虫当晚和凌晨即能交尾。交尾 8h 后开始产卵。各代卵期的长短因气温高低而异，一般为 8～15d。第 1 代幼虫盛发期在 5 月中上旬，第 2 代幼虫盛发期在 7 月中上旬，第 3 代幼虫盛发期在 9 月下旬至 10 月上旬。成虫有弱趋光性。雄蛾对雌蛾性激素粗提物有较强趋性。卵产于金银花的叶背或枝条上。为害严重时，能将整株的金银花叶片和花蕾全部吃光。防治方法：入春后，在植株周围 1m 内挖土灭蛹。幼虫发生初期，喷 2.5％鱼藤精乳油 400～600 倍液，或利用尺蠖有"假死"习性，摇曳枝叶，使之下坠，踩死或唤鸡食之。

4. 棉铃虫

棉铃虫是取食金银花蕾的主要害虫，每头棉铃虫幼虫一生可咬食几十个甚至上百个花蕾，花蕾被棉铃虫幼虫咬食后，不仅品质下降，而且容易脱落，直接造成产量损失。该害虫每年 4 代，以蛹在 5～15cm 深的土壤内越冬，翌年 4 月下旬至 5 月中旬，越冬代成虫羽化，一代幼虫盛发期在 5 月下旬至 6 月上旬，一代数量虽不大，但此时正是第 1茬花期，若不防治经济损失较大，且一代数量直接影响着以后各代的数量。6 月下旬至7 月中旬为第 2 代幼虫为害期，8 月中上旬、9 月中上旬分别为三、四代棉铃虫幼虫为害期，9 月下旬开始陆续进入越冬期。

5. 忍冬细蛾

忍冬细蛾是金银花主要的潜叶害虫，以幼虫潜入叶内，取食叶片背面的叶绿素组织，仅剩下表皮，严重影响光合作用。该害虫每年发生 4 代，以幼虫在枯叶、老叶内越冬。3 月下旬至 4 月上旬，越冬幼虫开始活动，4 月中下旬化蛹，4 月下旬至 5 月上旬羽化为成虫。5 月中上旬、6 月下旬、7 月上旬、8 月中下旬、9 月下旬、10 月上旬分别为一、二、三、四代幼虫盛期，即为害高峰期。10 月中下旬陆续进入越冬期。防治应重点在一、二代成虫和幼虫前期进行，可用 25％灭幼脲 3 号 3000 倍液喷雾，在各代卵孵盛期用 1.8% 阿维菌素 2500～3000 倍液喷雾。

6. 金银花尺蛾

金银花尺蛾是金银花主要的食叶害虫，常将叶片咬成缺刻或孔洞。在河南封丘每年发生 4 代，以蛹在土表枯叶中越冬。越冬蛹在翌年 4 上旬开始羽化，4 月中旬为羽化盛期。5 月下旬至 6 月上旬、7 月上中旬、9 月上中旬分别为一、二、三代成虫羽化盛期。成虫多在傍晚羽化，当夜即可交配产卵，卵期 7～10d，卵散产或块产于叶片背面或嫩茎上，初孵幼虫爬行迅速，或吐丝下垂，借风传播。该虫具暴食性，防治应在 3 龄之前。

7. 人纹污灯蛾和稀点雪灯蛾

这两种灯蛾幼虫为食叶害虫，初孵幼虫只啃食叶肉，3 龄后把叶片吃成缺刻或孔洞，4～6 龄进入暴食阶段，常将叶片咬成缺刻或孔洞。人纹污灯蛾每年发生 2 代，老熟幼虫在地表落叶或浅土中吐丝做茧，以蛹越冬。越冬蛹在翌年 5 月开始羽化，一代幼虫出现在 6 月下旬至 7 月下旬，成虫于 7 月下旬至 8 月上旬羽化。二代幼虫期为 8 月中旬至 9 月中上旬，9 月下旬即陆续寻找适宜场所结茧化蛹越冬。稀点雪灯蛾每年发生 3 代，以蛹在土内越冬。4 月中旬至 5 月上旬越冬代成虫羽化；一代幼虫于 5 月上旬至 6 月中旬为害，成虫盛期为 6 月中下旬；二代幼虫期 6 下旬至 7 月下旬危害，成虫盛期在 8 月中上旬；三代幼虫期为 8 月中旬至 9 月中旬危害，此后陆续进入越冬期。金银花尺蛾、棉铃虫、人纹污灯蛾、稀点雪灯蛾等鳞翅目幼虫，该类害虫应着重防治一、二代，防治适期为 3 龄幼虫之前。建议用 10% 除尽悬浮剂 1000 倍液，或 2.5% 烟碱苦参碱水剂 1000 倍喷雾，或者在卵盛期用 10 亿个/g 棉铃虫核多角体（NPV）可湿性粉剂 1000 倍液喷雾。

8. 蛴螬

蛴螬是鞘翅目金龟子幼虫的总称，在封丘县轩寨金银花田，以铜绿异丽金龟为主要虫害，还有华北大黑鳃金龟、暗黑鳃金龟、黄褐异丽金龟等。主要咬食金银花根系，造成营养不良，植株衰退，严重时将须根全部吃光，使植株枯萎而死；成虫则以花、叶为食。防治方法：用 2% 蛴螬专用型白僵菌杀虫剂粉剂（中国农业科学院生物防治研究所研制）302kg/hm² 拌 375～450kg 细土或湿沙，在 6 月中下旬挖沟施入金银花根际周围并覆盖，防治效果达 70.5% 左右。也可用 40% 辛硫磷 7.5～12kg/hm²，与 375～450kg/hm² 细土或湿沙搅拌均匀，然后再加入 75kg/hm² 麸皮，挖沟施入金银花根际周围并覆盖。

【采收加工】

1. 采收

据报道，河南封丘 5 月 30 日采收的花蕾，其总绿原酸含量为 7.58%，而 7 月 2 日采收的花蕾为 3.66%，相差 50%。不同生长阶段其绿原酸含量也呈动态变化，花蕾（绿蕾或白蕾）的含量远高于开放花，这与传统中医金银花药用花蕾相一致，以成熟蕾为最佳。一些地方采收鲜品时，为了省工省事，往往等待大部分花已繁开，才行采摘。采收时用一把抓的方法：采下繁开的花，发育程度不一的花苗、花序、梗和叶片等，使鲜品的成熟度很不一致，并且带入杂质。有报道，对金银花5个不同阶段以HPLC法进行主要有效成分绿原酸的含量测定，含量由高到低为三青、二白、大白、银花、金花，以花蕾阶段为最高。

　　金银花在5月中下旬第一次开花后，六月中下旬至七月中上旬还会陆续开2～4次花。因花期短促而集中，故采收必须适时。适时采摘是提高金银花产量和质量的关键之一。采收过早，质量差，产量低；如待花朵全部开放才采收，则花粉、香气散失，干燥率低，质量也差。在花蕾由绿色变白色、顶部膨大、含苞待放、花冠成金黄色时采收为最佳。以每天上午9时所采的花质量最好，采花宜在上午完成。采摘金银花的盛器必须通风透气，一般使用竹篮或条筐，不能用书包、提包或塑料袋，以防采摘下来的花蕾蒸发的水分不易挥发再浸湿花蕾，从而发热发霉变黑等。采摘的花蕾均轻轻放入盛器内，要做到轻摘、轻握、轻放。

2. 初加工

　　合理加工是保证金银花产量和质量的重要措施。

　　不同加工方法也直接影响金银花的质量。从检测结果看，以颜色而论，晒干最佳，阴干次之，烘干、受潮或储藏不当者，颜色欠佳，且烘干品具有不同程度的油润感，晒、阴、烘等方法均具有金银花的清香，储藏不当者无清香，具有油败感。从对绿原酸影响表明，所测金银花晒品的绿原酸含量较烘干品高。从金银花所含绿原酸的特性看，采用人工低干燥会有更好效果，烘制会使绿原酸含量降低，绿原酸含量随生药存放时间延长而呈下降趋势，储藏不当，绿原酸含量明显下降。

　　晒干法：将当天采摘的花蕾均匀地铺在苇泊或石板上，撒花的厚度视阳光的强弱而定，一般为4～5cm，以当天能够晒干为好，金银花晒热后，不可翻动，否则会变黑，即市场上称为油条，降低金银花的质量。如当天没晒干，可将晒盘垛起来，第2天再晒，直到晒干为止。如遇连续阴雨天不能晒时，可将采下的花用硫黄熏一下，5d内再晒，不会霉变。熏的方法：将鲜花置密闭的容器内，每100kg鲜花用硫黄1kg，将硫黄放在容器内点燃10～12h。

　　烘干法：①烘房建设。选择房屋两间，长6m，宽5m，在房子的一头修建两个炉口，房间内修火道，火道采用回龙坑形式。房间顶部留烟筒和天窗，在离地面35cm处，每间房屋前后墙各留相对的一对通气孔，室内两侧离墙20cm处各设钢筋或木制烘架一个，架间留1.4m宽的通道。架长5.6m、宽1.6m、高2.6m，架分10层，层距保持在20cm，底层离火道40cm，每层放置金银花烘筐8个，筐间距保持在10cm，共上花筐160个，每筐重3kg左右，一次可烘鲜金银花500kg左右。金银花烘筐可用高粱秸或席做底，木板作框，长1.6m，宽60cm。②烘干方法。在上花前，先加热去除室内潮气和提高室内温度，当室温达到30℃时，即可预备上花。第1炕预烘的时间可稍长，以后再烘时，预烘的时间可大大缩短，因此烘花的炕数越多就越省煤。在室内温度上升到35℃时，即可装花。将鲜金银花先按3～4cm的厚度均匀地撒在花筐内，再将花筐整齐地排放在烘架上。装好后，关闭门窗，堵塞通气孔，进行加热烘烤。每烘2～3h，烘架上边和下边的花筐要相互倒换一次位置，以保证烘得均匀。在室温达到40℃左右时，鲜花开始排水，此时可打开天窗排除水汽。5～10h后，室温应保持在45～50℃，这时鲜花大量排水，需要将通气孔打开，以便水汽能够迅速排出。如温度不够，可将通气孔的一部分或全部堵塞，待室内潮气大时再通风，每次通风 5min 左右。10h 后，鲜花的大部分水汽已经排出，室温达到 55℃ 时，金银花迅速干燥。一般每炕历时 18h 左右。在出炕前 1h 左右要陆续减火，并一直通风透气，至温度降到 40℃ 以下，金银花握之顶手，有响声，达到八九成干时，就可将花筐端出。如要继续作业，在干花出炕后，要迅速关闭通风口和天窗，至温度升至 35℃ 时再装花。

3. 分级标准

金银花成品分为四等。

一等：花蕾呈棒状，上粗下细，略弯曲，表面白绿色。花冠厚，质稍硬，握之顶手。气清香，味甘、微苦。开放花蕾及黄条不超过 5%。无黑条、黑头、枝叶、杂质及霉变。

二等：黑头、破裂花蕾及黄条不超过 10%，其余与一等品相同。

三等：开花花朵黑条不超过 30%，其余与一等品相同。

四等：花蕾与开放花朵兼有，色泽不分，枝叶不超过 3%。无杂质、虫蛀、霉变。

【化学成分】 金银花的主要有效化学成分是绿原酸和木樨草素，除绿原酸和木樨草素外，其富含挥发油、黄酮类、有机酸、三萜皂苷类等。

1. 挥发油

挥发油是金银花的有效成分，通过气质联用分离出芳樟醇（linalool）、双花醇、辛醇（octanol）、棕榈酸（palmitic acid）、二氢香苇醇（dihydrocarveol）、十八碳二烯酸乙酯（octadecadienoic-ethyl ester）、二十四碳酸甲酯、棕榈酸乙酯（ethyl palmitate）、香芦醇、肉豆蔻酸（myristic acid）、联二环己烷（bicyclohexyl）等成分。金银花的干花与鲜花成分差异较大，鲜花挥发油成分以芳香醇为主，含量高达 14% 以上，其他成分多为低沸点不饱和萜烯类成分，而干花挥发油成分以棕榈酸为主，一般占挥发油的 26% 以上，芳香醇含量仅在 0.30% 以下，可能由于芳樟醇是低沸点化合物，在干燥加工过程中会造成损失。

2. 黄酮类化合物

从金银花中分离出的黄酮类化合物有木樨草素（luteolin）、木樨草素-7-O-α-D 葡萄糖苷（luteolin-7-O-α-D-glucoside）、木樨草素-7-O-β-D 半乳糖苷（luteolin-7-O-β-D-galactoside）、槲皮素-3-O-β-D 葡萄糖苷（quercetin-3-O-β-D-glucoside）、金丝桃苷（hyperoside）和 5-羟基-3′,4′,7-三甲氧基黄酮等。

3. 有机酸类

绿原酸类化合物是金银花的主要有效成分，包括绿原酸（chlorogenic acid）和异绿原酸（isochlorogenic acid），其中异绿原酸为一种混合物，它的异构造有 7 种，分别为 4,5-二咖啡酸酰奎尼酸、3,4-二咖啡酸酰奎尼酸、3,5-二咖啡酸酰奎尼酸、1,3-二咖啡酸酰奎尼酸、3-阿魏酰奎尼酸、4-阿魏酰奎尼酸。其他有机酸还有咖啡酸（caffeic acid）及棕榈酸（palmitic acid）。还含有环烯醚萜苷、裂环马钱素、獐牙菜苷、马钱素（loganic）、马钱酸（loganic acid）、新环烯醚萜苷等。

4. 三萜皂苷类

从金银花水溶性部分分离得到了 3 个具有保肝活性的三萜皂苷，分别为 3-O-α-L-吡喃鼠李糖基-（1-2）-α-L-吡喃阿拉伯糖基常春藤皂苷元-28-O-β-D-吡喃木糖基-（1-6）-β-D-吡喃葡萄糖酯，3-O-α-L-吡喃阿拉伯糖基常春藤皂苷元-28-O-α-L-吡喃鼠李糖基-（1-2）-［β-D-吡喃木糖基-（1-6）-］-β-D-吡喃葡萄糖酯和 3-O-α-L-吡喃鼠李糖基-（1-2）-α-L-吡喃阿拉伯糖基常春藤皂苷元-28-O-α-L-吡喃鼠李糖基-（1-2）-［β-D-吡喃木糖基-（1-6）］-β-D-吡喃葡萄糖酯。

5. 其他

忍冬花蕾中还含有肌醇、β-谷甾醇（β-sitosterol）、5-羟基-7,4-二甲氧基黄酮、槲皮素（quercetin）、忍冬苷、齐墩果酸（oleanic acid）和胡萝卜苷（eleutheroside）。

【鉴别与含量测定】

一、鉴别

1. 显微鉴别

1）腺毛有两种，一种头部倒圆锥形，先端平坦，侧面观为 10～33 个细胞，排成 2～4 层，直径 48～108μm，柄部为 1～5 个细胞，长 70～700μm；另一种头部类圆形或略扁圆形，4～20 个细胞，直径 30～64μm；柄为 2～4 个细胞，长 24～80μm。

2）厚壁非腺毛单细胞，长 45～90μm，直径 14～37μm，壁厚 5～10μm，表面有微细疣状或泡状突起，有的具角质螺纹。

3）薄壁非腺毛单细胞，甚长，弯曲或皱缩，表面微细疣状突起。

4）草酸钙簇晶直径 6～45μm。

5）花粉粒类圆形或三角形，3 孔沟；表面具细密短刺及细颗粒状雕纹。

2. 理化鉴别

取本品粉末 0.2g，加甲醇 5ml，放置 12h，过滤，滤液作为供试品溶液。另取绿原酸对照品，加甲醇制成每毫升含 1mg 的溶液，作为对照品溶液。按照薄层色谱法［《中国药典》（2005 年版）附录ⅥB］试验，吸取供试品溶液 10～20μl、对照品溶液 10μl，分别点于同一以羧甲基纤维素钠为黏合剂的硅胶 H 薄层板上，以乙酸丁酯-甲酸-水（7：2.5：2.5）的上层溶液为展开剂，展开，取出，晾干，置紫外光灯（365nm）下检视。供试品色谱中，在与对照品色谱相应的位置上，显相同颜色的荧光斑点。

二、含量测定

1. 绿原酸

高效液相的色谱法［《中国药典》（2005 年版）附录Ⅵ D］测定。

（1）色谱条件与系统适应性试验。以十八烷基硅烷键合硅胶为填充剂；以乙腈-0.4%磷酸溶液（13：87）为流动相；检测波长 327nm。理论板数按绿原酸峰计算不低于 1000。

（2）对照品溶液的制备。精密称取绿原酸对照品适量，置棕色量瓶中，加 50%甲醇制成每毫升含 40μg 的溶液，即得（10℃以下保存）。

（3）供试品溶液的制备。取本品粉末（过 4 号筛）约 0.5g，精密称定，置具塞锥形瓶中，精密加入 50% 甲醇 50ml，称定重量，超声处理（功率 250W，频率 35kHz）30min，冷却，再称定重量，用 50% 甲醇补足减失的重量，摇匀，过滤，精密量取续滤液 5ml，置 25ml 棕色量瓶中，加 50% 甲醇至刻度，摇匀，即得。

（4）测定法。分别精密吸取对照品溶液与供试品溶液各 5～10μl，注入液相色谱仪，测定，即得。本品按干燥品计，含绿原酸（$C_{16}H_{18}O_9$）不得少于 1.5%。

2. 木樨草苷

高效液相的色谱法 ［《中国药典》（2005 年版）附录Ⅵ D］测定。

（1）色谱条件与系统适应性试验。以十八烷基硅烷键合硅胶为填充剂；以乙腈为流动相 A，以 0.5% 冰乙酸溶液为流动相 B，按表 1 进行梯度洗脱；检测波长为 350nm。理论板数按木樨草苷峰计算应不低于 2000。

表 1　流动相梯度洗脱体系

时间/min	流动相 A/%	流动相 B/%
0～30	10→30	90→70

（2）对照品溶液的制备。精密称取木樨草苷对照品适量，加 70% 乙醇制成每毫升含 40μg 的溶液，即得。

（3）供试品溶液的制备。取本品细粉（过 4 号筛）约 3g，精密称定，置具塞锥形瓶中，精密加入 70% 乙醇 50ml，称定重量，超声处理（功率 250W，频率 35kHz）1h，冷却，再称定重量，用 70% 乙醇补足减失的重量，摇匀，过滤，取续滤液，即得。

（4）测定法。分别精密吸取对照品溶液与供试品溶液各 10μl，注入液相色谱仪，测定，即得。

本品按干燥品计，含木樨草苷（$C_{21}H_{20}O_{11}$）不得少于 0.10%。

【附注】

1. 淡红忍冬 lonicera acuminata Wall

落叶或半常绿藤本。幼枝、叶柄和总花梗均被疏或密、通常卷曲的棕黄色糙毛或糙伏毛。叶薄革质至革质，卵状矩圆形、矩圆状披针形至条状披针形，长 4～8.5cm，顶端长渐尖至短尖，基部圆至近心形，有时宽楔形或截形，两面被疏或密的糙毛或至少表面中脉有棕黄色短糙伏毛，有缘毛；叶柄长 3.5mm。双花在小枝顶集合成近伞房状花序或单生于小枝上部叶腋，总花梗长 4～18mm；苞片钻形，比萼筒短或略长；小苞片为萼筒长的 1/3～2/5；有缘毛；萼筒椭圆形或倒卵形，长为冠筒的 1/4～2/5；花冠白色而有红晕、漏斗状，长 1.5～2.4cm，唇形，筒长与唇瓣等长或略等长，基部有囊，上唇直立，下唇反曲；雄蕊略高出花冠；花柱除顶端外均有糙毛。果实蓝黑色，卵圆形，直径 6～7mm。花期 6 月，果熟期 10～11 月。

产于伏牛山西南侧；生于山坡和山谷林中，林间空地或灌丛中。分布于陕西南部、甘肃东南部、安徽南部、浙江、江西西部及东北部、福建、台湾、湖北、湖南、广东、

广西、贵州、云南及西藏。喜马拉雅山东部经缅甸至苏门答腊、爪哇和巴林、菲律宾也
有分布。花入药，称"山银花"。也可作园林垂直绿化树种（丁宝章等，1997）。

2. 盘叶忍冬 大叶银花 *lonicera tragophylla* Hemsl

落叶藤本，幼枝无毛。叶纸质，矩圆形或卵状矩圆形，稀椭圆形，长 5～12cm，顶
端钝或稍尖，基部楔形，下面粉绿色，被短糙毛或至少中脉下部两侧密生横出的淡黄色
髯毛状短糙毛，很少无毛，中脉基部有时带紫红色，花序下方 1 或 2 对叶连合成近圆形
或卵圆形的盘，盘两端通常钝形或具短尖头；叶柄根短或不存在。由 3 朵花组成的聚伞
花序密集成头状花序生小枝顶端，共有 6～9 朵花；萼筒壶形，长约 3mm，萼齿小；花
冠黄色至橙黄色，上部外面略带红色，长 5～9cm，外面无毛，唇形，筒稍弓弯，长
2～3倍于唇瓣，内面疏生柔毛；雄蕊长约于唇瓣相等，无毛；花柱伸出，无毛。果实成
熟时由黄色转红黄色，最后变深红色，近圆形，直径约 1cm。花期 6～7 月，果熟期
9～10 月。

产于伏牛山等河南各山区，生于海拔 1000～2000m 林下、灌丛中或河滩旁岩石缝
中。分布于河北西南部、陕西、宁夏、甘肃、安徽、浙江、湖北、四川及贵州。花蕾和
带叶嫩枝供药用，有清热解毒功效，也可作园林垂直绿化植物（丁宝章等，1997）。

【主要参考文献】

丁宝章，王遂义，高增义. 1997. 河南植物志. 郑州：河南科学技术出版社

张重义，李萍，齐辉等. 2003. 金银花道地与非道地产区地质背景及土壤理化状况分析. 中国中药杂志，28（2）：
  114～116

中华人民共和国药典委员会. 2005. 中华人民共和国药典（2005）一部. 北京：化学工业出版社

青 蒿

Qinghao

HERBA ARTEMIAE ANNUAE

【概述】青蒿为伏牛山区大宗药材。《神农本草经》名草蒿，青蒿为其别名，列为
下品。《本草纲目》载："香蒿、臭蒿、草蒿，其地上部分，味苦、微辛、性寒。"具清
热解毒，除蒸，解虐的功效，用于治疗暑邪发热，阴虚发热，夜热早凉，骨蒸劳热，疟
疾寒热，湿热黄疸（中华人民共和国药典委员会，2005）。在全国有广泛的分布。青蒿
产于河南各地，普遍生长，伏牛山区的山坡、路边、荒地、田边、田间等地均有分布。
全草入药，可治疗结核病、潮热、疟疾、伤暑低热无汗；也可灭蚊。全草又可提取芳
香油。

【商品名】青蒿、香蒿

【别名】蒿、草蒿、方溃、臭蒿、香蒿、三庚草、蒿子、草青蒿、草蒿子、细叶
蒿、香青蒿、苦蒿、臭青蒿、香丝草、酒饼草

【基原】本品为菊科植物黄花蒿的干燥地上部分（张贵君，2001）。

【原植物】为一年生草本，高 50～130cm。茎直立，中上部多分枝，无毛。基部

及下部叶在花期枯萎；中部叶卵形，三回羽状深裂，长 4～5cm，宽 2～4cm，叶轴两侧具狭翅，裂片及小裂片长圆形或卵形，先端尖，基部耳状，两面被短柔毛。上部叶小，常一回羽状细裂。头状花序极多数，通常具一线形苞叶；总苞半球形，直径约 1.5mm，无毛；总苞片 2 或 3 层，外层狭小，绿色，内层的长椭圆形，中脉较粗，边缘宽膜质；花托圆锥形，裸露；花黄色；雌花 4～8 个，长约 0.8mm；两性花 26～30 个，长约 1mm，柱头 2 裂，先端呈画笔状。果实椭圆形，光滑。花期 8～9 月，果期 9～10 月（丁宝章等，1997）。

【药材性状】 茎圆柱形，上部多分枝，长 30～80cm，直径 0.2～0.6cm，表面黄绿色或棕黄色，具纵棱线；质略硬，易折断，断面中部有髓。叶互生，暗绿色或棕绿色，卷缩，完整者展平后为三回羽状深裂，裂片及小裂片矩圆形或长椭圆形，两面被短毛。气香特异，味微苦。以色绿、叶多、香气浓者为佳。

【种质来源】 野生居群

【生长习性及基地自然条件】 青蒿喜温暖、光照，忌水浸，不耐阴。多生长于海拔 50～500m 的山区丘陵地带。对土壤条件要求不严，在土壤肥沃松润及排水良好的沙质壤土及黏质壤土上生长良好。在土壤瘠薄情况下，长势较弱，植株矮小，在排水不良的潮湿地带生长差。

种子萌发要求光照或变温。光照下，15～25℃ 时萌发，种子萌发率为 99％；在 15℃ 以下或是 30℃ 以上种子萌发率较低。种子发芽温度为 8～25℃，春季播种，3～4d 发芽，约 2d 长出第一对真叶。30d 左右，株高约 2cm，叶片 5 或 6 片，60～80d 在顶生叶腋内开始长出侧枝。第一次分枝至现蕾 130d，170d 后（8 月初至 9 月底）开花，200d（9 月底至 10 月上旬）果熟（15.7℃），260d（12 月底）倒苗（5～8℃）。从播种至叶的收获 172d，全生长周期 265d（钟国跃，1998）。

【种植方法】

一、繁殖方法

用种子繁殖，采用育苗移栽。

1. 采种

10～12 月，将陆续成熟的种子植株割回晾干抖下种子，去除种壳、杂质，储藏备用。

2. 育苗

2 月中旬播种。

（1）选地。播种前，选向阳潮湿的冲积土，以海拔在 1200m 以下为宜。也可选地质为二迭系的深灰色厚层灰岩母质的紫红泥土。

（2）整地。先在选好的地上以每亩 2000～2500kg 有机肥，施入地面，然后翻耕土地，将所施底肥翻入土内，耕细整平，做 1.3m 高畦，畦东西向，畦高 20cm。

（3）播种。先将种子拌成种灰，匀撒畦面，播种后薄盖一层草木灰，以遮住种子为度。出苗后要注意防旱保苗，苗期宜追施清淡人畜粪水，每亩 800kg。株高 5～10cm 时便可移栽。每亩苗地用种量为 150~200g，可获移栽苗 28 万~30 万株，可供 2.67hm² 地栽种。

二、整地移栽

1. 整地

移栽地，每亩用土杂肥或牛马厩肥 2000~2500kg，加过磷酸钙 100~150kg，拌匀，撒施地面，翻入土内，耕细整平。做 1.3m 高畦，沟深 10~15cm，畦南北向，即可栽植。

2. 移栽

按株、行距 26.5cm×26.5cm 畦内挖穴，每穴栽 1 株，每亩用苗 7500~8000 株。若采用宽窄行种植可在行内间种生姜，也可按 0.8m×1.2m 点种玉米，玉米宽行内按 40cm×60cm 栽植青蒿。这些种植方式均有很好的效果。青蒿的栽种也可用种子直播，即用种子直接撒播于整好的畦内。但种子直播田不便管理，产量低于移栽苗，故一般不采用。

三、田间管理

青蒿移栽至收获需除草 2 或 3 次，追肥结合除草进行，并可增施根外追肥 1 或 2 次。第一次在幼苗成活后，进行浅锄，锄后每亩用清淡人畜粪水 1000~1500kg，尿素 3~5kg，过磷酸钙 2~3kg，混合均匀后施入穴中。第二次在封行前，进行中耕除草 1 次，锄草后每亩用人畜粪水 1000~1500kg，尿素 10kg，过磷酸钙 30kg，氯化钾 10kg，均匀施入穴中。也可在第一次分枝期用 0.3％磷酸二氢钾 2kg 进行喷施，半个月后再进行 1 次，对提高产量和增加药材的有效成分有着极其显著的效果。在青蒿长至 1m 高时摘去顶端 0.5cm 的嫩尖，以促进多发侧枝，提高产量。

建立良种基地：将选出的优良品种（如白杆青蒿）进行隔离繁殖，在第二次分枝时，进行去杂留纯，待种子成熟后采收，干燥脱粒，放通风处保存备用。

四、病虫害防治

1. 病害

青蒿的主要病害是白粉病，又名冬瓜粉病。6~7 月发生。主要危害叶片。病害由老叶向新叶发展，白粉遍布全叶，为病原菌子囊壳。

防治方法：用 0.3 波美度的石硫合剂喷雾 2 或 3 次；或用可湿性粉锈灵兑水 500~800 倍进行喷雾防治。

2. 虫害

青蒿的主要虫害是蚜虫，危害嫩梢。

防治方法：用 40％乐果乳油 1000 倍液喷杀防治（李敏，2005）。

【采收加工】

1. 收获

移栽当年 8 月 15 日至 9 月 20 日，青蒿现蕾期即可收获。因此时蕾期青蒿素含量达

0.986%～1%，所以为收获适宜期。收获时，将全株割下晒干，用木棒或帘盖捶落干叶，捡除杂质茎枝，放通风干燥处保存备用。

2．加工

青蒿干叶在中药配方中可直接按量入药。若提取青蒿素，叶干后立即包装，运至制药厂，按一定的工艺流程提取其有效成分。

【化学成分】

1）倍半萜内酯类：青蒿素（arteannuin），青蒿甲醚，青蒿甲、乙、丙、丁、戊素（arteannuin Ⅰ～Ⅴ），青蒿素Ⅳ，青蒿酸（arteannuin acid），去氢青蒿酸，青蒿酸甲酯，青蒿醇（artemisinol），黄花蒿内酯（annulide）等（肖培根，2002）。

2）挥发油：黄花蒿全草含挥发油 0.3%～0.5%，油中主要含左旋樟脑（camphor）、β-丁香烯（β-caryophellene）、异青蒿酮（iso-artemisiaketone）、β-蒎烯、乙酸龙脑酯、1,8-桉叶素（1,8-cinelole）、香芹醇（carveol）等，不同产地的青蒿含挥发油的质与量均有较大差异。

3）黄酮类：主要为中国蓟醇（cirsilineol）、去甲中国蓟醇（cirsiliol）、泽兰黄素（eupatorin）、鼠李素（rhamnetin）、槲皮素、木樨草素（luteolin）、蒿黄素（artemetin）等。

4）香豆素类：香豆素（coumarin）、6-甲氧基香豆素、东莨菪亭（acopoletin）、扫帚黄素、6,8-二甲基-7-羟基香豆素等。

5）其他：还含有青蒿碱、棕榈酸、豆甾醇、β-谷甾醇、苦味质，维生素 A 等（倪慕云等，1981）。

【鉴别与含量测定】

一、鉴别

取本品粉末 3g，加石油醚（60～90℃）50ml，加热回流 1h，过滤，滤液蒸干，残渣加正己烷 30ml 使溶解，用 20%乙腈溶液提取 3 次，每次 10ml，合并乙腈液，蒸干，残渣加乙醇 0.5ml 溶解，作为供试品溶液。

另取青蒿素对照品，加乙醇制成每毫升含 1mg 的溶液，作为对照品溶液。

按照薄层色谱法〔《中国药典》（2005 年版）附录Ⅵ B〕试验，吸取上述两种溶液各 5μl，分别点于同一硅胶 G 薄层板上，以石油醚（60～90℃）-乙醚（6∶4）为展开剂，展开，取出，晾干，喷以 10%硫酸乙醇溶液，105℃加热至斑点显色清晰，置紫外光灯（365nm）下检视。

供试品色谱中，在与对照品色谱相应的位置上，显相同颜色的荧光斑点（康廷国，2003）。

二、含量测定

（1）色谱条件与系统适用性试验。以十八烷基硅烷键合硅胶为填充剂；甲醇∶0.01mol/L乙酸钠-乙酸缓冲液（pH5.8，体积比 62∶38），流速：0.8ml/min；检测波长：260nm。理论板数按衍生后青蒿素计算应不低于 2500。

（2）对照品溶液的制备。准确称取青蒿素标准品适量，加无水乙醇制成每毫升各含1mg的混合溶液，即得。

（3）供试品溶液的制备。称取黄花蒿样品干品约0.5g（过40目筛）包于滤纸纸袋中，置索氏提取器，精密量取石油醚（沸点60～90℃）80ml，加热回流提取5h后，冷却，取出提取液挥干石油醚，再置于25ml容量瓶中，加入无水乙醇定容备用。精密吸取样品溶液1.0ml置于10ml容量瓶中，加入0.2%氢氧化钠溶液5ml，混合均匀后放入50℃的恒温水浴中加热30min，取出冷却至室温，加入0.08mol/L的乙酸定容至刻度混合均匀后，分别用0.45μm微孔滤膜，过滤，取续滤液，即得。

（4）测定法。分别精密吸取对照品溶液与供试品溶液各10μl，注入液相色谱仪，测定，即得。

【附注】

青蒿　又名香蒿。为菊科植物青蒿（*Artemisia apiacea* Hance）的全草。主产于安徽、河南、江苏、河北、陕西、山西等地。不含青蒿素。

牡蒿　为菊科植物牡蒿（*Artemisia japonica* Thunb.）的全草。在江苏、上海、四川等地药材市场上作"青蒿"使用。

茵陈蒿　为菊科植物茵陈蒿（*Artemisia capillaris* Thunb.）的全草。东北地区常作"青蒿"入药。不含青蒿素。

小花蒿　菊科植物小花蒿（*Artemisia parviflora* R.）的全草。以青蒿收载入《滇南本草》，云南昆明也称此为青蒿（郑汉臣，2003）。

【主要参考文献】

丁宝章，王遂义. 1997. 河南植物志. 第三册. 郑州：河南科学技术出版社：645

康廷国. 2003. 中药鉴定学. 北京：中国中医药出版社

李敏. 2005. 中药材规范化生产与管理（GAP）方法及技术. 中国医药科技出版社：983

倪慕云，屠呦呦，钟裕容. 1981. 中药青蒿化学成分研究 I. 药学学报，16（5）：366

肖培根. 2002. 新编中药志. 第三卷. 北京：化学工业出版社

张贵君. 2001. 现代中药材商品通鉴. 北京：中国中医药出版社

郑汉臣. 2003. 药用植物学与生药学. 北京：人民卫生出版社：423

中华人民共和国药典委员会. 2005. 中华人民共和国药典（一部）. 北京：化学工业出版社：78

钟国跃，周华蓉，凌云等，1998. 黄花蒿优质种质资源的研究. 中草药，29（4）：264

威　灵　仙

Weilingxian

RADIX ET RHIZOMA CLEMATIDIS

【概述】 威灵仙是豫西道地药材，始载于宋《开宝本草》，马志曰："生商州上洛山及华山并平泽，以不闻水声者良。生先于众草，方茎，数叶相对。"《本草纲目》列入草部蔓草类，李时珍曰："威，其性猛也，灵仙，其功神也。"并指出"根干后呈深黑色，俗称'铁脚威灵仙'，为正品。另有数种，根须一样，但色或黄或白皆不可用"。味辛、咸、微苦，性温，小毒。归膀胱、肝经。有祛风湿、通经络、消骨哽三大功效，主治风湿痹痛、肢体麻木、筋脉拘挛、屈伸不利、脚气肿痛、疟疾、骨哽咽喉，并治痰饮积聚等。还可用来治疗腮腺炎、急性黄疸型传染性肝炎、丝虫病、关节炎、麦粒肿、结膜炎、扁桃体炎、骨鲠等。药理学证实其还有解除食管、支气管、输尿管、胃及肠道等处平滑肌痉挛的作用。

据不完全统计，目前以威灵仙之名药用者达 4 科 10 多种植物。毛茛科铁线莲属植物山木通 *Clematis finetiana* 的干燥根及根茎，商品称"铁皮威灵仙"。在铁皮威灵仙商品中尚有同属小木通 *C. armandii*，此外，有同属植物柱果铁线莲 *C. uncinata* 和毛柱铁线莲 *C. meyeniana*，商品称"铁脚威灵仙"，还有同属植物锥花铁线莲 *C. paniculata* 和铁线莲 *C. florida*，商品称"铜脚威灵仙"。还有同属植物毛蕊铁线莲 *C. lasiandra* 的根及根茎作威灵仙入药，另有百合科植物短梗菝葜 *Smilax scobinicaulis*、华东菝葜 *S. sieboldii*、鞘柄菝葜 *S. stans* 和黑叶菝葜 *S. nigrescens* 的干燥根及根茎，在东北、西北、华北地区作威灵仙药用，商品称"铁丝威灵仙"。菊科植物显脉旋复花 *Inula nervosa* 的干燥根茎及根在云南作威灵仙药用，商品称"云南威灵仙"。金粟兰科植物草珊瑚 *Sarcandra glabra* 的干燥根茎及全草在四川作"铜脚威灵仙"入药。以上诸种植物根及根茎在产区和部分省（自治区）作威灵仙药用，其性状、显微结构有别，化学成分、药用作用、功效、主治功能都不尽相同（张良发，2000）。

《中国药典》（2005 年版）收载的威灵仙来源于毛茛科植物铁线莲属威灵仙 *Clematis chinensis* Osbeck、棉团铁线莲 *Clematis hexapetala* Pall. 或东北铁线莲 *Clematis manshurica* Rupr. 的干燥根及根茎，为正品。分布于伏牛山区各县（市）。

【商品名】威灵仙

【别名】能消、铁脚威灵仙、灵仙、黑脚威灵仙、黑骨头、百条根、老虎须、铁扫帚

【基原】为毛茛科植物铁线莲属威灵仙、棉团铁线莲或东北铁线莲的干燥根及根茎。

【原植物】威灵仙，木质藤本，长 3～10m。干后全株变黑色。茎近无毛。叶对生；叶柄长 4.5～6.5cm；一回羽状复叶，小叶 5 有时 3 或 7；小叶片纸质，窄卵形、卵形或卵状披针形，或线状披针形，长 1.5～10cm，宽 1～7cm，先端锐尖或渐尖，基部圆形、宽楔形或浅心形，全缘，两面近无毛，或下面疏生短柔毛。圆锥状聚伞花序，多花，腋生或顶生；花两性，直径 1～2cm；萼片 4 个，长圆形或圆状倒卵形，长 0.5～1.5cm，宽 1.5～3mm，开展，白色，先端常凸尖，外面边缘密生绒毛，或中间有短柔毛；花瓣无；雄蕊多数，不等长，无毛；心皮多数，有柔毛。瘦果扁、卵形，长 3～7mm，疏生紧贴的柔毛，宿存花柱羽毛状，长 2～5cm。花期 6～9 月，果期 8～11 月。

棉团铁线莲，直立草本，高 30～100cm。茎圆柱形，有纵沟，疏生柔毛，后脱落无毛。叶对生；叶柄长 0.5～3.5cm；叶片近革质，绿色，干后常变黑色，一回或二回羽状深裂，裂片线状披针形、长椭圆状披针形、椭圆形或线形，长 1.5～10cm，宽 0.1～2cm，先端锐尖或凸尖，有时钝，全缘，两面或沿叶脉疏被长柔毛或近无毛，网脉突

起。聚伞花序顶生或腋生，通常具 3 花，有时为单花。花梗有柔毛；苞片线形。花两性，直径 2.5～5cm；萼片 4～8 个，通常 6 个，长椭圆形或狭倒卵形，长 1～2.5cm，宽 0.3～1cm，白色，开展，外面密生白色细毛，花蕾时像棉花球，内面无毛；花瓣无；雄蕊多数，花丝细长，长约 9mm，无毛，花药线形；心皮多数，被白色柔毛。瘦果倒卵形，扁平，长约 4mm，密生柔毛，宿存花柱羽毛状，长 1.5～3cm。花期 6～8 月，果期 7～10 月。

【药材性状】威灵仙：根茎呈柱状，长 1.5～10cm，直径 0.3～1.5cm；表面淡棕黄色；顶端残留茎基；质较坚韧，断面纤维性；下侧着生多数细根。根呈细长圆柱形，稍弯曲，长 7～15cm，直径 0.1～0.3cm；表面黑褐色，有细纵纹，有的皮部脱落，露出黄白色木部；质硬脆，易折断，断面皮部较广，木部淡黄色，略呈方形，皮部与木部间常有裂隙。气微，味淡（中华人民共和国药典委员会，2005）。

棉团铁线莲：根茎呈短柱状，长 1～4cm，直径 0.5～1cm。根长 4～20cm，直径 0.1～0.2cm；表面棕褐色至棕黑色；断面木部圆形，味咸。

东北铁线莲：根茎呈柱状，长 1～11cm，直径 0.5～2.5cm。根较密集，长 5～23cm，直径 0.1～0.4cm；表面棕黑色；断面木部近圆形，味辛辣。

【种质来源】本地野生

【生长习性及基地自然条件】

一、生长发育特征

威灵仙属攀缘植物，靠叶柄弯曲攀附于其他植物向水平方向生长。其根茎部潜伏芽较多，当主芽被破坏之后，潜伏芽便迅速萌发出土。主茎生长点受破坏停止生长后，可再从叶腋生出侧枝继续生长。威灵仙的种子寿命短，隔年种子发芽率只有 16% 左右，故种子繁殖必须用当年种子。种子发芽时间较长，发芽温度为 15～25℃，发芽适温为 20℃左右。低于 10℃和超过 30℃，对种子萌发有抑制作用。

二、生长条件

生于海拔 80～150m 的山坡、山谷灌木丛、沟边路旁草丛中。

三、土壤种类

威灵仙野生于富含腐殖质的山坡、林缘或灌木丛中，尤以采伐迹地、稀疏林下及沟谷旁生长较多。对气候、土壤要求不严，但以凉爽、湿润的气候和富含腐殖质的山地棕壤土或沙质壤土为佳。过于低洼、易涝或干旱的地块生长不良。

【种植方法】

一、选地整地

选背阳、日照时间较短、土壤较深厚、排水良好的地块，疏松肥沃的山地棕壤土或沙质壤土为宜。亩施腐熟厩肥或堆肥 2500～3000kg，耕翻 20～25cm，整平耙细，做宽

1.2m 的畦备用。

二、繁殖方法

1. 种子繁殖

8~9 月采收成熟的种子，可春播或秋播。秋播于 10 月中上旬，春播于 4 月上、中旬。

（1）种子直播。种子直播多采用条播。顺畦按行距 25~30cm 开 2~3cm 的浅沟，将种子均匀播入沟内，覆土后轻轻镇压，浇透水，畦面覆盖树叶或稻草 2~3cm，出苗时将覆盖物撤除。苗高 3~5cm 时适当间苗，苗高 8~10cm 时，按株距 20cm 定苗，亩用种 0.5kg。

（2）育苗移栽。做畦时留少许细土置于畦旁或作业道，搂平畦面，将种子均匀撒播于畦面，覆土 1~1.5cm，畦面用稻草或树叶覆盖，保持土壤湿润，出苗时撤去覆盖物。苗高 3~5cm 时适当间苗。苗高 10cm 左右时，按行、株距 30cm×20cm 带土移栽，也可于一年生苗枯萎后起根苗按上述行、株距移栽。

2. 根芽繁殖

秋季植株枯萎时，采挖野生或家植多年生根部，进行分根，每丛根部带 2 或 3 个更新芽，在做好的畦上，按行、株距 30cm×20cm 开穴栽植，覆土 3~4cm，土壤干旱要浇透水。

3. 田间管理

（1）中耕除草。出苗后及时除草，防止草荒，一般每年除草 3 或 4 次，结合除草适当中耕。

（2）间苗补苗。出苗后苗高 3~5cm 时间苗，苗高 8~10cm 时定苗，对缺苗处及时补苗。

（3）防旱排涝。出苗前后遇干旱天气要及时浇水，雨季做好排水工作。

（4）追肥。苗高 10~15cm 时，每亩追施腐熟清淡粪水 1000kg；6~7 月，每亩追施腐熟饼肥 30kg，加过磷酸钙 25kg。

（5）摘蕾。除留种田外，于植株现蕾期将花蕾全部摘除，以减少养分的消耗。

（6）搭架。当苗高 30~50cm 时，用树枝在行间搭架，供植株攀缘生长，避免茎叶堆聚在一起因通风不良而影响生长。

4. 病虫害防治

威灵仙幼苗期间未见病害发生。成龄植株于 7 月遇高温多雨天气，叶片常发生黑斑病，可喷施波尔多液或代森锰锌 500~1000 倍液防治（李军等，2005）。

【采收加工】

1. 采收

威灵仙以根入药。栽后 2 年于秋冬两季当威灵仙茎叶枯萎时挖取根部，除去茎叶，洗净泥土，切段后晒干。

2. 初加工

炮制：拣净杂质，除去残茎，用水浸泡，捞出润透，切段，晒干。酒灵仙：取威灵仙段，用黄酒拌匀闷透，置锅内用文火微炒干，取出放凉（每威灵仙 100 斤，用黄酒 12～15 斤）。以条匀、皮黑、肉白、坚实者为佳。

【化学成分】威灵仙根含原白头翁素（protoanemonin）及以常春藤皂苷元（hederagenin）、表常春藤皂苷元（epihede-ragenin）和齐墩果酸（oleanoic acid）为苷元的皂苷：威灵仙-23-*O*-阿拉伯糖皂苷（CP0）、威灵仙单糖皂苷（CP1）、威灵仙二糖皂苷（CP2、CP2b、CP3b）、威灵仙三糖皂苷（CP3、CP4、CP5、CP6）、威灵仙四糖皂苷（CP7、CP7a、CP8、CP8a）、威灵仙五糖皂苷（CP9、CP9a、CP10、CP10a）、威灵仙-23-*O*-葡萄糖皂苷（CP2a）、威灵仙表二糖皂苷（CP3a）。

【鉴别】

1. 显微鉴别（横切面）

（1）威灵仙。表皮细胞外壁增厚，棕黑色。皮层宽，均为薄壁细胞，外皮层切向延长；内皮层明显。韧皮部外侧常有纤维束及石细胞，纤维直径 18～43μm，形成层明显，木质部全部木化，薄壁细胞含淀粉粒。

（2）棉团铁线莲。外皮层细胞多径向延长，紧接外皮层的 1 或 2 列细胞壁稍增厚。韧皮部外侧无纤维束及石细胞。

（3）东北铁线莲。外皮层细胞径向延长，老根略切向延长。韧皮部外侧偶有纤维束及石细胞。

2. 理化鉴别

1）取本品水提取液（1：10），置试管内用力振摇后产生持久性泡沫。分别取提取液 1ml 放入两支试管内，一试管加 5％氢氧化钠 2ml，另一试管加入 5％盐酸 2ml，振摇后，两管持续存在的泡沫高度相等（检查三萜类皂苷）。

2）将本品甲醇提取液（1：2）放入试管内，蒸去甲醇，加入醋酐 1ml，沿试管壁滴加浓硫酸，则两液交界处呈现红色环，最后变成蓝色（检查三萜类）。

3）取本品粗粉 10g，加入苯 200ml，放入锥形瓶内密闭，放置过夜，过滤。滤液回收苯至干，冷却，加入 1％盐酸羟胺及 10％氢氧化钾（1：1）混合液 2ml，在室温放置 10min，加入 10％盐酸至 pH 3～4，再加 1％三氯化铁试液 1～2ml，则产生红色沉淀（内酯反应，检查白头翁素）。

3. 薄层鉴别

取本品粉末 1g，加乙醇 50ml，加热回流 2h，过滤。滤液浓缩至约 20ml，加盐酸 3ml，加热回流 1h，加水 10ml，冷却。加石油醚（60～90℃）25ml，振摇提取，石油醚蒸干，残渣用无水乙醇 10ml 溶解，作为供试品溶液。另取齐墩果酸对照品，加无水乙醇制成每毫升含 0.45mg 的溶液，作为对照品溶液。按照薄层色谱法［《中国药典》（2005 年版）附录Ⅵ B］试验，吸取上述两种溶液各 3μl，分别点于同一硅胶 G 薄层板上，以甲苯-乙酸乙酯-甲酸（20：3：0.2）为展开剂，薄层板置展开缸中预饱和 30min，展开，取出，晾干，喷以 10％硫酸乙醇溶液，在 105℃加热至斑点显色清晰。供试品色谱中，在与对照品色谱相应的位置上，显相同颜色的斑点。

【主要参考文献】

李军，许世泉．2005．威灵仙高产栽培技术．特种经济动植物，7：30

张良发．2000．威灵仙及其混淆品的鉴别．湖南中医药导报，6（4）：59，60

中华人民共和国药典委员会．2005．中华人民共和国药典（一部）．北京：化学工业出版社

茵　陈

Yinchen

HERBA ARTEMISIAE SCOPARIAE

【概述】茵陈 *Artemisia capillaris* Thunb 为伏牛山区大宗药材之一。其味苦、辛，性微寒，归脾、胃、肝、胆经，具有清湿热，退黄疸，改善肝的功能，用于治疗黄疸尿少，湿疮瘙疗，传染性黄疸型肝炎（中华人民共和国药典委员会，2005）；提高 GOT、GPT 等水平的作用，是临床上常用的保肝中药。在中国、韩国、日本等被广泛用于各种肝胆疾病的治疗。

对于茵陈基源考证，茵陈始载于《神农本草经》。《别录》载："生泰山及丘陵坡岸上。"《本草经集注》载："今处处有之，似蓬蒿而叶紧细，茎冬不死，至春又生。"韩保昇谓："叶似青蒿而背白。"李时珍曰："……今山茵陈二月生苗，其茎如艾，其叶如淡色青蒿而背白，叶歧紧细而扁整，九月开细花黄色，结实大如艾子……"根据上面所述，蓬蒿、青蒿和艾都属于菊科植物，因此，现时国内各地作药用的滨蒿和茵陈蒿都可能属于传统药用的茵陈。

1985 年以前各版《中国药典》仅收载滨蒿 *Artemisia scpoaria* Waldst. et Kit. 和茵陈蒿 *A. capillaris* Thunb. 的幼苗，习称"绵茵陈"。《中国药典》（1990 年版）又增加了上述两个品种秋季花蕾长成时的药材，称"茵陈蒿"。我国大部分地区使用茵陈的春生幼苗，即"绵茵陈"；云南习用花蕾期植株，日本习用花穗，即"茵陈蒿"。

由于我国药用称茵陈者甚多，同名异物者，或基源相同但生长阶段，药用部位不同的药材药理作用的范围、强弱和特征都有所差异。常见混淆品：菊科植物：碱蒿 *A. anethifolia* Weober.，民间习以其基生叶入药，分布于我国西部、西北至东北部。在内蒙古、青海等地混用作茵陈；冷蒿（小白蒿，*A. frigida* Willd.）习以花蕾与叶入药，分布于我国西北、华北及东北部，在新疆、内蒙古、吉林等地以其幼苗混用作茵陈；莳萝蒿 *A. anethoides* Mattf. 的干燥幼苗，分布于我国西部、西北部及东北部地区，混用作茵陈；海州蒿 *A. haichowensis* Chang 的干燥幼苗，分布于江苏及东北地区，混用作茵陈；白莲蒿（万年蒿，*A. gmelinii* Web. ex Stechm. 或 *A. sacrorum* Ledeb.）习以花蕾和幼苗入药，主要分布于我国北部地区，黑龙江部分地区以其幼苗作茵陈用；藏茵陈蒿 *A. stricta* Edgr. 主要分布于西藏；黄花蒿 *A. annua* L. 主要分布于黑龙江；灰苞蒿 *A. roxburghiana* Bess. 除青海用其幼叶代茵陈外，其他省（自治区）无入药的记载，分布于西北、西南等省（自治区）。毛莲蒿 *A. vestita* wall. 习以全

株入药，分布于东北、西北至西南部。大籽蒿 A. sierersiana Willd. 的干燥幼苗，分布于内蒙古各地，属地区性品种，在商品茵陈中混用；火绒草 Leontopodium leontopodioides（Willd.）Beauv.、长叶火绒草 L. longifolium Ling. 干燥的地上部分，分布内蒙古自治区，蒙医当茵陈用；绢绒火绒草 L. smithianum Hand-Mazz. 干燥的地上部分，分布于大青山地区，蒙医当茵陈用。玄参科植物：金钟茵陈（铃茵陈，阴行草 Siphonostegia chinensis Benth.）花果期的地上部分，我国大部分地区均有分布；松蒿［土茵陈，Phtheirospermum japonica（Thunb.）Kanitz]的花期植株，我国大部分地区均有分布；毛茵陈（鹿茸草，Monochasma savatieri Franch. ex Maxim）的花期植株，分布于江苏、浙江、福建、江西、湖南等地。唇形科植物：白花茵陈（牛至，Origanum vulgare L.）的干燥全草，我国大部分地区均有分布；土茵陈［石荠苎 Mosla scabra（Thunb.）C. Y. Wu et H. W. Li]的干燥全草，分布于山西、山东、江苏、安徽、湖北、四川、贵州、云南、江西、福建、广东等地。龙胆科植物：藏茵陈 Swertia pseudochinensis Hara 瘤毛獐牙菜的花期植株，分布于东北、华北、河南、山东等地。豆科植物：狐尾藻棘豆 Oxytropis myriophylla（dall.）DC. 分布于内蒙古。此外，山西某些地方用罂粟科植物土茵陈 Chiazospe mumerecrum Benth. 代茵陈；内蒙古部分蒙医用毛梗蚤缀 Arenaria copillaris Poir. 或亚洲蚤缀 Arenaria asiatica Schlschl. 的干燥根当茵陈用。20 世纪 50 年代起，多次在全国 26 省（直辖市、自治区）的广泛调查表明，绵茵陈一直以滨蒿和茵陈蒿幼苗同为主流商品。混淆品以菊科莳萝蒿多见，其次为冷蒿。因海洲蒿与莳萝蒿生境基本相同，也常有掺混。

茵陈为全草类中药，在伏牛山区分布较广，野生资源丰富，主要是茵陈；随着栽培技术的提高，茵陈栽培药材也在增加。

【商品名】茵陈

【别名】绵茵陈、白蒿、绒蒿、松毛艾

【基原】菊科植物茵陈蒿的干燥地上部分。

【原植物】为菊科植物茵陈蒿的幼苗。亚灌木，高 50～100cm 茎直立，多分枝、被绢毛。叶二回羽状分裂，下部叶裂片较宽短，常被短绢毛；中部以上叶长达 2～3cm，裂片细，宽仅 0.3～1mm，线形，近无毛，顶端微尖；上部叶羽状分裂，3 裂或不裂。头状花序极多，在枝端排列成复总状，有短梗及线形苞叶；总苞球形，直径 1.5～2mm，无毛；总苞片 3 或 4 层，卵形，顶端尖，边缘膜质，背面稍绿色，无毛；花黄色，外层雌性，花 6～11 个，能育，内层两性，不育。瘦果矩圆形，长约 0.8mm，无毛。花期 8～9 月，果熟期 9～10 月。

【药材性状】

1. 绵茵陈

多卷曲成团状，灰白色或灰绿色，全体密被白色茸毛，绵软如绒。茎细小，长 1.5～2.5cm，直径 0.1～0.2cm，除去表面白色茸毛后可见明显纵纹；质脆，易折断。叶具柄，展平后叶片二回羽状分裂，叶片长 1～3cm，宽约 1cm；小裂片卵形或稍呈倒披针形、条形，先端锐尖。气清香，味微苦。

2. 茵陈蒿

　　茎呈圆柱形，多分枝，长 30~100cm，直径 2~8mm；表面淡紫色或紫色，有纵条纹，被短柔毛；体轻，质脆，断面类白色。叶密集，或多脱落。下部叶二回羽状深裂，裂片条形或细条形，两面密被白色柔毛；茎生叶一回或二回羽状全裂，基部抱茎，裂片细丝状。气芳香，味微苦。

　　【种质来源】 野生居群

　　【生长习性及基地自然条件】

一、生长发育特征

　　茵陈一般在 4 月初播种，保持湿润。其耐寒性较强，土层化冻达 10cm，生长点即开始萌动。地表下 10cm 日平均温度达 4℃，日平均气温达 10℃，茵陈迅速生长。冬季地上部分枯死。茵陈生长期约 70d，可连续采收两茬。当嫩苗高 10cm 以上时，可贴近茎基部采收。收获后茎部经过 4~7d，待愈伤组织形成后，便开始新芽分化，20d 左右又形成多枝的株丛。

二、生长条件

　　茵陈的生活力极强，既抗旱，又耐涝，对土壤要求不严格，但以土质疏松，向阳肥沃的壤土或沙壤土最为适宜。

三、土壤种类

　　伏牛山丘陵、山地占总面积的 80％以上，平原川区占总面积不足 10％，可利用耕地较少，土壤褐土占总土壤面积的 39.6％，棕壤占总土壤面积的 22.8％，红黏土占总土壤面积的 12.2％，潮土占总土壤面积的 3.8％。

四、土壤肥力

　　土壤有机质含量 3％以上占总土壤面积的 32.48％；有机质含量 2％~3％占总土壤面积的 11.9％；有机质含量 1％~2％占总土壤面积的 42.28％；小于 1％的占土壤总面积的 13.3％。

　　(1) 全氮。土壤全氮量大于 0.1％占总土壤面积的 50.9％；全氮含量低于 0.1％~0.06％占总土壤面积的 40.05％；全氮含量在 0.06％以下占总土壤面积 9.05％。

　　(2) 速效磷。含量在 15ppm 以上占总土壤面积 7.1％；含量在 10~15ppm 占总土壤面积 8.42％；含量在 7~10ppm 占总土壤面积的 16.19％；含量在 7ppm 以下占总土壤面积 68.3％。

　　(3) 速效钾。含量大于 200ppm 占总土壤面积的 19.77％；含量为 150~200ppm 占总土壤面积的 28.5％；含量为 100~150ppm 占总土壤面积的 29.93％；含量在 100 ppm 以下占总土壤面积的 21.8％。微量元素的种类主要有锰、硼、锌、钼、铜、铁等。

【种植方法】

一、露地栽培

（1）选地整地。选择阳光充足，土壤肥力较高的沙质壤土及排水良好的地块，土壤要符合 GB15618 土壤环境质量标准，将土壤耕翻、耙平、去杂草、开沟作畦，畦高20cm，宽 1m，畦面东西向，种植行南北向，以利于充分吸收阳光，并施腐熟的有机肥4000kg 作基肥。

（2）播种。一般 4 月初进行，每亩用种量 50～100g，种子标准符合 GB/T3543 农作物种子检验规程。将种子与细沙拌匀，然后撒播，薄薄覆土，保持湿润，幼苗出齐，除草浇水，水质符合 GB5804 农田灌溉水质标准。

（3）田间管理。①间苗在苗高 4～5cm 时进行，保持株距 5cm，使其均匀生长。②播后 1 个月需进行首次松土除草和施肥，以后视情况而定，施肥主要以人粪尿和速效肥为主。③一般当年春季不采收，使其根系粗壮，以免形成草荒，便于冬季移植栽培。

二、保护地栽培

（1）整地与施肥。茵陈是多年生深根性植物，母根定植前，在温室或塑料棚进行土壤深翻和施肥。每亩施腐熟有机肥 4000～5000kg，通过深翻混于土中，然后整细耙平，使土壤疏松。

（2）挖取母根。10月地上部分植株开始凋零，选择根粗壮的野生茵陈，挖出并去掉泥土，定植前埋入湿土或湿沙中，以防脱水影响生活力。

（3）定植。采挖的母根应立即定植，每隔 15cm 开 10cm 宽沟，沟内浇足定植水，株距为 15cm。

（4）保护地管理。①定植后，新叶生长前一般不需经常浇水，如果土壤干旱，可用喷壶浇水。待长出新叶时，进行松土打垅。②定植后出现缺苗时应及时补栽。③在施足基肥的基础上，整个生长过程一般不施用化肥，以保证茵陈的食用品质。④温室栽培应抓住冬季市场，入冬后维持在 10℃ 以上，茵陈就能正常生长。⑤越冬后应尽早扣棚，促进茵陈早萌发，以增加经济效益。⑥茵陈收割后根部经过 4～7d 伤流期，愈伤组织形成期 20d 左右，便开始新芽分化，形成多枝的株丛。伤流期至新芽分化不宜浇水，以防烂根。

【采收加工】

1. 采收

传统的采收季节为春季幼苗高 6～10cm 时或秋季花蕾长成时，除去杂质及老茎，晒干。但植物类中药具有一定的生长成熟期，错过采集季节就会影响药效，因此掌握好采收季节、时间和方法，和药材质量有着密切的关系，而且药材所含成分也因季节不同而有所区别。俗语说："当季是药，过季是草；三月茵陈四月蒿，五月砍来当柴烧。"这充分说明了按季采药的重要性。但本着最大限度地取得有效成分，应宜秋季采集花实枝梢，若本着最大限度地利用生药，就应延长茵陈的采收季节，从春到秋采收。这样，能避免生药的低效使用，以免造成浪费。若用茵陈治疗黄疸症时，应以绵茵陈为宜。

2. 初加工

一般收割后除去杂质及老茎，置于通风干燥处阴干或晒干，在未完全干透之前，将其扎成小捆，再晾晒至全干。

【化学成分】茵陈药材基原茵陈蒿幼苗期主要含绿原酸（其他生长期叶中也含绿原酸）。据日本学者报道，茵陈蒿花穗中含 6,7-二甲氧基香豆素等香豆素类，茵陈色原酮等色原酮类，茵陈香豆酸甲等香豆酸类，多种黄酮类以及萜类、炔类化合物和其他挥发油，油中主要为 α-蒎烯、茵陈二炔酮（capillin）、茵陈烯块（capillene）、茵陈醇（capillanol）、茵陈色原酮（capillarisin）等，结构式见图 16。另外从茵陈蒿中还分得粗多肽。

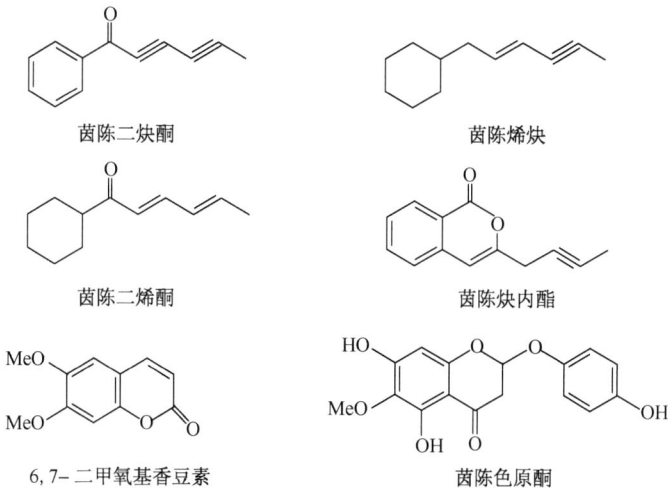

图 16　茵陈部分化学成分的结构式

不同采集期的药材，所含的有效成分含量不一致，将直接影响临床疗效。

宋伟静等（1996）对黑龙江产茵陈蒿中 DME 的积累规律进行研究，结果表明，7月茵陈植物中 DME 开始积累（约 0.0103%）；8月中旬，即植物的花期，DME 达到含量的峰值（约 0.355%）；8月以后，DME 呈下降趋势；12月，即植物的枯枝期，样品中只检出痕量的 DME。张黎华等（1993）对茵陈幼苗期、立秋期、花前期 3 种不同采集期药材的利胆作用进行比较，从大鼠胆汁分泌增加百分率看，花前期的作用似比幼苗期及立秋期的强，但其利胆强度无统计学差异，3 种不同采集期茵陈的利胆作用均较强。鉴于以上两种不同角度的比较结果，笔者认为有必要对不同产地和不同采集期的茵陈样本从药理学、药效学和药动学等方面进行更深入的研究，确定是否使用茵陈的花前期植株，废除使用茵陈幼苗，以达到充分利用药材的目的。

【鉴别与含量测定】

一、鉴别

1. 理化鉴别

取粗粉 1g，加 20ml 乙醇，水浴回流 30min，冷却，过滤，滤液置 365nm 紫外灯下观察，显紫红色荧光；在白光下观察乙醇提取液呈淡黄绿色。

2. 薄层鉴别

取药材 0.3g，分别加水 15ml，煮沸 1h，冷却，过滤，滤液于水浴上蒸干，残渣加乙醇 2ml 溶解，过滤，滤液作为供试品溶液。另取对照药材同法制得对照品溶液。按照薄层色谱法试验，吸取上述两种溶液各 6μl 分别点于同一硅胶 G 薄层板上，以苯-乙酸乙酯（9∶1）为展开剂，展开，取出，晾干，置于紫外灯（365nm）下检视，供试品色谱中，在与对照药材色谱相应的位置上，显一个清晰的暗蓝色荧光斑点。

取粉碎的样品 0.5g，加甲醇 10ml，水浴回流 20min，过滤，滤液作为样品溶液。另取绿原酸对照品，加甲醇配成 0.1mg/ml 的溶液，作为对照品溶液。吸取上述 2 种溶液各 6μl，分别点于同一以羧甲基纤维素钠为黏合剂的硅胶 G 薄层板上，以乙酸丁酯-甲酸-水（7∶2.5∶2.5）上层溶液为展开剂，展开，取出，晾干。置紫外光灯（365nm）下检视。样品色谱中，在与对照品色谱相应的位置上，显相同颜色的荧光斑点。

二、含量测定

1. 7-甲氧基香豆素

色谱条件与系统适用性试验：以十八硅烷键合硅胶为填充剂，流动相：甲醇-水-冰乙酸（52∶48∶4）；检测波长 320nm。

对照品的制备：精密称取 7-甲氧基香豆素对照品适量，加甲醇制成每毫升中约含 50μg 的溶液，精密吸取 25ml，置 100ml 量瓶中，用甲醇稀释至刻度，制成 12.5mg/L 的溶液，作为储备液，精密吸取储备液 25ml，置 50ml 量瓶中，用甲醇稀释至刻度，制成 6.25mg/L 的对照品溶液。

供试品溶液的制备：取干燥样品 0.5g，置圆底烧瓶中，加 95％乙醇 25ml，回流提取 2h，冷却，乙醇提取液过滤并移至 50ml 量瓶中，加入 95％乙醇稀释至刻度，混匀，放置，取上清液经微孔滤膜（0.45μm）过滤，弃去初滤液，收集续滤液作为供试品溶液。

测定方法：分别精密吸取对照品溶液、供试品溶液各 20μl，注入高效液相色谱仪，记录色谱图，以峰面积按外标法计算。

2. 绿原酸

色谱条件与系统适用性试验：以十八硅烷键合硅胶为填充剂，流动相：乙腈-0.4％磷酸溶液（10∶90），检测波长：327nm，进样量：10μl。理论板数按绿原酸峰计算不低于 10 000，绿原酸与相邻峰分离度均大于 1.5。

对照品的制备：精密称取绿原酸对照品 4.75 mg，置 50ml 棕色量瓶中，加体积分数 50％甲醇溶解至刻度，摇匀，用 0.45μm 微孔滤膜过滤（含绿原酸 95mg/L）。

供试品溶液的制备：取粉碎样品 0.25g，精密称定。置具塞锥形瓶中，精密加入体积分数 50％甲醇，称重，超声处理 30min，冷却，称重，用体积分数 50％甲醇补足减失的质量，摇匀，经 0.45μm 微孔滤膜过滤，取续滤液作供试品溶液。

测定方法：分别精密吸取对照品溶液、供试品溶液各 $10\mu l$，注入高效液相色谱仪，记录色谱图，以峰面积按外标法计算（曾美怡等，1987）。

【主要参考文献】

布日额. 1996. 蒙医用茵陈的本草考证及商品调查. 中药材，19（2）：98

宋伟静，刘晓华，王喜军等. 1996. 黑龙江产茵陈蒿中 6,7-二甲氧基香豆素的积累规律研究. 中医药学报，（1）：50

曾美怡，张启伟，姚三桃等. 1987. 绵茵陈的化学成分和质量评价研究. 国外医学中医中药分册，9（6）：321～328

张黎华，王景梓，周序斌等. 1993. 莳萝蒿、海洲蒿、茵陈蒿利胆作用比较. 中国中药杂志，18（9）：560

中华人民共和国药典委员会. 2005. 中华人民共和国药典（一部）. 北京：化学工业出版社. 192

荆　芥

Jingjie

HERBA SCHIZONEPETAE

【概述】 本品为豫西道地药材，始载于《本草纲目》："入足厥阴经气分，其功长于祛风邪，散瘀血，破结气，消疮毒。盖厥阴乃风木也，主血而相火寄之。故风病、血病、疮病为要药。" 此药材为唇形科裂叶荆芥属植物荆芥 *Schizonepeta tenuifolia* (Benth.) Briq. 干燥地上部分。其全草、梗和花穗可入药。荆芥味辛、性温，具发表祛风，透疹，炒炭止血作用。用于治疗感冒发热、头痛、咽痛、皮肤瘙痒、吐血、崩漏、麻疹不透等，是常用药材。荆芥与荆芥穗，二药皆能发汗，但荆芥穗发汗力大于荆芥。全国大部分地区均有分布，主产于江苏、浙江、江西、河北、湖北和湖南等省，朝鲜也产。伏牛山区主产于灵宝、栾川、卢氏等。现多为栽培种。

各地用药情况有差异。多裂叶荆芥为裂叶荆芥属植物多裂叶荆芥 *Schizonepeta multifida* (L.) Briq 的地上干燥部分，又名大叶荆芥，在东北地区多作为荆芥入药。分布于东北、华北、甘肃、青海、宁夏等地。伏牛山区主产于灵宝、栾川、卢氏等。广西各地还就地取材，以同科荠苎属 *Mosla* 及香薷属 *Elsholtzia* 多种植物的干燥地上部分"土荆芥"为名代荆芥入药。此外，尚可见两种混品：一种为藜科植物土荆芥 *Chenopodium ambrosioides* L.，伏牛山区有零星栽培，全草可提取土荆芥油，药用，有健胃除湿之效，对驱除绦虫、蛔虫有特效，也可作农药；另一种为荆芥属植物荆芥 *Nepeta cataria* L.，伏牛山区也有分布，生长于海拔 600～1800m 的山坡、山谷草丛及林下（周丽娜，2004；丁宝章等，1997）。

【商品名】 荆芥

【别名】 香荆芥、线芥、假苏、猫薄荷、鼠蓂、鼠实、姜芥、稳齿菜、四棱杆蒿

【基原】 为唇形科裂叶荆芥属植物荆芥的茎叶和花穗。

【原植物】 荆芥根系较浅，不发达。茎方形直立，高 60～90cm。基部稍带紫色，上部多分枝，被灰白色疏短柔毛，下部的节及小枝基部通常微红色。叶对生，基部叶有柄或无柄，羽状深裂，裂片 5 个；中部及上部叶片无柄，3～5 羽状深裂，裂片线形、

条形或披针形，长 1.5～2cm，宽 2～4mm，全缘，两面均被柔毛，下面具凹陷腺点，叶脉不明显。花序为多数轮伞花序组成的顶生穗状花序，长 2～13cm，通常主茎上的较大而多花，生于侧枝上的较小而疏花，但均为间断的。苞片叶状，下部的较大，与叶同形；上部的渐变小，乃至与花等长；小苞片线形，极小。花小，花萼管状钟形，长约 3mm，直径 1.2mm，被灰色疏柔毛，具 15 脉，先端 5 齿裂，三角状披针形，先端渐尖，长约 0.7mm，后面的较前面的为长；花冠淡紫色，长约 4.5mm，外被疏柔毛，内面无毛，冠筒向上扩张，冠檐二唇形，上唇先端 2 前裂，下唇较大，3 裂，中裂片最大；花冠管细，上下唇近等长，稍超出花萼，淡紫红色或红白色；雄蕊 4 个，2 强；雌蕊子房 4 裂，花柱基生，柱头 2 裂。小坚果 4 个，卵形或椭圆形，长约 1mm，直径约 0.7mm，棕色，有光泽。花期 7～9 月，果期 9～10 月（丁宝章等，1997）。

【药材性状】

1. 茎叶

本品茎呈方柱形，上部有分枝，长 50～80cm，直径 0.2～0.4cm；表面淡黄绿色或淡紫红色，被短柔毛；体轻，质脆，断面类白色。叶对生，多已脱落，叶片 3～5 羽状分裂，裂片细长。穗状轮伞花序顶生，长 2～9cm，直径约 0.7cm。花冠多脱落，宿萼钟状，先端 5 齿裂，淡棕色或黄绿色，被短柔毛；小坚果棕黑色。气芳香，味微涩而辛凉。

2. 荆芥穗

本品穗状轮伞花序呈圆柱形，长 3～15cm，直径约 7mm，花冠多脱落，宿萼黄绿色，钟形，质脆易碎，内有棕黑色小坚果。气芳香，味微涩而辛凉。

【种质来源】本地野生

【生长习性及基地自然条件】

一、生长发育特征

荆芥为一年生药用植物，种子在 19～25℃时，6 或 7d 就会发芽；当土温降到 16～18℃时，则需 10～15d 才能出苗。苗期对土壤温度要求较高，南方地区秋播，生育期 200d 以上，荆芥质量较好，幼苗一般能自然越冬但生长缓慢；北方冬季气温过低不宜秋季播种，幼苗能耐 0℃左右的低温，-2℃以下则会出现冻害。种子发芽适温为 15～20℃。种子寿命为 1 年，陈年种子不能发芽。荆芥一生分为苗期、现蕾期、盛花期和收获期。生长期因播种期不同而长短不一，春播的约 150d，夏播的仅 120d，秋播的约 200d。秋播的当年幼苗生长缓慢，一般株高不超过 33cm，翌年春季生长发育较快，5 月下旬至 6 月上旬收获。春播荆芥一般花期 6～8 月，果期 7～9 月或 8～10 月。夏播，当年 10 月收获。

二、生长条件

荆芥对气候、土壤等环境条件要求不严，适应性强，我国南北各地均可种植。一般分布在海拔 1000m 以下阳光充足的山地或平原，在高寒地区栽培生长不良。喜阳光充足、气候温和湿润的条件。忌干旱和积水，忌连作，前作以玉米、小麦等禾本科作物为好。荆芥种子细小，播后最怕土壤干旱和大雨，常造成严重缺株。

荆芥对水分的要求，以潮湿的气候环境为宜，但在不同生长发育时期要求有差异。种子出苗期要求土壤湿润，切忌干旱和积水；幼苗期喜稍湿润环境，又怕雨水过多和积水；成苗喜较干燥的环境，雨水多则生长不良。雨水过多对挥发油质量与产量均有较大的影响。

三、土壤种类

以排水良好、疏松肥沃的沙质壤土为佳，黏重的土壤和易干燥的粗沙土、冷沙土等，均生长不良。

【种植方法】

一、繁殖技术

秋季收获前，选株形大、枝繁叶茂、穗多而密、香气浓的植株作种用。收种时间须较产品收获晚 15～20d。10 月，荆芥呈红色，当种子充分成熟、籽粒饱满、呈深褐色或棕褐色时，把果穗剪下，放在场地里晒，晒干后将荆芥抖动或搓揉，使大量种子脱落。收起种，除去杂质，或者把果穗扎成小把，晒干脱粒。种子装在布袋里，悬挂于通风干燥处储放。

用种子繁殖，种子在土温 19～25℃，湿度适宜，1 周左右即可出苗。一般多行直播，也有育苗定植。北方春播，南方春播、秋播均可。秋播产量高，一般秋播多在 10 月下旬。由于采收入药部位不同，播种时间也不相同，采收茎叶在 4 月上旬播种，采收荆芥穗为主的常于 6 月中、下旬播种。

1. 直播

春、秋两季均可进行。春播在 3 月下旬至 4 月上旬，秋播于 9～10 月，以春播为好。尚有在 5～6 月，待小麦作物收后，实行夏播的。播种方法，如点播、条播、撒播均可，以条播为好，通风透光，不易得病害，较好管理。因种子细小，播前拌成种子灰，才能播种。点播：行距 17～20cm，穴深 5cm 左右，穴内浇人畜粪尿，每亩约 1000kg。种子灰撒穴内，每亩用种量 250～300g。播后不覆土也不镇压。条播：条播先用温水浸种 4～8h，再与土沙拌匀，在整好的畦内，按行距 20～25cm、开 0.5cm 深的沟，将种子均匀撒于沟内，覆盖平，种子以土埋住为好，切记不可过厚，否则影响出苗，干时浇水，每亩用种量 500g 左右。最好选小雨后，土壤松软时播种。若遇干旱天气，播前应浇水或浇稀薄人、畜粪水湿润后再播，有利于出苗。撒播：要求播浅、播匀。可先在畦内用锄顺行推一平面。然后将拌细沙的种子撒于平面，隔一锄再推一平面再撒种子，再用锄将种子推入地内，浇水。每亩用种量 750～1000g，7～10d 出苗。

无论采用哪种方法均要注意浅播及播种后经常保持土面湿润，就能很快出苗。

2. 育苗移栽

育苗只宜春播，一般平原地区于 3 月上、中旬播种。采用撒播，每亩用种 750～

1000g 拌成种子灰，先在畦面施入人粪尿，再撒播。播后用木板镇压，然后盖草，发芽时揭去。苗高 7cm 左右时匀苗，拔去过密苗，使株距保持 5cm 左右。5～6 月苗高约 17cm 时，选雨后或晴天下午拔苗移栽。如晴天移栽，取苗前一天应浇水使苗床湿透，以免将苗拔断。雨天或雨后土壤过湿，不宜移栽。栽时在畦上开穴，行株距均为 17～20cm。如土壤干燥，穴内应先施清淡人粪尿，每穴栽苗 3 或 4 株，并栽一起，盖土把根部压紧。在苗床上拔苗时，可按行距约 20cm、株距 7～10cm 留苗，以后与移栽的同样管理。

二、整地

宜选较肥沃湿润、排水良好的沙壤土种植，地势以阳光充足的平坦地为好。早耕地，深耕 25cm，整平，解冻后再耕一次，耙平做畦。畦宽 120cm，长短根据地形和种子而定。荆芥种子很小，所以地一定要精细整平，有利于出苗。

育苗地宜选择山坡向阳地或土层深厚肥沃的平原地种植，要求土质疏松肥沃。因荆芥种子较小，无论大田或育苗地都应将土地整细耙平。在播种前宜深耕细耙，并每亩施腐熟堆肥 1000～2000kg 作基肥。土壤贫瘠、黏重的闲荒地春播宜冬前耕翻冻垡，以利于改善土质，田块整成 1.3m 宽的平畦或高畦，四周开好排水沟。

三、施肥

前茬作物收获后，每亩施农家肥 3000kg，磷肥 15kg，尿素 10kg，巴丹 2kg 以减少地下害虫。

四、种植

荆芥撒播和条播，以条播为好，通风透光，不易得病害。第一次播种 3 月，长到 150～200cm 时收获，产量高，质量好。第二次播种 6 月，等油菜、麦子收后即可播种，秋季能长 120cm 左右，产量、质量比春播差。比较干旱的地区采用早播或播前深灌再播。播法：按行距 20cm 开 0.5cm 深的浅沟，种子均匀撒入沟内，覆一层薄细土，一周左右即发芽，每亩播种量 500～1000g。撒播要求播浅、播匀，播后用扫帚轻轻地扫一下地面，使种和土能沾到一起，每亩播种量 1000～1500g。

五、田间管理

1. 间苗、补苗

直播的，应及时间苗，以免幼苗生长过密，发育纤细柔弱。于苗高 6～7cm 和 10～13cm 时，各间一次。第二次定苗，点播的，每窝留苗 4 或 5 株；条播的每隔 7～10cm 交错留苗；撒播的，保持株距 10～13cm。如有缺苗，以间出的苗补齐。移栽的不必间苗，只需将缺苗补齐。

2. 中耕除草

点播和条播的，在两次间苗时结合进行中耕除草。第一次在苗高 5～7cm 时进行，只耕浅锄表土，避免压倒幼苗；第二次于苗高 10～15cm 时进行，可以稍深。以后视土壤是否板结和杂草多少。再中耕除草 1 或 2 次，并稍培土于基部，保肥固苗。撒播的只需除草，不能中耕。育苗移栽的，可中耕除草 1 或 2 次。移栽大田后，中耕除草 2 次，分别于幼苗成活后及苗高 30cm 左右时进行。封行后不再中耕除草。

3. 追肥

荆芥需要氮肥较多，为了使秆壮穗多，应适当施用磷钾肥。一般追肥 3 次，第一次在苗高 7～10cm 时，每亩施人畜粪尿 1000～1500kg；第二次在苗高 20cm 时，每亩施人畜粪尿 1500～2000kg；第三次在苗高 33cm 左右时，每亩用腐熟菜饼 50kg 和熏土 300～400kg 混匀后撒施株间。

4. 排灌

荆芥幼苗期喜湿润，畦面应经常保持湿润，但不可放大水浇灌。定苗后结合追肥浇水。雨季应及时排涝，以防地内积水烂根。抽穗开花时一般雨量即可满足对水分的需求，不太干旱不需浇水。

六、病虫害防治

（一）病害

荆芥病害主要有白粉病、立枯病、黑斑病等。

1. 白粉病

（1）症状。主要危害叶片、叶柄。发病初期叶片正反面产生白色圆形粉状斑点，以后逐渐扩展为边缘不明显的连片白斑，上面布满粉状霉，是病菌的菌丝体。病害一般由下部叶片向上部发展。病菌在病株残体和土中越冬。越冬后的子囊壳放出子囊孢子，或由菌丝产生分生孢子，条件适宜即入侵寄主，造成初次侵染。

（2）防治方法。收获后清除田间枯枝落叶和残叶；用硫制剂防病；用 75% 百菌清 500～800 倍液喷雾。

2. 立枯病

（1）症状。发病初期苗的茎部发生褐色水渍状小黑点，小黑点扩大，茎基部变细。发病严重时，病斑扩大呈棕褐色，茎基部收缩、腐烂，在病部及株旁表土可见白色蛛丝状菌丝。最后，苗倒伏枯死。4～6 月发病，低温多雨、土壤潮湿易发病。

（2）防治方法。选用良种，加强田间管理，做好排水工作；发病初期用 50% 甲基托布津 1500 倍液防治；遇到低温多雨，喷施波尔多液 1∶1∶100 倍液，10d 一次，连喷 2 或 3 次。

3. 黑斑病

（1）症状。发病初期，叶片上产生不规则的褐色斑，随病斑扩大，叶片黑褐色枯死，茎稍呈褐色，逐渐变细，头部下垂或折倒。潮湿时病部可见灰色霉状物。

（2）防治方法。拔除病株，集中处理，并在病株处撒生石灰粉消毒，防止蔓延；发病期喷 1∶1∶1∶10 倍波尔多液，每隔 10～14d 喷 1 次，或用 65% 代森锌可湿性粉剂 500 倍液防治。

（二）虫害

荆芥的虫害主要有斑粉蝶、华北蝼蛄、银蚊夜蛾等。

1. 斑粉蝶

（1）危害症状。幼虫取食荆芥叶，咬成洞或缺刻，严重时叶片被吃光，只残留下叶脉和叶柄。6～7月危害。

（2）防治方法。收获后，清除残株老叶，消灭斑粉蝶繁殖场所和部分蛹；2或3龄幼虫盛发期，施用青虫菌80～100倍液，或含孢子量80亿～100亿的苏云金杆菌。

2. 华北蝼蛄

（1）危害症状。成虫和若虫咬断荆芥根，3～4月开始危害多种农作物和药材。3～5月危害。

（2）防治方法。施用的堆肥、厩肥要充分腐熟，避免蝼蛄产卵；在耕翻土地时，撒施毒饵进行毒杀，效果较好。

3. 银蚊夜蛾

（1）危害症状。幼虫取食荆芥叶，叶成空洞或缺刻状，严重时将叶片吃光。幼虫有假死性，白天潜伏在叶背，晚上、阴天时多在叶背取食，老熟幼虫在叶背结茧化蛹。7～8月危害。

（2）防治方法。利用幼虫的假死性捕捉幼虫；利用成虫的趋光性和趋化性，采用黑光灯和糖醋液诱捕成虫；用90％晶体敌百虫1000倍液喷雾或烟草茎粉500倍液喷雾。

【采收加工】

1. 采收

春播的于当年8～9月收割；秋播的于第2年5月下旬至6月上旬收获。一般采收期为果穗2/3成熟，种子1/3饱满，香气浓。在生产上要比正常采收时间提前5～7d，此时花盛开或开过花，穗绿色，将要结籽，此时采收的药材质量较好。选择晴天早晨露水刚过时，用镰刀割下，边割边运，不能在烈日下晒，在阴凉处阴干，干后捆成把为全荆芥，割下的穗为荆芥穗，余下的秆为荆芥梗，作种用的荆芥种子收后，秆也可药用，但质量差一些。春播每公顷产6000～7500kg，夏播每公顷产4500kg。

2. 初加工

收割后直接晒干。荆芥不应在阳光下曝晒，以免影响挥发油含量。置阳光下稍稍晒干，放在阴凉避风处继续阴干，若遇阴雨天气时用文火烤干，温度控制在40℃以下。春播荆芥一般每亩可产干货400～500kg，夏播荆芥一般每亩产300kg。质量以身干、色淡黄绿、穗长而密、香气浓烈、无霉烂虫蛀者为佳。干燥的荆芥，打包成捆，每捆50kg左右。

3. 分级标准

商品分三种，为荆芥全草、荆芥梗、荆芥穗，统装。以色淡黄绿，穗长而密，香气浓，味清凉者为佳。

【化学成分】 茎叶含挥发油，油中主要成分为 d-薄荷酮（d-menthone）、消旋薄荷酮、左旋薄荷酮及少量 *d*-苧烯（*d*-limonene）、尚含 γ-蒎烯油（γ-pinene）、2-甲基-6-异丙基-2-环己烯-1-酮、月桂烯（myrcene）、柠檬烯（limonene）、乙基戊基醚（1-ethoxypentane）、3-甲基环戊酮（3-methylcyclopentanone）、3-甲基环己酮（3-methyl-cy-clohexanone）、苯甲醛（benzaldehyde）、1-辛烯-3-醇、3-辛酮（3-octanone）、3-辛醇（3-octanol）、聚伞花素（cymene）、新薄荷醇（neomenthol）、薄荷醇（menthol）、辣薄荷酮（piperitone）、辣薄荷烯酮（piperitenone）、葎草烯（humelene）、丁香烯（caryophyllene）；地上部分挥发油中还含有 β-蒎烯（β-pinene）、3,5-二甲基-2-环己烯-1-酮（3,5-dimethyl-2-cyclohexen-1-one）、乙烯基二甲苯（ethenyl dimethyl benzene）、桉叶素（cineole）、葛缕酮（carvone）、二氢葛缕酮（dihydrocarvone）、马鞭草烯酮（verbenone）。全草中仍含有 3-羟基-4（8）-烯-P-薄荷烷-3（9）-内酯（3-hydroxy-4（8）-ene-P-menthane-3（9）-lactone）、1,2-二羟基-8（9）-烯-P-薄荷烷（1,2-di-hydroxy-8（9）-ene-P-menthane）、荆芥二醇（schizonodiol）、6,8-二羟基-4-薄荷烯-3-酮，荆芥苷 E（schizonepetoside E）、8,9-二羟基-对-薄荷-3-酮-9-O-β-葡萄吡喃糖苷、荆芥苷 B（schizonepetoside B）。从荆芥乙酸乙酯提取物中分离鉴定了 5 个化合物，分别是二十烷酸、β-谷甾醇（β-sitosterol）、齐墩果酸（oleanicacid）、熊果酸（ursolic acid）、胡萝卜苷（daucosterol）。

荆芥穗含挥发油，油中主要成分为 *d*-薄荷酮（*d*-menthene）、消旋薄荷酮、左旋薄荷酮、胡薄荷酮（pulegone）及少量 *d*-苧烯（*d*-limonene）、γ-蒎烯油（γ-pinene）。

荆芥穗中含萜类成分：荆芥苷（schizoneptoside）A、B、C、E，荆芥醇（schizonol），荆芥二醇（schizoneodiol），熊果酸（张援虎，2006）；黄酮类成分：香叶木素（diosmetin）、橙皮苷即橙皮素-7-O-芸香糖苷（hesperidin，hesperetin-7-O-rutinoside）、木樨草素（luteolin）、芹菜素-7-O-葡萄糖苷（apigenin-7-O-β-D-glucoside）、木樨草素-7-O-葡萄糖糖苷（luteolin-7-O-D-gluco-side）、5,7-二羟基-6,4′-二甲氧基黄酮、5,7-二羟基-6,3′,4′-三甲氧基黄酮；酚酸类成分：咖啡酸（caffeic acid）、迷迭香酸（rosemarinic）、迷迭香酸单甲酯（rosmarinic acid monomethyl ester）、荆芥素（schizotenuin）A，1-羧基-2-（3,4-二羟苯基）乙基-（E）-3-［3-羟基-4-［（E）-1-carboxy-2-（3,4-di-hydroxyphenl）ethenoxy］propenoate］，（E）-3-［3［1-羟苯-2-（3,4-二羟苯基）乙氧基羰基］-7-羟基-2-（3,4-二羟苯基）苯并呋喃-5-基］丙烯酸 {（E）-3-［3-［1-carboxy-2-（3,4-dihydroxyphenyl）ethoxycarbonyl］-7-hydroxy-2-（3,4-dihydroxyphenyl）benzofuran-5-yl］propenoic acid}，1-羧基-2-（3,4-二羟苯基）乙基-（E）-3-［3-［1-甲氧基羰基-2-（3,4-二羟苯基）乙氧基羰基］-7-羟基-2-（3,4-二羟苯基）乙基 E］-3-［3-［1-甲氧基羰基-2-（3,4-二羟苯基）乙氧基羰基］-7-羟基二羟苯基］苯并呋喃-5-基］丙烯酸酯 {1-carboxy-2-（3,4-dihydroxyphenyl）ethyl-（E）-3-［3-［1-methoxy-carbonyl-2-（3,4-drihydroxyphenyl）ethoxycarbonyl］-7-hydroxy-2-（3,4-dihydroxy-phenyl）-benzofuran-5-yl］propenoate}。

【鉴别与含量测定】

一、鉴别

1. 荆芥全草

（1）显微鉴别。本品粉末黄棕色。宿萼表皮细胞垂周壁深波状弯曲。腺鳞头部 8 细胞，直径 96～112μm；柄单细胞，棕黄色。小腺毛头部 1 或 2 细胞，柄单细胞。非腺毛 1～6 细胞，大多具壁疣。外果皮细胞表面观多角形，壁黏液化，胞腔含棕色物。内果皮石细胞淡棕色，垂周壁深波状弯曲，密具纹孔。纤维直径 14～43μm，壁平直或微波状。

（2）理化鉴别。取本品粗粉 0.8g，加石油醚（60～90℃）20ml，密塞，时时振摇，放置过夜，过滤，滤液挥散至 1ml，作为供试品溶液。另取荆芥对照药材 0.8g，同法制成对照药材溶液。按照薄层色谱法 [《中国药典》（2005 年版）附录Ⅵ B] 试验，吸取上述两种溶液各 10μl，分别点于同一硅胶 H 薄层板上，以正己烷-乙酸乙酯（17：3）为展开剂，展开，取出，晾干，喷以 5％香草醛的硫酸乙醇溶液，在 105℃加热至斑点显色清晰。供试品色谱中，在与对照药材色谱相应的位置上，显相同颜色的斑点。

2. 荆芥穗

（1）显微鉴别。本品粉末黄棕色。宿萼表皮细胞垂周壁深波状弯曲。腺鳞头部 8 细胞，直径 95～110μm；柄单细胞，棕黄色。小腺毛头部 1 或 2 细胞，柄单细胞。非腺毛 1～6 细胞，大多具壁疣。外果皮细胞表面观多角形，壁黏液化，胞腔含棕色物。内果皮石细胞淡棕色，垂周壁深波状弯曲，密具纹孔。纤维成束，壁平直或微波状。

（2）理化鉴别。取本品粗粉 0.8g，加石油醚（60～90℃）20ml，密塞，时时振摇，放置过夜，过滤，滤液挥散至 1ml，作为供试品溶液。另取荆芥对照药材 0.8g，同法制成对照药材溶液。按照薄层色谱法 [《中国药典》（2005 年版）附录Ⅵ B] 试验，吸取上述两种溶液各 8μl，对照品及对照药材各 10μl，分别点于同一以羧甲基纤维素钠为黏合剂的硅胶 H 薄层板上，以石油醚（60～90℃）-乙酸乙酯（37：3）为展开剂，展开，取出，晾干，喷以 1％香草醛的硫酸乙醇溶液，加热至斑点显色清晰。供试品色谱中，在与对照药材和对照品色谱相应的位置上，显相同颜色的斑点。

二、含量测定

1. 茎叶

挥发油按照挥发油测定法 [《中国药典》（2005 年版）　附录Ⅹ D] 测定。本品含挥发油不得少于 0.60％（ml/g）。胡薄荷酮按照高效液相色谱法 [《中国药典》（2005 年版）　附录Ⅵ D] 测定。

（1）色谱条件与系统适用性试验。以十八烷基硅烷键合硅胶为填充剂；以甲醇-水（80：20）为流动相；检测波长为 252nm。理论板数按胡薄荷酮峰计算应不低于 3000。

（2）对照品溶液的制备。精密称取胡薄荷酮对照品适量，加甲醇制成每毫升含 10μg 的溶液。

（3）供试品溶液的制备。取本品粉末（过 2 号筛）约 0.5g，精密称定，置具塞锥形瓶中，加入甲醇 10ml，超声处理（功率 250W，频率 50kHz）20min，过滤，滤渣和滤纸再加 10ml 甲醇，同法再超声处理一次，过滤，加适量甲醇洗涤 2 次，合并滤液和洗液，转移至 25ml 量瓶中，加甲醇至刻度，摇匀。

（4）测定法。分别精密吸取对照品溶液与供试品溶液各 10μl，注入液相色谱仪，测定。

本品按干燥品计算，含胡薄荷酮（C$_{10}$H$_{16}$O）不得少于 0.020％。

2. 荆芥穗

挥发油按照挥发油测定法 [《中国药典》（2005 年版）　附录 X D] 测定。本品含挥发油不得少于 0.40％（ml/g）。胡薄荷酮按照高效液相色谱法 [《中国药典》（2005 年版）　附录 Ⅵ D] 测定。

（1）色谱条件与系统适用性试验。以十八烷基硅烷键合硅胶为填充剂；以甲醇-水（80：20）为流动相；检测波长为 252nm。理论板数按胡薄荷酮峰计算应不低于 3000。

（2）对照品溶液的制备。精密称取胡薄荷酮对照品适量，加甲醇制成每毫升含 20μg 的溶液。

（3）供试品溶液的制备。取本品粉末（过 2 号筛）约 0.5g，精密称定，置具塞锥形瓶中，加入甲醇 10ml，超声处理（功率 250W，频率 50kHz）20min，过滤，滤渣和滤纸再加 10ml 甲醇，同法再超声处理一次，过滤，加适量甲醇洗涤 2 次，合并滤液和洗液，转移至 25ml 量瓶中，加甲醇至刻度，摇匀。

（4）测定法。分别精密吸取对照品溶液与供试品溶液各 10μl，注入液相色谱仪，测定。

本品按干燥品计算，含胡薄荷酮（C$_{10}$H$_{16}$O）不得少于 0.080％。

【附注】

多裂叶荆芥

Schizonepeta multifida （L.）Briq.

【原植物】多年生草本，高可达 40～50cm。茎基部木质化，上部四棱形，被白色长柔毛。叶对生；叶柄长约 1.5cm；叶羽状深裂或分裂，有时浅裂至全缘，裂片卵形或卵状披针形，全缘或具疏齿，长 2～3.4cm，宽 1.5～2cm，先端锐尖，基部近截形至心形，上面深绿色，微被柔毛，下面白黄色，被白色短硬毛，脉上及边缘被睫毛，有腺点。多数轮伞花序组成顶生穗状花序，长 6～12cm；苞片叶状，深或全缘，卵形，长约 1cm；小苞片卵状披针形或披针形，带紫色，与花等长或稍长；花萼紫色，长约 5mm，有 15 条脉，外被稀疏短柔毛，先端 5 齿裂，三角形；花冠二唇形，蓝紫色，干后淡黄色，长约 8mm，被柔毛，上唇 2 裂，下唇 3 裂，中裂片最大；雄蕊 4 个，花药淡紫色，花柱细长，柱头 2 裂。小坚果 4 个，扁长圆形，腹部稍具棱，长约 1.6mm，宽约 0.6mm，褐色。花期 7～9 月，果期 9 月以后（丁宝章等，1997）。

【化学成分】穗含挥发油，其中主要成分为胡薄荷酮和薄荷酮，还含：环己酮（cyclohexanone）、3-甲基环己酮、1-辛烯-3-醇、异松油烯（terpinolene）、乙酸-1-辛烯酯（octen-1-ol acetate）、4α，5-二甲基-3-异丙基八氢萘酮 [octahydro-4α，5-dimethyl-3-

(1-methylethyl) naphthalenone]、辣薄荷酮（piperitone）、丁香烯（clovene）、马鞭草烯酮（verbenone）、环辛二烯酮（cyclooctenone）、1-甲基-八氢萘-2-酮（octahydro-1-methyl-2（1H）-naphthalenone）、3α-四基-6-亚甲基-1-异丙基环丁二环戊烯［3α-methylene-1-（1-methylethyl）cyclobuta-1,2,3,4-dicyclopentene]、3,5-二甲酰基-2,4-二闼基-6-甲基苯甲酸（3,5-dicycolpenten）、3,5-二甲酰基-2,4-二羟基-6-甲基苯甲酸（3,5-diformyl-2,4-dihydroxy-6-methylbenzoic acid）、4,5-二乙基-3,5-门二烯（4,5-diethyl-3,5-octadiene）、2-甲基-3-乙基-1,3-庚二烯（2-methyl-3-ethyl-1,2-heptadiene）。又含二十四酸（te-tracosanoic acid）、山濒酸（behenic acid）、琥珀酸（succinic acid）、去氧齐墩果酸（deoxyoleanolic acid）以及钾、钠、镁、钙、锌、铝、锰、铜、镉、钴、镍、硒、钼等微量元素。地上部分挥发油中，含胡薄荷酮（pulegone）、β-水芹烯（β-phellandrene）、月桂烯（myrcene）、柠檬烯（limonene）、芳樟醇（linalool）、香桧烯。

【药材性状】茎枝表面淡紫红色，被短柔毛；质轻脆，易折断，断面纤维状。叶裂片较宽，卵形或卵状披针形。轮伞花序连续，很少间断；萼齿急尖。气芳香，味微涩而辛凉。

【主要参考文献】

丁宝章，王遂义，高增义. 1997. 河南植物志. 郑州：河南科学技术出版社

藏友维，马冰如. 1989. 多裂叶荆芥穗化学成分的研究. 中国中药杂志，14（9）：32，33

张援虎，周岚，石任兵等. 2006. 荆芥穗化学成分的研究. 中国中药杂志，31（15）：1247～1249

中华人民共和国药典委员会. 2005. 中华人民共和国药典（2005年版 一部）. 北京：化学工业出版社

周丽娜. 2004. 荆芥的化学成分及药理作用研究. 中医药学刊，22（10）：1935

草　乌

Caowu

RADIX ACONITI KUSNEZOFFII

【概述】本品为豫西盛产药材，始载于《神农本草经》，列为下品。本品味苦、辛，性热，有大毒。归心、肝、肾、脾经。具有祛风除湿，温经止痛的作用。临床用于风寒湿痹，关节疼痛，心腹冷痛，寒疝作痛，麻醉止痛。

乌普云："乌头，形如乌之头也。有两歧相和如乌之喙者，名曰乌喙。喙即乌之口也。"至宋代陈衍《宝庆本草折衷》始将草乌头分立专条。《本草纲目》载："乌头之野生于他处者，俗称之草乌头，亦曰竹节乌头，出江北者曰淮乌头"，又云："处处有之，根苗花实并与川乌头相同，但此系野生"。由此可见，历代所称的草乌，主要系乌头的野生品及江北的北乌头 *Aconitum kusnezoffii* Reichb.。本品分布于伏牛山区海拔1000m以上的山沟或山坡草地及灌丛中。

【商品名】草乌

【别名】鸭头、药羊蒿、鸡头草、百步草

【基原】本品为毛茛科植物北乌头的干燥块根。

【原植物】多年生草本，高 70～150cm。块根通常 2 个，偶有 3 个，倒圆锥形，长 2.5～5cm，直径 1～1.5cm，外皮黑褐色。茎直立，粗壮。叶互生，具柄，叶片坚纸质，轮廓卵圆形，长 6～14cm，宽 8～19cm，3 全裂几达基部，裂片菱形，再作深浅不等的羽状缺刻状分裂，最终裂片披针形至线状披针形，先端尖，两面均无毛或上面疏被短毛。花序总状，或有时近窄圆锥花序，花序轴光滑无毛，或偶在花梗上部被很稀疏的短毛；花萼蓝紫色，上萼片盔形，高 1.5～2.5cm，宽 0.9～1.3cm，嘴稍向前平伸，侧萼片倒卵状圆形，稍偏斜，长 1.3～1.7cm，下萼片长圆形，长 1～1.5cm；蜜叶 2 片，有长爪，距拳卷；雄蕊多数；心皮通常 5 个，罕为 3 或 4 个，无毛。蓇葖果长 1.3～1.6cm。种子多数。花期 7～9 月，果期 8～10 月。

【药材性状】北乌头母根呈长圆锥形，略弯曲，末端尖而长，形如乌鸦头，长 2～7cm，直径 0.6～1.8cm。顶端常有残基或茎痕，表面黑褐色或灰褐色，皱缩有纵皱纹及须根痕，有时具瘤状突起的侧根；子根附生于其上，表面皱纹细而形较小。质坚硬，难折断，断面灰白色或暗灰色，粉性，可见多角形的形成层环纹。气微，味辛辣麻舌（有毒，尝时须注意）。

制草乌呈近三角形的片，表面黑褐色，有形成层环及点状维管束，质脆，稍有麻舌感。

【种质来源】本地野生

【生长习性及基地自然条件】耐寒性较强，喜阳光充足、凉爽湿润的环境。对酷暑不甚适应。较宜生长在深厚肥沃、排水良好的沙质壤土，黏土不宜种植。野生种多生于山地草坡或灌丛中。

【种植方法】

一、播种前准备

1. 整地

早耕多翻，碎土耙平。耕作深度 25～30cm。按宽 1.2m，高 15～20cm 的标准埋墒，长以地势而定，墒与坡向垂直，两墒间留 30～40cm 作业道，便于管理和排灌。播种前再抄犁 2 次，清除杂草，曝晒数日后打垡，使土壤充分匀细、疏松。

2. 基肥

每亩施用腐熟的农家肥 2000kg，磷肥 40～50kg，硫酸钾 20kg，均匀施于墒面，浅锄，做到土、肥融和。

二、播种

1. 种乌质量

一年生草乌，块根单个重量 4～5g，无病虫危害。

2. 播种量

每亩 60～80kg。

3. 播种方式

条播，株距 10cm，行距 25cm，深度 10～15cm。

4. 播种期

11 月中下旬至 12 月中旬。

三、田间管理

1. 水分管理

草乌怕旱又怕涝，不同季节，不同生育时期，对水分有不同要求。出苗前保证土壤湿润，出苗后土壤含水量应维持在 60％左右。

2. 施肥

（1）施肥原则。根据土壤肥力确定施肥量，充分满足草乌不同生长期，不同发育阶段对各种营养元素的需求。多施有机肥，合理施用化肥，提高营养诊断施肥、配方施肥。所施用肥料不应对种植环境和草乌产品质量产生不良影响，应经过农业行政主管部门登记。

（2）施肥方法。幼苗有 6～8 片叶子时，第一次追施充分腐熟的厩粪水或人粪尿，具体方法是：先把优质的羊、猪粪泡成的粪水或人粪尿，以 50kg 水兑 8～10kg 粪水或兑 0.8kg 尿素施用。为促使茎叶快速生长，施用的原则是浓度要稀，次数要多，施用量要大，使施肥的同时还可以保墒。第二次追肥应在植株生长至 1m 左右，开花前 20d 进行，此时块根已进入生长膨大的关键时期，每亩用 2‰尿素，1.5‰的磷酸二氢钾兑水浇施于植株的根部。开花结籽期用 2‰尿素，1.5‰磷酸二氢钾兑水浇施，做到每平方米浇施肥液 2～3kg。

（3）中耕除草。幼苗出土前，应将墒面上大的土块扒入沟内，用锄头打碎，然后把沟内的泥土完全提到墒面上。"雨水"节令前后，幼苗全部出土，如发现病株，应拔出烧毁，利用预备苗带土移栽，时间宜早不宜迟。草乌属深根作物，中耕时要根据草乌的根系生长情况、范围、变化掌握先深耕后浅耕、远深耕、近浅耕的方法。搭架前培土，促进不定根生长。

雨水落地以后，杂草易于生长，应及时中耕除草，保持地无杂草，沟无积水。开花前结合施肥中耕 1 次，使块根在短期内迅速发育膨大（王桂芬，2005）。

3. 搭架

株高 50cm 时进行搭架。架高 1.5～1.8m，用 50cm×50cm 竹竿 4 根结扎在一起。

4. 根外追施块根块茎膨大素

使用澳得丰 800 倍液于草乌叶面积最大处（开花打蔓前）作叶面喷施，每隔 5～7d 喷 1 次，连喷 3 次。

5. 封顶打杈

植株现花蕾时每株留叶 25～30 片，开始打尖，打尖 15～20cm，经过打尖后的植株，叶腋又会长出腋芽消耗养分，应随时摘除，但摘芽时不要伤害叶片，以免影响叶片光合作用。一般要进行 2 次打尖和摘芽，以免影响块根的生长发育。做到地无乌花，株无腋芽。

6. 腋芽果采集

8～10 月采集腋芽果，成熟一批采一批，分 3 次采完。

四、病虫害防治

主要病害：白粉病、锈病、根腐病、青枯病和根结线虫病。主要虫害：地老虎。

防治原则：贯彻"预防为主，综合防治"的植保方针，坚持"农业防治、物理防治、生物防治，配合科学合理地使用化学防治"的无害化治理原则。

农业防治：通过轮作，施用腐熟农家肥，减少病虫源。科学施肥，控制氮肥使用，加强管理，培育壮苗。合理控制水分，清除杂草，及时拔出并销毁田间发现的重病株，可有效预防病虫害的发生。

药剂防治：严格执行国家有关规定，禁止使用高毒高残留农药；必要时，允许有限度使用部分有机合成化学农药，严格控制施用次数、施用量和采收前禁用期，最低残留量达国家标准。合理混用、轮换交替使用不同作用机制或具有负交互抗性的药剂，克服和推迟病、虫抗药性的产生和发展（龙明文，2003）。

【采收加工】11～12 月地上部分枯萎后采挖，首先在地的一边用锄头挖出一条深 30cm 的沟，然后顺序翻挖，注意采挖时不要伤及块根，以免未加工即发生霉变，挖出后除尽茎叶和泥土，放在地边晾晒，使其脱去部分水分，晒至微软时收回，用水浸泡清洗表面泥土，完成清洗后放在竹篾笆上摊开晾晒。

因剧毒一般炮制后用。

【化学成分】草乌含剧毒的双酯类生物碱：乌头碱（aconitine）、中乌头碱（mesaconitine）、次乌头碱（hypaconitine）、3-去氧乌头碱（3-deoxyaconitine）、北草乌碱（beiwutine）、拉帕宁（lepenine）和得姆定（denudine）等（李正邦等，1997），具体结构见图 17。此外还含有乌头多糖。

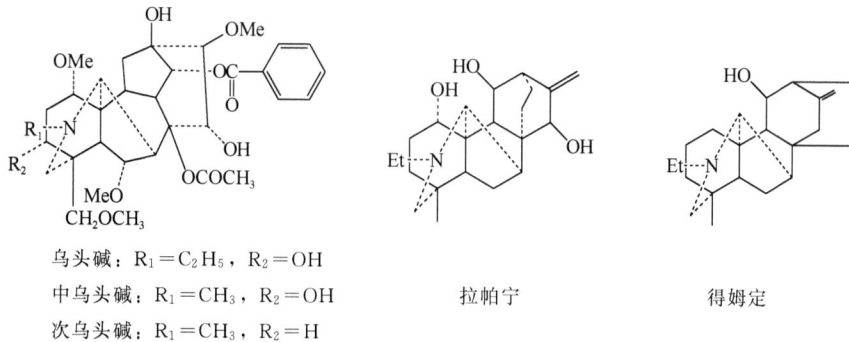

乌头碱：$R_1 = C_2H_5$，$R_2 = OH$
中乌头碱：$R_1 = CH_3$，$R_2 = OH$
次乌头碱：$R_1 = CH_3$，$R_2 = H$

拉帕宁　　　　得姆定

图 17　草乌中部分生物碱结构式

【鉴别与含量测定】

一、鉴别

1）本品横切面：后生皮层为 7 或 8 列棕黄色栓化细胞；皮层有石细胞，单个散生或 2～5 个成群，类长方形、方形或长圆形，胞腔大；内皮层明显。韧皮部宽广，常有不规则裂隙，筛管群随处可见。形成层环呈不规则多角形或类圆形。木质部导管 1～4 列或数个相聚，位于形成层角隅的内侧，有的内含棕黄色物。髓部较大。薄壁细胞充满淀粉粒。粉末灰棕色。淀粉粒单粒类圆形，直径 2～23μm；复粒由 2～16 分粒组成。石细胞无色，与后生皮层连接的显棕色，呈类方形、类长方形、类圆形、梭形或长条形，直径 20～133（234）μm，长至 465μm，壁厚薄不一，壁厚者层纹明显，纹孔细，有的含棕色物。后生皮层细胞棕色，表面观呈类方形或长多角形，壁不均匀增厚，有的呈瘤状突入细胞腔。

2）取本品粉末 0.5g，加乙醚 10ml 与氨试液 0.5ml，振摇 10min，过滤，滤液置分液漏斗中，加 0.25mol/L 硫酸溶液 20ml，振摇提取，分取酸液适量，用水稀释后，照分光光度法测定，在 231nm 与 275nm 的波长处有最大吸收。

3）取本品粗粉 1g，加乙醚 15ml 与氨试液 1ml，浸渍 1h，时时振摇，过滤，取滤液 5ml，蒸干，残渣加 7％盐酸羟胺甲醇溶液 5 滴与 0.1％麝香草酚酞甲醇溶液 1 滴，滴加氢氧化钾饱和的甲醇溶液至显蓝色后，再多加 2 滴，置 60℃水浴上加热 1～2min，用冷水冷却，滴加稀盐酸调节 pH 至 2～3，加三氯化铁试液和氯仿各 1 滴，振摇，上层液显紫色。

二、含量测定

乌头碱、次乌头碱、新乌头碱含量测定。

（1）色谱条件与系统适用性试验。用十八烷基硅烷键合硅胶为填充剂；乙腈-缓冲液（30：70）为流动相（缓冲液：2‰冰乙酸，用三乙胺调 pH 至 6.25）；检测波长为 235nm；流速为 1.2ml/min。

（2）对照品溶液的制备。精密称取乌头碱、次乌头碱、新乌头碱对照品适量，加流动相制成每毫升含 0.3mg 乌头碱、次乌头碱、新乌头碱的溶液，即得。

（3）供试品溶液的制备。取本品粉末 0.2g，加氨试液 0.4ml 使润湿，加乙醚 20ml 超声振荡 10min，过滤，残渣用乙醚洗 3 次，每次 5ml，合并滤液，挥干。残渣用 0.01mol/L 的盐酸 0.4ml 溶解，用微孔滤膜（0.45μm）过滤，即得。

（4）测定法。分别精密吸取对照品溶液与供试品溶液各 10μl，注入液相色谱仪，测定（黄建明等，2002）。

【附注】

据研究尚有多种乌头属植物的块根做草乌药用，主要有以下几种。

1. 瓜叶乌头（藤乌头）*Aconitum hemsleyanum* Pritz.

多年生缠绕草本。茎分枝，无毛。茎中部叶五角形，长约 8cm，3 深裂，中间裂片梯状菱形，先端渐尖，3 浅裂，上部边缘具粗齿，侧生裂片不等 2 浅裂，背面基部及叶柄有绒毛；萼片 5 个，蓝紫色，外面无毛或疏生短柔毛，上萼片盔形，高 2～2.5cm，具短喙；花瓣 2 个，距长 2mm；心皮 5 个，无毛，稀生微绒毛。蓇葖果长 1.2～1.5cm。花期 6～8 月，果期 8～9 月。

产于伏牛山区海拔 1000 米上的山坡灌丛或溪边和树林中。

2. 展毛川鄂乌头 Aconitum henryi Pritz. var. *villosum* W. T. Wang

多年生缠绕草本。块根胡萝卜形或倒圆锥形，长 1.5～3.8cm。茎幼时具柔毛。茎中部叶卵状五角形，长 4～10cm，宽 7～12cm，3 全裂，中间裂片披针形或菱形披针形，先端渐尖，边缘疏生粗齿，侧生裂片不等 2 裂，幼叶两面或老叶仅背面基部及叶柄有毛。花序有 1～6 朵花；花序轴及花梗有白色柔毛；萼 5 个，蓝色，上萼片高盔形，高 2～2.5cm，有毛，具尖喙；花瓣 2 个；雄蕊多数；心皮 3 个。蓇葖果 3 个。花期 7～9 月，果熟期 8～10 月。

分布于伏牛山区海拔 1000m 以上的溪边、沟边或杂木林中。

3. 松潘乌头 Aconitum sungpanense Hand.-Mazz.

多年生缠绕草本，长达 1.5m。块根近圆柱形，长约 3.5cm。茎无毛或近无毛。叶五角形，长 5.8～10cm，宽 8～12cm，3 全裂，中间裂片卵状菱形，先端渐尖，近羽状浅裂，具缺刻状齿，侧生裂片不等地 2 深裂，无毛。花序具 2～9 花，无毛或疏生反曲的微柔毛；花梗长 2～4cm；萼片 5 个，淡蓝紫色，无毛或疏被微柔毛，上萼片盔形，高 1.8～2.2cm，喙不明显；花瓣无毛或疏生短毛，距长 1～2mm；心皮 3～5 个，无毛或疏被短毛。花期 7～8 月，果熟期 9～10 月。

分布于伏牛山海拔 1000m 以上的山地灌丛或杂木林中。

4. 乌头 Aconitum carmichaeli Debx.

多年生草本，高 50～100cm。块根倒卵圆形，长约 3.5cm。茎有反曲柔毛。叶 3～5 全裂，沿脉及叶柄有柔毛。总状花序顶生或腋生；花序轴及花梗有反曲柔毛；萼片 5 个，蓝紫色，外面被弯曲短毛，上萼片盔形；花瓣 2 个，有长爪；心皮 3～5 个，无毛。蓇葖果 3～5 个，向内开裂。花期 8～9 月，果期 9～10 月。

分布于伏牛山区的上坡草地及灌丛中。

5. 高乌头（麻布七）Aconitum sinomontanum Nakai.

多年生草本，高至 1.5m。具直根。基生叶 1 个，茎生叶 4～6 个，散生，肾圆形，长 5.5～15cm，宽 10～22cm，3 深裂，中间叶片菱形，渐尖，中部以上具不等大的三角形小裂片和锐牙齿，侧生裂片较大，3 裂不等；基生叶与茎下部叶具 30～50cm 的长柄。总状花序长 20～50cm。密生反曲的微柔毛；花序下部的花梗长 2～5.5cm，中部以上的长 0.5～1.4cm；萼片 5 个，蓝紫色，上萼片圆筒形，高 1.6～3cm；花瓣 2 个，具长爪；心皮 3 个。蓇葖果长 1.1～1.7cm。花期 6～7 月，果熟期 8～9 月。

分布于伏牛山区海拔 1000m 以上的山谷溪边或山坡林下腐殖质土上。

6. 鞘柄乌头（活血莲）Aconitum vaginatum Pritz

多年生草本，高 45～68cm。具直茎。茎不分枝，无毛。基生叶 1～3 个，具长柄，五角形，长 5～7.6cm，宽 9～13cm，3 裂稍过中部，先端钝或突尖，边缘有锯齿；茎生叶 3～5 个，密集于花序下，与基生叶相似，上部的叶片较小。总状花序长 15～25cm，密生淡黄的短柔毛；小苞片生于花梗基部；萼片 5 个，紫色，上萼片圆筒形，高 1.6～1.8cm；雄蕊多数；花瓣 2 个；心皮 3 个。蓇葖果 3 个，不等大。花期 7～8 月，果熟期 8～9 月。

　　分布于伏牛山南部的西峡县黑烟镇、军马河，南召县的宝天曼、内乡县夏宫；生于海拔 1000m 以上的山谷杂木林中阴湿地方。

7. 花葶乌头 *Aconitum scaposum* Franch.

　　多年生草本，高 35～60cm。根近圆柱形，长约 10cm。茎具淡黄色。基生叶 3 或 4 个，肾状五角形，长 5.5cm，宽 8.5～22cm，3 裂稍过中裂，中间裂片倒梯状菱形，侧生裂片不等的 2 裂，两面散生短浮毛，背面沿脉较多；叶柄长 13～40cm，具小叶片，小的鞘状，长 1.2～3cm。花序长 20～35cm，密生淡黄色柔毛；苞片披针形，小苞片生花梗基部，高 1.3～1.5cm；心皮 3 个，子房有长毛。蓇葖果不等大，长 0.75～1.3cm，疏被长毛。花期 7～8 月，果熟期 9～10 月。

　　分布于伏牛山区海拔 1000m 以上的山谷阴湿处。

【主要参考文献】

黄建明，郭济贤，孙明明等. 2002. 草乌中生物碱含量测定方法的研究. 中药材，25（12）：878～880

李正邦，吕光华. 1997. 草乌中生物碱的化学研究. 天然产物研究与开发，9（1）：9～14

龙明文. 2003. 草乌栽培技术. 农村经济与技术，（10）：43

孙玉军，陈彦. 2000. 草乌多糖的分离纯化和组成性质研究. 中国药学杂志，35（11）：731～733

童玉懿. 1991. 民间用草乌类生药中一些生物碱的鉴别及含量测定. 中国中药杂志，16（1）：43～45

图雅，张贵君，刘志强. 2008. 蒙药草乌的研究进展. 时珍国医国药，19（7）：1581，1582

王定康，郭丽红，翟书华. 2004. 草乌繁殖技术研究. 昆明师范高等专科学校学报，26（4）：73～75

王桂芬. 2005. 草乌施肥技术. 农村实用技术，（11）：30

赵英永，崔秀明，戴云等. 2007. 高效液相色谱法测定草乌类药用植物活性成分含量. 中国药学杂志，42（11）：815～818

赵英永，崔秀明，张文斌等. 2006. RP-HPLC 法测定草乌中乌头碱、中乌头碱和次乌头碱. 中草药，37（6）：940～942

香　薷

Xiangru

HERBA MOSLAE

　　【概述】本品为较常用中药，伏牛山区大宗药材。《名医别录》列为中品，为《中国药典》（2005 年版）收载药材。味辛，性微温。有发汗解表，和中利湿的功能。用于治疗暑湿感冒、恶寒发热无汗、腹痛、吐泻、浮肿、脚气。市售商品应用地区较广者为野生品，称"青香薷"；其次为本植物的栽培品，称"江香薷"（中华人民共和国药典委员会，2005）。分布海拔 500～1500m 的伏牛山区，生于山坡草地、林下。

　　【商品名】青香薷

　　【别名】香茹、香草、青香薷、细叶香薷、香薷草、华荠苎（广西、湖南）、蓼刀竹、小香薷、小叶香薷（江西、福建、广东、广西、四川）、土香薷、土荆芥、七星剑（广西）、细叶七星剑、野香薷（广东）、辣辣草、土黄连（贵州）

　　【基原】本品为唇形科植物石香薷 *Mosla chinensis* Maxim. 的干燥地上部分。

【原植物】 植株高 9～40cm。茎纤细，被白色疏柔毛。叶线状长圆形至线状披针形，长 1.3～2.8cm，宽 2～4mm，无端渐尖或急尖，基部渐狭或楔形，边缘具疏而不明显的浅锯齿，两面被疏短柔毛及棕色凹陷腺点；叶柄长 3～5mm，被疏短柔毛。总状花序头状或假穗状，长 1～3cm；苞片覆瓦状排列；圆倒卵形，长 4～7cm，宽 3～5mm，两面被疏柔毛，边缘具睫毛；花萼钟状，长约 3mm，外面被白色绵毛及腺体，内面喉部以上被绵毛，萼齿 5 个，钻形，等大，花冠紫红色至白色，长约 5mm，上唇微缺，下唇 3 裂，中裂片较大，具圆齿；雄蕊 4 个，后对能育，前对药室不明显。小坚果近球形，具深雕纹。花期 7～9 月，果熟期 9～10 月（丁宝章等，1997）。

【药材性状】 青香薷：长 26～30cm。茎方柱形或基部近圆形，直径 1～2cm，基部紫红色，上部黄绿色或淡黄色，节间长 3～5cm。全体密被白色茸毛。质脆，易折断。叶对生，多皱缩或脱落，叶片展平后呈长卵形或披针形，暗绿色或黄绿色，边缘有疏锯齿。穗状花序顶生及腋生，苞片宽卵形，脱落或残存；花萼宿存，钟状，淡紫红色或灰绿色，先端 5 裂，密被茸毛。小坚果 4 个，近圆球形，具网纹，网间隙下凹呈浅凹状。气清香而浓，味微辛而凉。

江香薷：栽培品，体长 35～60cm，茎较粗，节间长 4～7cm，叶片比青香薷长且略宽。

【生长习性及基地自然条件】 喜温暖，不耐湿，尤不适于高温、高湿天气。宜选排水良好的地区栽培。对土质要求不严，但以沙质壤土最好，黏壤土也可栽植，碱土不宜栽培，怕旱，不宜重茬。野生于山野路旁、山坡、河岸。

【种质来源】 野生居群

【种植方法】

1. 选种

选无病害的健壮植株保留到主茎上种子变成褐色（成熟）时收获，拔出植株，切除根部，运回放置在晒垫上晒至八成干后，用小棒抽打穗部使种子脱落，扬净杂质，晒干，储藏于透气的种子袋中，置于通风干燥处。

2. 播种

1）种子处理：播种前用水选法选出饱满种子，将种子置于较柔和的阳光下晾晒 1d。

2）播种量：用种 30kg/hm²。

3）播种方法：在整好的畦面按行距 30cm 开好 1～2cm 的浅沟，将处理好的种子拌细草木灰均匀撒施于浅沟内，然后在沟上盖薄层草木灰。

3. 间苗与补苗

苗高 10cm 时，以株距 10cm 间去弱小苗，苗稀疏处以株距 10cm 补苗，保证全苗。

4. 排水

雨季来临前要注意理沟，以保持排水畅通。多雨季节要排水，保证畦面不积水。

5. 中耕除草

在苗高 10cm 间苗时及时除草 1 次，应见草必除，切忌杂草罩住药苗，此期苗较小，应采用手工拔草，两周后用锄头结合中耕再次除草，江香薷封行之前，应再次结合中耕锄草 1 次，保持畦面无杂草。

6. 追肥

在施足了基肥的前提下，追肥采用氮、钾、铜配合使用。

7. 病虫害防治

　　1）病害：主要是根腐病。

　　2）虫害：主要是小地老虎、蝼蛄（胡生福等，2005）。

【采收加工】一般均在夏季开花前，采收全草，除去根部，晒干，捆成小把。

【化学成分】挥发油是青香薷的主要有效成分（何福江等. 1995），全草含挥发油 2%。其主要成分为：百里香酚、β-金合欢烯、对聚伞花素、萜品烯-4-醇、芳樟醇、苯甲醛（benzaldhyde）、冬青油烯、月桂烯、1-甲基-2-异丙烯苯（o-cymene）、1-甲基-4-异丙烯苯（p-cymene）、反式罗勒烯（trans-ocimene）L-4-松油醇（L-4-terp inenol）4-松油醇（4-terp inenol）、枯茗醛（cuminic aldehyde）、百里香酚（thymol）、香荆芥酚（isothymol）、乙酸百里酯（acetylthymol）、丁子香酚、乙酸香荆酯（carvasryl acetate）、α-古芹烯、β-波旁烯（β-bourbonene）、β-芹子烯、香叶醇乙酸酯（geranyl acetone）、α-愈创木烯（α-guaiene）、β-愈创木烯、大香叶烯 D、α-姜烯（α-zingiberene）、α-芹子烯（α-selinene）、反式，反式-α-金合欢烯（trans, trans-α-farnesene）、双环大香叶烯（bicyclogermacrene）、α-木罗烯、石竹烯氧化物（caryophyllene oxide）、α-绿叶烯（α-patchoulene）、十七烷烃（n-hep tadecane）、雪松醇（cedrenol）、红没药醇（levomeno）、喇叭烯［（+）-ledene］、τ-杜松醇（τ-cadinol）、5,9,9-三甲基-螺［3,5］壬-5-烯-1-酮（5,9,9-trimethyl-spiro［3,5］non-5-en-1-one）（曾虹燕等，2003；郑尚珍等，2001）。

黄酮类：5,7-二甲氧基-4′-氢基黄酮、芹菜素-7-O-α-L-鼠李糖（1→4）-6′-O-乙酰基-β-D-葡萄糖苷、5,7-二甲氧基-4′-O-α-L-鼠李糖-β-D-葡萄糖苷、金合欢素-7-O-芸香苷、5-羟基-6-甲基-7-O-β-D-吡喃木糖（3→1）-β-D-吡喃木糖双氢黄酮苷和鼠李柠檬素-3-O-5,7-二羟基-6,7-二甲氧基黄酮与鼠李柠檬素-3-O-β-D-芹糖（1→5）芹糖-4′-O-β-D-葡萄糖苷（郑尚珍等，1996）。

微量元素：铜、锌、锰、钴、镍、硒、镉、锡、氟、硅、钼。

维生素：为胡萝卜素、维生素 C、维生素 E、维生素 B_6、维生素 B_1、维生素 B_2、维生素 PP。

【鉴别与含量测定】

一、鉴别

酚类化合物　取含量测定项下的挥发油，加乙醚制成每毫升含 3μl 的溶液，作为供试品溶液。另取麝香草酚对照品、香荆芥酚对照品，加乙醚分别制成每毫升含 1mg 的溶液，作为对照品溶液。照薄层色谱法［《中国药典》（2005 年版）附录ⅥB］试验，吸取上述三种溶液各 5μl，分别点于同一以羧甲基纤维素钠为黏合剂的硅胶 G 薄层板上，

以甲苯为展开剂，展开，展距 15cm 以上，取出，晾干，喷以 5％香草醛硫酸溶液，在
105℃加热至斑点显色清晰。供试品色谱中，在与对照品色谱相应的位置上，显相同颜
色的斑点。

二、含量测定

1. 挥发油

取本品约 1cm 的短段适量，每 100g 供试品加水 800ml，照挥发油测定法 ［《中国药
典》(2005 年版) 附录ⅩD］，保持微沸 4h 测定。本品含挥发油不得少于 0.60％ (ml/g)。

2. 麝香草酚与香荆芥酚

按气相色谱法 ［《中国药典》(2005 年版) 附录ⅥE］ 测定。

（1）色谱条件与系统适用性试验。以聚乙二醇（PEG）20mol/L 为固定液，涂布浓
度 10％，柱温 190℃，理论塔板数按麝香草酚峰计算不低于 1700。

（2）对照品溶液的制备。取麝香草酚对照品、香荆芥酚对照品各 15mg，精密称
定，置 50ml 容量瓶中，用无水乙醇溶解，并稀释至刻度，摇匀，即得。

（3）供试品溶液的制备。取本品粉末（过 2 号筛）约 2g，精密称定，置具塞锥形
瓶中，精密加入无水乙醇 20ml，密塞，称定重量，振摇 5min，浸渍过夜，超声处理
（功率 250W，频率 50kHz）15min，冷却，再称定重量，用无水乙醇补足减失的重量，
摇匀，用铺有活性炭 1g 的干燥滤器过滤，取续滤液，即得。

（4）测定法。分别精密吸取对照品溶液与供试品溶液各 2μl，注入气相色谱仪，测
定，即得。

本品按干燥品计算，含麝香草酚与香荆芥酚的总量不得少于 0.16％。

【主要参考文献】

丁宝章，王遂义. 1997. 河南植物志. 第三册. 郑州：河南科学技术出版社：381

何福江，石晓峰. 1995. 香薷挥发油化学成分的研究. 药物分析杂志，15（5）：20

胡生福，刘贤旺，阎红梅. 2005. 江香薷规范化生产技术标准操作规程（试行）. 中药研究与信息，7
　（12）：35～37

路纯明. 1998. 香薷挥发油化学成分的分析. 中国粮油学报，13（4）：40

曾虹燕，周朴华，唐艳林. 2003. 石香薷挥发油提取的比较研究. 天然产物研究与开发，15（2）：135

郑尚珍，孙丽萍，沈序维. 1996. 石香薷中化学成分的研究. 植物学报，38（2）：156～160

郑尚珍，郑敏燕，杨彩霞等. 2001. 超临界流体 CO₂ 萃取法研究石香薷精油化学成分. 西北师范大学学报（自然
　科学版），37（2）：49

中华人民共和国药典委员会. 2005. 中华人民共和国药典（一部）. 北京：化学工业出版社：182

益 母 草

Yimucao

HERBA LEONURI

【概述】益母草始载于《神农本草经》，列为上品，是常用中药。性味苦、辛，性

微寒。归肝、心包经。有活血、调经、祛瘀生新、利尿消肿等功效。主治月经不调、崩漏难产、痛经、产后瘀阻等症，素有"血家圣药"、"经产良药"之称。

《中国药典》（2005 年版）收载的益母草来源于唇形科（Labiatae）益母草属 *Leonurus* 益母草 *Leonurus japonicus* Houtt. 的新鲜或干燥地上部分。主产于南召、西峡、鲁山、栾川、嵩县、卢氏、灵宝等县（市）。

【商品名】益母草

【别名】益母蒿、益母艾、红花艾、坤草、茺蔚、三角胡麻、四楞子棵

【基原】本品为唇形科植物益母草的新鲜或干燥地上部分。

【原植物】一年生或二年生草本，高 60～100cm。茎直立，钝四棱形，被微毛。叶对生；茎下部叶轮廓卵形，掌状 3 裂，长 2.5～6cm，宽 1.5～4cm，裂片长圆状菱形或卵圆形，裂片再分裂，表面有糙伏毛，背面被疏柔毛及腺点，叶柄长 2～3cm，基部下延略有翅；茎中部叶菱形，较小，通常 3 裂成矩圆形裂片，基部楔形，叶柄长 5～20mm。一年生植物基叶具长柄，叶片略呈圆形，直径 4～8cm，5～9 浅裂，裂片具 2 或 3 钝齿，基部心形；茎中部叶有短柄，3 全裂，裂片近披针形，中央裂片常再 3 裂，两侧裂片再 1 或 2 裂，最终片宽度通常在 3mm 以上，先端渐尖，边缘疏生锯齿或近全缘；最上部叶不分裂，线形，近无柄，上面绿色，被糙伏毛，下面淡绿色，被疏柔毛及腺点。轮伞花序腋生，具花 8～15 朵；小苞片针刺状，无花梗；花萼钟形，外面贴生微柔毛，先端 5 齿裂，具刺尖，下方 2 齿比上方 2 齿长，宿存；花冠唇形，淡红色或紫红色，长 9～12mm，外面被柔毛，上唇与下唇几等长，上唇长圆形，全缘，边缘具纤毛，下唇 3 裂，中央裂片较大，倒心形；雄蕊 4 个，二强，着生在花冠内面近中部，花丝疏被鳞状毛，花药 2 室；雌蕊 1 个，子房 4 裂，花柱丝状，略长于雄蕊，柱头 2 裂。小坚果褐色，三棱形，先端较宽而平截，基部楔形，长 2～2.5mm，直径约 1.5mm。花期 6～9 月，果期 8～10 月。

【药材性状】鲜益母草：幼苗期无茎，基生叶圆心形，边缘 5～9 浅裂，每裂片有 2 或 3 钝齿。花前期茎呈方柱形，上部多分枝，四面凹下成纵沟，长 30～60cm，直径 0.2～0.5cm；表面青绿色；质鲜嫩，断面中部有髓。叶交互对生，有柄；叶片青绿色，质鲜嫩，揉之有汁；下部茎生叶掌状 3 裂，上部叶羽状深裂或浅裂成 3 片，裂片全缘或具少数锯齿。气微，味微苦。

干益母草：茎表面灰绿色或黄绿色；体轻，质韧，断面中部有髓。叶片灰绿色，多皱缩、破碎、易脱落。轮伞花序腋生，小花淡紫色，花萼筒状，花冠二唇形。切段者长约 2cm。

细叶益母草：茎中部叶呈卵形，基部宽楔形，掌状 3 全裂，裂片又羽状分裂成线状小裂片。花序上的苞叶明显 3 深裂，小裂片线状。以质嫩、叶多、色灰绿者为佳（《中国药典》，2005 年版）。

【种质来源】本地野生

【生长习性及基地自然条件】

一、生长发育特征

益母草种子在土壤水分充足的条件下，种子发芽出苗随温度的增高而加快。一般情况下，种子在10℃以上即可发芽，在10℃以下则不能发芽。平均气温在10～15℃时，播种后20～30d出苗；平均气温在15～20℃时，播种后7～18d出苗；平均气温在20℃以上时，播种后5～7d即可出苗。

春、夏季播种，播种时间越早，出苗所需时间越长；播种越晚，出苗所需时间越短。秋、冬季播种，播种越早，出苗时间越短；播种越晚，出苗时间越长。

益母草必须经过冬季的低温春化作用才能抽薹开花，春季播种当年不抽薹。个别植株春天播种，当年可能会抽薹开花。

低温春化对益母草翌年的生长和株型形态建成有很大的影响。秋季或冬季播种的益母草种子发芽后，幼苗经冬季低温春化作用，翌年抽薹，表现为植株高大，不分蘖，叶片较少，并进入生殖生长，开花、结实。如避开低温春化作用，当年播种，当年开花前采收，益母草生物学性状发生变化，变成矮化莲座状，植株分蘖数多，叶片多，不抽薹，而且总生物碱含量比开花后的益母草高。

二、生长条件

益母草喜温暖而湿润的气候，需要充足的光照。宜选择海拔在1000m以下的地区进行栽培，若在较高海拔地区栽培，常因温度低而不能抽薹开花。在过于阴湿的地方种植，病害严重，生长不良。

【种植方法】

一、繁殖技术

益母草种植生产上主要采用种子繁殖，种子繁殖成本低，而且繁殖率高，适合大面积种植。

1. 选种

种子尚未成熟时，在田间选择品种纯、生长良好、无病虫害的植株留种；或选定留种区，拔除杂株，种子充分成熟后单独收获。

2. 种子田选择与准备

种子田选择与准备详见益母草大田播种中的种植田选择与准备。

3. 播种

种子田的播种时间在8月中、下旬或11月中、下旬。播种采用穴播，每穴留2株，行距40～50cm，株距15～20cm。其他具体操作见益母草大田播种。

4. 田间管理

（1）间苗。出苗后要及时间苗，每穴留2株。

（2）中耕除草。具体操作见益母草中耕除草。

（3）施肥。①基肥。每亩施 500kg 腐熟厩肥，耕前将基肥铺施在畦面上，然后深耕 30cm，耙细整平。或整地后，在畦面上横向开沟，在沟中每亩施复合肥 15～20kg，用锄头把复合肥与沟中的泥土混匀。②种肥。每亩施草木灰 15～30kg，拌入种子 0.5～0.6kg，再用腐熟的人粪尿 15kg 拌湿成种子灰；或使用过磷酸钙 5～10kg 代替草木灰拌入种子，然后播种。③苗肥。在第一次间苗后，每亩施尿素 3kg，配水稀释后浇施，促进幼苗生长。④壮肥。结合中耕除草进行，每亩施尿素 5～10kg、过磷酸钙 15～20kg；或同量的复合肥配水稀释后浇施，可分 2 或 3 次施用。⑤花、果肥。在花蕾期和果期分别施复合肥 5kg，可根外追肥。

（4）低温春化防冻。冬季气温低于 0℃时，尤其在霜冻期间，应在畦上覆盖稻草等御寒。

（5）授粉。开花期间采用人工授粉，提高结实率。

（6）剪枝。孕果初期，去密留疏，剪去病枝、徒长枝和少果枝，保留累果枝。

5. 采收

在 7 月中下旬益母草种子成熟后，割取带果枝条，在晒场上经日晒后脱粒，扬净，储藏备用。采收时要特别注意去除杂草，以免杂草种子混入益母草种子中，影响益母草种子的纯度。

二、大田播种

1. 选地

益母草喜温暖湿润气候，需要充足的光照。宜选向阳、土层深厚、富含腐殖质的土壤及排水良好的沙质土壤，板结红黄壤和沙性强的土壤不利于益母草的生长。一般菜地、稻田均能种植。

2. 整地

播前除去田间杂草，待杂草晒干后，火烧作草木灰使用。同时，每亩施腐熟厩肥 1500～2000kg 作基肥，用犁深耕约 30cm，用耙整细土粒、整平，做成宽 1.3m 的畦，畦沟宽约 30cm，开好排水沟，以防积水。

3. 播种

（1）选种。选取充实饱满的种子。如有杂质，可用筛子筛除杂质，清除空瘪、病虫及其他伤残种子和杂草种子等。

（2）播前种子处理。播种前翻晒种子 1～2d，使种子干燥均匀一致，增加种子透性，提高生活力，同时也具有一定的杀菌作用。

（3）拌种。每亩用草木灰 20～50kg 拌入种子，再用腐熟人粪尿 30kg 拌入种子灰中。

（4）播种量。生产鲜益母草每亩播种子 1kg。

（5）播种期。一般一年播种两季，第一季在 3 月上中旬，第二季在 8 月中下旬。

（6）播种。播种方法为条播。播种时，按与畦垂直的方向，以 30～40cm 的行距横向开 3～5cm 深的浅沟，沟宽 15～20cm。沟中每亩施复合肥 30～40kg，用锄头使复合肥与沟中泥土混合均匀，避免复合肥与种子直接接触。种子沿沟均匀撒入沟中，干旱时可用脚踩，边踩边覆以薄土（么厉等，2006）。

三、田间管理

1）间苗结合中耕除草进行。补苗在阴天进行。

2）中耕除草，同时进行培土，在苗高10cm左右时，中耕5～6cm，培土2～3cm，除净杂草并追施叶肥，促进益母草生长。

3）施肥。①苗肥。分2次施，分别在第一次间苗和第二次间苗后进行，施尿素15kg，配水稀释后施用，促进幼苗生长。②叶肥。结合中耕除草进行，施肥总量为每亩6kg尿素、20kg过磷酸钙和3～5kg氯化钾。③含量肥。在益母草长至40cm左右，叶片覆盖整个田块时，配水稀释喷施尿素3～5kg，使叶片转嫩变绿，提高益母草内总生物碱含量。④微肥。叶面喷施0.1%硫酸锰溶液，每次喷施量约83ml/m²。春播的鲜益母草，在5月中旬和下旬各喷施一次，以利于鲜益母草的生长。

四、病虫害防治

（一）病害

益母草的病害主要有根腐病和白粉病。

1. 根腐病

主要发生在根部，细根首先发生褐色干腐，并逐渐蔓延至粗根。根部横切，可见断面有明显褐色，后期根部腐烂，植株地上部分萎蔫枯死。主要发生在7月和11月。

防治方法。采用水旱轮作的耕作方法，在入冬前清园，收集病株残体，集中处理，种植地翻耕30cm深，越冬，达到冻死害虫的效果；梅雨季节，及时开沟排水，降低田间湿度；加强肥水管理，增施磷、钾肥，促进植株生长，提高植株的抗病能力；发病期，喷50%托布津800倍液，控制病害蔓延，并拔去发病植株。

2. 白粉病

主要发生在叶和茎部，叶面由绿变黄，上生白色的粉状斑，严重时叶片枯萎。主要发生在春末夏初。

防治方法。实行水旱轮作的耕作方法，在入冬前清园，收集病株残体，集中处理；梅雨季节，及时开沟排水，降低田间湿度；发病期用15%粉锈宁800倍液喷雾，或用2%农抗120（抗菌霉素）150～200倍液喷雾。

（二）虫害

益母草的虫害主要为蚜虫。主要为害叶片，可使叶片皱缩、空洞、变黄，天气干旱时危害更严重。蚜虫是危害益母草最严重的虫害，一般春、秋季发生。

防治方法。用7051杀虫素（含0.6%杀螨素乳油）2000～3000倍液喷雾1或2次。收获前20d左右停止喷药。

【采收加工】3月上中旬播种的鲜益母草于6月中下旬收获；6月下旬播种，于9

月下旬或 10 月上旬收获。9 月下旬或 10 月上旬播种的，12 月下旬至第 2 年 2 月下旬收获。

采收时，选择晴天，用镰刀在离基部 2～3cm 处整齐割下地上部分，并去除枯叶杂质。收割的鲜草基部应分离，不能带根头，更不能带根。

初加工

收割好的鲜益母草运回加工车间后，用流水洗净泥土、蚜虫等杂质，晾干后供挤汁用。采收后的鲜草如来不及加工，切勿堆放，应摊开。

炮制

鲜益母草：除去杂质，迅速洗净。干益母草：除去杂质，迅速洗净，润透，切段，干燥。

【化学成分】全草含益母草碱（leonurine）、水苏碱（stachydrine）、前西班牙夏罗草酮（prehis-panolone）、西班牙夏罗草酮（hispanolone）、鼬瓣花二萜（gale-op-sin）、前益母草二萜（preleohrin）及益母草二萜（leoheterin）等。

【鉴别与含量测定】

一、鉴别

1. 显微鉴别

茎横切面：表皮细胞外壁较厚，并有角质层。非腺毛 1～4 细胞，长 160～320μm，基部直径 24～40μm，腺毛头部 1～4 细胞，直径 20～24μm。柄单细胞。皮层为数列薄壁细胞，内含小针晶，长 4～16μm，四棱处皮层外侧有 6～8 列厚角细胞，内皮层细胞较大。中柱鞘纤维束散生，微木化。木质部在棱角处较发达。髓细胞含长方晶，长 12～48μm，宽 4～20μm，并有针晶，长 8～28μm。

叶表面观：上表皮细胞垂周壁略呈波状弯曲，有众多单细胞非腺毛，呈圆锥状，长 64～110μm，壁厚约 6μm，壁上有疣状突起，毛茸基部直径 20～40μm，周围有 4～7 表皮细胞，呈放射状排列，表面有角质条状纹理，腺毛头部 1～4 细胞，直径 20～24μm，柄单细胞。下表有疣状突起，顶部细胞胞腔较窄，另有少数腺毛及腺鳞，头部 8 细胞，直径 32～36μm。

2. 薄层鉴别

取本品粉末（鲜品干燥后粉碎）3g，加乙醇 30ml，加热回流 1h，冷却，过滤，滤液浓缩至约 5ml，加于活性炭-氧化铝柱（活性炭 0.5g，中性氧化铝 100～120 目，2g，内径 10mm）上，用乙醇 30ml 洗脱，收集洗脱液，蒸干，残渣加乙醇 0.5ml 使溶解，作为供试品溶液。另取盐酸水苏碱对照品，加乙醇制成每毫升含 5mg 的溶液，作为对照品溶液。照薄层色谱法［《中国药典》（2005 年版）附录Ⅵ B］试验，吸取上述两种溶液各 10μl，分别点于同一硅胶 G 薄层板上，以正丁醇-盐酸-水（4：1：0.5）为展开剂，展开，取出，晾干，喷以稀碘化铋钾试液。供试品色谱中，在与对照品色谱相应的位置上，显相同颜色的斑点。

3. 理化鉴别

1）取本品粗粉 1g，加乙醇 10ml，冷浸过夜，过滤。蒸干滤液，残渣加稀盐酸 4ml

溶解，过滤。取滤液 1ml，加改良碘化铋钾试液 2 滴，产生橙色沉淀。

2）薄层色谱。取本品粉末 5g，加盐酸甲醇（1：100）液 50ml，冷浸过夜，过滤，取滤液 45ml，减压浓缩，再加入蒸馏水 5ml，过滤，蒸干，加正丁醇 1ml 溶液，作供试液；另以水苏碱、益母草碱对照。分别点样于同一硅胶 G-CMC 板上，以正丁醇-乙酸乙酯-盐酸（4：0.5：1.5）展开剂，喷以改良碘化铋钾试剂，生物碱斑点显橙红色。

二、含量测定

1. 对照品溶液的制备

精密称取经 105℃ 干燥至恒重的盐酸水苏碱对照品 25mg，置 25ml 量瓶中。加 0.1mol/L 盐酸溶液使溶解，并稀释至刻度，摇匀，即得（每毫升中含盐酸水苏碱 1mg）。

2. 供试品溶液的制备

取本品粉末（鲜品干燥后粉碎，过 3 号筛）约 3g，同时另取本品粉末测定水分 [《中国药典》（2005 年版）附录Ⅸ H 第一法]，精密称定，置具塞锥形瓶中，精密加入乙醇 50ml，称定重量，超声处理（功率 350W，频率 35kHz）30min，冷却，再称定重量，用乙醇补足减失的重量，摇匀，过滤，精密量取滤液 25ml，置蒸发皿中，置水浴中蒸干，精密加入 0.1mol/L 盐酸溶液 10ml 使溶解，加活性炭 0.5g，置水浴中加热 0.5 分钟，搅拌，过滤，滤液置 25ml 量瓶中，用 0.1mol/L 盐酸溶液分次洗涤蒸发皿和滤器，洗液并入同一量瓶中，备用。

3. 测定法

精密量取对照品溶液 10ml，置 25ml 量瓶中，另取 0.1mol/L 盐酸溶液 20ml，置 25ml 量瓶中。在对照品溶液、0.1mol/L 盐酸溶液及上述备用供试品溶液的量瓶中，各精密加入新制的 2% 硫氰酸铬铵溶液 3ml，摇匀，加 0.1mol/L 盐酸溶液至刻度，摇匀，置冰浴中放置 1h，用干燥滤纸过滤，取滤液，以 0.1mol/L 盐酸溶液为空白，照分光光度法 [《中国药典》（2005 年版）附录Ⅴ B]，在 520nm 的波长处分别测定吸收度，用空白试剂的吸收度分别减去对照品与供试品的吸收度，计算，即得。

本品按干燥品计算，含生物碱以盐酸水苏碱（$C_7H_{13}NO_2 \cdot HCl$）计，干品不得少于 0.5%；鲜品不得少于 1.0%。

【主要参考文献】

么厉，程惠珍，杨智. 2006. 中药材规范化种植（养殖）技术指南. 北京：中国农业出版社
中华人民共和国药典委员会. 2005. 中华人民共和国药典（一部），北京：化学工业出版社

铁　苋　菜

Tiexiancai

HERBA ACALYPHAE

【概述】 铁苋菜出自《植物名实图考》。为大戟科植物铁苋菜及大戟科植物短序

铁苋菜的地上部分。味苦、涩，性平。归心，肺，大、小肠经。清热解毒，利湿，收敛止血。用于治疗肠炎、痢疾、吐血、衄血、便血、尿血、崩漏、痈疖疮疡、皮肤湿疹。

生于山坡、沟边、路旁、田野，为伏牛山大宗药材。伏牛山主产的有大戟科植物铁苋菜 *Acalypha australis* L. 和短育铁苋菜 *Acalypha brachystachya* Hormen.，还有绿叶铁苋菜 *Acalypha hispida* Burm. f. 和三色铁苋菜 *Acalypha wilkesiana* Muel.，后二者常盆栽，作为庭园观赏植物。

【商品名】铁苋、铁苋菜

【别名】人苋、海蚌含珠、撮斗撮金珠、六合草、半边珠、野黄麻、玉碗捧真珠、粪斗草、血见愁、凤眼草、肉草、喷水草、小耳朵草、大青草、猫眼草、蚬草、叶里藏珠、痢疾草、野麻草、蚌壳草、铁灯碗、筒筒草、七盏灯、血布袋、布袋口、皮撮珍珠、珍珠草、瓢里珍珠、田螺草、海底藏珍珠、藏珠草、野六麻、野苦麻、猫眼菜、撮斗珍珠、萤火虫草、野棉花、寒热草、叶下双桃、叶里仙桃、金畚斗、野络麻、老鼠耳朵草、金盘野苋菜、含珠草、沙罐草、灯盏窝、草蚌含珠、山黄麻、麻子草

【基原】大戟科植物铁苋菜及大戟科植物短序铁苋菜的地上部分。

【原植物】

1. 铁苋菜

一年生草本，高 30～50cm。叶薄纸质，椭圆形、椭圆状披针形或卵状菱形，长 2.5～8cm，宽 1.5～3.5cm，先端尖，基部楔形，3 出脉，边缘有锯齿，两面疏生绒毛或几无毛；叶柄长 1～3cm。花单性，雌雄同株，无花瓣，成腋生穗状花序；雄花小，多数，生花序上部，萼 4 裂，膜质，雄蕊 8 个；雌花生花序下部，萼 3 裂，子房球形，有毛，花柱 3 个；苞三角状卵形，边缘有齿。蒴果近球形，三棱状，直径 3～4mm。花期 8～10 月，果期 9～11 月。

2. 短序铁苋菜

一年生草本，高 30～50cm。柔弱，分枝，有沟纹，被短柔。叶卵形，长 3～6cm，宽 1.5～3.5cm，先端渐尖，钝，基部宽楔形，圆形或近心脏形，边缘有锯齿，两面疏生长硬毛，基部三出脉；叶柄细，长 2～6cm，被短曲柔毛；托叶披针形，长 4～5mm。花序短，长 1～2cm，常数个簇生于叶腋；雄花雄蕊 7 或 8 个；雌花苞片 3～5 深裂，裂片线形，长 3～4mm，被长柔毛，子房球形，直径 2mm，被柔毛，花柱 3 个，长 2mm。蒴果有 3 个分果；种子卵形，长 1.5mm。花期 5～7 月，果期 8～10 月。

【药材性状】全草长 20～40cm，茎细，单一或分枝，棕绿色，有纵条纹，具灰白色细柔毛。单叶互生，具柄；叶片膜质，卵形或卵状菱形或近椭圆形，长 2.5～5.5cm，宽 1.2～3cm，先端稍尖，基部广楔形，边缘有钝齿，表面棕绿色，两面略粗糙，均有白色细柔毛。花序自叶腋抽出，单性，无花瓣；苞片呈三角状肾形。蒴果小，三角状半圆形，直径 3～4cm，表面淡褐色，被粗毛。气微，味苦、涩。

【种质来源】本地野生

【生长习性及基地自然条件】生于旷野、丘陵、路边较湿润的地方；或海拔

500～1500m 的山坡岩石缝或林下湿地。适应性强，高山和平坝的一般土壤都可以栽培。

【种植方法】

种子繁殖：3～4 月播种。筑 1.3m 宽的畦，按行、株距各约 26cm 开浅穴，施人畜粪水。1hm² 用种子 7.5kg 左右，与草木灰及人畜粪水拌成种子发，匀撒穴里。

田间管理：苗高 7cm 左右时匀苗，每穴留苗 4～5 株，结合中耕除草，追肥 1 次，肥料以人畜粪水为主。

【采收加工】

5～7 月采收，除去泥土，晒干或鲜用。

【化学成分】 含有生物碱、苷类、还原性糖类或其他还原性物质、鞣质、淀粉、油脂或蜡等。主要有没食子酸（gallic acid）、咖啡酰苹果酸（coffeoyl malic acid），以及牦牛儿素（teraniin）、铁苋碱（acalyphine）、大黄素（emodin）、β-谷甾醇（β-sitoserol）、毛地黄内酯、2,6-二氧甲基-1,4-苯醌、烟酸（nicotinic acid）、原儿茶酸（protocatechuic acid）、胡萝卜苷（daucosterol）、芦丁（rutin）、琥珀酸（succinic acid）和短叶苏木酚（brevifolin）（王晓岚等，2008）。

挥发性成分有乙酸龙脑酯（bornyl acetate）、龙脑（bornyl）、棕榈油酸乙酯（palmitoleic acid ethyl ester）、亚油酸（linoleic acid）、棕榈酸（palmitic acid）和柏木烷酮（cedranone）（王晓岚等，2006）。

【鉴别与含量测定】

一、鉴别

显微鉴定：叶表面观，上、下表皮细胞垂周壁波状弯曲，少数呈连珠状增厚，均有气孔、非腺毛。气孔常数个成群，多为平轴式，副卫细胞 2 个，较小，或其中 1 个明显小于表皮细胞。非腺毛单细胞，大多平直，有的先端稍偏弯或基部拐曲，长 56～1119μm，中部直径 11～42μm，壁厚者层纹明显，有的壁具疣状突起，有的胞腔具 1～8 分隔。叶肉组织有众多草酸钙簇晶，直径 15～64μm，常有数个宽大的棱角，先端锐尖，主脉部位的簇晶纵列成行，直径 8～43μm，棱角较多而细小。本品以叶多、色绿、无花者为佳。

二、含量测定

色谱柱：Zorbax C_{18} 柱（250mm×4.6mm，5μm）；流动相：水-二甲基甲酰胺-冰乙酸（99.82：0.15：0.03）；检测波长：270nm；流速：1ml/min；柱温：室温。理论塔板数按没食子酸峰计算，应不低于 3000。

对照品溶液制备：精密称取没食子酸对照品适量，加 1% 乙酸溶液制成每毫升含 24μg 的溶液，即得。

样品含量测定：取铁苋菜粉末（过 3 号筛）约 0.5g，精密称定，置圆底烧瓶中，加水 50ml，加热回流 6h，冷却，过滤，滤液置 100ml 量瓶中，加冰乙酸 0.5ml，加水至刻度，摇匀，用微孔滤膜（0.45μm）过滤，取续滤液。按拟订的色谱条件，精密吸取对照品溶液及样品溶液各 20μl，注入高效液相色谱仪，记录色谱图，按峰面积值外标法计算含量（何依玲等，2007）。

【附注】

1. 绿叶铁苋菜

　　灌木，高达 5m。叶绿色，宽卵形，长 10～20cm，先端尖或锐尖，基部圆形，边缘有粗锯齿，叶脉及叶柄均有柔毛。花单性，雌雄异株，成穗状花序；雌花絮下垂，花多而排列紧密，圆柱形，长 45cm，直径 1.2～2.5cm，花柱长，有分枝，鲜红色或紫色，子房密生毛。

2. 三色铁苋菜

　　灌木，高达 5m。叶卵形或长椭圆形，长 10～20cm，先端锐尖，基部圆形或楔形，边缘具齿，青铜色，有各种红或紫斑，叶柄及沿叶脉有毛。花单性，雌雄同株，穗状花序细长，直径 4～6mm，带红色；雌苞常宽三角形，有锯齿。

【主要参考文献】

何依玲，李晓誉. 2007. 高效液相色谱法测定铁苋菜中没食子酸含量. 中国药业，16（11）：18，19

王晓岚，郁开北，彭树林. 2008. 铁苋菜地上部分的化学成分研究. 中国中药杂志，33（12）：1415，1416

王晓岚，邹多生，王燕军. 2006. 铁苋菜挥发性成分的 GC-MS 分析. 分析化学，26（10）：1423～1425

索 骨 丹

Suogudan

RHIZOMA RODGERSIAE

【概述】 本品为伏牛山区大宗药材，收载于《中国药典》（1977 年版）（中华人民共和国药典委员会，1977）。主要为民间应用，其味苦、涩，性平。具有消炎解毒，收敛止血的功效。用于治疗腹泻、菌痢、便血；外用治子宫脱垂、脱肛。《中国药典》（2005 年版）未收录该药材。主要分布于伏牛山区海拔 1000m 以上的山坡及山谷林下阴湿地方。

【商品名】 索骨丹

【别名】 黄药子、老汉求、猪屎七、秤杆七、老蛇盘、天蓬伞、红苕七、麻鹃子、红药子、金毛狗（陕西）、鬼灯檠、水五龙（四川）、掰合山（甘肃）、黄药子（陕西）、水五龙、慕荷、红骡子、毛青红、枇杷莲、枣儿红（云南）、六月寒（四川）、山藕（河南）、宝剑叶（河南）、撮合扇（甘肃）、牛角七（陕西、湖南）、索骨丹

【基原】 虎耳草科植物鬼灯檠 *Rodgersia aesculifolia* Batal. 的根茎。

【原植物】 多年生草本，高 60～120cm。根茎粗壮，横走，直径可达 5cm。茎不分枝，无毛。基生叶 1 个，茎生叶 1 或 2 个，均为掌状复叶，小叶片 3～7 个，狭倒卵

形至披针形，长 8～27cm，宽 3～9cm，先端短渐尖或突尖，基部楔形，边缘有不整齐重锯齿，表面无毛，背面中脉隆起，沿脉有短柔毛；基生叶柄长达 40cm，茎生叶柄短。聚伞花序圆锥状顶生，长 18～38cm，密被褐色柔毛，花多数，密集；花梗极短，被柔毛；萼片白色或淡黄色，三角状卵形，长约 2mm；花丝长约 3.5mm，针形，基部扁平；子房半下位，2 室，心皮基部合生，中轴胎座，花柱 2 个，分离。蒴果卵形，种子多数，褐色。花期 6～7 月，果熟期 9～10 月（丁宝章，1997）。

【药材性状】根状茎呈圆柱形，略弯曲，长 8～25cm，直径 1.5～3.5cm，外皮褐色，皱缩，上端有棕色鳞毛及许多须根或根痕。表面红棕色或灰棕色（炮制品），有横沟及纵皱纹，质坚硬。断面粉性，红棕色或棕褐色（炮制品），有多数白色小亮点，并可见棕色或黑色（全国中草药汇编编写组，1976）。

【种质来源】野生居群

【生长习性及基地自然条件】索骨丹为典型的喜阴植物，常生长在海拔 1100～3400m 的林下、山谷、林缘阴湿处或路旁草丛中，多以团块分布。生长比较迅速，一般 2～4 年为一个生长周期，基本在阴湿腐殖土及山谷石隙灌丛中都能良好生长。其种群的更新方式主要靠种子繁殖和无性繁殖，并且这两种方式都比较有效，可以使种群不断的扩大。

【采收加工】秋季采挖，除去茎叶、粗皮、须根和泥土，切片，晒干或烘干。

【化学成分】鬼灯檠根中含岩白菜素（bergenin）、鬼灯檠新内酯即 7-甲氧基岩白菜素（7-methoxyhergenm），鬼灯檠酯即 2,6-二羟基苯乙酸甲酯（methyl-2,6-di-hydroxypheny lacerate），丁香酸（syringic acid），熊果苷（arbutin），没食子酸（gallic acid），（＋）-儿茶素（catechin），原花色苷元 β-2 单没食子酸酯（procyanidian β-2 monogallate）（郑尚珍等，1985）。还含有芳樟醇（lnalool），麦角甾醇（ergosterol），5-豆甾-烯-3β-醇（stigmast-5-en-3β-ol），槲皮素及 β-谷甾醇（β-sitosterol）（沈序维等，1987）。

挥发油：含量为 0.02％～0.03％，其中含有苯酚，左旋芳樟醇（linalool），甲苯（toluene），间二甲苯（m-xylene），樟烯，α-蒎烯及 β-蒎烯，月桂烯，左旋柠檬烯（limonene），香荆芥酚（carvactol），1,3,3-三甲基双环 [2,2,1] 庚-2-酮（1,3,3-trimethylbicyclo [2,2,1] -heptan-2-one），甲基异丁香油酚（methylisoeugeno，牻牛儿醇（geraniol），丁香油酚（eugenol），间苯甲酚（m-cresot），邻苯甲酚（o-cresol），茴香脑，苯乙醇（phenyl ethyl alcohol），3,5-二羟基甲苯（3,5-dihydroxytoluene），丁酸（bulyric acid），2,3,6-三甲基茴香醚（2,3,6-trimethylanisole），香茅醛（citronellal），棕榈酸等成分（袁柯等，1994）。经处理分馏，中性油部分主要含甲基异丁香油酚，苯乙醇，左旋芳樟醇；酚性油部分主要含苯酚，丁香油酚，间甲苯酚，邻甲苯酚；酸性油部分含有丁酸，戊酸（valericacid），己酸（caproic acid），辛酸（capylic acid），癸酸（capric acid），月桂酸（lauric acid），肉豆蔻酸（myristic acid），棕榈酸，硬脂酸（郑尚珍等，1988）。

其他成分：根茎含矮茶素（berernin）3.0％～4.1％（提取粗结晶）。鲜根茎含淀粉 18%、糖类 20.1%；干根茎含淀粉 42.5%～51.5%、糖类 47.5%，叶含鞣质。根茎除含淀粉外，并含鞣质 9.98% 和多种苷类（黄酮苷、蒽醌苷、强心苷等）；去皮根茎含淀粉 45%，可溶性糖 6.39%，粗脂肪 0.79%，粗蛋白 5.59%，鞣质 1.87%，灰分 5.52%。鲜根茎含淀粉 18%，糖类 20.1%；干根茎含淀粉 42.5%～51.5%，糖类 47.5%。根茎又含蒽醌苷、强心苷、鞣质等。叶含鞣质。

【鉴别与含量测定】

一、鉴别

1）取本品 50mg，加水 10ml，加热使溶解，冷却，取溶液 1mL，加每毫升中含三氯化铁试液 1 滴的铁氰化钾试液 2 滴，显翠绿色，后变为蓝色。

2）取鬼灯檠约 2g，浸泡于 10ml 95% 的乙醇溶液中。过夜，过滤，滤液作为供试品。吸附剂：硅胶 G 铺板后，在 105℃ 活化 1h。将供试品与对照品（岩白菜素的乙醇溶液）点样于同一硅胶 G 板上，展开。展开剂：苯-乙酸乙酯-甲酸（5∶4∶1）。显色剂：50% 硫酸乙醇液。喷雾后于 105℃ 烘烤 10min。黄药子（岩白菜素）正品与对照品在相应位置上均有红棕色或淡红棕色斑点。

二、含量测定

（1）色谱条件与系统适用性试验。以十八烷基硅烷键合硅胶为填充剂；流动相为甲醇-水（20∶80），检测波长为 275nm。

（2）对照品溶液的制备。准确称取白菜素标准品适量，加甲醇制成每毫升含 50μg 的溶液，即得。

（3）供试品溶液的制备。取索骨丹粉末（过 4 号筛）0.2g，精密称定，置具塞锥形瓶中，精密加入 80% 甲醇 50ml，称定质量，超声处理 40min，冷却。再称定质量，用甲醇补足减失的质量，摇匀，过滤，取续滤液，即得。

（4）测定法。分别精密吸取对照品溶液与供试品溶液各 5μl，注入液相色谱仪，测定，即得（胥道宝等，2007；赵华英等，1998）。

【主要参考文献】

丁宝章，王遂义. 1997. 河南植物志. 第二册. 郑州：河南科学技术出版社：94

全国中草药汇编编写组. 1976. 全国中草药汇编（上册）. 第 1 版. 北京：人民卫生出版社：659

沈序维，郑尚珍，付正生等. 1987. 鬼灯檠化学成分的分离和鉴定. 高等学校化学学报，8（6）：528～532

胥道宝，张转平. 2007. HPLC 法测定索骨丹根中岩白菜素含量. 西北药学杂志，22（1）：6,7

袁柯，刘延泽，旺玲等. 1994. 鬼灯檠根茎中丹宁及多元酚类化合物的分离与鉴定. 河南科学，12（1）：38～43

赵华英，许欣荣. 1998. 何首乌与其伪品索骨丹的鉴别研究. 时珍国医国药，9（2）：147, 148

郑尚珍，沈序维，陈颖等. 1988. 鬼灯檠根精油成分的研究. 有机化学，8（2）：143～146

郑尚珍，沈序维. 1985. 鬼灯檠化学成分的研究. 化学通报，6：20, 21

中华人民共和国药典委员会. 1977. 中华人民共和国药典（一部）. 北京：化学工业出版社：473

淫 羊 藿

Yinyanghuo

HERBA EPIMEDII

【概述】淫羊藿为伏牛山区大宗药材。淫羊藿为小檗科小檗属植物，又名三枝九叶草等，在《神农本草经》中列为中品。李时珍曰："生大山中，一根数茎，茎粗如线，高一二尺，一茎三桠，一桠三叶。"《中国药典》(2005 年版) 收载品种有箭叶淫羊藿 *Epimedium sagittatum* (Sieb. et. Zicc.) Maxim、朝鲜淫羊藿 *E. koreanum* Nakai、柔毛淫羊藿 *E. pubescens* Maxim、巫山淫羊藿 *E. wushanense* T. S. Ying。性味归经：温；辛；甘；归肝、肾经；功能主治：补肾阳，强筋骨，祛风湿。用于治疗阳痿遗精，筋骨痿软，风湿痹痛，麻木拘挛，更年期高血压（中华人民共和国药典委员会，2005）。主要分布于伏牛山南北部，生长于山坡林下或沟岸阴湿地方。

【商品名】淫羊藿

【别名】刚前、仙灵脾、仙灵毗、黄连祖、放杖草、弃杖草、三叉风、桂鱼风、铁铧口、铁耙头、鲫鱼风、羊藿叶、羊角风、三角莲、乏力草、千两金、干鸡筋、鸡爪莲、牛角花、铜丝草、铁打杵、三叉骨、肺经草、铁菱角（郑汉臣，2003）

【基原】本品为小檗科植物淫羊藿 *Epimedium brevicornum* Maxim. 的干燥地上部分。

【原植物】多年生草本，高 30～60cm。根状茎粗厚，木质化，坚硬，暗褐色，密生多数须根。茎直立，淡黄色或微带绿色，具光泽。叶基生或茎生，通常为二回三出复叶，基生叶 1～3 个，具长柄，茎生叶 2 个，对生，具较短的柄；小叶具柄，纸质，卵形或觅卵形，长 3～7cm，宽 2～5.8cm，先端急尖，基部心脏形，偏斜或否，偏斜的一边常呈耳状，边缘具毛刺状锯齿，表面有光泽，网脉明显，背面苍白色，疏生少数柔毛，基出脉 7 条。圆锥花序顶生，较狭，长 10～35cm，序铀与花梗被腺毛，具多花；花梗长 1～1.5cm；外轮萼片较小，卵状三角形，长 1～2.5mm，带暗绿色，内轮萼片花瓣状，白色或淡黄色，膜质，长达 10mm，宽 2～4mm；花瓣短于内轮萼片，瓣片小，距长 2～3 毫米；雄蕊长 3～4mm，伸出，花药长圆形，长约 2mm；子房 1 室，有 1 或 2 个胚珠，花柱伸长，柱头头状。蒴果近圆柱形，两端狭，腹部略膨大，先端有喙，长 8～12mm，淡绿色；种子暗红色，有光泽，狭椭圆形，微弯，长 2.5～4mm，有肉质假种皮。花期 5～7 月，果熟期 6～8 月（丁宝章等，1997）。

【药材性状】淫羊藿：茎细圆柱形，长约 20cm，表面黄绿色或淡黄色，具光泽。茎生叶对生，二回三出复叶；小叶片卵圆形，长 3～8cm，宽 2～6cm；先端微尖，顶生小叶基部心形，两侧小叶较小，偏心形，外侧较大，呈耳状，边缘具黄色刺毛状细锯齿；上表面黄绿色，下表面灰绿色，主脉 7～9 条，基部有稀疏细长毛，细脉两面突起，网脉明显；小叶柄长 1～5cm。叶片近革质。无臭，味微苦。

【种质来源】野生居群

【生长习性及基地自然条件】野生淫羊藿分布于海拔 450～2000m 的低、中山地的灌丛、疏林下或半阴湿的环境中。其种群的伴生植物以草本为主，灌木为辅，木本较少。淫羊藿有较强的环境适应性，在其野生分布区域，都能顺利地变为家种栽培和保护抚育。淫羊藿为阴生植物，阴湿是其良好生长的基本条件，生育期忌阳光直射。阴坡生长的淫羊藿优于阳坡，林下种植优于露地种植，在裸地或疏林地种植可出现矮化现象。

【种植方法】

一、挖茎移栽

1. 休眠期移栽

4～5 月萌芽前，挖取地下根茎，取芽茎段，切成 8～10cm 小段，每段保留1～2个芽孢，用赤霉素和生根粉药剂处理后，栽于条床内。株、行距为 15cm×20cm，覆细土5cm，踩实后，再用湿树叶覆盖 3～5cm。

2. 生长期移栽

夏季 6～8 月高温多雨时，林下栽培方法是将野生生长旺盛的植株整株带土移栽，随挖随栽，最好选择阴天或下雨前后，既省浇水，又易成活。株、行距为 20cm×25cm，覆土 3～5cm，踩实后，覆盖树叶 3～5cm。这种栽培方法不缓苗，成活率高达85%以上，且根茎分蘖芽生长快，第 2 年春分枝多、产量高。

二、田间管理

1. 补苗

翌春 2～3 月出苗后，若发现死苗、弱苗、病苗应及时拔除，选阴天补苗种植，以保证基本苗数。

2. 中耕除草

淫羊藿生长的旺季，也是杂草生长的旺季，4～8 月，一般地块（指裸地）可 10d除草 1 次；而秋冬季杂草生长较缓慢，可 30d 左右除草 1 次。除草时结合中耕，以畦面少有杂草为宜。

3. 灌溉与保墒

淫羊藿喜湿润土壤环境，若干旱则会造成其生长停滞或死苗。在夏季一般连续晴5～6d，就必须早晚进行人工浇水。

三、合理施肥

1. 施肥种类

农家肥、厩肥、有机复合肥、无机复合肥、其他如腐殖酸类肥料、菜籽饼、沼气肥、叶面肥及各种符合 GAP 要求的绿色生态肥料等。

2. 施肥时间

底肥于头年的 10～11 月结合整地开畦时施入；追肥于翌年 3～6 月追施一次或两

次；促芽肥于翌年 10～11 月施一次；另外，在每次采收后，及时补充肥料。

3. 施肥方法

底肥主要采用"面施"法，即于开畦后定植前，将肥料均匀撒于畦面，然后翻入土中。也可进行"穴施"或"条施"，即在开畦后定植前，挖定植"穴"或"条"时。将肥料均匀放入"穴"或"条"内，并将肥料与周围土壤混匀。由于淫羊藿的种植密度相对较密，追肥主要采用"穴"施，追肥时切勿将肥施到新出土的枝叶上，应靠近株丛的基部施入，并根据肥料种类覆土。

4. 施肥量

（1）底肥。农家肥依据原土壤肥力情况而定。一般施 1000～3000kg/亩。

（2）追肥。一般情况下无机氮肥施入量不超过 5kg/亩，有机复合肥 10～30kg/亩。

（3）促芽肥。一般可施农家肥 1000kg/亩，或有机复合肥 10～20kg/亩。

（4）采收后施肥。一般可施农家肥 1000～2000kg/亩，或有机复合肥 20～30kg/亩。

四、病虫害防治

在淫羊藿目前的种植实践中，病虫害的发生较少。仅有小甲虫咬食叶片，或有蛾类幼虫咬食幼苗茎秆或叶片观象，可采取农业综合防治措施。减少病虫害的发生（李敏，2005）。

【采收加工】种植 2 年后的淫羊藿便可开始采收，8 月是淫羊藿生长发育好、营养物质积累最高的季节，此期采收药效强。采收时要将地上茎叶捆成小把，置于阴凉通风干燥处阴干或晾干。加工过程中，应认真选出杂质、粗梗及混入的异物，以保证药材质量。连续采收几年后，常会影响淫羊藿的后期发育，影响其越冬芽及来年的新叶产量和质量。为此，连续采收 3～4 年后，应轮息 2～3 年以恢复种群活力。

【化学成分】黄酮类：1.0%～8.8%，有 50 余种黄酮：淫羊藿苷（icariin）、淫羊藿新苷 A（epimedoside A），大花淫羊藿苷 A、B、C（ikarisoside A，B，C），朝藿定 B 和 C（epimedin B，C），箭藿苷 B（sagittatoside B），宝藿苷Ⅰ（baohuosideⅠ），淫羊藿次苷Ⅱ（icarisideⅡ）（文魁等，1993）。

挥发油：棕榈酸、癸烯醛、N-苯胺-2-蔡胺、油酸、龙脑、异龙脑和薄荷醇、卅一烷、植物甾醇、鞣质、油脂及软脂酸、硬脂酸、油酸、亚麻酸等（徐凯建等，1997）。

微量元素：钙、镁、铁、锰、锌、铜、锶、镍、锂和钴等（施大文等，1990）

根茎及根含木质素类化合物 1-橄榄脂素（1-olivil），淫羊藿脂素（icariresinol）多及木兰花碱（刘信顺等，1990）。

【鉴别与含量测定】

一、鉴别

取本品粉末 0.5g，加乙醇 10ml，温浸 30min，过滤，滤液蒸干，残渣加乙醇 1ml使溶解，作为供试品溶液。照薄层色谱法［《中国药典》（2005 年版）附录ⅥB］试验，吸取供试品溶液和含量测定项下的对照品溶液各 10μl，分别点于同一含羧甲基纤维素钠为黏合剂的硅胶 H 薄层板上，以乙酸乙酯-丁酮-甲酸-水（10：1：1：1）为展开剂，展开，取出，晾干，置紫外光灯（365nm）下检视。供试品色谱中，在与对照品色谱相应的位置上，显相同的暗红色斑点；喷以三氯化铝试液，再置紫外光灯（365nm）下检视，斑点为橙红色。

二、含量测定

对照品溶液与对照品稀释溶液的制备：精密称取在 105℃ 干燥至恒重的淫羊藿苷对照品 10mg，置 20ml 量瓶中，加适量甲醇使溶解，并稀释至刻度，摇匀，作为对照品溶液（每毫升中含淫羊藿苷 0.5mg）。精密量取上述溶液 5ml，置 100ml 量瓶中，加甲醇稀释至刻度，摇匀，作为对照品稀释溶液（每毫升中含淫羊藿苷 25μg）。

标准曲线的制备：精密吸取对照品稀释溶液 0.0ml、1.0ml、2.0ml、3.0ml、5.0ml、7.0ml 与 9.0ml，分别置 10ml 量瓶中，加甲醇稀释至刻度，摇匀。照分光光度法［《中国药典》（2005 年版）附录Ⅴ A］，在 270nm 的波长处测定吸收度，以吸收度为纵坐标，浓度为横坐标，绘制标准曲线。

供试品溶液的制备：取本品叶片粗粉，于 80℃ 干燥 4h，取约 0.5g，精密称定，置圆底烧瓶中，精密加入 70％乙醇 20ml，称定重量，加热回流 1h，冷却，称定重量，加 70％乙醇补足减失重量，摇匀，滤过，弃去初滤液，收集续滤液，即得。

测定法：精密量取供试品溶液 100μl，照薄层色谱法［《中国药典》（2005 年版）附录Ⅵ B］试验，点于硅胶 G 薄层板上，使成条状，在供试品条斑侧 1.5cm 处点对照品溶液 10μl，作为对照，用乙酸乙酯-丁酮-甲酸-水（5：3：1：1）为展开剂，展开，取出，挥尽溶剂，置紫外光灯（365nm）下检视。

刮取与淫羊藿苷相应位置上的暗红色荧光条斑，置 10ml 试管中，同时刮取同一块层析板上与供试品条斑等面积的硅胶 G，作为空白，置另一 10ml 试管中。各管分别精密加入甲醇 10ml，充分振摇，放置 2h，过滤，弃去初滤液，收集续滤液，照分光光度法［《中国药典》（2005 年版）附录Ⅴ A］，在 270nm 的波长处测定吸收度。从标准曲线上读出供试品溶液中淫羊藿苷的重量（μg），计算，即得本品中 $C_{33}H_{40}O_{15}$ 的百分含量。

本品叶片于 80℃ 干燥 4h，含淫羊藿苷（$C_{33}H_{40}O_{15}$）不得少于 1.0％。

【附注】

一、箭叶淫羊藿

【概述】箭叶淫羊藿为伏牛山区大宗药材。性温，味辛、甘，归肝、肾经；功能主治：补肾阳，强筋骨，祛风湿。用于阳痿遗精，筋骨痿软，风湿痹痛，麻木拘挛，更年期高血压。主要分布于伏牛山区山坡或阴湿的山沟中。

【商品名】淫羊藿

【别名】三枝九叶草

【基原】本品为小檗科植物箭叶淫羊藿 *Epimedium sagittatum*（Sieb. et Zucc.）

Maxim. 的干燥地上部分。

【原植物】多年生草本，高 30～40cm。根状茎短，质硬，多须根。基生叶 1～3 个，三出复叶；小叶卵状被针形，长 4～9cm，先端急尖或渐尖，基部箭形，侧生小叶呈不对称心脏形浅裂，边绕行细刺毛状锯齿；叶柄长约 15cm。总状花序顶生；花多数，直径 6mm，萼片 2 轮，外轮较小，外面有紫色斑点，内轮白色，呈花瓣状；花瓣 4 个，黄色，有短距。果椭圆形。花期 4～5 月，果熟期 5～6 月。

【药材性状】箭叶淫羊藿：一回三出复叶，小叶片长卵形至卵状披针形，长 4～12cm，宽 2.5～5cm；先端渐尖，两侧小叶基部明显偏斜，外侧呈箭形。下表面疏被粗短伏毛或近无毛。叶片革质。

二、柔毛淫羊藿

多年生草本，高 20～70cm。根茎粗短，被褐色鳞片，生多数纤维根。茎较细弱，具条棱，无毛，仅在生叶节处具毛。一回三出复叶，茎生叶对生，叶柄长 5～7cm，基部节上簇生长柔毛，小叶柄疏被柔毛，侧生小叶柄长约 2cm，中间者长达 4cm；小叶卵形或狭卵形至披针形，长 5～12cm，宽 3～6cm，先端突渐尖，基部心脏形，具两边不等的圆形裂片，边缘对毛刺状锯齿，老后革质，表面淡绿色，稍有光泽，背面窃生绒毛状灰色短栗毛。圆锥花序顶生或腋生，长 10～25cm；小花梗纤细，长 1～2cm，被腺毛；花直径约 1cm，外轮萼片宽卵形，紫色，长 2～3mm，内轮萼片椭圆状披针形，渐尖，长 5～7mm，宽 1.5～3.5mm，白色；花瓣囊状，杏黄色，长约 2mm；雄蕊长约 4mm，花药成熟后暗灰色，长约 2mm；心皮斜圆柱状，有长花柱，无毛。蒴果先端有长喙，种子 5～9 个，肾状长圆形或长圆形，深褐色。花期 4～6 月，果熟期 6～8 月。

【主要参考文献】

丁宝章，王遂义. 1997. 河南植物志. 第一册：郑州：河南科学技术出版社：497～499

李敏. 2005. 中药材规范化生产与管理（GAP）方法及技术. 北京：中国医药科技出版社：939

刘信顺，杨滨. 1990. 淫羊藿属植物的化学成分. 中草药，21（9）：36

施文大，水野瑞夫，唐圣明. 1990. 补肾中药淫羊藿中的微量元素. 中国中药杂志，15（3）：44

文魁，张如意，肖培根. 1993. 淫羊藿属药用植物研究进展. 国外医学植物学分册，8（4）：147

徐凯建，阎凤，顾凤云等. 1997. 淫羊藿叶中挥发油成分的气相色谱/质谱分析. 中成药，19（9）：34

郑汉臣. 2003. 药用植物学与生药学. 北京：人民卫生出版社：266

中华人民共和国药典委员会. 2005. 中华人民共和国药典（一部）. 北京：化学工业出版社：229

猪　苓

Zhuling

POLYPORUS

【概述】本品为豫西道地药材，始载于《神农本草经》，药用部位为菌核，猪苓菌核在我国入药约已有 2500 年的历史，味甘，性平；入肾、膀胱经。猪苓的主要功效为利水渗湿，用于小便不利、水肿胀满、泄泻、淋浊、带下等症。现代研究表明猪苓还有抗肿瘤等作用。在我国，猪苓主要分布在山西、陕西、青海、甘肃、四川、贵州、湖北、湖南、云南、黑龙江、吉林、辽宁、河北、河南、浙江、安徽、福建等省。伏牛山区主要分布在栾川、西峡、嵩县、卢氏、鲁山、汝阳等县。猪苓为林下野生菌类植物，靠吸收蜜环菌 Armillaria mellea（Vahl. ex. Fr）Karst. 的营养生长发育。在野生生态调查时发现猪苓多分布于海拔 1000～2000m 的山区。在山西省以 100～1600m 半阴半阳的二阳坡地区猪苓生长较多。云南省苍山海拔 2500～3500m 的山区也可采到野生猪苓。秦岭巴山地区猪苓多分布于海拔 1000～2200m 的中高山区的林下，但以秦岭南坡分布较多，伏牛山区有大量分布，主要分布在栾川、西峡、嵩县、卢氏等县，生长在海拔 600～1600m 的森林中（周大林等，2004）。

由于猪苓菌核疗效确切，加之猪苓新化合物、新疗效和新用途的不断发现，使得该药材国内用量和出口量的剧增；野生条件下猪苓菌核生长缓慢，产区药农大量采挖，猪苓的野生生态环境严重破坏，资源濒于灭绝。因此猪苓的野生变家种显得尤为必要。

【商品名】猪苓

【别名】豕零、猳猪屎、豕囊、豨苓、地乌桃、野猪食、猪屎苓、野猪粪、黑药

【基原】为多孔菌科真菌属猪苓 *Polyporus umbellatus*（Pers.）Fr. 的菌核。

【原植物】菌核形状不规则，呈大小不一的团块状，坚实，表面紫黑色，有多数凹凸不平的皱纹，内部白色，大小一般为（3～5）cm×（3～20）cm。子实体从埋生于地下的菌核上发出，有柄并多次分枝，形成一丛菌盖，总直径可达 20cm。菌盖圆形，直径 1～4cm，中部脐状，有淡黄色的纤维鳞片，近白色至浅褐色，无环纹，边缘薄而锐，常内卷，肉质，干后硬而脆。菌肉薄，白色。菌管长约 2mm，与菌肉同色，与菌柄呈延生。管口圆形至多角形，每 1mm 间 3 或 4 个。孢子无色，光滑，圆筒形，一端圆形，一端有歪尖，(7～10)μm×(3～4.2)μm。

【药材性状】本品呈长条形、类圆形或扁块状，有的有分枝，长 5～25cm，直径 2～6cm，表面黑色、灰黑色或棕黑色，皱缩或有瘤状突起。体轻，质硬，断面类白色或黄白色，略呈颗粒状，气微，味淡。

【种质来源】本地野生

【生长习性及基地自然条件】

一、生长发育特征

（一）菌丝特点

由于猪苓菌核或子实体新分离的菌丝生长较慢，转接到平皿或试管后一般需要 10～15d 时间才能生长到直径 1～2cm 的菌落；但经过驯化后的猪苓菌丝生长速度有所加快。另外，在得到猪苓菌丝的早期，培养时菌丝常易产生褐色分泌物至周围的培养基中，这对菌丝的继续生长是不利的。平皿培养过程中，如果培养时间延长，在基部菌丝中可观察到猪苓菌丝的变态，如念珠状或厚壁菌丝等类型。

（二）无性孢子

猪苓菌丝可产生的分生孢子主要包括节孢子、粉孢子、厚垣孢子。猪苓的粉孢子是通过菌丝顶端断裂形成，薄壁。但有时将要形成粉孢子的菌丝顶端常膨大，其基部与第2个细胞以隔膜相分开。猪苓的节孢子和粉孢子多在气生菌丝上产生，在培养基营养缺乏、环境条件发生变化或生长的后期均可产生孢子。猪苓的厚垣孢子也是无形孢子之一，他是由猪苓的菌丝细胞壁增厚而变成，呈菌丝型或圆球形，间生或串生，成熟后常脱离母体菌。在猪苓菌丝培养中，由于菌株、培养基、培养时间、培养条件等不同，即使在相同的情况下，可发现上述节孢子、粉孢子和厚垣孢子可在猪苓培养物的不同培养阶段发生，但有时也可同时发现。

（三）菌核类型

猪苓的药用部位为菌核，无论处方用药或国内外贸易的商品名所称的"猪苓"，实际均为猪苓菌核。菌核是猪苓在自然条件下或人工栽培中人们所能看到的最直观的标志。

商品猪苓菌核呈条形、类圆形、扁分枝形或不规则瘤状，长 3～25cm，直径 0.5～9cm，表面黑色或棕黑色。有抽沟及凹窝或具多数瘤状突起。不论是野生或家种的新鲜猪苓菌核，均可直观地看到白色的猪苓菌核、灰色的猪苓菌核和黑色的猪苓菌核三种颜色，我们简称白苓（白头苓）、灰苓和黑苓。

1. 白苓

一般为 0.5～1 龄的猪苓菌核。白苓外表皮色洁白，质地虽然实，但挤压、碰撞或手掰易碎；用手掰开或切开可见白苓的断面菌丝嫩白。白苓的干物质较少。因为其含水量在 87.4% 左右，所以干燥后的白苓体轻。

2. 灰苓

一般为 1～2 龄的猪苓菌核。灰苓表皮灰色、黄色或黄褐色。体表不像黑苓那样有光泽，质地疏松而体轻，但韧性和弹性较大，挤压或手捏不易碎。含水量在 71.7% 左右，介于黑苓和白苓之间。切开后的断面菌丝白色，自然生长或人工栽培猪苓穴中的灰苓可观察到被蜜环菌菌索定植现象，所以其体表可看到有蜜环菌菌索的侵入点。

3. 黑苓

一般为 2～3 龄以上的猪苓菌核。黑苓外皮黑色，有光泽，质地致密，含水量在 62.9% 左右。黑苓断面菌丝白色或淡黄色，体表有蜜环菌菌索的侵染点，但侵染腔并不太大；解剖观察可看到蜜环菌侵入猪苓菌核后，菌核菌丝形成褐色隔离腔壁阻止蜜环菌菌索的侵染。

4. 老苓

一般为 4 龄以上的猪苓菌核，是由年久的黑苓变化而来。老苓皮墨黑、弹性小、断面菌丝黄色加深。菌核体内有一些被蜜环菌菌索反复侵染形成的空腔，随着年代的增加空腔越来越多、越大，有时互相连在一起，猪苓菌核则逐渐中空。老苓的含水量在

7.8%左右。

猪苓的外观虽然有白苓、灰苓、黑苓之分，这只是在它生长发育过程中的三个不同阶段的特征，也受不同的气候以及在土壤中分布深浅等因素的影响，所以白苓、灰苓、黑苓和老苓之分不能完全准确地反映其生长年限。

（四）菌核生长发育特性

在气候条件适宜猪苓生长发育和蜜环菌菌素侵染猪苓菌核后，母体猪苓菌核可萌发出新生的菌核或称新苓。通常在每年的 4～6 月，土壤温度 8～9℃、土壤含水量在 40%～60% 时，新生菌核开始形成。猪苓新菌核的形成是由母体菌核内部菌丝突破其表皮所产生，最初可观察到的仅是出现在母体菌核表面的洁白色毛状小点，如用手轻轻一碰新苓即可脱落。新生菌核外皮较薄，对其内部的菌丝起保护作用。这样的洁白色毛状小点在一个母体菌核上可多达 40 余个，但往往只有一或数个将来发育成大的菌核，而其余大量的萌发点菌丝团只长到米粒大小、皮色变黄停止生长而干枯，在猪苓表面留下黄或褐色斑点，因此幼龄菌核颜色由白变黄则是将要停止生长的信号。

随着这些洁白色毛状小点继续生长和增大，相距较近的可汇合在一起逐渐形成白色菌核，相距较远的毛状小点也可单独膨大发育成菌核。这种新生的白色菌核，在一个生长期内可发育成长度达 18cm 大小的菌核，但为数不多；常见的只有 7cm 左右。

每年秋末来临时，地温逐渐降低，猪苓菌核生长速度也逐渐减慢，新生菌核的白色生长点或秋季新萌发的白苓，颜色也逐渐变深，通常由白变黄至黄灰色，秋末冬初地温低于 5℃ 菌核进入休眠期，越冬后成灰苓。春天来临适宜猪苓生长时，又可从母体菌核或灰苓上萌发出新白苓。

二、生长条件

（一）温度

在山区进行猪苓半野生栽培时，应选择半阴半阳的二阳坡栽培，避免完全的阴坡温度太低，而阳坡在太阳光的直射下，地表温度高不利于猪苓生长。一般年平均气温在 6.6℃ 左右，7 月平均气温 19.9℃，旬平均气温升高到 9.5℃ 时，新生的猪苓菌核开始萌发形成，12℃ 左右时新菌核能够生长膨大，14℃ 左右新菌核的萌发数量多、个体生长快。

（二）湿度

通常的含水量在 30%～50%，猪苓栽培穴中不应始终保持较高的含水量，否则猪苓菌核很容易腐烂。室内、室外人工栽培或半野生栽培猪苓对空气的湿度也有要求，一般相对湿度在 60%～85% 为宜。当旬平均气温达 12℃ 以上，土壤含水量在 30%～50% 条件下，猪苓新苓的萌发率和生长率增长。

三、栽培基质

1. 室内外人工栽培

所用基质以纯细沙或纯的中粗沙效果较好，沙中掺有土的基质透气性差、浇水后表面易板结，不宜用作栽培猪苓。

2. 半野生栽培

应选择腐殖质较厚的土壤；黄土、黏性土壤不宜栽培猪苓。选择不同栽培基质主要是考虑其透气性差异。纯细沙、纯的中粗沙或腐殖质较厚的土壤透气性好，蜜环菌菌素生长良好，因为蜜环菌和猪苓均是好气性真菌。

3. pH

在猪苓的半野生栽培时，除选择氮、磷、钾等含量较丰富的腐殖质土壤外，还应特别注意基质的酸碱度，即 pH 应为 5.5～6.0，室内外栽培猪苓也应参考该数值确定适宜的栽培基质和水质。

4. 所用树枝的树种

除针叶树外，大多数阔叶树的细树枝或直径在 2.5～4.5cm 的树棒均可用来培养蜜环菌，常选择壳斗科或桦树科树的枝材为好，如柞、槭、橡、榆、柳、杨等。另外，果树枝如苹果树枝、梨树枝、刺槐树枝等也可用来作为培养蜜环菌的材料。选择树枝时应以新鲜树枝为佳，如是隔年的树枝其存放时间不宜过长，不应有脱皮、霉变和虫蛀现象。

【种植方法】

一、菌核人工栽培技术

猪苓菌核栽培一般分为春栽和秋栽两个时期，春栽是指在每年的 3～5 月进行栽培；秋栽指在每年的 9～11 月进行栽培。

（一）种苓的选择

猪苓栽培中选择何种类型的菌核作种苓至关重要。白苓和较嫩的灰苓不宜做种苓；颜色较深的灰苓和断面色白、表面有油漆样光泽的黑苓作种苓用于猪苓栽培效果好、产量高。猪苓有猪屎苓和鸡屎苓之分，前者多为圆形或圆柱形，个体较大；后者多扁平，繁殖系数虽高但个体小。目前在猪苓产区栽培猪苓菌核，多选择猪屎苓作种苓效果较好。

（二）蜜环菌的选择

人工栽培或半野生栽培猪苓菌核时，对蜜环菌有严格的要求，除了要求一级、二级和三级蜜环菌菌种生长快、无污染外，不同种的蜜环菌对猪苓栽培产量均有较大影响。不是所有蜜环菌都适宜猪苓菌核的生长。栽培猪苓必须选择适宜猪苓生长发育的优良蜜环菌菌株。

（三）栽培方法的确定

猪苓菌核的人工栽培方法主要有室内池种法、箱种法、筐种法、防空洞栽培法、地下室栽培法、山区半野生栽培法等。根据栽培猪苓的目的选择不同的方法。

1. 室内池种法

在室内用砖垒池，其大小可长 1m、宽 0.5m、高 0.3m 左右。砖池的大小应根据房间的具体形状和面积而定。准备好砖池后，在其底部平铺 3～4cm 厚的湿中粗沙，其上放一薄层湿树叶，再放 4～6cm 粗的蜜环菌菌棒；如用新树棒应每平方米的池子需要 1 或 2 瓶蜜环菌的三级菌枝菌种，均匀插入树棒的鱼鳞口上。蜜环菌菌棒或新棒之间间隔 5～8cm。将猪苓菌核均匀紧靠在蜜环菌菌棒或新棒插蜜环菌菌枝的鱼鳞口处，之后再撒放少量的湿树叶，覆沙至超出菌棒或树棒 2cm。重复第 1 层的步骤，完成第 2 层的播种，最上层覆沙超出菌棒或树棒 5cm 即可。在其表面可放置 1～2cm 厚的一层树叶以保湿。该方法主要用于试验或用于扩大猪苓菌核的繁殖。

2. 箱种法

旧的小木箱或用下脚料木板制成的木箱，其大小为长 0.5m、宽 0.35～0.4m、高 0.3m 左右；在其底部平铺 2～3cm 厚的湿中粗沙，其上放一薄层湿树叶，再放 3～5cm 粗的蜜环菌菌棒；如用新树棒每箱需要 0.5 瓶蜜环菌的三级菌枝菌种，均匀插入树棒的鱼鳞口上。蜜环菌菌棒或新棒之间间隔 3～5cm。将猪苓菌核均匀紧靠在蜜环菌菌棒或新棒插蜜环菌菌枝的鱼鳞口处，之后再撒放少量的湿树叶，覆沙至超出菌棒或树棒 2cm。重复第 1 层的步骤，完成第 2 层的播种，最上层覆沙超出菌棒或树棒 3～4cm 即可，在其表面可放置 1～2cm 厚的一层树叶以保湿。该方法主要用于试验或用于扩大猪苓菌核的繁殖。

3. 筐种法

筐的大小根据使用或以搬动方便为宜，一般方筐、长方形筐或圆筐均可。用筐种猪苓如果容易露出沙子时可在内壁附一层打有小孔的塑料薄膜即可。栽培猪苓的操作步骤同室内箱种法。该方法主要用于试验或用于扩大猪苓菌核的繁殖。

4. 防空洞栽培法

防空洞栽培法既可采用室内池种法在室内用砖垒池栽培猪苓，也可采用室内箱种法或室内筐种法操作步骤栽培猪苓。该方法小面积用于栽培试验，较大面积可用于猪苓菌核生产。

5. 地下室栽培法

地下室栽培法既可采用室内池种法在室内用砖垒池栽培猪苓，也可采用室内箱种法或室内筐种法操作步骤栽培猪苓。其条件是有闲置的地下储藏室、菜窖等。该方法小面积用于栽培试验或用于扩大猪苓菌核的繁殖。

6. 山区半野生栽培法

选择海拔 800～1500m 的山区、半阴半阳、坡度小于 40°、次生阔叶林或灌木丛，在活的或死的树旁，挖长 25～30cm、宽 20～25cm、深 15～20cm 的坑，在其底部平铺一薄层湿树叶，再放长 22～28cm、粗 2.5～4.5cm 的蜜环菌菌棒；如用相同大小的新树棒则每坑需要 1/4 瓶蜜环菌的三级菌枝菌种，均匀放入树棒的鱼鳞口处。蜜环菌菌棒或新棒之间间隔 3cm 左右。将猪苓菌核均匀紧靠在蜜环菌菌棒或新棒有蜜环菌菌枝处的鱼鳞口，之后再撒放少量的湿树叶，覆盖腐殖质土超出菌棒或树棒 3～5cm。在其表面可放置 1～2cm 厚的一层树叶以保湿。每穴需下种新鲜猪苓菌核 150～250g。该方法主要适用于海拔 800～1500cm 的山区，可用于猪苓菌核大规模生产。

二、栽培管理

（一）防盗

猪苓栽培后，要严防有人偷盗。在猪苓半野生栽培时，防盗应是首先应该注意的问题。在有条件的山区可采取围山防盗；也可采用专人巡逻的办法加以管理。

（二）浇水

猪苓半野生栽培时，由于是在海拔 1000m 左右的山区，在这种条件下种植猪苓往往利用自然的雨水保湿即可。但在低海拔的地区，室内或室外栽培猪苓，种植穴中的水分是猪苓栽培成功与否的非常重要因素之一，注意浇水。

（三）温度

在低海拔的地区室内或室外栽培猪苓，栽培穴的温度也应严格控制。要根据猪苓喜凉爽气候的特点，在室内种植，夏天应加强通风，室外种植应用遮阳网或其他材料遮阳防晒，尽可能创造适于猪苓生长发育的环境条件。人工室内或室外栽培猪苓，冬天在栽培穴顶部适当加厚沙土注意防冻，也可采用其他措施进行猪苓栽培的越冬管理。

三、菌种分离及其培养

（一）猪苓菌种的分离

利用猪苓子实体产生的孢子、子实体组织及菌核等材料分离获得纯的猪苓菌种，是猪苓固体培养、液体发酵和栽培的关键一步。

（1）子实体前处理。将子实体基部及其他杂质去掉。子实体表面用无菌水冲洗数次，在 75% 乙醇中浸数秒钟后，用 0.1% 的升汞溶液表面消毒 0.5～1min，用无菌水冲洗数次，再用经高压灭菌后的棉花或纱布吸干子实体表面的水分。

（2）孢子收集。将事先经消毒过的具塞大钟罩、玻璃板、甘油等收集孢子的器皿放入无菌室。钟罩下扣涂抹甘油的玻璃板。将处理后的子实体分别悬挂培养 12～16h，孢子大部弹出。肉眼可看到底层的玻璃板上一层细面似的灰白色孢子。然后在无菌条件下，去掉钟罩。取出玻璃板用注射器分别注射无菌水冲洗孢子于小培养皿内。

（3）孢子培养。培养基：基本培养基为 PDA，在 1.47×10^5 Pa 下每升加磷酸二氢钾 3g、硫酸镁 1.4g、蛋白胨 5g 等，pH4.7～5.1，在 1.47×10^5 Pa 下灭菌 30min。方法：将收集到的孢子用无菌水再进行一定的稀释。用注射器分别注入已备好的培养基 1

或 2 滴。旋转试管使孢子液均匀分布。接种后，置于（22±1）℃的条件下培养。挑取孢子萌发的菌丝，接种于 PDA 培养基上 23℃恒温培养 7～12d。取其尖端色洁白、生长健壮的菌丝继代培养。重复纯化数次即可获得猪苓纯种。

（二）子实体组织分离

（1）子实体的选择。选择自然生长的猪苓子实体，要求刚出土不久、幼嫩、健壮、无虫及其他杂质。

（2）分离方法。将猪苓子实体用蘸有无菌水的棉球轻轻擦拭其表面，之后用 75％的酒精棉球进行表面消毒，用灭菌后的解剖刀将子实体的菌柄或菌盖等部位切开，用灭菌的镊子或解剖针挑取内部组织，组织块大小一般为 3～5mm，将其接种在 PDA 或麦麸琼脂平皿培养基上培养。培养室的温度控制在 20～23℃，恒温培养。

（三）菌核组织分离

猪苓菌核组织分离获得纯菌种，一般比子实体组织分离和孢子分离简单容易。所以人们往往采用菌核组织分离得到猪苓菌种。

（1）菌核的选择。选择新鲜、健壮、无任何杂菌污染的猪苓菌核作分离材料。选择时应注意避免有蜜环菌侵染的菌核，断面应洁白、富有弹性为好。

（2）分离方法。将猪苓菌核采回后，用水冲洗表面的泥沙，先用 75％乙醇进行表面消毒 30～60s，用无菌水冲洗，再用 0.1％升汞表面消毒 5～10min。

在超净工作台上，用灭菌后的解剖刀将所要分离的菌核切开，用接种针挑取菌核中间的白色小块，以 5mm² 大小为宜，接种在试管斜面培养基上或平皿培养基上，将接种物置 22～25℃的恒温培养室培养获得纯猪苓菌种。

（四）猪苓菌丝的固体和液体培养

利用猪苓菌丝进行固体或液体培养具有菌体繁殖速度快、生长周期短、易工厂化大规模生产、质量可控等优点。

1. 培养基

（1）PDA 培养基。主要用于猪苓菌种分离和保藏用。

（2）麦麸培养基。麦麸 35g（煮汁）、葡萄糖 20g、磷酸二氢钾 3g、七水硫酸镁 1.5g、蒸馏水 1000ml。该培养基主要用于猪苓菌丝的固体培养（应加琼脂18～20g/L）和液体培养。

（3）液体培养基。葡萄糖 20g、硝酸铵 0.5g、硫酸镁 0.5g、硫酸亚铁 0.05g、磷酸二氢钾 0.2g、磷酸氢二钾 0.25g、蛋白胨 1g、蒸馏水 1000ml。

（4）玉米粉琼脂培养基。玉米粉 300g、琼脂 18g、蒸馏水 1000ml。

（5）锯末麦麸固体培养基。锯末：麦麸为 1：1，葡萄糖 1.5％，磷酸二氢钾 1.0％，七水硫酸镁 0.1％，加水量以手捏成团而不滴水为宜。

以上培养基 pH5.5～6.0，常规高压灭菌。其中培养基（1）～（4）灭菌 25～30min；培养基（5）灭菌 1～1.5h。

2. 培养方法

试管培养及保藏。一般培养温度应控制为 22～25℃，菌丝在试管斜面培养基生长至 2/3 或基本长满培养基表面时，可将其放入冰箱保存，保藏温度应为 4～6℃。

【采收加工】

1. 采收

半野生栽培的收获期一般为栽培后的 3～5 年为宜。在栽培的后期，如不收获容易使其造成腐烂。栽培的 2 年后采挖。采挖季节为 4～5 月或 9～10 月。可挑取断面色白或仅有少量被蜜环菌侵染的灰苓或黑苓作种苓。猪苓菌核的收获比较简单，用适当的工具将上层土挖开后取出猪苓菌核即可。

2. 初加工

挖出的猪苓要用刷子刷净沙土与杂质，不能用水洗。置于阳光下晒干或晾干，猪苓菌核可加工成薄片或小块供药用。放在通风处保存。

3. 分级标准

甲级：苓块大，表面黑色，质地坚实，肉质白色；乙级：苓块小，表皮灰色，苓体烂碎，皱缩不实，肉质褐色。

【化学成分】菌核含猪苓葡聚糖Ⅰ为猪苓的有效成分。

甾类化合物：多孔菌甾酮（polyporusterone）A、B、C、D、E、F、G，4,6,8 (14),22-麦角甾四烯-3-酮 [ergosta-4,6,8 (14)，22-tetraen-3-one]，25-去氧罗汉松甾 (25-deoxymakisterone) A，25-去氧-24 (28)-去氢罗汉松甾酮 [25-deoxy-24 (28)-dehydromakisterone] A，7,22-麦角二烯-3-酮（ergosta-7,22-dien-3-one），7,22-麦角甾二烯-3-醇（ergosta-7,22-dien-3-ol），5,7,22-麦角甾三烯-3-醇（ergosta-5,7,22-trien-3-ol），5α，8α-表二氧-6,22-麦角甾二烯-3-醇（5α，8α-epidioxyergosta-6,22-dien-3-ol），还含 α-羟基二十四碳酸（α-hydroxytetracosanoic acid）。猪苓菌丝发酵滤液中多糖是由 D-甘露糖（D-mannose）、D-半乳糖（D-galactose）、D-葡萄糖（D-glucose）组成，其摩尔比为 20:4:1。

【鉴别与含量测定】

一、鉴别

（1）显微鉴别。本品切面：全体由菌丝紧密交织而成。外层厚 27～54μm，菌丝棕色，不易分离；内部菌丝无色，弯曲，直径 2～10μm，有的可见横隔，有分枝或呈节状膨大。菌丝间有众多草酸钙方晶，大多呈正方八面体形、规则的双锥八面体形或不规则多面体，直径 3～60μm，长 68μm，有时数个结晶集合。

（2）理化鉴别。取本品粉末 1g，加稀盐酸 10ml，置水浴上煮沸 15min，搅拌，呈黏胶状。另取本品粉末少量，加氢氧化钠溶液适量，搅拌，呈悬浮状。

二、含量测定

猪苓的有效成分主要是猪苓多糖。

（1）样品处理。取猪苓菌核粉末约 2.0g，精密称重，加 30ml 热水，沸水浴中浸提 2h，离心，4000r/min，15min，上清液过滤，定容于 100ml 容量瓶。取 5ml 于试管中，用 3 倍体积的 95％乙醇沉淀多糖，静置过夜，离心 4000r/min，15min。弃去上清液，醇洗 3 次，加热水溶解，定容至 50ml 容量瓶。

（2）标准曲线制备。配制 100mg/L 葡萄糖溶液，取 0.05ml、0.10ml、0.20ml、0.30ml、0.40ml、0.60ml、0.80ml，用蒸馏水补足到 1.00ml。再加入 4.0ml 蒽酮试剂（0.2g 蒽酮溶于 100ml 浓硫酸），迅速浸入冰水中冷却，待所有试管加完后，一起浸入沸水浴中，自重新沸腾起计时，准确煮沸 10min。煮完取出，冷却，于室温中平衡片刻，用分光光度计于波长 620nm 处测定吸光度（OD）。

（3）测定。取多糖溶液 1.0ml，加入 4.0ml 蒽酮试剂，其他条件与测标准曲线相同，根据标准曲线，计算样品中猪苓多糖的含量。

猪苓多糖以葡萄糖（$C_6H_{12}O_6$）计，不得少于 3.0％。

【主要参考文献】

么厉，程惠珍，杨智. 2006，中药材规范化种植（养殖）技术指南. 北京：中国农业出版社
中华人民共和国药典委员会. 2005. 中华人民共和国药典（一部）. 北京：化学工业出版社
周大林，杨长群，衡永等. 2004. 伏牛山猪苓人工栽培的试验研究. 林业科技开发，18（1）：51～53

绵 马 贯 众

Mianmaguanzhong

RHIZOMA DRYOPTERIS CRASSIRHIZOMATIS

【概述】本品为豫西道地药材，始载于《神农本草经》，历代本草均有记载。《名医》曰："一名伯萍，一名药藻。此谓草鸱头。生元山及冤句、少室山（伏牛山脉）。二月、八月采根，阴干。"味苦，性微寒，有小毒；归肝、胃经。用于治疗清热解毒，驱虫，虫积腹痛，疮疡。为伏牛山大宗药材。

目前伏牛山作为贯众使用的主要有 8 个品种，分属于 5 个科 6 个属，它们分别为鳞毛蕨科鳞毛蕨属植物粗茎鳞毛蕨 *Dryopteris crassirhizoma* Nakai，也称东北贯众或绵马贯众，产于伏牛山北部，《中国药典》（2005 年版）收载了该品种；鳞毛蕨科鳞毛蕨属植物辽东鳞毛蕨 *Dryopteris peninsulae* Kitag.，产于伏牛山北部；鳞毛蕨科贯众属植物贯众 *Cyrtomium fortunei* J. Sm. 及其两个变种多羽贯众 *Cyrtomium fortunei* J. Sm. f. polyterum (Diels) Ching（*polystichum falcatum* var. *polyterum* Diels）和宽叶贯众 *Cyrtomium fortunei* J. Sm. f. Latipinna Ching，产于伏牛山的灵宝、卢氏、栾川、嵩县、洛宁、鲁山、西峡、南召、内乡、淅川；蹄盖蕨科蛾眉蕨属植物蛾眉蕨 *Lunathyrium acrosticholdes* (Sw.) Diels，产于伏牛山区；乌毛蕨科狗脊蕨属植物狗脊蕨 *Woodwardia japonica* (L. f.) Sm. 及其同属植物单芽狗脊蕨 *Woodwardia unigemmata* (Makino) Nakai，产于伏牛山南部淅川等县；球子蕨科荚果蕨属植物荚果蕨 *Malteuccia struthfopteris* (L.) Todaro，产于伏牛山的栾川、嵩县、灵宝、卢氏、西峡、

南召等县。其变种尖裂荚果蕨 *Malteuccia struth fopteris*（L.）Todaro var. *acutiloba*
Ching，产于河南卢氏县的淇河、栾川县等；紫萁科紫萁属植物紫萁 *Osmunda japonica*
Thunb.，产于伏牛山南部。此外，全国还有 3 个品种，分属于 2 个科 2 个属的植物作
为贯众使用，它们分别是乌毛蕨科乌毛蕨属植物乌毛蕨、紫萁科紫萁属植物桂皮紫萁、
华南紫萁。

【商品名】贯众

【别名】止泼、贯节、贯渠、百头、虎卷、扁苻、贯来、贯中、渠母、贯钟、伯
芹、药渠、黄钟、伯萍、乐藻、草鸱头、伯药、药藻、凤尾草、蕨薇菜根、贯仲、
管仲

【基原】本品为鳞毛蕨科植物粗茎鳞毛蕨的干燥根茎及叶柄残基。

【原植物】植株高 50～100cm。根状茎直立，连同叶柄密生褐棕色、卵状披针形
大鳞片。叶簇生，草质；叶片倒披针形，二回羽状；羽片 20～30 对，长 60～100cm，
中部稍上处宽 20～25cm，先端渐尖，两面有纤维状鳞毛；中部羽片长 10～12cm，宽
2～2.5cm，基部渐缩短，长仅 6cm；裂片密接，近长方形，圆头或圆截头，近全缘或
先端有微齿；叶脉羽状分叉；叶柄长 10～25cm。孢子囊群仅生于叶中部以上，生于侧
脉中部以下，靠近裂片的主脉着生，每裂片有 2～4 对；囊群盖圆肾形。

【药材性状】本品呈长倒卵形，略弯曲，上端钝圆或截形，下端较尖，有的纵剖
为两半，长 7～20cm，直径 4～8cm。表面黄棕色至黑褐色，密被排列整齐的叶柄残基
及鳞片，并有弯曲的须根。叶柄残基呈扁圆形，长 3～5cm，直径 0.5～1.0cm；表面有
纵棱线，质硬而脆，断面略平坦，棕色，有黄白色维管束 5～13 个，环列；每个叶柄残
基的外侧常有 3 条须根，鳞片条状披针形，全缘，常脱落。质坚硬，断面略平坦，深绿
色至棕色，有黄白色维管束 5～13 个，环列，其外散有较多的叶迹维管束。气特异，味
初淡而微涩，后渐苦、辛。

【种质来源】本地野生

【生长习性及基地自然条件】喜湿润、耐阴、耐寒、喜温暖、喜腐殖质及含水
量较高的中性土壤。

【种植方法】生产上可采用孢子繁殖与分株繁殖相结合的繁殖方式。

一、孢子繁殖

（1）孢子采集。9 月中下旬当荚果蕨的孢子叶由暗绿色转变为黄棕色时，选取长势
健壮的植株，采取孢子叶，阴干后碾碎，筛出孢子囊，储存在温度 0～5℃的冰箱内，
播种前用无菌水充分冲洗，展于无菌纸上，等孢子囊干后，自行开裂，弹出成熟的
孢子。

（2）培养基配制。用草炭土、暗棕壤、河沙，按 5∶3∶2 比例混合，拌匀，过筛制
成混合土。将洗净的粗河沙，石头，播种容器和混合土分别蒸汽灭菌 30min。

（3）播种。先用瓦片盖上播种容器的底孔，放进小石子，粗河沙约占容器的1/3，
再加混合土，用木板刮平，压实盖上玻璃板待用。播种前把装满混合土的容器，浸在水
里使培养土充分湿润，取出，将孢子均匀撒在培养土上，播种后再浸放在浅水里，第二

天取出，将播种容器移到温暖、空气湿度达到 80％以上的温室，每天光照 4h 以上，温度控制在 20℃左右，孢子 3d 就开始萌发，播后 10d 形成原叶体，71d 形成孢子体。孢子体达到 3 或 4 片真叶时进行第一次移盆。孢子苗具有叶 4 片以上，植株高达4～5cm 时进行第二次移栽。将根系带土的孢子苗移栽到圃地里，移栽后覆盖塑料棚并定期浇水。

二、分株繁殖

春天或秋季，挖取生长健壮的母株，进行分株，按行、株距30cm×(15～20)cm 栽植于林下或大田（适当遮阴）；若为苗床，行、株距为10cm×(5～7)cm；每穴施少量钙磷钾细肥土，并与穴土混匀，栽后覆土压实，浇透水即可。

三、栽培管理

大田栽培，选择平整土地、水肥条件好、土质肥沃、渗透性好的地块进行栽植。水对蕨类的栽培很重要，满足蕨类的土壤用水和空气湿度的要求，原则是少浇水，看苗情，看气温浇水，土壤不干不浇水，经常对叶面喷水，清洗叶面的尘埃，保持叶面的清洁和湿度。贯众喜阴，在栽培生产中应注意保持适当的荫蔽度，保证充足的散射光有利于植株的生长，光照过强过弱，贯众的生长发育均不良。经常锄草、铲趟，进行正常的生产管理。管理中还应该注意保持畦沟无积水，否则易致烂根减产。贯众多为野生，抗逆性较强，病虫害极少。但若排水不良，易致根腐病。

【采收加工】秋季采挖，削去叶柄，须根，除去泥沙，晒干。

【化学成分】粗茎鳞毛蕨的根茎含绵马酸（filixic acid）BBB、PBB、PBP 等，黄绵马酸（flavaspidic acid）AB、BB、PB，以及白绵马素（albaspidin）（吴寿金等，1997）AA、PP、AP。高增平等从绵马贯众中分离到二十六烷酸、二十五烷醇、nerolidol、东北贯众素（dryocrassin）、蔗糖（sucrose）、丁基环己烷（butyl cyclohexane）、顺式十氢萘（cis-decalin）、1-甲基乙基-环己烷、9-（1-甲基亚乙基)-二环［6,1,0］壬烷、环己烷基环己烷、(-)-3,7,7-三甲基-11-亚甲基-螺［5,5］十一-2-烯、［1S-(1α，3aβ，4α，8aβ)］-十氢-4,8,8-三甲基-9-亚甲基-9-1,4-亚甲基奥、3,7,11-三甲基-2,6,10-三烯十二烷-1-醇、石竹烯、2,3,4,4a,5,6-六氢-1,4a-二甲基-7-（1-甲基乙基)-萘、［1aR-(1aα，7α，7a，7b)］-1a,2,3,5,6,7,7a,7b-八氢-1,1,7,7a-四甲基-1H-环丙烷［a］萘、α-姜黄烯（curcumene）。绵马贯众地上部分（包括叶茎基部）含异槲皮苷（isoquercitrin）、紫云英苷（astragalin）、冷蕨苷（cyrtopterin）、贯众素（cyrtominetin）、贯众苷（cyrtomin）、杜鹃素（rhododendrin）、绵马酚（aspidinol）、绵马次酸（filinic acid），萘烯-b（diploptene）、铁线蕨酮（adianton）等。

【鉴别与含量测定】

一、鉴别

取本品粉末 0.5g，加环己烷 20ml，超声处理 30min，取上清液，作为供试品溶液。另取绵马贯众对照药材 0.5g，同法制成对照药材溶液。吸取上述两种溶液各 2～4μl，分别点于同一硅胶 G 薄层板上。取硅胶 G10g、枸橼酸-磷酸氢二钠缓冲液（pH7.0）10ml、维生素 C 60mg、羧甲基纤维素钠溶液 20ml，调匀，铺板，室温避光晾干，50℃活化 2h 后备用，以正己烷-氯仿-甲醇（30：15：1）为展开剂，薄层板置展开缸中饱和 2h，取出，展距 15cm 以上取出，立即喷以 0.1％ 坚牢蓝 BB 盐的稀乙醇溶液，在 40℃放置 1h。供试品色谱中，在与对照药材色谱相应的位置上，显相同颜色的斑点。

二、含量测定

绵马贯众素含量测定：

色谱条件色谱柱：VP-ODS（4.6mm×150mm，5μm）；柱温：25℃；流动相：乙腈-氯仿-异丙醇-0.3％磷酸-0.1％十二烷基硫酸钠（50：10：35：10：5）；流速：1.0ml/min；检测波长：286nm。在此条件下，按绵马贯众素计算，理论板数不小于 3000。

样品的含量测定：取浓度为 0.5116mg/ml 的对照品储备液 1ml 于 10ml 量瓶中，加氯仿定容至刻度，摇匀，即得对照品溶液；取干燥后的绵马贯众粉末（过 3 号筛）约 0.1g，精密称定，置具塞锥形瓶中，精密加入氯仿 25ml，密塞，称重，超声提取（100W，40kHz）30min，冷却，再称重，用氯仿补足减失的质量，摇匀，过滤，取续滤液 5ml 于 10ml 量瓶中，加氯仿定容至刻度，摇匀，离心（10 000r/min）10min 后，取上清液 5μl 在上述色谱条件下进样测定。

【附注】

1. 鳞毛蕨科鳞毛蕨属植物辽东鳞毛蕨

植株高 25～50cm。状茎粗壮，密生褐色披针色鳞片。叶簇生；叶片长矩圆形，二回羽状，长 15～40cm，宽 12～20cm，先端渐尖，基部或近基部最宽；不生孢子的羽片 2～5 对，稍呈镰刀形，先端圆，基部耳形，边缘有微锯齿或全缘；叶脉羽状分离，背面明显；生孢子叶的羽片 11～16 对，较小，占叶片的 1/3～2/3；叶柄长 10～17cm，稻秆色，基部被棕色，线状披针形、质薄、先端具细尖的鳞片，上部与叶轴有较稀疏的小鳞片。孢子囊群沿小羽片中脉两侧各 1 行着生；囊群盖宿存。

2. 鳞毛蕨科贯众属植物贯众

植株高 30～80cm。根状茎短，直立或斜上，连同叶柄基部被宽披针形黑褐色大鳞片。叶簇生；叶片宽披针形或矩圆披针形，纸质，奇数一回羽状，长 25～45cm，宽 5～10cm，沿叶轴和羽柄有少数纤维状鳞片；羽片镰状披针形，基部上侧稍呈耳状突起，下侧圆楔形，边缘有缺刻状细锯齿；叶脉网状，有内藏小脉 1～2 条；叶柄长 15～25cm，禾秆色，有疏生鳞片。孢子囊群生于内藏小脉顶端，在主脉两侧各排成不整齐的 3～4 行；囊群盖大，圆盾形，全缘。

（1）多羽贯众（变型）。本变种与正品的不同点：体积细小，高约 20cm，叶柄很短，羽片多达 20 对以上，小而排列紧密。

（2）宽叶贯众（变型）。本变种与正品的不同点：羽片宽短，长 6～8cm，宽 2.5～3cm，宽镰形或卵状披针形，基部不对称，上侧稍凸起。

3. 蹄盖蕨科峨眉蕨属植物蛾眉蕨

植株高达 80cm。根状茎短而直立,顶部有宽披针形鳞片。叶簇生;叶片短圆状披针形,草质,二回羽状深裂,长约 60cm,宽约 20cm,先端渐尖,沿叶轴、羽轴和主脉有少许棕色多细胞的短毛;下部 3～4 对羽片略缩短,中部羽片长 12～14cm,宽 1.5～2.5cm,羽裂几达羽轴;裂片宽 3～4mm,边缘有浅圆锯齿,具单一的侧脉 5～7 对;叶柄长 15～20cm,禾秆色。孢子囊群狭长圆形,囊群盖新月形,质厚,全缘。

生于山谷林下或灌丛中,伏牛山区作贯众入药。

4. 球子蕨科荚果蕨属植物荚果蕨

植株高 90cm。根状茎直立,连同叶柄基部有密生披针形鳞片。叶簇生,二型,营养叶二回羽状,矩圆形至倒披针形,长 45～90cm,宽 14～25cm,叶轴和羽轴偶有棕色柔毛,下部 10 余对羽片逐渐缩小成耳形,中部羽片宽 1.2～2cm,裂片边缘浅波状,或顶端具圆齿;侧脉单一;孢子叶较短,直立,有粗硬而较长的柄,一回羽状,羽片向背面反卷成有节的荚果状,包被囊群。孢子囊群圆形,生侧脉分枝的中部,熟时汇合成线形;囊群盖膜质,白色,熟时破裂消失。

化学成分:狗脊蕨酸(woodwardic acid),麦角甾-6,22-二烯-3β,5α,8α-三醇(erg-ost-6,22-diene-3 β, 5α, 8α-trio1),芹菜素,核黄素(riboflavin),对香豆酸-4-O-β-D-葡萄糖苷(4-O-β-D-glucopyranosyl-P-cotmmric acid),咖啡酸-4-O-β-D-葡萄糖苷(4-O-β-D-glucopyranosyl-caffeic acid)(杨岚等,2004),正十六酸,β-谷甾醇,豆甾-4-烯-3,6-二酮,胡萝卜苷和 D-葡萄糖(杨岚等,2003)根状茎做贯众使用。

尖裂荚果蕨(变种)与正品的区别:营养叶的裂片为三角状披针形,尖头,斜向上。根茎入药,有清热解毒、止血、杀虫之效,防治流行性感冒、麻疹、流行性乙型脑炎、流行性腮腺炎,治便血、尿血、蛔虫、寸白虫等症。

5. 乌毛蕨科狗脊蕨属植物狗脊蕨

植株高 60～90cm。根状茎粗短,直立,密被红棕色披针形大鳞片,叶簇生,二回羽状,厚纸质,长圆形,长 40～60cm,宽 23～35cm,仅羽轴下部有小鳞片;下部羽片长 11～20cm,宽 2～3cm,向基部略变狭,羽裂 1/2 或略深;裂片三角形或三角状长圆形(基部下侧的缩小,成圆耳形),锐尖,边缘有细锯齿;叶脉网状,有网眼 1～2 行,网眼外小脉分离,无内藏小脉;叶柄长 30～50cm,深稻秆色,基部以上至叶轴有与根茎同样较小的鳞片。孢子囊群长形,生于中脉两侧相对的网脉上;囊群盖长肾形,革质,以外侧边着生网脉,开向主脉。

化学成分:主含儿茶酚衍生物。

6. 乌毛蕨科狗脊蕨属植物单芽狗脊蕨

植株高约 1m。根状茎粗短,直立或斜上,密被红棕色、膜质、钻状披针形鳞片。叶簇生;叶片厚纸质,光滑,长圆形,长 30～50cm,宽 20～30cm,近顶端的羽片腋中有 1 或 2 个被棕色鳞片的芽孢,二回深羽裂;羽片 2～15 对,相距 4～5cm,阔披针形,中部以下各羽片几等大,长 20～25cm,宽 5～7cm,羽状深裂;裂片 15～18 对,彼此以狭缺刻隔开,披针形,基部的较大,长 3～4cm,宽约 1cm,渐尖头,边缘有角质状硬齿（下部两侧常无齿，向背面反折），叶脉可见，沿主脉两侧各有 1 排长方形网眼，向外有 1 或 2 行不规则的六角形网眼，内无内藏小脉，近叶边网眼外侧有分离的小脉伸达叶边；叶柄长 30～50cm，禾秆色，即不被鳞片。孢子囊群长方形，陷入叶肉内；囊群盖深棕色，着生于长方形网眼的边缘上，成熟时开向主脉。

7. 紫萁科紫萁属植物紫萁

植株高 50～100cm。根状茎短。二回羽状复叶，丛生；叶片三角状广卵形，长 30～70cm，宽 20～40cm；叶柄长 20～30cm，与叶轴均为稻秆黄色，有时有褐色绵毛，小羽片长圆状披针形，长 5～6cm，宽 1～1.8cm，先端稍钝，基部最宽，截形或圆形，边缘有细锯齿，无柄或几无柄；叶脉分离，叉分，平行。孢子叶的小羽片狭，卷缩成线性，长 1.5～2cm，沿背面中脉两侧密生孢子囊。

化学成分：主含尖叶土杉甾酮 A（ponasterone A）、羟基促脱皮甾酮（ecdysterone）。根状茎作贯众入药，其幼叶上面的褐色毛茸，外敷伤口可止血，嫩叶可食。

生于林下或溪边酸性土壤上。

【主要参考文献】

高增平，李世文，陆蕴如等. 2003. 中药绵马贯众的化学成分研究. 中国药学杂志，38（4）：260

高增平，马秉智，陆蕴如. 2004. 绵马贯众的化学成分研究（Ⅱ）. 北京中医药大学学报，27（1）：52，53

齐峰，王娥丽. 2007. 常用药材绵马贯众活性成分研究. 天津医科大学学报，13（2）：191～193

吴寿金，杨秀贞. 1997. 绵马贯众化学成分的研究. 中草药，28（12）：712～715

肖国君，叶利明，吴纯洁等. 2005. HPLC 法测定绵马贯众中绵马贯众素的含量. 药物分析杂志，25（5）：502～504

杨岚，王满元，赵玉英等. 2004. 荚果蕨贯众化学成分的研究（Ⅱ）. 中国中药杂志，29（7）：647～649

杨岚，赵玉英，屠呦呦. 2003. 荚果蕨贯众化学成分的研究. 中国中药杂志，28（3）：278

委 陵 菜

Weilingcai

HERBA POTENTILLAE CHINENSIS

　　【概述】　委陵菜是豫西盛产药材，始载于《救荒本草》。味甘、微苦，性平、无毒，入肝、胃、大肠经，有清热润燥，凉血解毒，止血消肿，止痢之功效；多用于治疗痢疾，疟疾，痈肿，各种出血。其根含有水解鞣质和缩合鞣质，并含有黄酮类，全草含有三萜类，没食子酸、槲皮素、柚皮素等。临床上多以其单方或复方治疗糖尿病。现代医学研究证明，委陵菜黄酮的降血糖作用显著，是中药委陵菜降血糖作用的主要有效成分。

　　蔷薇科委陵菜属植物全球有 500 余种，大多数分布于北半球温带、寒带及高山地区。我国有 80 余种，《中国药典》（2005 年版）收载的委陵菜为蔷薇科植物委陵菜 *Potentilla chinensis* Ser. 的干燥全草。分布于伏牛山林缘、灌丛、疏林下。其同属植物在全国各地入药的有多种，如鹅绒委陵菜（蕨麻、人参果、延寿草、蕨麻委陵菜）*P. anserina* L.、多裂委陵菜（细叶委陵菜、白马肉）*P. multifida.*（张勇，2005）、莓叶委陵菜（满江红、雉子筵）*P. fragarioides* 等，其植物的形态特征、药用原基、性味、功能均有差异。

【商品名】委陵菜。

【别名】翻白菜、根头菜、野鸠旁花、黄州白头翁、龙牙草、天青地白、小毛药、虎爪菜、蛤蟆草、老鸦翎、老鸦爪、地区草、翻白草、白头翁。

【基原】为蔷薇科植物委陵菜的干燥全草。

【原植物】多年生草本，高 30～60cm。根肥大，圆锥状。茎直立，密生灰白色绵毛。单数羽状复叶，基生叶有小叶 8～11 对，顶端小叶最大，两侧小叶向下渐次变小，小叶狭长椭圆形，长 2～5cm，宽 8～15mm，边缘羽状深裂。裂片三角状披针形，边缘向下反卷，上面被短柔毛，下面密生白绵毛；托叶长披针形至椭圆状披针形，全缘残羽状裂，密被长绵毛；茎生叶与根生叶同形且较小，小叶 1～7 对。花多数，顶生，呈伞房状聚伞花序；花萼 5 裂，裂片广卵形，副萼 5 片，披针形至线形，均有白绵毛；花瓣 5，黄色，倒卵状圆形，凹头；雄蕊多数，花丝不等长，花药黄色；雌蕊多数，聚生，子房卵形而小。微扁，花柱侧生，柱头小。瘦果卵圆形，长约 2mm，褐色，光滑，包于宿存花萼内。花期 6～8 月，果期 8～10 月。

【药材性状】为干燥的根或带根的全草，根圆柱形或类圆锥形，偶有弯曲，有的有分枝，长短不一，直径 0.5～1cm，外表红棕色或暗棕色，具有不规则的纵裂纹，栓皮多呈片状剥落；质坚硬，易折断，折断面不平坦，皮部与木部极易分离，射线呈放射状排列。皮部淡红棕色，木部棕白色。根头部较粗大，并丛生多数黄棕色的叶基部分；单数羽状复叶，皱缩，小叶狭长椭圆形，多向内对折，边缘向外反卷，背面的绵毛密而长。气微弱，味微苦而涩。以干燥、无花茎、无杂质者为佳。

【种质来源】本地野生

【生长习性及基地自然条件】委陵菜在全国大部分地区有分布，生于向阳山坡、荒地、路边、田旁、山林草丛中。喜微酸性至中性、排水良好的湿润土壤，也耐干旱瘠薄。

【种植方法】

委陵菜适宜播种和分株两种繁殖方式。

1）气候土壤：宜温和干燥的气候，以排水良好的沙质壤土为佳。

2）整地：播种前翻耕土地 1 或 2 次，并施厩肥或堆肥，作畦宽约 1.5m。

3）种植：3 月下旬，在畦面开沟，深 6～7cm，沟距 18～21cm，然后将种子与细土混合，疏播在沟中，覆土一层，浇水。

4）播种后约 3 周出苗，当苗高 3～6cm 时匀苗，使每株相距 12～15cm。以后每隔 15 天左右，除草松土 1 次。追肥第 1 次在幼苗期，第 2 次在生长花蕾前，前者以氮肥为主，后者以磷、钾肥为主。干旱严重时需灌水。

委陵菜喜光，耐高温干旱。无需施肥及病虫害防治，可适当浇水、修剪。

【采收加工】

1. 采收

春季未抽茎时采挖，除去泥沙，晒干。

2. 初加工

将带根全草除去花枝及果枝，晒干。或将地上部分茎叶全部除去，仅用其根。

3. 炮制

除去杂质，洗净，润透，切段，晒干。

【化学成分】委陵菜全草含儿茶素（catechin）、乌苏酸（ursolic acid）、丝石竹皂苷元（gypsogenin）、槲皮素（quercetin）、芹菜素（apigenin）、山奈酚（kaempferol）、苯甲酸（benzoic acid）、没食子酸（gallic acid）、壬二酸（anchoic acid）、3,3′,4′-三-O-甲基并没食子酸（3,3′,4′-tri-O-methylellagic acid）、α-香树素（α-amyrin）、β-香树素（β-amyrin）、2α-羟基乌苏酸（corosolic acid）、蔷薇酸（euscaphic acid）、坡模酸（pomolic acid）、委陵菜酸（tormentic acid）、2α,3α-二羟基-12-烯-28-乌苏酸（2α,3α-dihydroxy-urs-12-en-28-oic acid）、2β,3β,19α-三羟基-12-烯-28-乌苏酸（2β,3β,19α-trihydroxy-urs-12-en-28-oic acid）、积雪草酸（asiatic acid）、2,4-羟基委陵菜酸、2α,3α,19α,23-四羟基-12-烯-28-乌苏酸（2α,3α,19α,23-tetrahydroxy ursolu-12-ene-28-oic acid）、齐墩果酸（oleanolic acid）、2α-羟基齐墩果酸（2α-hydroxy oleanolic acid）、2α,3α-二羟基-12-烯-28-齐墩果酸、3-羟基-11-烯-11,12-脱氢-28,13-乌苏酸内酯、3-O-乙酰坡模醇酸、白桦酸（betulinic acid）、3-氧代-12-烯-乌苏酸（3-oxours-12-en-oic acid）等。（王庆贺等，2006；高雯等，2007；刘普等，2006）其根含有水解鞣质和缩合鞣质，并含有黄酮类。

【鉴别】

1. 显微鉴别

叶横切面：上表皮细胞类方形，下表皮细胞切向延长；上下表皮有多数单细胞非腺毛，以下表皮尤密，且多弯曲。栅栏组织为2～3列细胞，有的含草酸钙簇晶，直径8～37μm；海绵组织为数列类圆形细胞。主脉极向下凸起，维管束外韧型，木质部半月形，韧皮部呈新月形，外侧有厚角组织，上下表皮内方有2～4列厚角细胞。

粉末特征：灰褐色。①非腺毛极多，单细胞，平直或弯曲，有的缠结成团，细长，长约4000μm，直径7～37μm，壁极厚或较厚。②草酸钙簇晶存在于叶肉组织中，簇晶直径6～65μm，偶有方晶。③木纤维长梭形，直径7～14μm，壁稍厚，纹孔明显。④木栓细胞类多角形或扁长方形，内含黄棕色物。

2. 薄层鉴别

取本品粉末1g，加石油醚（60～90℃）10ml，温浸3h，过滤，滤液挥干，加乙醇10ml使溶解，滤过，滤液浓缩至约1ml，作为供试品溶液。另取委陵菜对照药材1g，同法制成对照药材溶液。照薄层色谱法［《中国药典》（2005年版）附录Ⅵ B］试验。吸取上述两种溶液各6μl，分别点于同一以羧甲基纤维素钠为黏合剂的硅胶 G 薄层板上，以甲苯-甲酸乙酯-甲酸（5∶4∶1）为展开剂，展开，取出，晾干，喷以2％ 三氯化铁溶液与铁氰化钾试液的等量混合溶液。供试品色谱中，在与对照药材色谱相应的位置上，显相同的蓝色斑点。

【附注】

1. 匍枝委陵菜

多年生匍匐草本。基生叶掌状 5 出复叶，叶柄被伏生柔毛或疏柔毛，小叶无柄；小叶片披针形、卵状披针形或长椭圆形，顶端急尖或渐尖，基部楔形，边缘有 3～6 缺刻状大小不等急尖锯齿，下部两个小叶有时 2 裂，两面绿色，伏生稀疏短毛，以后脱落或在下面沿脉伏生疏柔毛；匍匐枝上叶与基生叶相似；基生叶托叶膜质，褐色，外面被稀疏长硬毛，纤匍枝上托叶草质，绿色，卵披针形，常深裂。单花与叶对生，被短柔毛；花直径 1～1.5cm；萼片卵状长圆形，顶端急尖，与萼片近等长稀稍短，外面被短柔毛及疏柔毛；花瓣黄色，顶端微凹或圆钝，比萼片稍长；花柱近顶生，基部细，柱头稍微扩大。成熟瘦果长圆状卵形表面呈泡状突起。花期 4～9 月，果期 5～9 月。生于草甸、河岸或路旁。

2. 莓叶委陵菜

多年生草本。根极多，簇生。茎直立或倾斜，有长柔毛。基生叶为奇数羽状复叶，叶柄被开展疏柔毛；小叶 5～9，上部较下部的为大，椭圆形至倒卵形，长 0.5～7cm，0.4～3cm，两面绿色，散生长柔毛，下面较密；茎生叶小，有 3 小叶，叶柄短或无。伞房状聚伞花序顶生，花多，松散，总花梗和花梗具长柔毛，花黄色，直径 1～1.7cm；萼片三角卵形；副萼片长圆状披针形；花瓣倒卵形，顶端圆钝或微凹；花柱近顶生，上部大，下部小。瘦果近肾形，表面有脉纹。花期 4～6 月，果期 6～8 月。生于沟边、草地、灌丛及疏林下。

3. 细叶委陵菜

多年生草本，高 10～40cm，全株被开展的白色长毛。根粗壮，圆锥形，上部有残叶。茎直立或斜升，基部分枝。羽状复叶，基生叶有柄，初密被白色长毛，后渐脱落，疏生毛；托叶膜质，披针形；小叶长圆形，长 1.2～5cm，宽 0.7～1.8cm，羽状全裂，裂片线形或披针状线形，先端钝或微尖，边缘稍反卷，裂片排列稀疏而不整齐，表面绿色，被毛，背面灰白色，密被伏毛；茎生叶柄短或无柄；托叶大。聚伞花序，花疏生，花梗长达 1.5cm，直立，花黄色，径约 7mm；花萼密被白色伏毛，萼片卵状披针形，长 3mm，宽 1.5mm，副萼片线形，与萼片近等长；花瓣倒卵形或近圆形。瘦果多数，卵圆形，径约 1mm，光滑。花期 6～7 月，果期 8～9 月。生于草地、沙质地、河岸、山坡。

【主要参考文献】

高雯，沈阳，张红军等. 2007. 委陵菜的化学成分研究. 药学服务与研究，7（4）：262～264

刘普，段宏泉，潘勤等. 2006. 委陵菜三萜成分研究. 中国中药杂志，31（22）：18751

王庆贺，李志勇，沈阳等. 2006. 委陵菜三萜类化学成分研究. 中国中药杂志，31（17）：14341

张勇，李鹏，李彩霞等. 2005. 委陵菜属药用植物. 中兽医医药杂志，2：60～63

中华人民共和国药典委员会. 2005. 中华人民共和国药典（2005 年版 一部）. 北京：化学工业出版社

野　菊　花

Yejuhua

FLOS CHRYSANTHEMI INDICI

【概述】本品为豫西道地药材，始载于《本草拾遗》，味苦、辛，性微寒，归肝、心经，清热解毒。用于治疗疮痈肿，目赤肿痛，头痛眩晕。在我国东北、华北、西北、华东西南等地均有出产。伏牛山区产野菊花为菊科植物野菊 *Chrysanthemum indicum* L.《中国药典》（2005 年版）收载也为该品种。《中国药典》（1977 年版）收载的野菊花同时还有菊科植物北野菊 *Chrysanthemum. boreale* Mak. 或岩香菊 *Chrysanthemum lavandulaefolium*（Fisch.）Mak. 的头状花序。

【商品名】野菊花

【别名】山菊花、千层菊、黄菊花、苦薏、野山菊、路边菊、黄菊仔、野黄菊、鬼仔菊、山九月菊、疟疾草

【基原】菊科植物野菊花的干燥头状花序。

【原植物】多年生草本，高 50～90cm。根状茎粗壮分枝，基生叶脱落；茎生叶菱状三角形，长 4～6cm，宽 1～3cm，先端渐尖，基部下延，羽状深裂，顶生裂片稍大，侧生裂片两对，卵形或长圆形，边缘浅裂或有不规则锯齿，表面被疏毛或腺体，背面被长柔毛；叶柄长 2～3cm。头状花序 5 或 6 个，聚集先端，排列成伞房状圆锥花序或不规则伞房花序；总苞直径 2～2.5cm；总苞片 4 层，边缘膜质，灰褐色，中肋较粗，淡绿色，外层较小，长 2.5～3mm，被细毛，内层椭圆形，长约 5mm；舌状花黄色，舌片长 11～13mm，宽 2.5～3mm，先端圆钝或具 2 或 3 裂齿；筒状花长 5.5mm，雄蕊及花柱伸出，柱头 2 裂，先端画笔状。果实圆柱形，长约 1.5mm，具 5 纵纹。花期 8～10月，果熟期 9～11 月（丁宝章等，1997）。

【药材性状】本品呈类球形，直径 0.3～1cm，棕黄色。总苞片 4～5 层，外层苞片卵形或条，外表面中部灰绿色或浅棕色，常被有白毛，边缘膜质；内层苞片长椭圆形，外表面无毛。总苞基部有的残留总花梗。舌状花 1 轮，黄色至棕黄色，皱缩卷曲；管状花多数，深黄色。体轻。气芳香，味苦（中华人民共和国药典委员会，2005）。

【种质来源】本地野生

【生长习性及基地自然条件】野生资源比较丰富，多生于石质山坡、草地、田边和路旁等处。喜凉爽湿润气候，耐寒耐旱，对土壤要求不严，喜光，但耐半阴，适应性强，对二氧化硫有较强的抗性。以土层深厚、疏松肥沃、富含腐殖质的壤土为宜。

【采收加工】

1. 采收

鲜花采收时间一般在 8～9 月。鲜花以单瓣味甘者为佳。采花应在花瓣平直、花心散开 2/3、花色嫩黄时进行采摘。要求不采露水花、雨水花，以防止腐烂。采花应实行分级采摘，边采边分级；鲜花采收后宜放置在干爽、通风、清洁、卫生的地方摊放，不

宜堆放在一起，以免发热而烧坏鲜花。

2. 初加工

　　选花时首先剔除烂花、花蒂、花梗、叶片、碎片及其他杂质，并按花朵大小进行分级，然后将鲜花薄摊于竹帘或竹筛上，晾晒 4~8h 以减少鲜花水分，使蒸花时容易蒸透，蒸后易于干燥。蒸花前先将锅中水烧开，蒸花时，首先将晾晒后的花朵松散地摊放在蒸笼里，不宜过厚，厚度以不影响花色又易于熟透为宜，然后将蒸笼置于已烧开水的锅中，每笼约蒸 5min，蒸花时间不宜过长或过短，蒸花时间过长，花过熟，成湿腐状，不易干燥，而且会使花色成死色；时间过短，花未蒸熟，干燥后易成黄褐色，滋味过于浓烈，影响质量，因此，蒸花时间以刚出笼时花朵呈不贴状也不呈湿腐状为宜。蒸花时锅内要保持一定水分，不宜过多亦不宜过少，水过多，沸水易溅着花，使花成汤花，质量不佳；水过少，蒸花不足，蒸花时间长，花色差，因此要及时添水，保持锅中水位。蒸花时，还应保持火力均匀，使笼内温度恒定。

　　干燥采用烘干或晒干，用于饮用的以烘干为宜，供药用的可采用晒干。烘干可采用茶叶烘干机也可采用烘箱或烘笼，操作方法与烘茶叶相同，烘温宜在 90~110℃，烘至用手捏成粉末即可下机。晒干时，将蒸好的花朵置于清洁卫生的晒具上，至六七成干时轻轻翻动一次，然后晒至全干。花未干透时，切忌用手捏、叠压，以免影响质量。

　　干燥下机的花经摊凉后，需经筛、飘等精制，将片、末、碎、梗等分离，使精制后的商品花达到花朵大小均匀、完整、花色鲜艳、气味清鲜、滋味微苦带甘、无杂质，水分含量在 5% 以下。

　　均以完整、色黄、气香者为佳。

　　【种植方法】 喜凉爽湿润气候。以土层深厚、疏松肥沃、富含腐殖质的壤土栽培为宜。用分株繁殖。6 月上、中旬，将老株挖起，分成单株，每株应带白色新根，按行、株距 24cm×24cm 开穴，每穴栽 3 株，填土压实浇水。每年中耕除草 3 次，结合施肥，幼苗期施稀人粪尿，8~9 月可施入畜肥，适当增施过磷酸钙，可进行根外追肥。并培土，以防倒伏。遇旱季要浇水。病害有锈病，可用敌锈钠喷射；黄萎病可在穴内撒施石灰消毒。虫害有跳甲、蚜虫，可用化学药剂防治。

　　【化学成分】 野菊花主要含黄酮类、萜类及挥发油类成分（高美华等，2008）。

1. 挥发油和萜类化合物

　　野菊花中挥发油的主要组分为萜类物质，此外还含有脂肪族化合物等。主要有石竹烯氧化物（caryophyllene oxide）、蓝桉醇（globulol）、α-红没药醇（α-bisabolol）、野菊花内酯（hardelin chrysanthelide）、野菊花醇（chrysanthemol）、野菊花三醇（clrysanthetriol）、熊果酸（ursolic acid）、正二十八烷醇（n-octacosanol）。

2. 黄酮类化合物

　　黄酮类化合物是野菊花重要活性成分之一。有蒙花苷（linarin）（高美华等，2008）、刺槐苷（acaciin）、金合欢素-7-O-α-L-吡喃鼠李糖基（1→6）-β-D-吡喃葡萄糖苷、金合欢素-7-O-α-L-吡喃鼠李糖基（1→6）[2-O-乙酰基-β-D-吡喃葡萄糖基（1→2）]-β-D-吡喃葡萄糖苷、木樨草素（luteolin）、洋芹素、刺槐素-7-半乳糖苷和刺槐素-

7-鼠李糖葡萄糖苷、矢车菊苷（chrysanthemin）、胡萝卜苷（daucosterol）、槲皮素-β-D-葡萄糖苷（quercitin-β-D-glucoside）。

3. 其他成分

野菊花尚含有绿原酸（chlorogenic acid）、山嵛酸甘油酯、棕榈酸多糖、菊苷、蛋白质（protein）、氨基酸（amino acid）、嘌呤、胆碱、水苏碱、糖类、酯类、鞣质、维生素 A 和维生素 B_1、叶绿素、黄色素、香草酸（vanillic acid）、β-谷甾醇（β-sitoster-ol）、羽房豆醇（lupeol）、棕榈酸（palmitic acid）、亚油酸（linoleic acid）、野菊花酮（indicumeneone）、菊油环酮（chrysanthenone）、顺-螺烯醇醚（cis-spiroenol. ether）、反-螺烯醇醚（$trans$-spiroenol ether）、当归酰豚草素（angeloylcumambrin）、当归酰亚菊素（angeloylajadin）、苏格兰蒿素（arteglasin）、菊黄质（chrysanthemax-anthin）、胡萝卜苷（daucosterol）、豕草素（ambrosin）等成分。

【鉴别与含量测定】

一、鉴别

1. 显微鉴别

野菊花粉末特征：黄棕色。①花粉粒黄色，类圆形，直径 20～33μm，每裂片 4 或 5 刺。②腺毛头部鞋底形，4～8 个细胞，两面相对排列，长径 35～120μm，短径 33～67μm，外被角质层。③T 形毛较多，顶端细胞长大，壁一长一短，直径 23～50μm，壁稍厚或一边稍厚，基部 1～13 细胞，其中一个稍膨大或皱缩。

2. 理化鉴别

取本品粉末 0.3g，加乙醇 15ml，超声处理 30min，冷却，过滤，滤液作为供试品溶液。另取野菊花对照药材 0.3g，同法制成对照药材溶液。再取蒙花苷对照品，加甲醇制成每毫升含 0.2mg 的溶液，作为对照品溶液；照薄层色谱法［《中国药典》（2005年版）附录Ⅵ B］试验，吸取上述三种溶液各 3μl，分别点于同一聚酰胺薄膜上，以乙酸乙酯-丁酮-三氯甲烷-甲酸-水（15∶15∶6∶4∶1）为展开剂；展开，取出，晾干，喷以 2% 三氯化铝溶液，热风吹干，置紫外光灯（365nm）下检视。供试品色谱中，在与对照品药材和对照品色谱相应的位置上，显相同颜色的斑点。

二、含量测定

（1）色谱条件与系统适用性试验。以十八烷基硅烷键合硅胶为填充剂；以甲醇-水-冰乙酸（26∶23∶1）为流动相；检测波长为 334nm。理论板数按蒙花苷峰计算应不低于 3000。

（2）对照品溶液的制备。精密称取五氧化二磷减压（50℃）干燥至恒重的蒙花苷对照品适量，加甲醇使溶解（必要时加热），制成每毫升含 25μg 的溶液，即得。

（3）供试品溶液的制备。取本品粉末（过 3 号筛）约 0.25g，精密称定，置具塞锥形瓶中，精密加入甲醇 100ml，称定重量，加热回流 3h，冷却，再称定重量，用甲醇补足减失的重量，摇匀，过滤，取续滤液，即得。

【主要参考文献】

丁宝章，王遂义，高增义．1997．河南植物志．郑州：河南科学技术出版社

高美华，李华，张莉等．2008．野菊花化学成分的研究．中药材，31（5）：682，683

中华人民共和国药典委员会．2005．中华人民共和国药典（2005 年版 一部）．北京：化学工业出版社

山茱萸

丹参

天麻

冬凌草

北柴胡

半夏

杜 仲

辛夷

连翘

麦冬

栀子

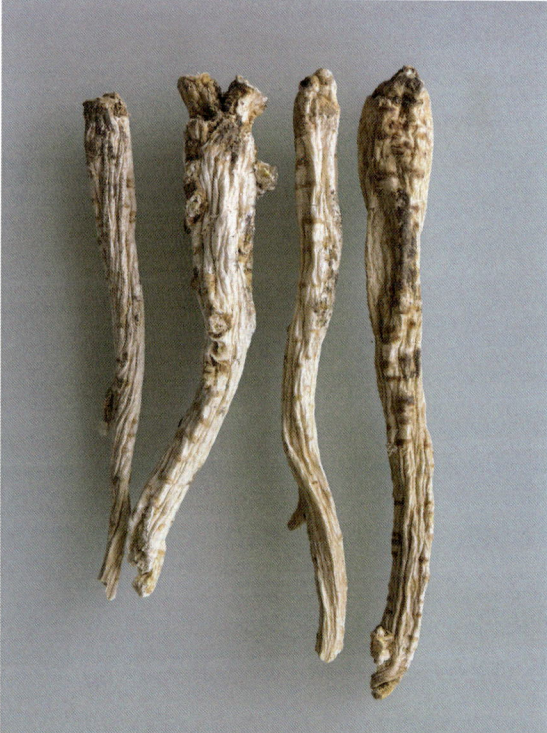

桔梗

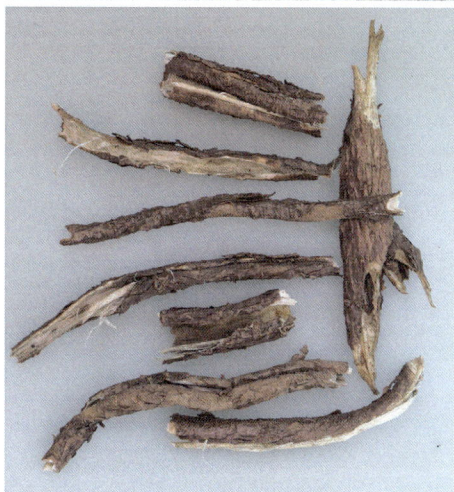

楤木

伏牛山概貌

伏牛山龙峪湾景区
温暖带、亚热带气候的临界点，长江、黄河两大流域的分水岭